# 泛环渤海地区地下水硝酸盐格局与控制

赵同科　刘宝存　主编

张成军　李　鹏　等　副主编

科学出版社

北　京

# 内 容 简 介

地下水硝酸盐超量累积已成为影响人类健康的重要环境因素。泛环渤海地区（北京、天津、河北、山东、河南和辽宁）人口约 3.5 亿，GDP 占国内生产总值的 30% 以上，是我国重要的政治、经济、文化中心。本书在近十年采集 21 331 个地下水样本，收集 13 000 余个县级社会经济数据的基础上，对泛环渤海集约农区 330 多个县（区、市）的地下水硝酸盐格局研究进行总结与升华。在泛环渤海地区首次进行多省大区域尺度地下水硝酸盐定点长期监测，提出影响该区地下水硝酸盐的主要因素，建立该地区地下水硝酸盐含量预测模型和污染脆弱性评价体系，并成功应用。

本书可供环境科学、农业环境保护、水资源保护、土壤学等相关专业的本科生、研究生、高校教师、科研工作者及生产管理人员使用和参考。

**图书在版编目（CIP）数据**

泛环渤海地区地下水硝酸盐格局与控制/赵同科，刘宝存主编.—北京：科学出版社，2014.9

ISBN 978-7-03-040188-5

Ⅰ.泛… Ⅱ.①赵… ②刘… Ⅲ.地下水-硝酸盐-研究-中国 Ⅳ. X52

中国版本图书馆 CIP 数据核字（2014）第 048378 号

责任编辑：李 敏 刘 超/责任校对：韩 杨
责任印制：徐晓晨 /封面设计：无极书装

科 学 出 版 社 出版
北京东黄城根北街 16 号
邮政编码：100717
http://www.sciencep.com

北京科印技术咨询服务公司 印刷
科学出版社发行 各地新华书店经销

*

2014 年 9 月第 一 版 开本：720×1000 1/16
2017 年 2 月第三次印刷 印张：24 1/2 插页：5
字数：494 000

定价：150.00 元
（如有印装质量问题，我社负责调换）

# 序

　　泛环渤海地区的京、津、冀、鲁、豫、辽 6 省（市）是我国重要的经济、政治和文化中心，在我国社会经济协调发展大格局中占有十分重要的战略地位。该区域人口数量、地区生产总值和粮食总量都约占全国的 1/3。该地区近十几年来经济与社会的高速发展对水资源的数量和质量提出了越来越高的要求，但是，该地区人均耕地和水资源矛盾的问题日益突出。以北京为例，人均水资源量仅为全国的 1/8，世界的 1/30，已经成为该地区社会经济发展的重要限制因素。以华北平原为中心的地下水漏斗面积超过 5 万 $km^2$，引起中央和地方政府以及学术界的高度重视。尽管期盼已久的南水北调工程一期将于 2014 年建成供水，但是水资源不足的矛盾只能得到部分缓解，水资源短缺的形势依然严峻，合理利用、严格保护水资源将是长期的艰巨任务。然而，更为严峻的是，由于自然的、人为的原因，该区域地下水在相当广泛的地区不同程度地存在硝酸盐污染及潜在污染情况。这对于该地区以地下水作为主要饮用水来源的大多数城乡居民而言，其潜在健康风险不言而喻。

　　为了对京、津、冀、鲁、豫、辽地区地下水硝酸盐含量的时空变化及影响因素有比较清楚的认识，以北京市农林科学院赵同科研究员为首的研究团队，组织京、津、冀、鲁、豫、辽 6 省（市）有关科研部门历时十年开展了地下水硝酸盐含量全面调查、监测、影响因子分析以及脆弱性评价工作，系统研究了该区域地下水硝酸盐总体含量水平，分析了农业生产活动对其含量变化的影响，提出了地下水硝酸盐含量与埋深的关系，展示了不同省市地下水硝酸盐含量分布格局的差异等。在此基础上，从自然和人类活动两个层面研究影响地下水硝酸盐含量的因素及影响强度，进而开展地下水硝酸盐脆弱性评价，从其本质脆弱性和特殊脆弱性两方面入手，初步建立了该区域地下水硝酸盐脆弱性评价系统，并划分了泛环渤海地区地下水硝酸盐含量不同脆弱程度区域。

　　该书以大量数据为基础揭示了泛环渤海地区地下水硝酸盐含量时空分布变化的特点，研究区地下水中 $NO_3^- $-N 含量变化范围为痕量～541.5 mg/L，平均值为 11.5 mg/L，约 17.5%的地下水样严重超标（超过国家生活饮用水卫生标准：$NO_3^- $-N 含量＜20 mg/L）。根据我国地下水质量标准（GB/T 14848—93），以水中 $NO_3^- $-N

含量衡量，研究区地下水水质达标率为 82.5%，Ⅳ类、Ⅴ类水分别为 7.1%、10.4%。说明目前研究区地下水整体质量良好，但Ⅲ类水已经高达 31.2%，潜在污染风险较大。该书展示了不同种植类型对区域地下水 $NO_3^--N$ 平均含量的影响：蔬菜、粮食、果园种植区域地下水 $NO_3^--N$ 平均含量之间存在显著差异，蔬菜种植区地下水 $NO_3^--N$ 平均含量＞粮食作物种植区地下水 $NO_3^--N$ 平均含量＞果园种植区地下水 $NO_3^--N$ 平均含量。与果园种植区地下水 $NO_3^--N$ 平均含量相比，蔬菜种植区地下水 $NO_3^--N$ 平均含量高出 97.4%。研究区各地区间地下水硝酸盐平均含量也表现出较大差异，辽宁和山东含量较高，河北、河南次之，北京和天津含量较低，同时山东、辽宁及河南存在地下水被污染的较大风险。

国内外实践证明，地下水系统一旦遭到破坏，特别是地下水遭到污染、水质恶化以后，对其进行治理和修复将需付出昂贵的代价，甚至在一定时期内都不可能完全恢复。因此，要实现地下水资源的可持续利用，地下水资源的防治和保护就显得尤为重要。为了有效地保护地下水资源，精确划分易于被人为活动影响的区域，进行脆弱性分区已成为环境管理、环境监测及环保部门必不可少的手段。本书通过对泛环渤海地区地下水脆弱性研究，对不同地域上的地下水脆弱性进行了等级划分，并绘制出地下水脆弱性等级分布图，对于该区域地下水脆弱性较高的地区采取有效的防治和保护措施，提供了一定的理论依据和有力工具。

该书是一部全面研究泛环渤海地区地下水硝酸盐含量时空变化及其影响因素、开展地下水硝酸盐脆弱性评价、提出相关治理对策与具体防控技术的重要著作，是对十年来环渤海地区地下水硝酸盐含量调查监测研究成果的系统总结。为泛环渤海地区地下水环境保护与农业可持续发展，提供了十分宝贵的科学论据。该书具有较高的学术水平和重要的实用价值，对国内大尺度区域性地下水资源利用和保护具有指导示范作用。

中国工程院院士

2014 年 2 月

# 前　言

在农业部科技教育司的连续支持下，经过项目组二十多位同志十年努力，以泛环渤海地区地下水硝酸盐含量消长规律与脆弱性评价研究为基础的《泛环渤海地区地下水硝酸盐格局与控制》终于与读者见面了。十年来，农业部科技教育司从保护我国农业环境的高度出发，长期对本项目给予支持。项目组同志团结一致、协作攻关，在不太长的时间内基本上摸清了不同农业种植制度对泛环渤海地区（北京、天津、辽宁、河北、山东、河南）地下水硝酸盐含量分布消长规律的影响，在借鉴国内外最新研究成果的基础上，在大范围尺度上对该区域内地下水硝酸盐污染脆弱性进行分级和评价，为区域社会经济持续发展提供生态环境保护技术支撑。该成果 2009 年荣获北京市科技进步二等奖。

全书共 7 章，约 50 万字。第 1 章为绪论，主要介绍泛环渤海地区自然环境、社会经济尤其是农业生产、地下水资源与灌溉状况，以及地下水硝酸盐对人体健康的危害，由赵同科等执笔。第 2 章为地下水硝酸盐调查与评价方法，主要介绍本书开展地下水硝酸盐调查与评价涉及的地下水硝酸盐时空变化、地下水硝酸盐含量预测，以及地下水硝酸盐污染脆弱性评价等研究方法，由赵同科、刘宝存、李鹏、张成军执笔。第 3 章为泛环渤海地区地下水硝酸盐变化特征，主要介绍泛环渤海地区 6 省（市）集约化农区地下水时空变异状况，以及浅埋区地下水硝酸盐时空分布特征，由赵同科、刘宝存、李鹏、张成军执笔。第 4 章为泛环渤海地区地下水硝酸盐分区特征，主要分别介绍泛环渤海地区 6 省（市）集约化农区地下水时空变异状况，分别由张成军、高贤彪、李明悦、张国印、茹淑华、王陵、江丽华、林海涛、石璟、沈阿林、郭占玲、汪仁、牛世伟、李鹏、赵同科执笔。第 5 章为泛环渤海地区地下水硝酸盐格局影响因素分析与预测模型，主要介绍影响集约化农区地下水硝酸盐含量的主要自然、人为因素，对泛环渤海地区地下水硝酸盐含量与影响因素进行相关性分析，泛环渤海地区地下水硝酸盐含量 7 个主要影响因素参数的确定，以及由这些影响因素构成的统计模型的建立，并对研究区 2006 年地下水硝酸盐含量进行模拟，由赵同科、沈阿林、郭占玲、张国印、茹淑华、王陵、李鹏等执笔。第 6 章为泛环渤海地区地下水硝酸盐污染脆弱性评价，主要介绍泛环渤海地区地下水硝酸盐污染脆弱性评价指标体系的建立，评价了研究区地下水硝酸盐污染脆弱性，并进行了分级分区，由李鹏、赵同科、张成军、刘宝存执笔。第 7 章为泛环渤海地区地下水硝酸盐污染防治对策，主要根据研究所得，有针对性地介绍缓解泛环渤海地区地下水硝酸盐污染风险的相关对策，由赵同科、李鹏、汪仁、牛世伟、高贤彪、李明悦执笔。全书由北京市农林科学院研究员赵同科博士统筹定稿。在此书出版之际，谨向为本书做出贡献的人们表示衷心感谢！

该项目执行过程中得到了农业部科技教育司的持续支持，科教司和资源环境处历任负责同志高度重视本项研究和技术在生产实际中的应用，在关键时期总是站在全国农业环境保护的高度给予指导。北京市农林科学院为项目的实施搭建了良好的平台，天津市、辽宁省、河北省、山东省和河南省农（林）科学院给予大力支持。参加研究的团队以饱满的热情、科学的态度、严谨的作风，高质量完成研究任务和专著撰写。特别值得提出的是，更有很多在本书作者名单里没有出现的无名英雄为项目的顺利实施和本书的出版作出了贡献。在此谨向农业部科教司领导，京、津、辽、冀、鲁、豫农（林）科学院相关单位和领导，项目组的所有参加人员，以及对本项目做出贡献的集体和个人表示感谢！

在书稿形成的过程中，农业部全国农业技术推广服务中心田有国研究员、中国农业科学院周卫研究员、中国科学院贺纪正研究员、中国地质勘察研究院张光辉研究员、农业部监测与环境保护研究所张克强研究员，提出了宝贵意见并多次参加书稿的审定，在此对他们付出的辛勤劳动表示衷心的感谢！

本书承谢我的恩师，中国农业科学院副院长、研究员，中国工程院院士刘旭博士在百忙之中作序，敬表诚挚的谢忱！

2014 年 2 月

# 目　　录

**附图**

# 1

# 绪　论

## 1.1　泛环渤海地区自然环境与社会经济概况

　　本书选择泛环渤海地区的北京、天津、河北、山东、河南和辽宁四省两市大中城市集约化农区作为研究区域。地下水质量状况是影响农业生产及农产品质量安全的重要因素，研究地下水硝酸盐含量分布及时空变异，综合分析地下水硝酸盐污染的影响因素，并对其脆弱性进行科学评价具有重要意义。泛环渤海地区面积 $6.88\times10^5km^2$，年降水量在 350～970 mm，所含省（市）为全国政治、经济、文化中心，2011 年全区生产总值为 146 057 亿元，占当年 GDP 的 31.0%，人口 3.5 亿，是我国最重要的小麦、玉米、棉花和果蔬产区，其中粮食产量占全国总产量的 27.75%。同时该区域水资源供需矛盾突出，人均水资源量仅为全国的 1/8、世界的 1/30，确保现有地下水质量安全对于该区域经济和社会可持续发展意义重大。

### 1.1.1　北京

　　北京市位于华北平原西北边缘，是平原、高原和山地的交接地带，市境东南与天津为邻，其余皆与河北接壤。地理坐标南起北纬 39°28'（大兴区榆垡镇南），北到北纬 41°05'（怀柔区石洞子以北），西自东经 115°25'（门头沟区东灵山），东至东经 117°30'（密云县大角峪东），南北长 170km，东西宽 160km。全市总面积为 1.64 万 $km^2$，其中平原区面积为 6339$km^2$，占全市总面积的 38.6%，山区面积为 10 072$km^2$，占全市总面积的 61.4%。全市行政区划分为首都功能核心区（东城、西城区），城市功能拓展区（朝阳、丰台、石景山、海淀区），城市发展新区（房山、通州、顺义、昌平、大兴区），生态涵养发展区（门头沟、怀柔、平谷区以及密云、延庆县）。

北京市地跨山地与平原，地质构造错综复杂，地貌主要由西部山地、北部山地和东南部平原三大地貌单元构成。地势总体为西北高，东南低，西部和北部是连绵不断的山地，东南部是缓缓向渤海倾斜的冲洪积平原。北京中心城区位于永定河冲洪积扇轴部的中段，冲积扇以下的冲洪积平原坡度较为平缓，一般在2%～3%，西部、北部山区地带坡度较大。全市平均海拔43.5 m，平原海拔高度在30～50 m，山地海拔高度一般为1000～1500 m。全市属暖温带半湿润半干旱大陆性季风气候，四季分明，春秋短促，夏冬较长。春季干旱多风，夏季炎热多雨，秋季天高气爽，冬季寒冷干燥。受背山面河的地形影响，山区和平原的气候差异较大，气温由东南向西北递减，平原区年平均气温10～20℃，随海拔高度的增加，气温逐渐降低。据北京气象台近十年的观测资料，北京市年平均气温13℃，极端最高气温41.1℃（2002年），极端最低气温为−17.0℃（2001年）。全年无霜期180～200天，西部山区较短。受季风气候及地形的影响，降水年际变化悬殊，时空分布极不均匀，全年降水的80%集中在汛期6～9月，多年平均降水量585 mm。太阳辐射量全年平均为$46.9 \times 10^4$～$56.9 \times 10^4$ J/cm$^2$，太阳能资源比较丰富，年平均日照时数在2000～2800 h。

北京北部是燕山山脉的军都山，西部是太行山山脉余脉的西山，两山在南口关沟相交，东南是永定河、潮白河等河流冲积而成的、缓缓向渤海倾斜的平原，即北京小平原。全市有大小河流八十余条，主要有属于海河水系的永定河、潮白河、北运河、拒马河和属于蓟运河水系的沟河，这些河流发源于西北山地或内蒙古高原，穿过崇山峻岭，向东南蜿蜒流经平原地区，最后分别汇入渤海。全市有水库85座，其中大型水库有密云水库、官厅水库、怀柔水库。目前已发现的矿种共67种，矿床、矿点产地467处，列入国家储量表的矿种44种。土壤覆盖率为82%，面积约为$1.38 \times 10^6$ hm$^2$，其中山区为$7.36 \times 10^5$ hm$^2$，平原为$6.42 \times 10^5$ hm$^2$。植物种类繁多，以禾本科、豆科、蔷薇科等为优势种。原始森林植被为南温带落叶阔叶林，已破坏无存。林地主要为天然次生林和人工林，以松栎林、杨桦林、杂木林及灌丛等群落和果林、经济林为主。动物资源丰富，有兽类约40种，鸟类约200种，爬行动物16种，两栖动物7种，鱼类60种。

北京经济发展迅速，工业门类齐全。主要工业部门有冶金、煤炭、机械、石油、化工、电力、仪表、汽车、纺织、轻工、建材等。有机化工、文教艺术用品、电子、纺织、工业设备制造、日用电器、工艺美术用品等生产位居全国前列。象牙雕刻、玉器雕刻、景泰蓝、地毯等传统手工艺品驰誉世界。主要农作物有小麦、玉米、水稻、棉花等。盛产温带果品，主要有大桃、苹果、梨、樱桃、杏、李、葡萄、核桃、板栗。蔬菜生产，特别是设施栽培近年发展快速，主要分为茄果、叶菜两大类，对保证北京"菜篮子"供应起到了重要作用。养殖业主要有猪、牛、羊、鸡、鸭等。水产养殖也具有一定规模。北京是我国主要交通枢纽之一，铁路、公路、民用航空四通八达，联系世界各地。北京以天津、唐山为通往海洋的重要门户。

　　近年来，全市人口呈持续增长趋势，2011 年末常住人口 2018.6 万人，户籍人口 1277.9 万人。与 2001 年相比，常住人口增加了 633.5 万人，增长了 31.4%。全市常住人口中，城镇人口为 1740.7 万人，占全市总人口的 86.2%；乡村人口为 277.9 万人，占全市总人口的 13.8%。与 2001 年相比，城镇人口增加了 659.5 万人，乡村人口减少了 26.0 万人，城镇人口占常住人口的比重上升了 8.2%。城镇人口比重的提高，表明 2001 年以来，随着社会经济和城市建设的发展，城镇化水平进一步提高。

　　全市经济保持平稳增长，2011 年实现地区生产总值 16 251.9 亿元，比 2010 年增长了 8.1%，人均地区生产总值为 81 658 元；农林牧渔业总产值为 363.1 亿元，其中农业总产值为 163.4 亿元；工业总产值为 3048.8 亿元。随着农作物种植结构的调整，耕地面积逐年减少。北京统计年鉴资料显示，2008 年末北京市耕地总面积为 $2.32 \times 10^5$ hm$^2$，占全市土地面积的 14.12%。2011 年粮食产量为 $1.22 \times 10^6$ t，蔬菜产量为 $2.94 \times 10^6$ t；年末大牲畜存栏 22.3 万头，家禽存栏 2662.8 万只；肉类产量为 $4.44 \times 10^5$ t，牛奶产量为 $6.4 \times 10^5$ t，水产品产量为 $6.10 \times 10^4$ t；化肥施用折纯量为 $1.38 \times 10^5$ t，其中氮肥施用折纯量 $6.80 \times 10^4$ t。《2011 年北京市环境状况公报》显示，在经济社会平稳较快发展的同时，环境质量持续改善，大气主要污染物浓度全面下降，地表水环境质量略有改善，声环境质量基本稳定，辐射环境质量保持正常，生态环境状况良好。

## 1.1.2　天津

　　天津市地处华北平原东北部，东临渤海，北依燕山。位于海河流域下游，是海河五大支流南运河、北运河、子牙河、大清河、永定河的汇合处和出海口，有"九河下梢"之称；同时又是子牙新河、独流碱河、永定新河、潮白新河、蓟运河等河流的入海地，可谓"河海之要冲"。全市辖区面积 $1.18 \times 10^4$ km$^2$，占全国总面积的 0.12%。南北长约 189km，东西宽约 117km。2011 年末全市常住人口为 1354.58 万人[1]。天津市下辖和平、河东、河西、河北、南开、红桥 6 个市区；东丽、津南、西青、北辰 4 个环城郊区；1 个副省级区——滨海新区；宝坻区、武清区、蓟县、宁河县、静海县 5 个远郊区（县）。

天津市大部分地区是平原地形，只有少部分地区是山地和丘陵。地形特征可以概括为以下几点。①北高南低，西北高东南低。从蓟县北部山区到塘沽、汉沽、大港的滨海，呈簸箕形向海河干流和渤海方向倾斜。最高点为蓟县和兴隆县交界处的九山顶，海拔为 1078.5 m；最低处是塘沽大沽口，海拔为 0 m。②山区面积小，平原辽阔。山地、丘陵海拔高度小，相对高度大；平原既低且平。③河流纵横，坑、塘、洼、淀星罗棋布，素有"北方江南，水乡泽国"的雅号。④古海岸遗迹明显存在（俗称贝壳堤），成为滨海平原的奇观，为我国其他滨海地区所罕见。

天津的地貌类型有山地、丘陵、平原、洼地、海岸带、滩涂等。山地为中低山，分布在蓟县北部，为燕山山脉余脉，面积 306.7km$^2$；丘陵分布在燕山南侧，介于山地与洪积、冲积倾斜平原之间，面积 228.7km$^2$；平原分布在燕山至渤海之间，面积约占全市土地面积的 95.5%，海拔一般在 20 m 以下，其中 2/3 的地区为低于 4 m 的洼地。

天津地处海河流域下游，河网密布，洼淀众多。历史上天津的水量比较丰富。海河上游支流众多，长度在 10km 以上的河流达 300 多条，这些大小河流汇集成海河流域中游的永定河、北运河、大清河、子牙河和南运河五大河流，这五大河流的尾闾就是海河，统称海河水系。此外，天津还有自成一个水系的蓟运河。据统计，流经天津市境的一级河道有 19 条，总长度为 1095.1km，包括上述河流在内的自然河道 13 条，长为 811km。还有子牙新河、独流碱河、马厂碱河、永定新河、潮白新河、还乡新河 6 条人工河道，长为 284.1km。二级河道 79 条，总长为 1363.4km，深渠 1061 条，总长为 4578km。

天津属于暖温带半湿润大陆季风型气候，季风显著，四季分明。春季多风沙，干旱少雨；夏季炎热，雨水集中；秋季寒暖适中，气爽宜人；冬季寒冷，干燥少雪。除蓟县山区外，全年平均气温约为 14℃。1 月份最冷，月平均温度为−2℃，历史最低温度为−17.8℃。7 月最热，月平均温度为 28℃，历史最高温度为 41.6℃。一年中，1 月份与 7 月份温差一般在 30℃以上。除塘沽、汉沽外，郊县日温差一般为 10℃以上，市区 9.8℃。天津平均无霜期为 196～246 天，最长无霜期为 267 天，最短无霜期为 171 天。天津日照时间较长，年日照时数为 2500～2900 h。

天津年平均降水量约为 360～970 mm，1949～2010 年平均降水量为 600 mm 左右。在季节分配上，夏季降水最多，占全年总降水量的 75%以上，冬季最少，仅占 2%。由于降水量年内分配不均和年际变化较大，造成天津在历史上经常出现春旱秋涝现象。

2011 年，天津市地区生产总值完成 11 190.99 亿元，按可比价格计算，比 2010 年增长了 16.4%。分产业看，第一产业增加值为 159.09 亿元，增长了 3.8%；第二产业增加值为 5878.02 亿元，增长了 18.3%；第三产业增加值为 5153.88 亿元，增长了 14.6%。三次产业结构为 1.4：52.5：46.1。2011 年天津市全年农业总产值完成 349.43 亿元，比 2010 年增长了 4.2%。其中，种植业产值为 179.87 亿元，增长了 5.5%；林业产值为 2.45 亿元，增长了 4.1%；畜牧业产值为 98.49 亿元，增长了 1.6%；渔业产值为 58.59 亿元，增长了 2.9%；农林牧渔服务业产值 10.03 亿元，增长了 9.0%。

到 2011 年，天津市耕地面积为 $3.97\times10^5$ hm²。农作物播种面积为 $4.68\times10^5$ hm²，其中以粮食作物为主，播种面积为 $3.11\times10^5$ hm²，占农作物总播种面积的 66.4%。天津市粮食生产连续八年获得丰收。2011 年粮食总产量为 $1.62\times10^6$ t，比 2010 年增加 $2.09\times10^4$ t。小麦、玉米两大主要粮食作物带动夏、秋两季粮食产量实现双增。夏粮产量为 $5.42\times10^5$ t，秋粮产量为 $1.08\times10^6$ t，分别比 2010 年增长 1.9% 和 1.0%。经济作物产量也呈增长态势，棉花总产量为 $7.23\times10^4$ t，比 2010 年增长 15.3%；蔬菜总产量为 $4.31\times10^6$ t，比 2010 年增长 2.9%；油料作物总产量为 $6.60\times10^3$ t，比 2010 年增长 3.6%。

2011 年天津市生猪出栏 352.70 万头，同比减少了 1.5%，生猪存栏 191.26 万头，同比增长了 2.3%；牛出栏 18.00 万头，同比减少了 0.7%，牛存栏 29.36 万头，同比增长了 1.9%；羊出栏 65.97 万只，同比减少了 1.3%，羊存栏 36.06 万只，同比减少了 3.5%；家禽出栏 7215.72 万只，同比增长了 3.8%，家禽存栏 2315.50 万只，同比增长了 10.0%；牛奶产量为 $6.91\times10^5$ t，同比增长了 0.1%；肉类总产量为 $4.25\times10^5$ t，同比增长了 0.1%；禽蛋产量为 $1.93\times10^5$ t，同比减少了 0.6%。

## 1.1.3　河北

河北省环抱首都北京，东与北方重要商埠天津市毗连并紧傍渤海，东南部、南部衔山东、河南两省，西倚太行山与山西省为邻，西北部、北部与内蒙古自治区交界，东北部与辽宁省接壤。地处东经 113°27′～119°50′，北纬 36°05′～42°40′，南北最长为 765km，东西最宽约 400km，总面积为 $1.88\times10^5$ km²，占全国土地总面积的 1.96%，居全国第 14 位，海岸线长 487km。其中山地面积为 70 194km²，占河北省总面积的 37.40%；坝上高原面积为 24 343km²，占河北省总面积的 12.97%；丘陵面积为 9068km²，占河北省总面积的 4.83%；平原面积为 57 223km²，占河北省总面积的 30.49%；盆地面积为 22 709km²，占河北省总面积的 12.10%；湖泊洼淀面积为 4156km²，占河北省总面积的 2.21%。2007 年全省耕地面积为 $5.89\times10^6$ hm²，占河北省总面积的 31.40%。在河北省 21 个土壤类型中，以褐土分布面积最大，主要分布于海拔 800 m 以下的低山丘陵和山麓平原，其分布区是重要的粮棉基地和干、鲜果品基地。河北省是我国重要的粮食产区，2010 年粮食总产量为 $2.98×10^7$ t，居全国第七位，更是我国的经济作物大省，2010 年蔬菜总产量为 $7.07×10^7$ t，位居全国第二，水果产量自 1985 年以来，一直稳居全国前三甲，2010 年棉花产量为 $5.70×10^5$ t，居全国第三位，已成为我国十分重要的农产品生产基地。

河北省涉及的构造断裂带主要有 2 条。①邢台—磁县断裂带；位于河北省南部，从邢台往南经邯郸、磁县延伸到河南省境内，是太行山地与东麓平原的分界线。这条断裂带控制了南部山区与平原的地质发展历史。②天津—大名断裂带，位于河北平原东部，北起天津塘沽一带，向南经德州、大名直至河南的东部。此断裂带埋藏深、活动性强，为近代地震活动频繁的区域。主要发育在古生界沉积地层中，控制了老第三纪的沉积环境，而被新第三系沉积地层所覆盖。平原区为凹陷区，整个凹陷范围与太行山新华夏系隆起相互对应。由南向北分别为：大名—内黄隆起、冀南凹陷、埕宁隆起、黄骅凹陷、沧县隆起、冀中凹陷等。河北省北部的燕山山脉为中国北部著名山脉之一。广义的燕山山脉系指坝上高原以南，河北平原以北，白河谷地以东，山海关以西的山地，属内蒙古台背斜和燕山沉陷带。北部稳定上升，南部大量沉降。燕山沉陷带震旦纪地层极为发育，沉积中心的蓟县、遵化一带厚度达万米以上。中生代末发生强烈构造运动，褶皱成山，故称此期造山运动为"燕山运动"。山地中多盆地和谷地，如承德、平泉、滦平、兴隆、宽城等谷地，遵化、迁西等盆地，是燕山山脉中主要的农耕地区。

河北省为第四纪沉积物所覆盖，最深达 1000～1300 m。第四纪地质地层连续堆积厚度较大，以河、湖相碎屑堆积为主，其次为洪积、风积、残积堆积等，是渤海凹陷，大陆下沉，逐渐为黄河、海河及燕山各河系冲积物所填而成的山麓平原和冲积平原。冲积覆盖层很厚，一般在 700～800 m 以上，主要地貌类型为缓岗、洼地和微斜地（二坡地）。蔬菜种植区土壤成土母质类型主要包括山麓平原洪积、冲积物；滹沱河、子牙河冲积物；滏阳河、漳河冲积物及冲积平原洼淀湖相冲积物。

河北平原是华北平原的一部分，是我国重要的农耕区之一。按其成因可分为 3 种地貌类型。①山前冲积倾斜平原。沿燕山、太行山山麓呈带状分布，海拔高度在 50～110 m，由冲洪积扇相连而成；②中部冲积湖积低平原。地势自北、西、南三面向渤海湾方向倾斜，海拔高度 3～40 m，中部平原是黄河和海河各大支流在历史上多次迁徙、泛滥而成的冲积平原。③滨海冲积海积平原。分布于京沪铁路以东的滨海地区，大致以唐海洼地—卢台—北仓—静海—唐官屯—盐山一线为界，环渤海湾沿岸展布，海拔高度 0～10 m。

河北省气候属于温带半湿润半干旱大陆性季风气候，四季分明。冬季寒冷干燥、雨雪稀少；春季冷暖多变，干旱多风；夏季炎热潮湿、雨量集中；秋季风和日丽，凉爽少雨。区内光照资源丰富，年总辐射量为 $48.5\times10^4\sim59.8\times10^4$ J/cm$^2$，年日照时数为 $2319\sim3077$ h；太阳照射高度和可照时数在一年中的变化是河北冬冷夏热的主要原因。南北热量差异较大，多年平均气温为 $-0.5\sim3.9$℃，年无霜期 $81\sim204$ 天。

河北省的降水呈现出地区和季节分布极不均匀的特点，年降水量为 $350\sim804$mm。夏季受热带低气压控制，降水量最多，占全年降水量的 $62\%\sim76\%$，冬季最少，占 $1\%\sim3\%$，秋季略多于春季，分别占 $8\%\sim15\%$ 和 $12\%\sim23\%$。降水地区分布也极不均匀，其分布特点是东南部多于西北部，沿海多，内陆少。年平均蒸发量介于 $1343\sim369.5$ mm，蒸发量大于降水量，属于干旱和半干旱地区。

全省设 11 个地级市、23 个县级市、115 个县（含 6 个自治县）、35 个市辖区。地级市分别是石家庄、唐山、保定、邢台、邯郸、衡水、沧州、承德、张家口、秦皇岛和廊坊，省会石家庄是河北省的政治、商贸、文化中心，北距北京 283km。2011 年末全省总人口为 7240.51 万人，从业人员有 3962.42 万人，占全省人口的 $54.73\%$。河北省是个多民族的省份，除汉族外，还有满族、回族、蒙族、壮族、朝鲜族、苗族、土家族等 53 个少数民族，少数民族人口约占河北省人口总数的 $4\%$。

河北省是京津的门户，是首都北京联系全国各地的必经之地，直接受其经济、科技和信息辐射。河北省位于环渤海地区的中心地带，处于欧亚大陆桥的东端，是中国政府确定的重点开放开发的地区；同时又是华东、华南和西南等区域连接"三北"（东北、西北、华北）地区的枢纽地带和商品流通的中转站，也是"三北"地区的重要出海通道。

## 1.1.4　山东

山东省地处中国东部、黄河下游，是中国主要沿海省市之一。山东省位于北半球中纬度地带，陆地南北最长约 420km，东西最宽约 700km，陆地总面积 $1.57\times10^5$km$^2$，约占全国总面积的 $1.6\%$，居全国第 19 位。境域东临海洋，西接大陆。水平地形分为半岛和内陆两部分，东部的山东半岛突出于黄海、渤海之间，隔渤海海峡与辽东半岛遥遥相对，庙岛群岛（又称长山列岛）屹立在渤海海峡，是渤海与黄海的分界处，扼海峡咽喉，成为拱卫首都北京的重要海防门户。西部内陆部分自北而南依次与河北、河南、安徽和江苏 4 省接壤。

山东地处中国大陆东部南北交通要道，京杭大运河和京沪铁路、京九铁路纵贯南北，穿越境域西部，沟通了本省与沿海和内陆诸省的联系；胶济铁路横贯东西，蓝烟铁路穿行于半岛中部，加之遍布全省的公路网络，构成了境内四通八达的交通网络。

全省总计 17 个地级市，140 个县级单位（其中市辖区 49 个，县级市 31 个，县 60 个），2012 年共有 1857 个乡镇级单位（其中街道办事处 611 个，乡 128 个，镇 1118 个），总面积 $1.57 \times 10^5 km^2$，总人口 9637 万人（2010 年第六次全国人口普查结果）。

山东地形中部突起，为鲁中南山地丘陵区；东部半岛大都是起伏和缓的波状丘陵区；西部、北部是黄河冲积而成的鲁西北平原区，是华北平原的一部分。境内山地约占山东陆地总面积的 15.5%，丘陵占 13.2%，洼地占 4.1%，湖沼占 4.4%，平原占 55.0%，其他地形占 7.8%。境内河流分属黄河流域、海河流域、淮河流域或独流入海。全省平均河网密度为 $0.24km/km^2$，长度在 5km 以上的河流有 5000 多条，其中，长度在 50km 以上的有 1000 多条，较重要的有黄河、徒骇河、马颊河、沂河、沭河、大汶河、小清河、胶莱河、潍河、大沽河、五龙河、大沽夹河、泗河、万福河、朱赵新河等。山东的湖泊主要分布在鲁中南山丘区与鲁西平原的接触带上，总面积为 $1496.6km^2$，蓄水量为 $2.35 \times 10^9$ $m^3$，较大的湖泊有南四湖（由南而北依次为微山湖、昭阳湖、独山湖、南阳湖）和东平湖。

全省属暖温带季风气候类型。降水集中，雨热同季，春秋短暂，冬夏较长。年平均气温 11～14℃，全省气温地区差异东西大于南北。年平均降水量一般在 550～950 mm，由东南向西北递减。全省光照资源充足，平均光照时数为 2300～2890 h，热量条件可满足农作物一年两熟的需要。由于降水量的 60% 以上集中于夏季，故易形成涝灾，冬春又常发生旱灾，对农业生产影响最大。山东省动物资源丰富，有家畜、家禽等饲养动物 10 多种，中小型哺乳兽类 55 种，留鸟、夏候鸟、冬候鸟、旅鸟 270 多种，害虫天敌 563 种，农业害虫 763 种。此外还有内陆水生维管束植物 30 多种，内陆淡水鱼类 70 多种。

受黄河入海口泥沙淤积等因素影响，山东省土地面积不断延伸扩大。目前土地利用类型按一级分类共有耕地、园地、林地、牧草地、城乡居民点及工矿用地、交通用地、水域、未利用土地八大类，其特点是垦殖率高，后备土地资源少。因受生物、气候、地域等因素影响，全省土壤类型呈多样化，共有 15 个土类、36 个亚类、85 个土属、257 个土种，适宜于农田和园地的土壤主要有潮土、棕壤、褐土、砂姜黑土、水稻土、粗骨土等 6 个土类的 15 个亚类，其中尤以潮土、棕壤和褐土的面积较大，分别占耕地的 48%、24% 和 19%。山东省农业历史悠久，耕地率是全国最高省份，2011 年底全省耕地总面积为 $7.51 \times 10^6$ $hm^2$，66% 的旱地可以得到有效灌溉。

据 2011 年山东省国民经济和社会发展统计公报公布的初步核算结果，全省实现地区生产总值为 45 429.2 亿元，比 2010 年增长了 10.9%；地方财政收入 3455.7 亿元，增长了 25.7%；进出口总额超过 2000 亿美元。第一产业增加值为 3973.8 亿元，增长了 4.0%；第二产业增加值为 24 037.4 亿元，增长了 11.7%；第三产业增加值为 17 418.0 亿元，增长了 11.3%。产业结构调整稳步推进，三次产业比例由 2010 年的 9.2∶54.2∶36.6 调整为 8.8∶52.9∶38.3。人均生产总值为 47 260 元，增长了 9.9%，按年均汇率折算为 7317 美元。

根据 2012 年山东省环境公报，2012 年山东省环境质量总体良好，水环境质量总体已经达到 1995 年以前的水平。公报显示，在去年全省例行监测的河流断面中，根据化学需氧量和氨氮含量双因子评价，水质优于Ⅲ类的占 45.5%，Ⅳ类的占 22.7%，Ⅴ类的占 12.9%，劣Ⅴ类的占 18.9%。实现了流域水环境质量连续 10 年持续改善，其中化学需氧量平均浓度为 25.3 mg/L，同比下降了 12.4%；氨氮平均浓度为 1.12mg/L，同比下降了 23.5%。但是水污染的现象仍然存在的，主要是大量施用化肥、农药、除草剂的农田污水；农村未经处理排放的生活污水；堆积在河边的工业废弃物等。山东省个别粮食蔬菜主产区，由于农户施肥喷药等操作不合理，表层土壤中硝酸盐含量超标。

## 1.1.5　河南

河南省位于我国中东部，界于北纬 31°23′～36°22′，东经 110°21′～116°39′，南北纵跨 550 余千米，东西横亘 580 余千米，周边与安微、山东、河北、山西、陕西、湖北 6 省毗邻。土地面积约 $1.67 \times 10^5 \, m^2$，占全国总面积的 1.73%。

全省有 17 个地级市、50 个市辖区、21 个县级市、88 个县。截至 2011 年年底，全省有常住人口 9388 万人，其中农业人口 5579 万人，占总人口的 59.4%。河南省处于亚热带与温带的过渡地区，兼有南北方之长，气候温和，土地肥沃，矿产资源极其丰富，宜于工农业发展。河南省有得天独厚的自然地理条件，以其特殊的战略地位、丰富的农副产品资源、品种繁多的矿藏物产、四通八达的陆地交通、光辉灿烂的历史文化而著称全国。2011 年河南省地区生产总值为 26 931 亿元，其中第一产业 3512.24 亿元，第二产业 15 427 亿元，第三产业 7991.72 亿元，人均生产总值 28 661 元，综合经济实力在全国 30 个省、市、自治区、直辖市中居第 5 位。

河南省属暖温带-亚热带、湿润-半湿润季风气候。其特点是冬季寒冷雨雪少，春季干旱风沙多，夏季炎热雨丰沛，秋季晴和日照足；年平均气温在12.8～15.5℃，南部高于北部，东部高于西部；年平均降水量为784.8mm，由东南向西北逐渐减少；全年实际日照时数为2000～2600h，全年太阳辐射量在$11.3 \times 10^4$～$51.1 \times 10^4 \, J/cm^2$。河南省地处我国地势的第二阶梯和第三阶梯的过渡地带，其地形地貌、气候条件、土壤植被都具有明显的过渡性特征。地势自西向东呈阶梯状分布，地形由中山、低山、丘陵过渡到平原，中山海拔在1000 m 以上，低山海拔400～1000 m，丘陵海拔200～400 m，平原海拔在200 m以下。山地面积占全省面积的32.4%，丘陵占14.5%，平原占53.1%。地形起伏较大，地貌类型复杂。全省水资源总量 $4.65\times10^{10}$ m³，居全国第19位。水资源人均占有量471 m³，居全国第22位，为全国的1/5，世界的1/20。河南省分属长江、淮河、黄河、海河四大流域。全省河流众多，流域面积在100km²以上的河流有493条，其中流域面积超过10 000km²的有9条，为黄河、伊洛河、沁河、淮河、沙河、洪河、卫河、白河和丹江；流域面积1000～10 000km²的河流有52条。受地形影响，大部分河流发源于西部、西北部和东南部山区。顺地势向东、东北、东南或向南汇流，形成扇形水系。

充足的光、热、水资源和肥沃的土地，为河南的农业发展奠定了良好的基础[2]。河南是农业大省，全省常用耕地面积为 $7.93\times10^{6}$ hm²，粮棉油等主要农产品产量均居全国前列，是全国重要的优质农产品生产基地。2011年，河南省农业和农村经济总体保持良好的发展态势，粮食总产量达 $5.54\times10^{7}$ t，比2010年增加了 $1.06\times10^{6}$ t，增长了1.9%。大多数经济作物保持稳定发展态势，棉花总产量为 $3.82\times10^{5}$ t；油料作物产量为 $5.32\times10^{6}$ t；蔬菜总产量为 $6.71\times10^{7}$ t，增长了1.29%；果树总产量为 $8.34\times10^{6}$ t，增长了4.72%；茶园总产量为 $4.95\times10^{4}$ t，增长了15.93%；食用菌产量为 $2.49\times10^{6}$ t，增长了2.8%。水产品总量为 $1.03\times10^{6}$ t，增长了3.5%[3]。

## 1.1.6  辽宁

辽宁省位于东北地区的南部。地理坐标介于东经 118°53'～125°46'，北纬38°43'～43°26'。南濒浩瀚的黄海、渤海，辽东半岛斜插于两海之间，隔渤海海峡，与山东半岛遥相呼应；西南与河北省接壤；西北与内蒙古自治区毗连；东北与吉林省为邻；东南以鸭绿江为界与朝鲜民主主义人民共和国隔江相望。全省陆地总面积为 $1.48\times10^{5}$ km²，占全国陆地总面积的 1.5%。在全省陆地总面积中，山地为 $8.80\times10^{4}$ km²，占 59.5%；平地为 $4.80\times10^{4}$ km²，占 32.4%；水域和其他地形为 $1.20\times10^{4}$ km²，占 8.1%。海域（大陆架）面积为 $1.50\times10^{5}$ km²，其中近海水域面积为 $6.40\times10^{4}$ km²。沿海滩涂面积为 2070km²。陆地海岸线东起鸭绿江口西至绥中县老龙头，全长 2292.4km，占全国海岸线长度的12%，居全国第5位。辽宁省有海洋岛屿 266 个，面积为 191.5km²，占全国海洋岛屿总面积的 0.24%，占全国总面积的 0.13%，岛岸线全长 627.6km，占全国岛岸线长的 5%。

辽宁省地势大体为北高南低，从陆地向海洋倾斜。山地丘陵分列于东西两侧，向中部平原倾斜。地貌划分为三大区。东部的山地丘陵区，为长白山脉向西南延伸的部分。这一地区以沈丹铁路为界划分为东北部低山地区和辽东半岛丘陵区，

面积约 $7.28×10^4km^2$，占全省面积的 46%。东北部低山区，为长白山支脉吉林哈达岭和龙岗山的延续部分，由南北两列平行的山地组成，海拔 500～800 m，最高山峰钢山位于抚顺市东部与吉林省交界处，海拔 1347 m，为本省最高点。辽东半岛丘陵区，以千山山脉为骨干，北起本溪连山关，南至旅顺老铁山，长约 340km，构成辽东半岛的脊梁，山峰海拔大都在 500 m 以下。区内地形破碎，山丘直通海滨，海岸曲折，港湾很多，岛屿棋布，平原狭小，河流短促。西部山地丘陵区由东北向西南走向的努鲁儿虎山、松岭、黑山、医巫闾山组成。山间形成河谷地带，是大、小凌河发源地和流经地，山势从北向南由海拔 1000 m 向 300 m 过渡，北部与内蒙古高原相接，南部形成海拔 50 m 的狭长平原，与渤海相连，其间为辽西走廊。西部山地丘陵面积约为 $4.20×10^4km^2$，占全省面积的 29%。中部平原由辽河及其 30 余条支流冲积而成，面积为 $3.70×10^4km^2$，占全省总面积的 25%。地势从东北向西南由海拔 250 m 向辽东湾逐渐倾斜。辽北低丘区与内蒙古接壤处有沙丘分布，辽南平原至辽东湾沿岸地势平坦，土壤肥沃，另有大面积沼泽洼地、漫滩和许多牛轭湖分布。

辽宁省地处欧亚大陆东岸中纬度地区，属于温带大陆性季风气候区。境内雨热同季，日照丰富，积温较高，冬长夏暖，春秋季短，四季分明。雨量不均，东湿西干。全省阳光年总辐射量在 100～200 cal/cm$^2$，年日照时数 2100～2900 h，其中朝阳地区最多为 2861 h，丹东地区最少为 2120 h。春季大部地区日照不足；夏季前期不足，后期偏多；秋季大部地区偏多；冬季光照明显不足。全年平均气温在 5.2～11℃，最高气温 30℃，极端最高可达 40℃以上，最低气温-30℃。受季风气候影响，各地差异较大，自西南向东北，自平原向山区递减，其中最高为大连，最低为西丰。年平均无霜期 130～200 天，一般无霜期均在 150 天以上，由西北向东南逐渐增多。辽宁省是东北地区降水量最多的省份，年降水量在 400～970mm。东部山地丘陵区年降水量在 1100 mm 以上；西部山地丘陵区与内蒙古高原相连，年降水量在 400 mm 左右，是全省降水最少的地区；中部平原降水量比较适中，年平均在 600 mm 左右。

辽宁省境内有大小河流 300 余条，其中，流域面积在 5000km$^2$ 以上的有 17 条，在 1000～5000km$^2$ 的有 31 条。主要有辽河、浑河、大凌河、太子河、绕阳河以及中朝两国共有的界河鸭绿江等，形成辽宁省的主要水系。辽河是辽宁省内第一大河，全长 1390km，境内河道长约 480km，流域面积 $6.92×10^4km^2$。境内大部分河流自东、西、北三个方向往中南部汇集注入海洋。河流水文特点为：河道平缓，含沙量高，流量年内分配不均，泄洪能力差，易生洪涝。东部河流水清流急，河床狭窄，适于发展中小水电站。

辽宁省辖 14 个市（含副省级城市 2 个）、56 个市辖区、44 个县（17 个县级市、19 个县、8 个自治县）。省会沈阳位于本省中部，是辽宁的政治、经济、文化和交通中心，是中国东北地区进行对外经济技术合作和科学文化交流的重要城市，常住人口 810.6 万人（截至 2010 年 11 月）。根据《辽宁省 2010 年第六次全国人口普查主要数据公报》，全省总人口为 4374.6 万人。全年城镇居民人均可支配收入为 23 223 元，比 2009 年增长了 10.3%；农村居民人均纯收入为 8076 元，比 2009 年增长了 17.6%。

辽宁省耕地面积 $4.09×10^6\ hm^2$，人均占有耕地约 $0.094\ hm^2$，其中 80%左右分布在辽宁中部平原区和辽西北低山丘陵的河谷地带；园地面积为 $5.97×10^5\ hm^2$；林地面积为 $569.90\ hm^2$，是各类土地中面积最大的一类，东部山区是全省的林业基地，也是调节全省气候等自然环境的生态屏障，其他地区则是以防风固沙等保护性的生态林为主；牧草地面积为 $3.49×10^5\ hm^2$，主要分布在西北部地区；其他农用地面积为 $5.00×10^5\ hm^2$；建设用地面积为 $1.52×10^6\ hm^2$。

2011 年全省地区生产总值完成 22 025.5 亿元，较 2010 年增长了 12.1%。农林牧渔业增加值为 1915.6 亿元，比 2010 年增长了 6.5%。其中，种植业值为 789.7 亿元，增长了 10.5%；林业增加值为 62.7 亿元，增长了 9%；牧业增加值为 614.6 亿元，增长了 1.2%；渔业增加值为 365.3 亿元，增长了 6%；农林牧渔服务业增加值为 83.3 亿元，增长了 7%。全年粮食总产量为 $2.04×10^7\ t$，比 2010 年增加了 $2.70×10^6\ t$，增长了 15.3%，创历史最高纪录。蔬菜产量为 $2.83×10^7\ t$，增长了 6.2%。水果产量为 $8.11×10^6\ t$，增长了 10.7%。

2011 年人工造林面积为 $3.94×10^5\ hm^2$，新增封山育（护）林面积为 $1.07×10^5\ hm^2$，中幼龄林抚育及低效低产林改造面积为 $1.00×10^5\ hm^2$，退耕还林工程完成人工造林 $1.2×10^4\ hm^2$，义务植树 1.2 亿株。

2011 年猪、牛、羊、禽肉产量为 $4.01×10^6\ t$，比 2010 年增长了 0.3%。禽蛋产量为 $2.77×10^6\ t$，增长了 0.6%。牛奶产量为 $1.25×10^6\ t$，增长了 2.7%。全年水产品产量（不含远洋渔业产量）为 $4.35×10^6\ t$，比 2010 年增长了 5.5%。其中，淡水产品产量为 $8.57×10^5\ t$，增长了 6.3%；海洋捕捞为 $1.06×10^6\ t$，增长了 5.4%；海水养殖为 $2.44×10^6\ t$，增长了 5.2%。

2011 年末农业机械总动力（不包括渔船）为 $2.36×10^7\ kW$，比 2010 年末增长了 5.3%。全年良种覆盖率为 96.9%，测土配方施肥面积为 $4.02×10^6\ hm^2$。

全年城镇居民人均可支配收入为 20 467 元，比 2010 年增长了 15.5%，扣除价格因素，实际增长 9.9%；农村居民人均纯收入为 8297 元，比 2010 年增长了 20.1%，扣除价格因素，实际增长 13.8%。

全年城市污水处理率由 2010 年的 74.9%提高到 75.0%；生活垃圾无害化处理

率由 70.9% 提高到 80.0%；用水普及率由 97.4% 提高到 98.2%；燃气普及率由 94.2%
提高到 94.8%；城市人均拥有道路面积由 11.2 m² 增加到 11.8 m²；人均公园绿地面
积由 10.2 m² 增加到 10.8 m²；建成区绿化覆盖率由 39.3% 提高到 39.9%。

全省 6 条主要河流中，浑河、太子河、大凌河源头水质为Ⅰ类～Ⅱ类水质，
鸭绿江干流、支流全年保持Ⅱ类水质。14 个城市监测的 42 个集中式生活饮用水源
地的水质总达标率为 97.4%。其中，地表水源地达标率为 100.0%（不计总氮），地
下水水源地达标率为 92.8%，近岸海域功能区水质总达标率为 93.0%。

## 1.2　泛环渤海地区农业生产现状

### 1.2.1　北京

#### 1.2.1.1　种植业

随着城市化进程的加快和产业结构的调整，北京市农业用地面积逐年减少。
据统计，2008 年末北京市农业用地面积为 $1.10 \times 10^6$ hm²，占北京市农业用地总面
积的 66.8%。总体上看，农业用地以耕地和林地为主。从种植结构看，低山地区主
要发展林、果、牧业；低山与平原过渡地带主要发展果、粮、牧业；平原地区则
是粮、菜的主产地，也是发展畜牧业的重要地区。从农作物播种结构看，仍以粮
食作物为主，其次是蔬菜和其他经济作物。从分布地区来看，粮食主产地分布在
远郊区的大兴、昌平、顺义、通州、平谷及房山的平原地区，蔬菜用地集中在海
淀、朝阳、石景山、丰台四个近郊区，果、林、牧业则分布在门头沟、昌平、房
山、平谷、怀柔、密云、延庆的山区。

2011 年，北京市全年实现农业生产总值 163.4 亿元，比 2001 年增加了 92.9%。
全市农作物播种面积为 $3.03 \times 10^5$ hm²，其中粮食作物播种面积为 $2.09 \times 10^5$ hm²，蔬
菜播种面积为 $6.7 \times 10^4$ hm²，分别比 2001 年下降了 2.3% 和 40.7%；果园面积为
$6.4 \times 10^4$ hm²，设施农业播种面积为 $3.8 \times 10^4$ hm²，农业观光园 1300 个。粮食产量为
$1.22 \times 10^6$ t，比 2001 年增加了 16.1%；蔬菜产量为 $2.94 \times 10^6$ t，比 2001 年下降了
39.5%；干鲜果总产量为 $8.78 \times 10^5$ t，比 2001 年增加了 22.1%。

#### 1.2.1.2　养殖业

2011 年北京市畜牧业总产值为 162.7 亿元，比 2001 年增加了 63.8%。年末全
市出栏生牛 11.4 万头，出栏生猪 312.2 万头，出栏生羊 78.6 万只，出栏家禽 10 736.7

万只；年末大牲畜存栏 22.3 万头，生猪存栏 179.3 万头，生羊存栏 57.8 万只，家禽存栏 2662.8 万只。肉类产量为 $4.44×10^5$ t，禽蛋产量为 $1.51×10^5$ t，分别比 10 年前下降了 20.5%和 3.2%，牛奶产量为 $6.40×10^5$ t，比 2001 年增加了 49.2%；水产品产量为 $6.10×10^4$ t，其中淡水鱼产量为 $5.40×10^4$ t。

中华人民共和国环境保护部公布的数据显示，2000 年北京市畜禽粪便总量达 $6.38×10^6$ t，每公顷耕地畜禽粪便负荷量达 18.54 t。从郊区畜禽养殖分布看，延庆、怀柔、密云、昌平、顺义、平谷等北部 6 区县，分布着全市 70%的牛饲养量、65%的生猪饲养量和 60%的蛋鸡饲养量，这些区县是城区水源保护区和供水途径区，同时是城市的上风向地区。规模化畜禽养殖已严重威胁到北京城市环境和地下水安全。

## 1.2.2　天津

### 1.2.2.1　种植业

2011 年末，天津市耕地面积为 $3.97×10^5$ $hm^2$。农作物播种面积为 $4.68×10^5$ $hm^2$，其中粮食作物播种面积为 $3.11×10^5$ $hm^2$，占农作物总播种面积的 66.4%，棉花播种面积 $6.00×10^4$ $hm^2$，占农作物总播种面积的 12.8%，蔬菜播种面积为 $8.70×10^4$ $hm^2$，占农作物总播种面积的 18.6%。

天津市粮食生产连续八年获得丰收。2011 年粮食总产量为 $1.62×10^6$ t，比 2010 年增加 $2.10×10^4$ t，增长 1.3%；平均亩[①]产 347.13 kg，同比增加 5.5 kg，增长 1.6%。小麦、玉米两大主要粮食作物带动夏、秋两季粮食产量实现双增。夏粮产量为 $5.42×10^5$ t，秋粮产量为 $1.08×10^6$ t，分别比 2010 年增长 1.9%和 1.0%。分品种粮食作物亩产水平均有不同程度提高。其中，稻谷亩产 501.87 kg，比 2010 年增长 6.1%；小麦亩产 321.83 kg，增长了 0.3%；玉米亩产 372.29 kg，增长了 1.7%；豆类亩产 89.87 kg，增长了 1.9%。

经济作物产量也呈增长态势。2011 年棉花总产量为 $7.23×10^4$ t，比 2010 年增长了 15.3%；油料作物总产量为 $6.60×10^3$ t，比 2010 年增长了 3.6%；蔬菜总产量为 $4.31×10^6$ t，比 2010 年增长了 2.9%，亩产 3301 kg，增产 0.2%；复种指数达到 238%，提高了 6 个百分点。

### 1.2.2.2　养殖业

2011 年天津市生猪全年出栏 352.7 万头，同比减少 1.5%，生猪年末存栏 191.26

---

① 1 亩≈666.67 $m^2$。

万头，同比增长 2.3%；牛全年出栏 18.0 万头，同比减少 0.7%，牛年末存栏 29.36 万头，同比增长 1.9%；羊全年出栏 65.97 万只，同比减少 1.3%，羊年末存栏 36.06 万只，同比减少 3.5%；家禽全年出栏数量为 7215.72 万只，同比增长 3.8%，家禽年末存栏 2315.5 万只，同比增长 10.0%；牛奶产量 $6.91 \times 10^5$ t，同比增长 0.1%；肉类总产量 $4.25 \times 10^5$ t，同比增长 0.1%；禽蛋产量 $1.93 \times 10^5$ t，同比减少 0.6%。

## 1.2.3　河北

### 1.2.3.1　种植业

河北省主要作物类型有：冬小麦、夏玉米、春玉米、棉花、蔬菜、果树。种植模式主要有冬小麦—夏玉米轮作，蔬菜倒茬轮作、其他作物单作。种植布局为：冬小麦—夏玉米轮作区主要分布在冀中南山前平原区及低平原区，春玉米主要分布在冀北的张承地区，棉花主要分布在冀中南低平原区，蔬菜主要分布在冀中南山前平原区及低平原区，果树在全省各地都有分布。

依据《2012 年河北农村统计年鉴》，2011 年河北省粮食播种面积 $6.29 \times 10^6$ hm²，粮食作物总产量为 $3.17 \times 10^7$ t，居全国第 6 位，比 2010 年增长 6.6%；蔬菜播种面积为 $1.16 \times 10^6$ hm²，总产量为 $7.38 \times 10^7$ t，居全国第 2 位，其中设施蔬菜产量占总产量的 27.8%，为 $2.05 \times 10^7$ t，同比增长 16.1%；棉花播种面积为 $6.33 \times 10^5$ hm²，比 2010 年增长 8.8%，总产量为 $6.5 \times 10^5$ t，居全国第 3 位，增长了 14.7%；园林水果总产量为 $1.2 \times 10^7$ t，居全国第 3 位；油料作物播种面积为 $4.53 \times 10^5$ hm²，减少了 2.4%，总产量为 $1.42 \times 10^6$ t，居全国第 8 位，增长 1.1%（表 1-1）。

表 1-1　2001 ~ 2011 年度主要农作物播种面积[4]　　　（单位：10³ hm²）

| 年份 | 总播种 | 粮食作物 | 小麦 | 玉米 | 棉花 | 油料 | 蔬菜 | 年末果园 |
|---|---|---|---|---|---|---|---|---|
| 2001 | 8990.8 | 6628.9 | 2579.8 | 2543.4 | 418.5 | 631.7 | 925.8 | 1054.8 |
| 2002 | 8935.1 | 6484.4 | 2449.6 | 2577.4 | 407.4 | 642.0 | 1028.9 | 1062.1 |
| 2003 | 8038.5 | 5944.0 | 2192.9 | 2488.8 | 581.4 | 634.0 | 1068.5 | 1075.0 |
| 2004 | 8695.4 | 6003.4 | 2161.5 | 2630.6 | 669.1 | 583.6 | 1082.2 | 1106.4 |
| 2005 | 8785.5 | 6240.2 | 2377.1 | 2677.4 | 573.5 | 559.0 | 1104.8 | 1115.1 |
| 2006 | 8713.9 | 6271.7 | 2504.5 | 2799.9 | 664.1 | 485.9 | 1066.7 | 1097.5 |
| 2007 | 8652.7 | 6168.2 | 2412.4 | 2862.6 | 680.0 | 498.3 | 1075.0 | 1088.0 |
| 2008 | 8713.2 | 6158.8 | 2416.1 | 2841.1 | 690.0 | 516.9 | 1101.3 | 1061.5 |
| 2009 | 8682.5 | 6216.5 | 2394.5 | 2950.5 | 620.0 | 496.6 | 1100.9 | 1035.6 |
| 2010 | 8718.4 | 6282.2 | 2420.3 | 3008.6 | 581.0 | 464.4 | 1138.6 | 1064.4 |
| 2011 | 8773.7 | 6286.1 | 2396.1 | 3035.8 | 632.5 | 453.1 | 1157.9 | 1047.4 |

河北省 2001～2011 年的小麦年施肥总量基本稳定在 $90.10^4$ t 左右（表 1-2），然而，玉米（包括春玉米和夏玉米）施肥量却呈稳步增长态势，以平均每年 2%～5% 的速度递增。由于蔬菜、棉花等经济作物播种面积的不断扩大，使其年施肥总量更是以平均每年 2%～11%（蔬菜）和 1%～4%（棉花）的速度增长，对地下水硝酸盐含量水平构成持续潜在的威胁。

**表 1-2　河北省 2001～2011 年冬小麦施肥状况**

| 年份 | 习惯施肥（$10^4$ t） | | | | 播种面积（$10^3$ hm$^2$） |
|---|---|---|---|---|---|
| | N | P$_2$O$_5$ | K$_2$O | 总量 | |
| 2001 | 58.05 | 38.70 | 0.00 | 96.74 | 2579.8 |
| 2002 | 55.12 | 36.74 | 0.00 | 91.86 | 2449.6 |
| 2003 | 49.34 | 32.89 | 0.00 | 82.23 | 2192.9 |
| 2004 | 48.63 | 32.42 | 0.00 | 81.06 | 2161.5 |
| 2005 | 53.48 | 35.66 | 0.00 | 89.14 | 2377.1 |
| 2006 | 56.35 | 37.57 | 0.00 | 93.92 | 2504.5 |
| 2007 | 54.28 | 36.19 | 0.00 | 90.47 | 2412.4 |
| 2008 | 54.36 | 36.24 | 0.00 | 90.60 | 2416.1 |
| 2009 | 53.88 | 35.92 | 0.00 | 89.79 | 2394.5 |
| 2010 | 54.46 | 36.30 | 0.00 | 90.76 | 2420.3 |
| 2011 | 53.91 | 35.94 | 0.00 | 89.85 | 2396.1 |

注：N、P$_2$O$_5$、K$_2$O 施肥量均为概略数据，加和可能与总量数据不同

### 1.2.3.2　养殖业

从《2012 年河北农村统计年鉴》以及统计资料可以看出（表 1-3），2011 年年末河北省大牲畜年末存栏数为 $495.72 \times 10^4$ 头，较 2010 年略有下降，河北省大牲畜养殖近十年来的高峰在 2005 年，为 $1019.05 \times 10^4$ 头，是 2011 年末存栏数的 2 倍，之后五年呈逐年缩减趋势；2011 年末河北省家禽年末存栏数为 35 668.3×$10^4$ 只，近五年来存栏数量基本保持稳定。

2007～2011 年五年来，肉类总产量处于稳定水平，均在 $4.2 \times 10^6$ t 上下，稳居全国前六位，2011 年禽蛋产量为 $339.84 \times 10^4$ t，稳居全国前三甲，较前五年有 17% 的下降，可能与禽流感等禽类疾病盛行有关；2011 年奶类产量也较四五年前略有下降。综合上述数据，2006～2011 年来，河北省畜禽废弃物产量有所下降。

表 1-3　河北省 2001～2011 年养殖业状况

| 年份 | 大牲畜年末存栏数（万头） | 家禽年末存栏数（万只） | 大牲畜年末出栏数（万头） | 家禽年末出栏数（万只） | 肉类总产量（$10^4$ t） | 禽蛋产量（$10^4$ t） | 奶类产量（$10^4$ t） |
|---|---|---|---|---|---|---|---|
| 2001 | 935.80 | 44 432.9 | 562.3 | 45 073.9 | 347.7 | 335.53 | 119.26 |
| 2002 | 935.09 | 47 707.8 | 585.0 | 45 671.3 | 356.6 | 346.88 | 148.89 |
| 2003 | 965.13 | 42 212.7 | 614.6 | 46 542.5 | 365.8 | 358.56 | 207.61 |
| 2004 | 999.05 | 51 602.9 | 639.5 | 47 033.9 | 378.8 | 367.24 | 276.95 |
| 2005 | 1019.05 | 41 070.5 | 666.1 | 48 690.1 | 395.6 | 385.18 | 348.64 |
| 2006 | 613.00 | 37 495.5 | 420.5 | 48 743.0 | 406.2 | 382.30 | 417.00 |
| 2007 | 610.49 | 39 106.9 | 421.9 | 52 107.8 | 398.1 | 396.45 | 497.70 |
| 2008 | 569.75 | 37 996.3 | 411.3 | 53 900.3 | 421.1 | 411.00 | 515.33 |
| 2009 | 536.66 | 34 922.4 | 398.7 | 52 552.8 | 426.6 | 353.20 | 461.10 |
| 2010 | 503.87 | 33 106.4 | 412.7 | 47 980.7 | 416.7 | 339.08 | 449.08 |
| 2011 | 495.72 | 35 668.3 | 389.3 | 50 730.8 | 418.2 | 339.84 | 466.94 |

## 1.2.4　山东

### 1.2.4.1　种植业

山东省的植物资源中，有小麦、玉米、甘薯等粮食作物和棉花、花生等经济作物 40 多种，蔬菜、瓜类 60 多种，有林木、果树、茶树、桑树、柞岚等木本植物 660 多种，淀粉糖类、脂肪油类、纤维类、芳香油类、鞣酸栲胶类、药用类、土农药类等野生经济植物 1350 多种。主要的种植轮作模式有粮-粮轮作、粮-经轮作、粮-饲料轮作、经-饲轮作，菜-菜轮作，粮-葱套作，粮-棉套作，设施蔬菜轮作等（表 1-4）。

表 1-4　2001～2011 年山东省主要农作物种植面积和产量

| 年份 | 小麦 | | 玉米 | | 棉花 | | 花生 | | 蔬菜 | |
|---|---|---|---|---|---|---|---|---|---|---|
| | 播种面积（$10^3$ hm²） | 产量（$10^4$ t） | 播种面积（$10^3$ hm²） | 产量（$10^4$ t） | 播种面积（$10^3$ hm²） | 产量（$10^4$ t） | 播种面积（$10^3$ hm²） | 产量（$10^4$ t） | 播种面积（$10^3$ hm²） | 产量（$10^4$ t） |
| 2001 | 3545.75 | 1655.15 | 2505.23 | 1532.37 | 735.37 | 78.10 | 971.48 | 369.08 | 1850.02 | 971.41 |
| 2002 | 3397.48 | 1547.06 | 2530.07 | 1316.03 | 664.89 | 72.20 | 952.49 | 333.85 | 1970.91 | 8335.37 |
| 2003 | 3105.13 | 1565.03 | 2405.89 | 1411.02 | 881.69 | 87.68 | 988.18 | 355.63 | 2027.13 | 8729.27 |
| 2004 | 3105.70 | 1584.56 | 2455.05 | 1499.15 | 1059.21 | 109.77 | 925.30 | 365.30 | 1970.12 | 8883.67 |

续表

| 年份 | 小麦 | | 玉米 | | 棉花 | | 花生 | | 蔬菜 | |
|---|---|---|---|---|---|---|---|---|---|---|
| | 播种面积<br>($10^3 hm^2$) | 产量<br>($10^4 t$) | 播种面积<br>($10^3 hm^2$) | 产量<br>($10^4 t$) | 播种面积<br>($10^3 hm^2$) | 产量<br>($10^4 t$) | 播种面积<br>($10^3 hm^2$) | 产量<br>($10^4 t$) | 播种面积<br>($10^3 hm^2$) | 产量<br>($10^4 t$) |
| 2005 | 3278.67 | 1800.53 | 2731.44 | 1735.41 | 846.26 | 84.63 | 884.80 | 359.90 | 1847.69 | 8606.98 |
| 2006 | 3556.59 | 2012.96 | 2844.23 | 1749.32 | 890.17 | 102.31 | 857.90 | 355.00 | 1679.01 | 8026.41 |
| 2007 | 3519.08 | 1995.57 | 2854.23 | 1816.48 | 899.96 | 100.09 | 790.06 | 325.55 | 1704.72 | 8342.33 |
| 2008 | 3525.21 | 2034.19 | 2874.21 | 1887.41 | 888.26 | 104.06 | 800.47 | 337.09 | 1725.14 | 8634.97 |
| 2009 | 3545.20 | 2047.30 | 2917.33 | 1921.50 | 800.39 | 92.12 | 774.84 | 330.89 | 1755.98 | 8937.2 |
| 2010 | 3561.31 | 2058.60 | 2955.27 | 1932.07 | 766.40 | 72.41 | 805.00 | 339.04 | 1770.79 | 9030.75 |
| 2011 | 3593.53 | 2103.92 | 2995.87 | 1978.67 | 752.60 | 78.46 | 806.71 | 341.00 | 1791.00 | 9180.93 |

　　粮食作物种植分夏、秋两季，夏粮主要是冬小麦，秋粮主要是玉米、甘薯、大豆、水稻、谷子、高粱和小杂粮。其中小麦、玉米、甘薯是山东省三大主要粮食作物。小麦和玉米种植主要分布在菏泽、聊城、德州、滨州、济南、青岛地区。2011 年，全省粮食作物播种面积为 $1.09×10^7 hm^2$，总产量为 $4.43×10^7 t$。

　　山东省是全国重要的棉区之一，种植历史达 700 年之久，主要产区在黄泛平原，主产地菏泽、德州、滨州地区。所产棉花的长度、细度、强力、色泽等均属上乘。2011 年，全省棉花种植面积为 $7.53×10^5 hm^2$，总产量为 $7.85×10^5 t$。

　　山东省花生生产条件得天独厚，所产花生品质好，自然芳香味浓，是全国花生生产大省，其面积、产量和出口分别占全国的 1/4、1/3 和 1/2 以上。主产于胶东与鲁中南丘陵区和黄泛平原地势较高的沙土地，集中在聊城、菏泽、泰安、青岛地区。2011 年，全省花生种植面积为 $8.07×10^5 hm^2$，总产量为 $3.41×10^6 t$，居全国前列。

　　山东省蔬菜生产自然条件优越、品种资源丰富，素有"世界三大菜园"之称，主要分布在济宁、淄博、潍坊、莱芜、青岛等鲁中地区和山东半岛地区。进入 20 世纪 90 年代后，全省蔬菜生产基本实现了由以城郊生产为主到以建设农区大基地生产为主，由以秋菜生产为主到以冬春菜生产为主，由以大路菜生产为主到以精细菜生产为主，由以省内消费为主到以供应省外和出口为主的转变，并因其量大质优而逐步确立了全国"大菜园"的地位。目前全省蔬菜有 100 多个种类，3000多个品种，70%以上销往省外，出口量占全国的 1/3。2011 年，全省蔬菜种植面积为 $1.79×10^6 hm^2$，总产量为 $9.18×10^7 t$，居全国第一。

　　山东省是北方果树最适栽培区域之一，被誉为"北方落叶果树的王国"，是全国水果主要产区之一，生产各种水果 20 多种，品种达数百个，其中苹果产量占全国的 1/4 以上，桃、梨、葡萄等在全国也占有重要位置，果园遍及全省各地，主要集中在烟台、青岛、威海、临沂等地和山区。全省水果产量的 70%以上销往外省或出口，有些名特产品在国内外市场享有盛名。2011 年，全省果园面积为 $5.92×10^5hm^2$，水果产量为 $1.49×10^7 t$，居全国第一。

### 1.2.4.2　养殖业

山东省畜牧业历史悠久，品种资源丰富，拥有一大批像鲁西黄牛、渤海黑牛、莱芜猪、里岔猪、青山羊、寿光鸡等地方良种，尤其是小尾寒羊被誉为"国宝"，是我国农区畜牧业大省，肉、蛋、奶产量在全国名列前茅。2011 年，全省肉类总产量为 $7.11×10^6 t$，其中猪肉 $3.47×10^6 t$、牛肉 $6.62×10^5 t$、羊肉 $3.25×10^5 t$、禽肉 $2.55×10^6t$、兔肉 $9.28×10^4 t$；禽蛋产量为 $4.02×10^6 t$（表 1-5）。

表 1-5　2001～2011 年山东省畜牧业养殖情况

| 年份 | 猪（万头） | | 牛（万头） | | 羊（万头） | | 家禽（万只） | | 肉类产量 $(10^4 t)$ | 禽蛋产量 $(10^4 t)$ | 奶类产量 $(10^4 t)$ |
| --- | --- | --- | --- | --- | --- | --- | --- | --- | --- | --- | --- |
| | 存栏 | 出栏 | 存栏 | 出栏 | 存栏 | 出栏 | 存栏 | 出栏 | | | |
| 2001 | 2 500.29 | 3 370.69 | 778.54 | 359.63 | 2 387.24 | 2 530.15 | 50 263.73 | 99 493.75 | 531.49 | 311.58 | 80.48 |
| 2002 | 2 602.80 | 3 566.19 | 787.88 | 380.13 | 2 466.79 | 2 646.54 | 53 236.24 | 105 550.38 | 559.66 | 328.33 | 103.92 |
| 2003 | 2 686.09 | 3 765.90 | 804.31 | 396.47 | 2 543.26 | 2 731.23 | 55 031.28 | 113 458.25 | 591.00 | 349.11 | 132.05 |
| 2004 | 2 761.01 | 4 060.41 | 771.51 | 413.21 | 2 667.51 | 2 869.43 | 56 875.64 | 122 660.64 | 621.72 | 355.83 | 167.92 |
| 2005 | 2 771.96 | 4 263.54 | 750.45 | 425.73 | 2 645.96 | 3 002.98 | 54 641.26 | 145 089.38 | 657.78 | 363.20 | 196.66 |
| 2006 | 2 508.50 | 4 389.90 | 632.70 | 436.60 | 2 368.30 | 3 026.20 | 52 100.30 | 151 090.90 | 681.00 | 353.90 | 212.40 |
| 2007 | 2 656.50 | 3 654.00 | 570.70 | 449.70 | 2 342.30 | 3 080.70 | 48 779.50 | 139 652.90 | 618.70 | 359.90 | 242.18 |
| 2008 | 2 725.80 | 3 916.74 | 522.49 | 458.74 | 2 142.88 | 3 098.80 | 53 91.78 | 152 889.08 | 660.31 | 365.63 | 254.92 |
| 2009 | 2 753.06 | 4 155.66 | 485.61 | 454.34 | 2 096.94 | 3 057.08 | 52 028.80 | 156 864.19 | 684.13 | 377.72 | 258.15 |
| 2010 | 2 747.55 | 4 301.11 | 483.67 | 449.35 | 2 138.88 | 3 005.11 | 54 352.49 | 163 572.63 | 704.36 | 384.84 | 271.56 |
| 2011 | 2 837.13 | 4 234.24 | 492.86 | 133.39 | 2 150.90 | 2 901.22 | 58 541.17 | 173 553.90 | 711.05 | 401.64 | 278.95 |

2010 年本省畜禽养殖业共产生 $2.85×10^9 t$ 粪便，是当年全省工业固体废弃物产生量 $1.60×10^9 t$ 的 1.78 倍；畜禽粪便及其中的氮、磷纯养分平均耕地负荷分别为 $37.91 t/hm^2$、$192.40 kg/hm^2$ 和 $54.92 kg/hm^2$。其中单位面积耕地负荷的畜禽粪便纯氮养分济南市最高，达到 $235.65 kg/hm^2$，除威海、枣庄和日照 3 市外，其余 14 个城市耕地纯氮负荷都超过了欧盟 $35 kg/hm^2$ 的限量标准。

畜禽养殖场中的高浓度、未经处理的污水被降雨淋洗冲刷进入自然水体后，使自然水体中固体悬浮物、有机物和微生物含量增加，改变了水体的物理、化学和生物组成，从而改变了水质状况。另外，粪污中有机物的生物降解和水生生物的繁衍大量消耗水体的溶解氧，使得水体变黑发臭，水生生物死亡，发生水体的"富营养化"。根据国家环境保护部全国规模化畜禽养殖业污染状况调查显示：我国畜禽粪便中主要污染物COD、BOD、$NH_4^+$ - N、TP、TN的流失量分别为$7.97\times10^7$t、$5.81\times10^9$t、$1.56\times10^7$t、$4.68\times10^6$t、$4.07\times10^7$t。畜禽粪便因为含有丰富的氮、磷等营养元素而被广泛应用于农田土壤中。伴随着规模化养殖场的发展，畜禽粪便中的重金属伴随氮、磷等营养元素一同进入到土壤中，导致土壤中的重金属含量提高。

山东省濒临黄海和渤海，海岸线长达3121km，内陆湖泊、水库面积300多万亩，水产生物资源十分丰富，名、优、新、珍、稀水产品养殖发展迅速。2011年，全省水产品产量为$8.14\times10^6$ t，居全国第一位。

渔业自源性污染主要来源于饲料残留。在人工养殖条件下，鱼类的食物来源于人工投饵，所投饵料不可能全部被养殖鱼类所食，必有一部分残饵沉积于底层，一部分残饵溶解于水中或悬浮于水上，导致水体污染。研究表明，饲料中大约74%的氮可被吸收利用，15%成为残饵，4%溶解于水，7%悬浮于水上。经过鱼的代谢，一部分氮又以尿和粪便的形式进入水环境（尿中氮含量约占投饵总氮的22%，粪便中氮含量约占投饵总氮的3%）。同时高密度养殖方式又加重了自源污染。大量投饵，使得没有消耗的残饵和鱼体排泄物及浮游生物尸体堆积于水体底层，使底层有机物越来越多，有机污染越来越严重。后果是水体底质老化、水质下降、有害细菌滋生、病害频发。有机物分解所产生的大量无机氮、磷，使水体富营养化。富营养化不仅使"蓝藻"容易发生，对鱼类造成危害，而且在藻类死亡时，又会再次造成底质的有机污染，形成恶性循环。

## 1.2.5　河南

### 1.2.5.1　种植业

河南省是农业大省，近年来随着土肥水等农业生产条件的不断改善，机械化程度的不断提高，河南省的种植制度也发生了相应的变革。20世纪70年代，间作套种为中心的种植制度改革遍及全省，主要套种方法有麦垄套种玉米、玉米和大豆间作、麦棉套种等。20世纪80年代后，人增地减的矛盾日益突出，农作物种植制度逐步向集约化方向发展，依靠增加物质投入和科技进步实现多熟高产的目的，进一步提高了土地利用率。全省复种指数在20世纪70年代以前为150%，80年代为 160%，90 年代增加到 170%，1997 年达到 180%，2011 年达到 197.8%。种植业主要以粮食与经济作物为主体，粮食作物中主要是小麦、玉米、甘薯、水稻、高粱、大豆、谷子等，经济作物主要是棉花、油料（芝麻、花生、油菜）、烟叶等，其他作物有蔬菜、瓜果类等。随着农村经济的发展，农业种植结构也在不断发生着变化，其明显特点是，始终保持粮食作物、经济作物和其他作物的三元结构，而粮食作物所占比重始终居种植业之首，处于主导地位。近年来，河南省不断调整优化种植结构，在确保粮食总产稳定增长的前提下，大力发展蔬菜等高效经济作物。

2011 年河南省种植业的播种面积为 $1.43×10^7$ hm$^2$，粮食作物的播种面积为 $9.86×10^6$ hm$^2$，占总播种面积的 69.1%，其中小麦占 37.3%，玉米占 21.2%，稻谷占 4.5%，豆类占 3.5%。粮食总产量为 $5.54×10^7$ t，其中小麦产量为 $3.12×10^7$ t，单产 5867 kg/hm$^2$，玉米产量为 $1.70×10^7$ t，单产 5608 kg/hm$^2$，稻谷产量为 $4.75×10^6$ t，单产 7437 kg/hm$^2$，豆类产量为 $9.52×10^5$ t，单产 1881 kg/hm$^2$。棉花播种面积为 $3.97×10^5$ hm$^2$，占总播种面积的 2.8%，总产量 $3.82×10^5$ t，单产 964 kg/hm$^2$；油料作物播种面积为 $1.58×10^6$ hm$^2$，占总播种面积的 11.1%，总产量 $5.32×10^6$ t，单产达到了 3372 kg/hm$^2$。蔬菜播种面积为 $1.72×10^6$ hm$^2$，占总播种面积的 12.1%，总产量为 $6.71×10^7$ t，单产 39 008 kg/hm$^2$。

#### 1.2.5.2　养殖业

河南省养殖种类主要有牛、猪、鸡、羊等。2011 年年底大牲畜存栏总头数为 988.60 万头，猪为 4569 万头，羊为 1865 万只，家禽类 64 642 万只。肉类总产量为 $8.89×10^8$ t，奶类总产量为 $3.21×10^6$ t，禽蛋产量为 $3.91×10^6$ t。养殖业的发展极大地满足了人们生活的需求，但是养殖业产生的养殖废水、畜禽粪便大量堆积，大量高浓度粪水渗入土壤，造成植物疯长或使根系受损，引起植物死亡。粪水渗入地下水，会使地下水中硝酸盐、硬度和细菌总量严重超标；污水和粪便任意排放，可直接或随雨水流入水体，可使水体严重富营养化，水质腐败，污染地表水，甚至污染地下水；散发出恶臭气味污染空气，严重影响畜禽生长和人体健康，也成为疾病传播的重要途径。

## 1.2.6　辽宁

### 1.2.6.1　种植业

2011 年全省农作物总播种面积为 $4.36×10^6$ hm$^2$，比 2010 年增加了 $1.72×10^5$ hm$^2$。粮食作物播种面积为 $3.17×10^6$ hm$^2$，比 2010 年减少了 $9.5×10^3$ hm$^2$，其中，玉米

$2.13 \times 10^6 \, hm^2$，增加了 $4.16 \times 10^4 \, hm^2$；水稻 $6.60 \times 10^5 \, hm^2$，减少了 $1.79 \times 10^4 \, hm^2$；花生 $3.77 \times 10^5 \, hm^2$，增加了 $4.47 \times 10^4 \, hm^2$；蔬菜 $4.65 \times 10^5 \, hm^2$，增加了 $3.52 \times 10^4 \, hm^2$，种植业结构出现新的变化。粮食作物与非粮食作物比例由 2010 年的 79.97∶24.03 调整为 72.77∶27.23。

2011 年全年粮食总产量达到 $2.04 \times 10^7 \, t$，比 2010 年增长了 15.3%，成为历史上产量最高的一年。其中，水稻产量为 $5.01 \times 10^6 \, t$，玉米产量为 $1.36 \times 10^7 \, t$，分别增长了 9.5% 和 18.2%。粮食单产大幅增加，粮食平均每公顷产量为 6420 kg，比 2010 年增加了 870kg，其中，玉米每公顷产量为 6375 kg，增加了 885 kg；水稻每公顷产量为 7605 kg，增加了 855 kg。

2011 年辽宁省经济作物播种面积为 $4.28 \times 10^5 \, hm^2$，比 2010 年增加了 $4.75 \times 10^4 \, hm^2$，油料、甜菜、药材的种植面积和产量均比 2010 年有不同程度的增加，其中花生播种面积为 $3.77 \times 10^5 \, hm^2$，增加了 $4.47 \times 10^4 \, hm^2$；总产量为 $1.17 \times 10^6 \, t$，平均每公顷产量为 3090 kg。

2011 年辽宁省蔬菜播种面积为 $4.65 \times 10^5 \, hm^2$，总产量为 $2.83 \times 10^7 \, t$，每公顷产量为 $6.09 \times 10^4 \, kg$。

### 1.2.6.2　养殖业

2011 年年末辽宁省大牲畜为 530.8 万头，肉猪出栏 2652.1 万头，出售和自宰牛和羊分别为 281.8 万和 725.8 万头。肉类产量为 $4.08 \times 10^6 \, t$，奶类产量为 $1.32 \times 10^6 \, t$，禽蛋产量为 $2.77 \times 10^6 \, t$。

## 1.3　泛环渤海地区土壤与肥料施用状况

### 1.3.1　土壤状况

#### 1.3.1.1　北京

北京地区成土因素复杂，全市土壤随海拔由高到低表现出明显的垂直分布规律，各土壤亚类之间反映出较明显的过渡性。其分布规律是：山地草甸土—山地棕壤（间有山地粗骨棕壤）—山地淋溶褐土（间有山地粗骨褐土）—山地普通褐土（间有山地粗骨褐土、山地碳酸盐褐土）—普通褐土、碳酸盐褐土—潮褐土—褐潮土—砂姜潮土—潮土—盐潮土—湿潮土—草甸沼泽土。由于不同地区成土因素的差异，土壤分布有明显的地域分布规律。

20 世纪 80 年代北京市第二次土壤普查结果显示，全市土壤共有山地草甸土、山地棕壤、褐土、潮土、沼泽土、水稻土、风砂土等 7 个土类，17 个亚类，69 个土属，198 个土种，土壤面积共 $1.57×10^6$ hm²，其中褐土、潮土和棕壤面积较大，分别占全市土壤面积的 63.6%、24.8% 和 10.1%。按亚类划分，其中淋溶褐土、潮土和碳酸盐褐土面积较大，分别占全市土壤面积的 39.5%、51.67% 和 8.42%，其中耕地面积为 $5.07×10^5$ hm²，土壤多属中壤、轻壤和砂壤，也有部分土壤为砂土、重壤和黏壤。

褐土总面积为 $8.91×10^5$ hm²，占全市土壤面积的 63.6%，面积最大、分布最广泛。分布在海拔 40 m 以上的山麓平原及 700～1000 m 以下的低山丘陵地带，处于暖温带半湿润地区，夏季严热多雨，冬季寒冷干燥，春季干旱多风。自然植被在山区多为中生夏绿阔叶林；山麓平原多为农田，以粮果为主，为北京地区的地带性土壤。根据其主要成土过程，可划分为淋溶褐土、普通褐土、碳酸盐褐土、粗骨褐土、褐性土及潮褐土六个亚类。母质为各类岩石风化物的残坡积物、黄土性母质、洪积物及洪积冲积物等。没有明显的钙积层，以淀积黏化为主，兼有残积黏化；有机质累积强度不大，弱于山地棕壤，表层多为 2.5%～6.0%；褐土呈中性微碱性反应，阳离子交换量不高，不含交换性氢，无游离酸。

潮土总面积为 $3.38×10^5$ hm²，占全市土壤面积的 24.8%，是北京平原土壤面积最大的一个土类，也是主要产粮区。根据地形、水文条件及附加过程对土壤发育的影响，可划分为潮土、褐潮土、砂姜潮土、湿潮土、盐潮土五个亚类。潮土地势低平开阔、微有起伏，地下水埋藏较浅，潮化过程明显，有锈纹锈斑或铁锰结核。全新世冲积母质的各类潮土多不形成砂姜，而晚更新世洪积冲积母质形成的砂姜潮土及褐潮土则常形成砂姜。除少数非碳酸盐母质外，一般通体都含有一定的碳酸钙，土壤都呈微碱性反应。潮土土类受黄土性母质影响，矿物养分较丰富，但有机质，氮及速效磷含量较低。

山地棕壤总面积为 $1.30×10^5$ hm²，占全市土壤面积的 10.1%。主要分布在海拔 700～800 m 以上的中山山地，集中分布在房山和门头沟的百花山、白草畔、东灵山、老龙窝、妙峰山及平谷的四座楼山，密云东北部雾灵山、北部大洼尖山和西部云蒙山、黄花顶等中山区，在怀柔主要分布在北部喇叭沟门和碾子公社的北部中山区，在延庆主要分布在大海坨山及东部山地。根据植被及水文状况的变异，可划分为山地棕壤，山地生草棕壤及山地粗骨棕壤三个亚类。山地棕壤的母岩为各类岩石风化物的残坡积物（石灰岩除外）。在凉湿气候条件及落叶阔叶林植被下，进行腐殖质累积、黏化及碳酸盐的充分淋溶等成土过程；无碳酸盐反应，呈微酸性至中性反应，淋溶强度略强于褐土。

水稻土总面积为 $5.20 \times 10^3 \, hm^2$，占全市土壤面积的 0.38%。零星分布在各类洼地，以京西、南苑、顺义等老稻区为最著名。其所在地形多为扇缘洼地、交接洼地及河间洼地，氧化还原作用交替强烈，形成大量锈纹锈斑；下层质地较黏，多为重壤土；水稻土碳酸钙含量较高，酸碱度较高；有机质含量较高，常在 2.0%~4.3%，全氮和全磷亦较高，但速效磷含量增长显著；全钾略有降低，呈上少下多的缓增型分布。京郊水稻土土类，按水分状况可划分为潴育水稻土及潜育水稻二个亚类。

风砂土总面积为 $4.60 \times 10^3 \, hm^2$，占全市土壤面积的 0.34%。分布在永定河及潮白河等大河及古河道两侧，决口的主流带旁，以及一些河漫滩砂地，系河流砂质沉积物被风力搬运堆积而成。按其植被生长状况和固定程度分为三个土属，质地多为细砂质，部分粗砂质及粉砂质。有机质含量极低，多在 0.2%~0.6%，各项营养元素的含量极为贫乏，水、肥、气、热因素极不协调，土壤肥力低劣。

沼泽土总面积为 $1.40 \times 10^3 \, hm^2$，占全市土壤面积的 0.10%。零星分布于各类积水洼地，如扇缘洼地、堤外洼地、人工洼地（多为芦苇塘）及河流汇合处的积水区。水分常处于饱和状态，植被为湿生草类，多为芦苇地莎草科杂草。母质多为洪积冲积物、冲积物，少部分为湖积物，封闭洼地土质多偏黏，堤外洼地多偏砂，但以壤质土为主。有兰灰色潜育层，旱季则脱水氧化，形成锈斑和铁子；上层多有中强石灰反应，呈微碱性；底土有碳酸钙的聚积，可形成砂姜；有机质累积较多，多为 1.2%~2.3%。

山地草甸土总面积为 $526.67 \, hm^2$，占全市土壤总面积的 0.04%。呈带状分布于东灵山、海坨山、百花山等海拔 1900 m 林线以上的中山山地顶部的平台缓坡，坡度较小。山地草甸土土类只分一个亚类，按岩性划分为酸性岩类、硅质岩类、碳酸盐岩类土属。母质以硅质岩类、碳酸盐岩类、酸性岩类风化物为主，植被为中生杂类草草甸（下限有灌丛草甸），优势种不明显。土壤一般无侵蚀，土层多为中厚层，营养元素丰富，自然肥力高。由于气候冷凉，土体湿润，有机质累积强烈而分解缓慢，有机质含量高达 9%~16%。砾质轻壤质土，一般没有锈纹锈斑等新生体，土壤碳酸钙全部淋溶，呈弱酸性反应。

### 1.3.1.2 天津

天津市北部的中低山、丘陵区在成土因素综合作用下，形成地带性土壤褐土。广大平原区地势低平，地下潜水位较浅，土体受地下水频繁作用，产生草甸化过程，形成了隐域性土壤浅色草甸土，即潮土。在低洼易涝、长期或季节积水洼地，因水渍作用产生沼泽化过程，形成了隐域性土壤沼泽土。在冲积平原及海积平原区的微地形较高处，由于地下水有一定矿化度，在强烈蒸发作用下，产生地表积盐，形成盐渍化土壤。在海积冲积平原区，由于地下水较浅且矿化度高，加之海潮的影响，形成了滨海盐土。

天津市的土壤在淋溶、淀积、黏化、草甸化、沼泽化、盐渍化、熟化等成土过程中，形成了多种土壤类型，共 6 个土类，17 个亚类，55 个土属，459 个土种。

潮土是天津市面积最大的土类，面积为 8368.66km$^2$，约占全市土壤总面积的72%，多分布在宝坻、武清、宁河、静海及各郊区。潮土直接发育在河流沉积物上，承受地下水影响，并经耕种熟化而成。潮土土体构型复杂，沉积层次明显，土体构型和质地排列受河流泛滥影响在不同地段呈现很大差异。地下水的状况也很大程度上影响了潮土的特点。由于地下水埋藏浅，可借毛管作用上升至地表，呈现明显的返潮现象。地下水的频繁升降，氧化还原作用的交替发生，影响土壤中物质溶解、移动和积淀，土壤剖面中形成明显的锈纹锈斑。经长期的人类耕作，耕作层中土壤疏松多孔，表土有效养分显著高于心土，作物根系的穿插打乱了原有的冲积物层次。低平地区由于排水不畅，地下水水位高，矿化度也高，易盐渍化，形成盐化潮土。一些洼地，土壤质地偏黏，内、外排水条件差，地下水水位高，受季节性积水和短期积水作用，土壤在潮土的基础上具有明显的沼泽化过程，土色较灰暗，底部具有灰色的潜育层，往往夹有大量沙姜。湿度增大，形成湿潮土。潮土由于垦殖前生草时间短，有机质积累少，垦殖后作物秸秆又被大量携走，虽然施用一些有机肥料或进行秸秆还田、种植绿肥等，土壤有机质累积量仍不多，但经人为耕作垦殖，水肥气热条件均有很大改善，土壤肥力有所提高。潮土分为普通潮土、褐潮土、脱沼泽潮土、盐化潮土、湿潮土、盐化湿潮土 6 个亚类。

褐土主要分布在蓟县，面积为 785.91km$^2$，占全市土壤总面积的 6.74%，从海拔750m 以下的广大山地、丘陵、到山麓平原均有分布，垂直带谱出现于棕壤之下。土壤通体为褐色，发育层次明显，一般由耕作层、淀积黏化层两个基本层段组成。心土质地比较黏重，由于淋溶作用不同，有的有石灰反应，有的没有，土壤呈中性或微碱性。由于山地高度、坡度的差异，褐土土类呈现不同的微域分布，形成了不同的亚类。①粗骨性褐土。分布在山地上部和陡坡。植被破坏，土层薄仅 20～30 cm，土体内有石块、石渣，土壤侵蚀严重，表土多流失。只宜发展林牧业。②淋溶褐土。广泛分布于低山丘陵及洪积扇平原，占褐土总面积的60%。土体由于淋溶作用强烈，无石灰性反应。③石灰性褐土。分布在低山丘陵和山麓平原。含砾质10%左右，发育在石灰岩母质和洪积冲积母质上，全剖面呈强石灰性反应。④褐土性土。发育在洪积冲积物及人工堆垫土上。成土时间短，无明显褐土特征。⑤复石灰性褐土。分布在低山丘陵区。覆被有具石灰反应的表上层，心土及底土无石灰反应，土体厚薄不一。⑥潮褐土。分布在洪积扇中下部，地下水位在 2.5～3.5 m 的山麓平原和潮土交界处。既有褐土特征，又有潮土特点，有锈纹锈斑。由于水分状况较好，地势低平，坡度干缓，很少有水土流失，土壤肥力较高，大部分为粮、棉、油、菜高产田。

沼泽土，即湿土，面积约 300.89km²，占全市土壤总面积的 2.6%。洼淀在淹水条件下经历潜育化过程，形成了沼泽土。在积水和还原条件下，土壤中形成兰灰色的潜育层，嫌气条件有利于有机质积累，故有机质含量较高，沼泽土主要分布在一些大洼底部，如大黄堡、七里海。因河流冲积物的不断覆盖，洼地逐渐抬高，地下水位相对降低，加之大规模的兴修农田水利，改善排水条件，多数沼泽土产生脱水现象向潮土过渡。

棕壤，分布在蓟县北部海拔 700～900 m 以上的山地八仙桌子一带，面积为 7.98km²，占全市土壤总面积的 0.07%。在暖温带半润湿气候的山地针阔叶混交林覆被下，有苔藓、莎草生长。林中光照不足，夏季高温多湿，冬季寒冷，枯枝落叶缓慢分解，积累了大量有机质。蓄纳降水而使薄层土体得到充分淋溶，无石灰反应，黏化淀积作用明显，表层好气分解物随水下渗，使土体变成棕色，盐基不饱和，呈微酸性反应。

水稻土，由于稻田淹水时间短，种植年限相对较短，加之水旱轮作，因此天津市水稻土特征并不典型。

滨海盐土，分布于塘沽、汉沽、大港等区，面积约 813.56km²，占全市土壤总面积的 6.97%。由于海水影响，地下咸水的浸渍，具明显的潜育层。地下水矿化度在 10 g/L 以上，部分地区可高达 30 g/L 以上。

### 1.3.1.3 河北

第二次全国土壤普查结果显示，河北省共有 21 个土类、55 个亚类、164 个土属、357 个土种。河北省土壤面积为 $1.65 \times 10^7$ hm²，占全省土地面积的 87.5%。平原土壤和宜农土壤比例较大，土壤质地和土壤酸碱度比较适中，土壤钾素含量比较丰富。平原土壤占到了全省面积的 36%，宜于种植业的土壤占全省面积的 43%，壤质土壤占全省面积的 60.2%。河北省的主要土壤类型有以下几种。

褐土面积为 $5.08 \times 10^6$ hm²，占全省土壤总面积的 30.79%，是河北省分布最广的地带性土壤，为河北省内重要的农业生产区。主要分布在太行山、燕山山脉的低山丘陵、山麓平原地区，在山区，其上限以淋溶褐土与棕壤相接；在平原，其下限以潮褐土与潮土相衔。主要亚类为褐土、林溶褐土、石灰性褐土、潮褐土、褐土性土。褐土典型的剖面构型为腐殖层—黏化层—母质层，腐殖层有机质含量 1%～3%，厚度约 20 cm，淋溶作用弱，pH 约为 7，适于耕作。该土类的优点为热性土，矿质养分易释放，速效养分高，中性—微碱性环境，适于多种植物生长，是粮、棉、油、果种植区，也是经济林基地。存在的主要问题是干旱、有机质及磷缺乏、水土流失、障碍土层（砂姜层）。可采取的具体措施为发展灌溉、合理用水、抗旱保墒；增加有机质含量，用养结合，培肥土壤；工程措施与生物措施相结合，保水固土；统一规划，充分利用褐土资源。

潮土面积为 $4.25 \times 10^6 \mathrm{hm}^2$，占全省土壤总面积的 25.76%，主要分布在京广线以东、京山线以南的冲积平原和滨海平原，山区沟谷低阶地也有零星分布。主要亚类为潮土（分布最广）、脱潮土（在较高地形部位）、湿潮土（在低平地区，地下水矿化度低）、盐化潮土（低平地区，地下水矿化度高）、碱化潮土。土壤剖面构型为耕作层—氧化还原层—母质层，沉积层理明显，具有不同程度的石灰性，一般为中性。耕作层一般厚 20～40 cm，有机质含量为 0.5%～1.0%，疏松多孔。潮土所处地区地势低平，地下水水位较高，地下水埋深 3～10 m 左右，受季节影响其变幅为 1～5 m，因此，人为活动对该类土壤的地下水硝酸盐含量影响较大。该土类可充分利用光热条件，兴建水利（排灌体系），建设稳产高产田（吨粮田）；发展商品粮生产；基本农田保护多种经营，发展林业和牧业。

棕壤面积为 $2.31 \times 10^6 \mathrm{hm}^2$，占全省土壤总面积的 14.00%，为河北省最主要的山地土壤。主要分布在燕山，海拔 600 m 以上；太行山，海拔 1000 m 以上；冀东滨海低山丘陵，海拔 500 m 处。主要亚类为：棕壤（多为林业基地）、潮棕壤（多为农田）、棕壤性土（多发展林业）。棕壤表层累积了较多的腐殖质，一般大于 5%，高者达 10%以上；全剖面呈微酸性至中性，pH 在 6.0～7.0，风化淋溶作用较强，大于褐土。该土类的优点为水热条件好，自然肥力高，适宜林果生产。

粗骨土面积为 $1.45 \times 10^6 \mathrm{hm}^2$，占全省土壤总面积的 8.79%，土层浅薄，颗粒粗糙，分布以山地阳坡、丘陵顶出居多，侵蚀严重。其松散处生长稀疏洋槐、油松、山杏、杨树等植物。不利于农业耕作。

栗钙土面积为 $1.28 \times 10^6 \mathrm{hm}^2$，占全省土壤总面积的 7.76%，主要分布在张北高原，西北部的坝上高原，包括张北、康保、沽源三县全部，尚义、丰宁、围场的部分地区，坝下张宣、怀来、阳原、蔚县盆地的部分地区。栗钙土具有腐殖化和钙积化特征，栗色腐殖层有机质含量为 1.5%～3.5%，向下逐渐过渡，剖面中有明显的钙积层，通体石灰反应，pH 在 8～8.5。是河北省春小麦、莜麦、胡麻、马铃薯集中产区，近几年，日光温室蔬菜发展迅猛。

河北省其他土壤类型依次为栗褐土、石质土、滨海盐土、风沙土、灰色森林土等。从山麓到滨海平原，随着成土条件如地形、地下水等的变化，土壤类型呈褐土、潮褐土、褐土化潮土、潮土、盐化潮土、滨海盐土等有规律的分布。该区域土壤资源质量较好，土层比较深厚、质地适中，熟化程度较高。作物适种性大，局限性小。平原区土壤的有机质、氮、速效磷含量以及一些微量元素含量适中。全省低产土壤占有相当比重，存在不同程度的旱涝、盐碱、风蚀沙化等问题限制农业生产的发展。

### 1.3.1.4 山东

据山东省第二次土壤普查资料统计，全省土壤总面积为 $1.21×10^7 hm^2$，占全省土地总面积的 77.03%。山东省土壤类型共分为 15 个土类，包括棕壤、褐土、砂姜黑土、潮土、盐土、滨海盐土、碱土、红黏土、风沙土、火山灰土、粗骨土、石质土、山地草甸土、水稻土、沉积土。主要土壤类型大体分为棕壤、褐土、潮土、砂浆黑土、盐碱土和水稻土六大类型，其分布如下。

潮土为全省分布最广、面积最大的一种土壤，集中分布在鲁西北和鲁西南黄泛平原区，在山丘地区的河谷平原、滨湖洼地也有零星分布。山东省潮土面积为 $4.67×10^8 hm^2$，约占全省土壤总面积的 38.53%。以轻质土分布面积最大，粗粉沙粒（粒径为 0.01～0.05 mm）占优势，有机质含量较少。总体上，潮土质地适中，潜水埋藏浅，呈中性或微碱性，生产性能良好，适宜性强。黄泛平原地表坦荡，土层深厚，光、热、水资源丰富，因而省内潮土类土地增产潜力很大，是省内粮、棉重要生产区。

褐土主要分布于鲁中南低山丘陵、胶济和津浦铁路两线的山麓平原地带，在蓬莱、莱州和龙口也有分布。面积为 $1.78×10^8 hm^2$，占全省土壤总面积的 14.66%。这类土地地势低缓，呈中性或微碱性，保水保肥，土壤生产性能较好，适应性广，是全省最好的一种土壤类型，也是旱涝保收的高产区，历来为粮食、棉花、烤烟、蔬菜等作物的重要产地。

棕壤面积为 $1.71×10^8 hm^2$，约占全省土壤总面积的 14.09%。主要分布在胶东半岛鲁东南丘陵地区，分为棕壤性土、棕壤、白浆化棕壤和潮棕壤四大亚类。是山东省主要的高产稳产农田。陡坡多是林、牧用地，缓坡处适宜种植花生、甘薯等作物。典型土壤表层有机质含量 2% 以上，耕作后一般会有所下降。不过近年来随着农业投入的增加，土壤肥力的提升，土壤肥力有逐年上升的趋势。

砂姜黑土，面积约有 $5.37×10^7 hm^2$，占全省土壤总面积的 4.4%。主要分布在胶莱平原、滨湖和鲁南低洼地带，地形平坦低洼，地下水排泄不畅，质地多为重壤土或黏土，结构性差，表层有机质含量丰富，适宜种植小麦、大豆、高粱等作物。

盐碱土包括盐土、滨海盐土、碱土 3 个亚类，面积约 $4.76×10^7 hm^2$，占全省土壤总面积的 3.1%，主要分布在鲁西北平原低洼地带、河间洼地和滨海平原。土壤含盐量多在 0.4% 以上，最高可达 1.5%，严重影响作物生长发育。但内陆黄泛平原的盐碱地只是表层含盐量较高，经过治理，可以改造为良田。

水稻土面积很小，仅占全省土壤总面积的 1.1%，约 $1.73 \times 10^7 \ hm^2$。主要分布在南四湖洼地、临郯苍湖沼平原和沿黄涝洼地带（包括鱼台、金乡、济南市郊区、临沂等地），多系解放后改种水稻而形成的新水稻土。

土壤质地是影响硝酸盐积累与迁移的重要性状，土壤透水性、土壤表面水分的蒸发、土壤水分的运移都受土壤质地的影响。质地轻的土壤，孔隙度大，硝酸盐更易随水向下淋溶，如淡黑钙土的质地就较轻，孔隙大，因此易导致硝酸盐淋溶进入地下水，造成地下水硝酸盐污染。但质地黏重的土壤因易形成大的裂隙造成局部硝酸盐淋溶。总体说，细质的土壤因较慢的渗水速率和较高的潜在反硝化能力较粗质的土壤 $NO_3^- \text{-} N$ 淋洗量少，同时，质地较黏的土壤有机质矿化慢而能累积较多的氮。同样施肥条件下，砂浆黑土累积的 $NO_3^- \text{-} N$ 量大于潮土和褐土。

### 1.3.1.5　河南

河南省土壤分为 7 个土纲，13 个亚纲，19 个土类，44 个亚类，150 个土属。土壤类型情况见表 1-6（据河南省第二次土壤普查结果）。

**表 1-6　河南省不同土壤类型状况**

| 土壤类型 | 土壤面积（$10^3 \ hm^2$） | 耕地面积（$10^3 \ hm^2$） | 占全省土壤面积（%） | 占全省耕地面积（%） |
|---|---|---|---|---|
| 棕壤 | 444.75 | 2.22 | 3.23 | 0.02 |
| 黄棕壤 | 323.68 | 64.94 | 2.35 | 0.72 |
| 黄褐土 | 1 629.89 | 1 376.85 | 11.84 | 15.37 |
| 褐土 | 2 797.05 | 1 874.06 | 20.33 | 20.92 |
| 红黏土 | 281.58 | 150.25 | 2.05 | 1.68 |
| 潮土 | 3 572.74 | 3 327.07 | 25.96 | 37.14 |
| 砂姜黑土 | 1 272.44 | 1 247.88 | 9.25 | 13.93 |
| 水稻土 | 694.62 | 671.07 | 5.05 | 7.49 |
| 盐碱土 | 173.86 | 147.22 | 1.26 | 1.64 |
| 风沙土 | 83.21 | 0.48 | 0.60 | 0.01 |
| 紫色土 | 65.65 | 22.73 | 0.48 | 0.25 |
| 山地草甸土 | 0.09 | 0.00 | 0.00 | 0.00 |

续表

| 土壤类型 | 土壤面积<br>($10^3$ hm$^2$) | 耕地面积<br>($10^3$ hm$^2$) | 占全省土壤面积（%） | 占全省耕地面积（%） |
|---|---|---|---|---|
| 沼泽图 | 0.03 | 0.02 | 0.00 | 0.00 |
| 火山灰土 | 3.69 | 2.90 | 0.03 | 0.03 |
| 石质土 | 570.27 | 0.00 | 4.14 | 0.00 |
| 粗骨土 | 1 825.86 | 69.77 | 13.27 | 0.78 |
| 新积土 | 20.86 | 0.00 | 0.15 | 0.00 |
| 合计 | 13 760.27 | 8 957.47 | 100.00 | 100.00 |

从资料中可以看出，土壤面积与耕地面积以潮土最大，潮土面积占全省土壤面积的 25.96%，占全省耕地面积的 37.14%，说明潮土用于农业生产的系数相当高。其次是褐土，面积占全省土壤面积的 20.33%，占全省耕地面积的 20.92%。黄褐土面积占全省土壤面积的 11.84%，占全省耕地面积的 15.37%，主要分布在河南省南部丘陵地区，农业利用系数较高，但生产水平较差，潜力较大，近年来随着农业新技术的推广，作物产量大幅度提高。砂姜黑土面积占全省土壤面积的 9.25%，占全省耕地面积的 13.93%，农业利用系数较高，地形平坦稍低洼，生产水平中等偏低，生产潜力较大。水稻土面积占全省土壤面积的 5.05%，耕地面积占全省耕地面积的 7.49%，农业利用系数较高。其他如棕壤、黄棕壤，这两种土壤大部分为非耕地，多为林业用地，占全省土壤面积比例分别为 3.23%、2.35%，占耕地面积比例分别为 0.02%、0.73%。

不同土壤类型在河南省分布情况大致是：东北部黄淮海平原主要是潮土、砂姜黑土和风沙土；黄河两岸与黄河故道两侧分布有盐碱土；沙颍河以南的淮北平原主要是砂姜黑土、黄褐土；在豫西、豫北的浅山丘陵、阶地及豫中平原西部缓岗台地区，主要分布有褐土和红黏土；淮南山地以黄棕壤土分布为主；豫西南山地分布有黄棕壤；南阳盆地边缘分布着黄褐土，盆底内主要是砂姜黑土，南部因长期种植水稻，水田土壤经长期熟化形成水稻土。多数土壤的土层较厚，土质疏松，酸碱度适中，耕作性能良好，有较高的潜在生产力，利于农作物生长。

据河南省第二次土壤普查结果可知，全省土壤有机质平均含量为 12.20 g/kg，含量在 20 g/kg 以下的土壤面积占全省土壤面积的 81.96%，有机质含量在 10 g/kg 以下的土壤面积占全省土壤面积的 34.1%，属于中下等水平。全省土壤全氮平均含量为 0.88 g/kg，全氮含量在 0.75 g/kg 以下的土壤面积占全省土壤面积的 33.66%，全氮含量在 0.5 g/kg 以下的土壤面积占 11.59%。土壤全磷平均含量为 1.18 g/kg，速效磷平均含量为 13.5 mg/kg，全磷含量在 1.37 g/kg 以下的土壤面积占全省土壤面积的 63.90%，全磷含量在 0.92 g/kg 以下的土壤面积占 23.20%。河南省土壤全钾平均含量为 23.0 g/kg，速效钾平均含量为 157.8 mg/kg。最近几年，随着农业生产水平的提高，土壤肥力也随之提高。

不同类型的土壤，其透水性能各不相同，对降水入渗和土壤水分都有很大影响。砂姜黑土是北亚热带和暖温带潜育土上发育的旱耕熟化土，母质多为黄土性浅湖沼沉积物，富含碳酸钙。土层下部常有钙质结核与黏土胶结形成的砂姜隔水层。由于该类土壤质地黏重，结构不良，透水性差，遇水膨胀，干时收缩，遇到长期连阴雨，土壤水分滞留，便易形成渍灾。如排水条件不良，则涝、渍并发。砂姜黑土主要分布在南阳盆地、驻马店地区东部、周口地区南部、信阳地区北部的低洼地区，面积约有 $1.20 \times 10^6$ hm$^2$。淤土是潮土的三个土属之一，质地黏重，通气性、透水性均较差。降雨稍大，便形成涝渍，主要分布在距离河道较远的地方，即河道泛滥时水流所及边缘的低洼地带，总计面积约有 $6.7 \times 10^5$ hm$^2$。在上述两类土壤中，凡在土壤下层有不透水层造成滞水的地带，俗称"上浸地"，降水后土壤包气带迅速饱和，都易引起渍灾。透水性的差异严重影响着硝酸盐向地下水含水层中迁移。

### 1.3.1.6　辽宁

辽宁省土壤共分为 7 个土纲，12 个亚纲，19 个土类，43 个亚类，101 个土属，253 个土种。农田土壤主要有棕壤、褐土、草甸土、潮土、滨海盐土和水稻土等土类区。根据地貌和土壤组合特点，辽宁省土壤的区域性分布可分为辽东山地丘陵区、辽西低山丘陵区、辽河平原区 3 种类型。

#### （1）辽东山地丘陵区

辽东山地丘陵位于长大铁路线以东，为长白山山脉的西南延续部分，包括大连、丹东、本溪、抚顺市的全部和铁岭、辽阳、鞍山、营口的东部。全区可进一步划分为东北部山地区和辽东半岛丘陵区 2 个类型。

东北部中低山地区山体较高，沟谷发育明显，水系多呈枝状伸展，沿水系自山顶至谷底发育的土壤多为枝状分布，土壤组合具有明显的规律性。山地中上部分布着酸性棕壤或棕壤性土，下部分布着棕壤，在坡脚或缓坡平地上，受侧流水和地下水的影响，形成了潮棕壤，呈窄条带状分布，面积较小。河流两岸分布着草甸土。河滩洼地和河谷洼地分布着沼泽土和泥炭土。部分耕地在长期水耕熟化条件下形成了水稻土。低山丘陵缓坡和平地上有白浆化棕壤分布。

辽东半岛丘陵区主要为低山丘陵，由于山体不高，丘陵上部无酸性棕壤发育。相反，受地质过程以及人为活动的影响，大部分丘陵的上部植被稀少，岩石裸露，土壤侵蚀严重，发育着大量的棕壤性土、粗骨土或石质土，由丘陵中部向下至谷底，发育的土壤与辽东北山地区大体相同，依次为棕壤、潮棕壤、草甸土、沼泽土和水稻土。另外，在富钙的石灰岩风化物和部分黄土母质上还有褐土发育。所以，该区土壤主要为枝状分布，粗骨土、石质土和棕壤性土之间存在复区分布；由石灰岩残积物发育的褐土呈岛状分布。

（2）辽西低山丘陵区

本区包括朝阳市的全部和阜新市、锦州市的西部。南部以松岭山脉为界，是棕壤与褐土的过渡地带，相互间呈镶嵌分布，甚至犬牙交错分布，全区土壤组合有 3 种类型。

努鲁儿虎山和松岭山地西麓低山丘陵区成土母质主要为富钙的石灰岩、钙质砂页岩和黄土母质，所以土壤以褐土为主，呈枝状分布。除较高山上部有棕壤或棕壤性土分布外，一般的低山丘陵上部分布着褐土性土；下部为褐土、石灰性褐土；缓坡坡脚分布着潮褐土；河谷平原分布着潮土。

医巫闾山和松岭山地东麓低山丘陵区成土母质多为酸性结晶岩类和基性结晶岩类风化物及其黄土状母质，所以土壤以棕壤为主，呈枝头分布。低山丘陵上部分布着棕壤性土和粗骨土，下部分布着棕壤，坡脚平地分布窄条状潮棕壤，河流两岸河漫滩和河成阶地上分布着潮土。

阜新、北票等山间盆地区地貌类型为盆地，地形由四周向中心倾斜，所以由于成土条件、地形的变化，土壤类型也相应发生变化，土壤组合呈盆形分布。由盆地中心而外依次出现沼泽土、潮土、潮褐土、褐土或石灰性褐土。

（3）辽河平原区

本区介于辽东、辽西山地丘陵区之间，属松辽平原南端，由辽河及其支流冲积而成，是辽宁省的主要商品粮基地。全区可分为辽北低丘区、中部平原区和辽河三角洲 3 种类型。

北部低丘漫岗区包括昌图至法库和彰武县，地形起伏不平，丘陵平地相间，沙丘沙地相间，坡度平缓，土壤类型比较复杂，风沙土、盐土、碱土、黑土、草独轮车土等均有分布。土壤分布规律为：丘陵漫岗中上部分布着棕壤，下部分布着潮棕壤，平地分布着草甸土，低洼处分布着沼泽土，常与盐化、碱化草甸土呈复区分布。本区北部昌图县八面城一带的岗地上有黑土发育。

中部平原区位于铁岭、彰武以南至辽东湾沿岸，地势平坦，土层深厚，土壤类型以草甸土和滨海盐土为主。受分选作用的影响，河流沉积物质按一定规律进行沉积分异作用，由于沉积物不同，土壤亦呈有规律的变化。在近河床浅滩处为流水沉积物，形成无剖面发育的新积土；在远离河床的河漫滩外分布着砂质草甸土；超河漫的一级阶地上分布着壤质草甸土；二级阶地上分布着黏质草甸土，同时，有的冲积物含有碳酸盐，形成石灰性草甸土。土壤组合与河流呈平等的带状分布。此外，在平中洼地及牛轭湖处分布着沼泽土和泥炭土，面积不大，呈零星分布。

辽河三角洲为退海之地，是由浑河、太子河水系、辽河及其支流绕阳河（双台子河）、大凌河入海口冲积而成。其成土母质为海相沉积物与河流冲积物。该地区是辽宁省滨海盐土和盐渍化土壤分布区。由于海水和海潮的影响，土壤也呈有规律的分布。近海岸目前仍受海潮侵袭的部位分布滨海潮滩盐土（亚类）；远海岸带已脱离海潮影响的平地分布着滨海盐土（亚类）；再往内陆多分布盐化草甸土；低洼积水地区分布着滨海沼泽盐土和盐化草甸土。滨海潮滩盐土、滨海盐土和盐化草甸土平行于海岸呈带状分布。盐化草甸土、滨海盐土有很大一部分由于受到人为活动的影响，经水耕熟化和洗盐等措施，已发育成盐渍型水稻土。

## 1.3.2 肥料施用

### 1.3.2.1 北京

为提高作物单位面积产量，追求经济效益，北京市近年农业生产资料投入量大幅增加，特别是化学肥料，尤其是氮肥、磷肥投入量普遍较高，而钾肥投入相对不足。尤其设施蔬菜生产盲目大量施肥，氮、磷投入通常是作物需要量的 2～3 倍。过量投入化肥导致土壤氮磷钾养分比例失衡，$NO_3^--N$ 大量累积，致使土壤质量、生产力下降，作物品质下降，环境质量下降，对人类健康存在潜在威胁。20 世纪 90 年代，农业生产中化肥投入量呈直线增长，由 1991 年的 $14.4 \times 10^5$ t 增加到 1997 年的 $1.97 \times 10^5$ t，但是近年来化肥投入量逐渐减少，2011 年全市化肥施用折纯量为 $1.38 \times 10^5$ t。由于北京市耕地面积的逐年减少，单位耕地面积化肥施用折纯量一直呈持续增长趋势。1991～1997 年增长迅速，从 350.4kg/hm² 增加到 576.0 kg/hm²，增加了近 1 倍；1998～2008 年增长缓慢，从 566.0 kg/hm² 增加到 588.4 kg/hm²（图 1-1）。大量的化学肥料投入到农田中，势必对该地区地下水水质造成不利影响。

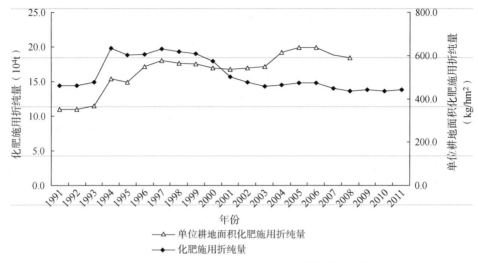

图 1-1　北京市 1991～2011 年化肥施用折纯量历史演变

### 1.3.2.2　天津

2001～2011 年，天津市化肥施用折纯量在 $1.73×10^5$～$2.60×10^5$ t（图 1-2），平均施用量为 $2.26×10^5$ t。2001～2009 年呈逐年增加趋势，2010 年、2011 年略有下降（图 1-4）。从单位耕地面积氮肥施用折纯量变化来看（图 1-3），呈现先急剧上升后下降的趋势。其中 2009 年最高，为 374.2 kg/hm²，2011 年为 349.7 kg/hm²。

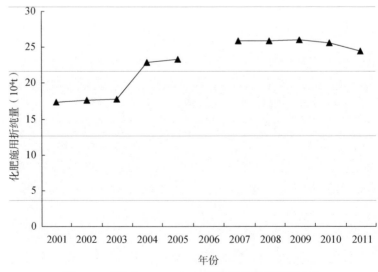

图 1-2　天津市 2001～2011 年化肥施用折纯量变化

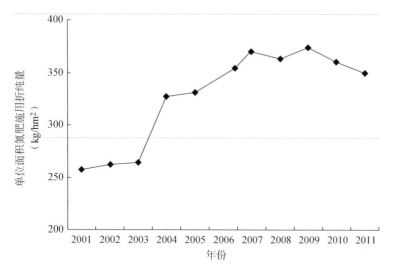

图 1-3　天津市 2001~2011 年单位耕地面积氮肥施用折纯量

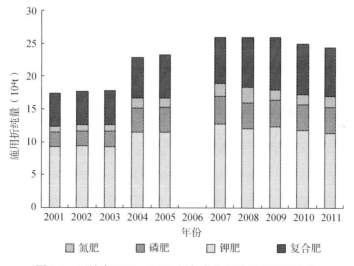

　　■ 氮肥　　■ 磷肥　　■ 钾肥　　■ 复合肥

图 1-4　天津市 2001~2011 年各类化肥施用折纯量变化

　　通过对天津市农区施肥调查发现,受长期传统施肥习惯以及肥料价格等因素的影响,氮肥偏施现象较为普遍。不同区域、不同作物种植类型,氮肥施用量也不同。蔬菜种植区由于蔬菜附加值高,而且复种指数较高,农民往往投入过量氮肥以期获得高产高效益,平均纯氮施用量为 1500 kg/hm²。粮食作物种植区平均施用量为 450 kg/hm²。施用的氮素中不被作物吸收的部分通过淋洗等方式进入地下水,造成局部地区地下水硝酸盐严重超标。

### 1.3.2.3 河北

依据《2012 年河北省农村统计年鉴》，河北省 2001～2011 年化肥施用折纯量在 $2.73×10^5～3.26×10^6$ t，2001～2011 年呈逐年增加趋势，年均增加 1.71%（表 1-7）[4]。

表 1-7 2001～2011 年河北省化肥施用折纯量变化情况

| 年份 | 化肥施用总量<br>（$10^4$ t） | 氮肥<br>（$10^4$ t） | 磷肥<br>（$10^4$ t） | 钾肥<br>（$10^4$ t） | 复合肥<br>（$10^4$ t） | 平均施肥量<br>（kg/hm²） |
|---|---|---|---|---|---|---|
| 2001 | 273.38 | 147.8 | 43.85 | 17.45 | 64.28 | 423.92 |
| 2002 | 278.8 | 147.71 | 44.71 | 19.89 | 66.49 | 455.17 |
| 2003 | 283.31 | 148.01 | 45.53 | 21.13 | 68.64 | 472.87 |
| 2004 | 289.88 | 149.15 | 46.56 | 22.21 | 71.96 | 483.09 |
| 2005 | 303.39 | 155.16 | 48.58 | 24.27 | 75.38 | 506.59 |
| 2006 | 304.89 | 155.06 | 48.6 | 24.3 | 76.94 | 518.3 |
| 2007 | 311.87 | 156.11 | 48.19 | 25.06 | 82.51 | 529.17 |
| 2008 | 312.4 | 153.47 | 47.92 | 25.47 | 85.54 | 529.36 |
| 2009 | 316.17 | 153.03 | 47.42 | 26.29 | 89.43 | 535.75 |
| 2010 | 322.86 | 153.07 | 47.31 | 26.84 | 95.64 | 547.09 |
| 2011 | 326.28 | 152.42 | 47.1 | 27.05 | 99.71 | 552.88 |

近 10 年来，河北省平均施肥量也在以大约平均每年 3%的速度递增，到 2011 年每公顷施用量达到 552.88 kg（图 1-5）。与各种单质肥比较，复合肥的施用量逐年加大，特别是近五年来，平均每年以 6%的速度递增；而单质肥料的施用近五年来呈稳定水平，氮肥、磷肥和钾肥的施用量基本保持在 2008 年的水平。

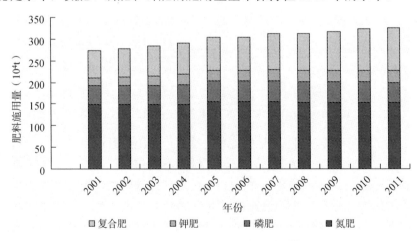

图 1-5 河北省 2001～2011 年化肥施用量变化

　　比较河北省11个城市化肥施用量，石家庄、邯郸、保定位列各城市化肥施用量前三位，11年均值分别占全省均值的15.50%、14.38%及13.95%[4]。邯郸、邢台、保定、沧州以及衡水市年度间施用量变化较大，其他各城市化肥施用折纯量年际间无显著变化（表1-8）。这种差异可能和种植结构有关，因为蔬菜和棉花受经济收益和气候的影响较大，其播种面积容易出现波动，从而造成化肥施用量的变化。

表 1-8　河北省各地市 2001～2011 年化肥施用折纯量　　　　（单位：t）

| 城市 | 2001 年 | 2002 年 | 2003 年 | 2004 年 | 2005 年 | 2006 年 |
| --- | --- | --- | --- | --- | --- | --- |
| 石家庄市 | 482 291 | 493 974 | 479 750 | 484 922 | 486 060 | 480 271 |
| 唐山市 | 345 839 | 361 070 | 363 817 | 371 122 | 387 869 | 368 135 |
| 秦皇岛市 | 112 406 | 115 538 | 118 742 | 116 844 | 119 367 | 119 564 |
| 邯郸市 | 365 256 | 379 480 | 386 467 | 395 783 | 441 270 | 433 121 |
| 邢台市 | 297 066 | 302 334 | 304 662 | 308 237 | 313 599 | 318 218 |
| 保定市 | 391 512 | 393 477 | 403 142 | 411 854 | 417 815 | 427 989 |
| 张家口市 | 70 074 | 72 771 | 81 840 | 83 777 | 87 694 | 92 244 |
| 承德市 | 72 478 | 77 006 | 75 107 | 81 678 | 90 315 | 90 940 |
| 沧州市 | 251 116 | 241 682 | 254 280 | 263 473 | 287 878 | 304 958 |
| 廊坊市 | 159 345 | 155 394 | 158 150 | 159 716 | 161 792 | 162 788 |
| 衡水市 | 186 380 | 195 258 | 206 855 | 221 424 | 240 267 | 250 714 |
| 城市 | 2007 年 | 2008 年 | 2009 年 | 2010 年 | 2011 年 | |
| 石家庄市 | 478 278 | 478 234 | 478 812 | 483 537 | 486 890 | |
| 唐山市 | 374 283 | 373 930 | 379 781 | 381 656 | 379 543 | |
| 秦皇岛市 | 126 085 | 128 300 | 132 372 | 139 520 | 143 112 | |
| 邯郸市 | 447 647 | 453 738 | 461 474 | 472 588 | 471 673 | |
| 邢台市 | 328 405 | 332 225 | 337 761 | 344 675 | 352 447 | |
| 保定市 | 433 125 | 431 388 | 440 067 | 445 778 | 461 145 | |
| 张家口市 | 99 101 | 98 592 | 93 616 | 98 015 | 101 306 | |
| 承德市 | 97 417 | 99 856 | 102 378 | 106 123 | 108 001 | |
| 沧州市 | 314 359 | 311 704 | 311 685 | 322 954 | 319 173 | |
| 廊坊市 | 165 036 | 165 973 | 166 437 | 166 662 | 167 130 | |
| 衡水市 | 254 970 | 250 047 | 257 317 | 267 107 | 272 366 | |

### 1.3.2.4 山东

从 2000 年起，山东省化肥施用量以年均 1.89%的速度增长，使用总量在 2007 年达到了最高值，平均施肥水平为 444.35 kg/hm²，较 2001 年增加了 63.90 kg/hm²；2011 年平均施肥水平为 420.64 kg/hm²，较 2007 年降低了 23.71 kg/hm²。自 2008 年以来，山东省年施肥总量保持在 $4.75×10^6$ t 左右，施肥水平远远高于发达国家为防止水体污染而规定的 225 kg/hm² 的安全标准（表 1-9）。

表 1-9 山东省不同年份化肥施用折纯量 （单位：$10^4$ t）

| 年份 | 化肥 | N | $P_2O_5$ | $K_2O$ | 复合肥 |
|------|--------|--------|--------|--------|--------|
| 2001 | 428.62 | 197.74 | 57.41 | 38.88 | 134.58 |
| 2002 | 433.92 | 189.72 | 54.60 | 40.24 | 149.35 |
| 2003 | 432.65 | 182.02 | 54.49 | 41.31 | 154.82 |
| 2004 | 450.96 | 185.27 | 57.68 | 43.90 | 164.11 |
| 2005 | 467.63 | 189.79 | 57.49 | 44.89 | 175.45 |
| 2006 | 489.82 | 193.58 | 58.43 | 48.21 | 189.60 |
| 2007 | 500.34 | 193.09 | 57.67 | 49.27 | 200.31 |
| 2008 | 476.33 | 170.30 | 54.94 | 47.45 | 203.63 |
| 2009 | 472.86 | 165.01 | 51.37 | 46.52 | 209.96 |
| 2010 | 475.33 | 162.62 | 49.88 | 46.40 | 216.42 |
| 2011 | 473.64 | 158.61 | 49.70 | 45.95 | 219.68 |

2003 年之前，山东省尿素施用折纯量平稳增长，2003 年达到 $2.51×10^6$ t，位居全国第一位，在 2004 年尿素施用折纯量呈现小幅减少趋势，2010 年为 $1.84×10^6$t，据全国第二。但复合肥用量一直保持增长趋势，2001 年复合肥施用量占化肥总施用量的 32.0%；2010 年增加到 $2.16×10^6$ t，所占比重上升 13.5%。此外，碳铵、过磷酸钙、氯化钾等单质肥的用量也保持下降趋势。

山东省是肥料生产和使用的大省，随着农民用肥结构的逐渐改变，复合肥用量会继续增加，环保型和新型肥料会逐渐推广开来。

### 1.3.2.5 河南

河南省常用耕地面积 $7.18×10^6$ hm²。近年来，农业生产上化肥尤其是氮肥的施用大大提高了作物产量，但是施用不合理会对农业环境造成污染。在耕地面积基本稳定的情况下，化肥施用量一直处于上升态势。2011 年，河南省化肥平均施用量为 936 kg/hm²，其中氮肥施用量通常在 350～850 kg/hm²（图 1-6），分布极不均衡，使用比例也严重不合理，由于长期的生产习惯，农民往往重视氮肥的施用，忽略磷肥、钾的施用。其中氮肥施用量远远超过发达国家为防止水体污染而规定的 225 kg/hm² 的安全标准，特别在个别蔬菜种植区，化学氮肥的施用量达 900kg/hm²。在一些蔬菜种植区菜农习惯用冲施肥，通常在 15 000kg/hm² 左右，在豫北一些蔬菜种植区菜农每 10 天施一次冲施肥，每次 90 kg/hm²，远远超过了科学施肥量。在蔬菜、花卉、水果等作物种植上，有些地区甚至出现氮肥利用率仅 10%的现象。人们施入土壤中的氮肥经硝化作用产生 $NO_3^-$，除了被作物吸收外，其余的 $NO_3^-$ 不能被带负电的土壤胶体吸附，因而随灌溉和降雨下渗污染了地下水。

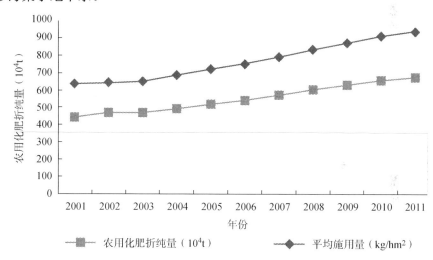

图 1-6　河南省 2001～2011 年农用化肥施用折纯量及平均施肥量

### 1.3.2.6　辽宁

辽宁省人均耕地面积为 0.094 hm²，低于全国平均水平的 0.1 hm²，远低于世界平均水平，而且呈继续下降趋势。为增加农田单位面积产出，过去 30 年化肥施用量逐年增加。2001～2011 年，平均化肥施用量为 1.24×10⁶ t。从表 1-10 可以看出，肥料施用量呈现逐年递增趋势，尤其以复合肥最为明显。2011 年辽宁省化肥施用量为 144.64 kg/ hm²（播种面积按 4.09×10⁶ hm² 计算），远远超过发达国家为防止化肥对水体造成污染所规定的 225 kg/hm² 安全上限，是国际安全标准的 1.57 倍。

表 1-10　辽宁省不同年份化肥施用折纯量[5-15]　　　　（单位：$10^4$ t）

| 年份 | 化肥 | 氮肥 | 磷肥 | 钾肥 | 复合肥 |
|---|---|---|---|---|---|
| 2001 | 109.80 | 65.00 | 10.60 | 7.90 | 26.40 |
| 2002 | 111.41 | 63.48 | 10.70 | 8.29 | 28.93 |
| 2003 | 112.60 | 62.90 | 11.30 | 8.40 | 30.00 |
| 2004 | 117.90 | 64.40 | 11.40 | 9.00 | 32.90 |
| 2005 | 119.80 | 64.00 | 11.40 | 9.60 | 34.90 |
| 2006 | 121.10 | 63.40 | 11.30 | 10.00 | 36.40 |
| 2007 | 127.47 | 65.42 | 11.45 | 10.88 | 39.72 |
| 2008 | 128.80 | 65.60 | 11.70 | 11.40 | 40.10 |
| 2009 | 133.60 | 66.80 | 11.80 | 11.60 | 43.50 |
| 2010 | 140.10 | 68.30 | 11.40 | 12.20 | 48.10 |
| 2011 | 144.64 | 69.73 | 12.15 | 12.39 | 50.37 |

辽宁省化肥资源配置极其不合理，该地区比较重视氮肥和磷肥的施用，而忽视钾肥和微量元素肥料的施用。农业生产中大量的氮、磷营养元素随农田排水或雨水而进入河流和水库，造成地表水和地下水污染。全省每年化肥流入水中的氮可达 $3.55×10^4$ t，流入水中的磷可达 $4.50×10^3$ t，长期的过量施肥导致地下水硝酸盐含量升高，严重危害了农村饮用水安全。

## 1.4　泛环渤海地区地下水资源与灌溉状况

### 1.4.1　北京

北京市以地下水为主要供水水源，地下水供水量占全市总供水量的 2/3，是为数不多的以地下水作为主要供水水源的国际化大都市。长期以来通过开采冲积扇平原上的浅层地下水，包括引泉水来供应城市用水。处于永定河、潮白河冲洪积扇中上部的近郊区和密云、怀柔、顺义地区的地下水可采资源量约占北京市平原地区可采资源量的 48%，是城市供水的主要水源地。为了满足全市工农业以及居民日常生活用水需求，北京市地下水资源开采量已远远超出其可开采能力，地下水储存已经处于亏损状态。

近年来北京气候干旱，降水量减少，地下水开采量不断提高，从 2001 年占总供水量的 69.9%提高到 2004 年的 77.6%，地下水水位不断下降。从 2005 年开始，北京地下水开采得到了有效控制，2011 年地下水供水量下降至 $1.88×10^9$ $m^3$，占全市用水总量的 52.3%，但仍然处于超量开采状态。由于地下水的持续超量开采，北京市浅层地下水水位每年以 1～2 m 的速度下降，平原区是富含地下水的地区，由于过度开采，地面沉降呈快速增加趋势。由于降水入渗等补给量减少，地下水水位持续下降，同时地下水过量开采，部分地区含水层已经枯竭。地下水水位下降还将引起一系列水生态问题，表现为城区内泉水几乎全部枯竭、表层土壤水减少，已具有荒漠化的潜在威胁。

2011 年北京市水资源总量为 $2.68×10^9$ $m^3$，地下水资源量为 $1.76×10^9$ $m^3$，比 2010 年的 $1.59×10^9$ $m^3$ 多约 $1.78×10^8$ $m^3$。全市平原区 2011 年年末地下水平均埋深为 24.94 m，地下水水位比 2010 年年末下降了 0.02 m，地下水储量减少了 $1.00×10^7$ $m^3$。2011 年 6 月月末地下水平均埋深达到 26.18 m，是自有观测资料以来的最大值。2011 年全市地下水埋深大于 10 m 的面积为 5470km²，比 2010 年增加了 4km²；地下水降落漏斗（最高闭合等水位线）面积 1058km²，比 2010 年增加了 1km²，漏斗中心主要分布在朝阳区的黄港、长店至顺义的米各庄一带。

地下水的补给来源主要是依赖于地表径流和大气降水。北京的河流主要属海河流域，从东到西分布有蓟运河、潮白河、北运河、永定河和大清河等五条水系，它们均由北山、西山流入东南平原区，是北京平原区地下水的重要补给来源。2011 年，全市平均降水量 552 mm，比 2010 年降水量多 28 mm，比多年平均值 585 mm 少 6%，是频率为 55%的平水偏枯年。北京市年内降水分配极不均匀，主要集中在汛期，累计降水量为 479 mm，占全年降水量的 87%。从总体看，平原区降水量大于山区降水量，西部、北部山区降水相对较少。从行政分区看，顺义区降水量最大，延庆县最小。从流域分区看，蓟运河水系降水量最大，永定河水系最小。全市地下水多年平均补给量约为 $3.95×10^9$ $m^3$（表 1-11）。

《2011 年北京市环境状况公报》显示，北京市地表水环境质量略有改善，集中式地表水饮用水源地水质符合国家饮用水源水质标准；河流、湖泊、水库水质总体保持稳定；拒马河、沟河、北运河出境断面水质全部达到国家考核要求。据 2011 年《北京市水资源公报》显示，北京市浅层地下水水质符合Ⅲ类水质标准的面积为 3293km²，占整个平原区面积的 51%；符合Ⅳ～Ⅴ类水质标准的面积为 3107km²，占整个平原区面积的 49%。主要超标指标为总硬度、氨氮、硝酸盐氮。深层地下水水质明显好于浅层地下水，符合Ⅲ类水质标准的面积为

3079km$^2$，占评价区域面积的 90%；符合Ⅳ～Ⅴ类水质标准的面积为 356km$^2$，占评价区域面积的 10%。主要超标指标为氨氮、氟化物、锰。基岩水水质基本符合Ⅱ～Ⅲ类水质标准。

表 1-11　北京市各区县地下水多年平均补给量[6]　　（单位：10$^8$ m$^3$）

| 地区 | 山区 | 平原 | 山区与平原重复量 | 总计 |
|---|---|---|---|---|
| 城近郊区 | 3.56 | 5.77 | 2.11 | 7.22 |
| 通州区 | — | 1.78 | — | 1.78 |
| 大兴区 | — | 3.20 | — | 3.20 |
| 昌平区 | 1.28 | 3.20 | 1.08 | 3.40 |
| 房山区 | 2.67 | 4.40 | 1.23 | 5.84 |
| 顺义区 | 0.08 | 2.62 | 0.08 | 2.62 |
| 密云县 | 2.73 | 2.98 | 0.55 | 5.16 |
| 怀柔县 | 3.07 | 1.52 | 0.32 | 4.27 |
| 平谷县 | 1.54 | 2.58 | 1.26 | 2.86 |
| 延庆县 | 2.21 | 1.62 | 0.61 | 3.22 |
| 多年平均 | 17.14 | 29.61 | 7.24 | 39.51 |

注：一表示数据空缺

北京市农业灌溉用水耗水量占总用水量比重较大，而且用水效率低下。从 2001 年开始，全市农业用水量呈下降趋势。2011 年，全市用水总量为 3.60×10$^9$ m$^3$，其中农业用水 1.09×10$^9$ m$^3$，所占比重为全市用水总量的 30.3%。农业用水量大，模式粗放，且效率低下。土渠输水，大水漫灌的农业灌溉方式仍普遍存在，灌溉用水通常在输水过程中有大量的渗漏损失，利用系数一般仅有 0.4 左右，不足发达国家的 50%。农业生产多属资源消耗型操作，比第二、第三产业更为隐性和长期，对水源的涵养几乎谈不上。北京当前农业用水中种植业过量灌溉，蒸发和下渗多，尤其干旱地区的蒸发更多，实际上植物利用较低。

北京市统计年鉴数据显示，全市的有效灌溉面积一直呈下降趋势（图 1-7）。2001 年有效灌溉面积为 3.23×10$^5$ hm$^2$，到 2011 年减少到 1.63×10$^5$ hm$^2$，近十年来下降了 50.5%。2001～2003 年，有效灌溉面积呈迅速下降趋势，2003 后下降趋势明显减慢。据调查，北京市利用污水灌溉农田已有 50 多年的历史，1995 年污灌农田面积基本稳定在 8.00×10⁴ hm² 左右，1995 年至今为污水灌溉的萎缩期，截至 2000 年污灌农田面积约 2.70×10⁴ hm²。污灌区主要分布在通州、大兴、朝阳、房山等郊区县，特别是在东郊、南郊形成了上万公顷的污灌区。

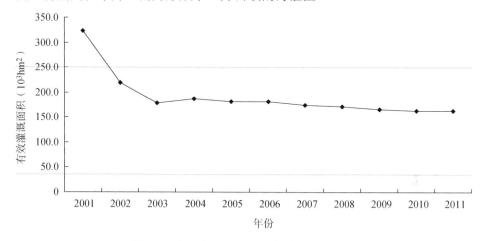

图 1-7　北京市 2001～2011 年有效灌溉面积

## 1.4.2　天津

　　天津市地下水可开采量为 8.32×10⁸ m³，其中浅层地下水可开采量为 5.23×10⁸ m³，深层地下水可开采量为 1.88×10⁸ m³，岩溶水可开采量为 1.21×10⁸ m³。地下水水质北优南劣，符合《生活饮用水卫生标准》（GB 5749—2006）水质的地下水仅仅分布在北部山区和全淡水区局部地区。

　　自 20 世纪 70 年代以来，天津大量开采深层地下水，且开采量不断增大，南部地区深层地下水长期处于超采状态，造成地下水水位持续大幅度下降，形成了市区、西青、汉沽、津南、大港、静海等几个下降漏斗，特别是市区和滨海地区的漏斗有连成一片的趋势。近年来，由于市区和塘沽区有引滦水源作为替代水源，深层水减采，开采强度减小，各组含水层水位有所回升。但是，汉沽区、大港区、静海县等地，地下水位仍在持续下降。天津市的中南部地区现已形成一个大型复合地下水位降落漏斗，第 V 含水组多数区域的地下水水位埋深超过 70 m，且多年水位呈明显的下降趋势[7]。随着地下水长期开采，地下水水位不断下降，造成地下水咸水底板下移，深层水上部含水层水质有咸化趋势。根据王兰化等的研究，天津市平原区在含水层结构上，由沙砾石层向南递变为中粗砂、中砂、中细沙和粉细沙；富水性逐渐变差，浅部水质变咸，由全淡水区变为有咸水区，且咸水体增厚，咸水底界埋深逐渐变深，从北部小于 40 m 变为 160～200 m。供水条件变差，有咸水区约占全市面积的 85%以上[8]。

2001～2011 年，天津市地下水用水量总体呈现逐年降低的趋势。2001 年地下水用水量为 $7.60 \times 10^8\,m^3$，2011 年下降至 $5.50 \times 10^8\,m^3$（图 1-8 和图 1-9）。

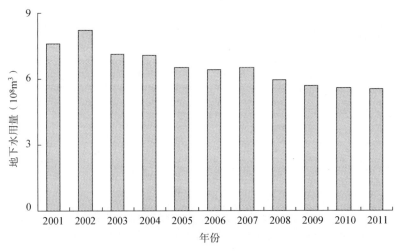

图 1-8　2001～2011 年天津市地下水用量

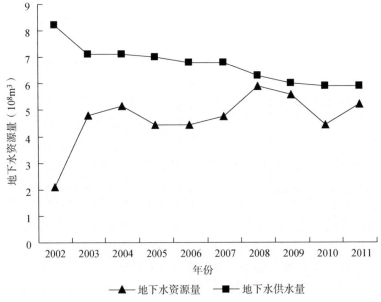

图 1-9　天津市 2002～2011 年地下水资源变化

天津市地下水资源量在 $2.10×10^8～5.90×10^8$ m$^3$，平均为 $4.70×10^8$ m$^3$。地下水供水量呈逐年减少的趋势，从 2002 年的 $8.22×10^8$ m$^3$ 降低至 2011 年的 $5.9×10^8$ m$^3$，年均降低 $2.00×10^7$ m$^3$。天津市耕地有效灌溉面积维持在 $3.38×10^5～3.55×10^5$ hm$^2$，平均 $3.50×10^5$ hm$^2$，占耕地总面积的 85.3%（表 1-12）。

表 1-12　天津市区县耕地灌溉面积统计表[9]

| 年份 | 有效灌溉面积（$10^3$ hm$^2$） | 年末常用耕地面积（$10^3$ hm$^2$） | 有效灌溉面积占耕地面积比例（%） |
| --- | --- | --- | --- |
| 2001 | 354.3 | 423.9 | 83.6 |
| 2002 | 354.4 | 422.8 | 83.8 |
| 2003 | 354.1 | 418.5 | 84.6 |
| 2004 | 353.4 | 415.3 | 85.1 |
| 2005 | 355.2 | 414.5 | 85.7 |
| 2006 | 349.6 | — | — |
| 2007 | 349.3 | 406.0 | 86.0 |
| 2008 | 348.0 | 404.4 | 86.1 |
| 2009 | 347.6 | 402.7 | 86.3 |
| 2010 | 344.6 | 398.8 | 86.4 |
| 2011 | 338.0 | 396.5 | 85.2 |

注：—表示数据缺失

## 1.4.3　河北

河北省地处华北平原中北部，是我国重要的粮食、蔬菜和水果生产基地。粮食、蔬菜和水果生产主要集中在太行山山前和燕山山前平原以及低平原灌溉农业地区。主要农产品生产的基本水分条件依赖地下水灌溉，特别是在山前平原等高产区，因此河北省是一个地下水灌溉大省。

据水资源调查结果，河北省境内河流多发源于山西高原、太行山和燕山山地，流经河北平原，注入渤海。河北省水资源总量多年平均约为 $203×10^8$ m$^3$，人均水资源拥有量仅为 304 m³，是全国人均水资源拥有量的 1/7，不及国际平均值（1000m³）的 1/3。目前河北省耕地、人口占全国的 5%~6%，但水资源总量只占全国的 0.7%；降水量居全国第 23 位，人均水资源量居全国第 29 位[4,10]，可见河北省是个水资源严重短缺的省份。由于温室气体排放等因素影响气候变化，河北省水资源状况年际变化显著。

依据《2011 年河北省环境状况公报》，2011 年全省平均降水量 486.6 mm，比 2010 年减少 39.3 mm，比多年平均值减少 45.1 mm，属偏枯年份。全省各河天然年产水量多属偏枯或枯水，部分河道为平水。2011 年年末，河北省平原区浅层地下水平均埋深 16.19 m。与 2010 年同期相比，浅层地下水水位平均下降 0.10 m，地下水蓄存量减少 8.94×10⁸ m³。深层地下水位平均埋深为：邢台中东部平原 55.84 m、衡水 56.93 m、沧州 58.30 m。与 2010 年同期相比，邢台中东部平原、衡水和沧州深层地下水位分别上升 0.10 m、4.01 m、0.02 m。2011 年，河北省地表水资源量约为 67.34×10⁸m³，水资源总量约为 152.69×10⁸ m³。

而依据《2012 年河北省环境状况公报》，2012 年全省平均降水量 598.2 mm，比 2011 年增加 104.9 mm，比多年平均值增加 66.5 mm，属偏丰年份。全省大部分河道天然年产水量与 2011 年相比有所增加。2012 年年末，河北省平原区浅层地下水平均埋深 16.10 m。与 2011 年同期相比，浅层地下水位平均上升 0.34 m，地下水蓄存量增加 17.99×10⁸ m³。深层地下水位平均埋深：邢台中东部平原 57.88 m、衡水 56.71 m、沧州 56.99 m。与 2011 年同期相比，邢台中东部平原深层地下水位下降 1.70 m，衡水变化不大，沧州深层地下水位上升 0.89 m。2012 年，河北省地表水资源量约为 135.20×10⁸ m³，水资源总量约为 245.88×10⁸ m³。

而据《河北省第一次水利普查公报》显示，2011 年全省经济社会年度用水量为 188.3×10⁸ m³，其中，居民生活用水 16.0×10⁸ m³，农业用水 134.1×10⁸ m³，工业用水 28.1×10⁸ m³，建筑业用水 0.58×10⁸ m³，第三产业用水 6.8×10⁸ m³，生态环境用水 2.9×10⁸ m³。农业用水占总用水量的 71.2%，共有地下水取水井 391.08 万眼，2011 年地下水取水量共 146.4×10⁸ m³。

河北省 2001~2011 年有效灌溉面积在 4.40~4.60×10⁶ hm²，2001~2003 年逐年减少，2003~2007 年呈逐年增加趋势，2003 年较近三年相对最小，2005~2007年相对稳定，2008~2010 年持续下降，2011 年大幅回升。相对来说，除邢台外，其他各地市有效灌溉面积年际变化比较稳定，无太大变化。保定、沧州、邯郸有效灌溉面积列各地市前三位，十一年均值分别占全省均值的 14.46%、11.97%、11.91%[4,10]（图 1-10 和表 1-13）。

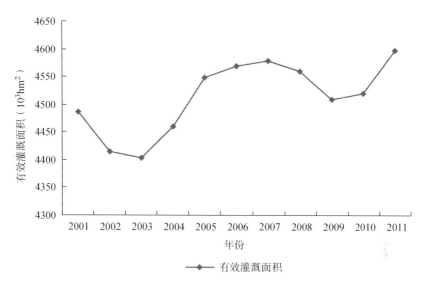

图 1-10 河北省 2001～2011 年有效灌溉面积

表 1-13 河北省各地市 2001～2011 年有效灌溉面积 （单位：$10^8\ m^3$）

| 城市名 | 2001 年 | 2002 年 | 2003 年 | 2004 年 | 2005 年 | 2006 年 | 2007 年 |
|---|---|---|---|---|---|---|---|
| 石家庄市 | 522.82 | 515.36 | 514.09 | 516.84 | 514.84 | 495.63 | 507.3 |
| 唐山市 | 491.01 | 482.16 | 479.62 | 478.15 | 492.6 | 499.07 | 499.08 |
| 秦皇岛市 | 129.64 | 130.08 | 129.04 | 127.55 | 123.41 | 124.36 | 124.54 |
| 邯郸市 | 533.49 | 528.96 | 529.82 | 532.22 | 538.58 | 535.71 | 536.57 |
| 邢台市 | 518.39 | 503.81 | 496.6 | 497.41 | 507.38 | 553.59 | 562.33 |
| 保定市 | 676.74 | 649.23 | 642.83 | 645.64 | 655.96 | 655.11 | 637.79 |
| 张家口市 | 246.26 | 246.17 | 243.03 | 245.74 | 246.39 | 249.02 | 247.4 |
| 承德市 | 106.94 | 111.2 | 115.77 | 121.06 | 133.05 | 138.74 | 141.34 |
| 沧州市 | 526.4 | 518.83 | 515.24 | 539.75 | 569.48 | 561.04 | 564.71 |
| 廊坊市 | 276.13 | 277.29 | 278.51 | 279.73 | 278.75 | 283.79 | 280.75 |
| 衡水市 | 457.57 | 452.08 | 459.44 | 475.68 | 487.31 | 473.72 | 477.22 |
| 全省 | 4485.39 | 4415.16 | 4403.99 | 4459.76 | 4547.75 | 4569.78 | 4579.02 |
| 城市名 | 2008 年 | 2009 年 | 2010 年 | 2011 年 | 平均 | 百分比（%） | |
| 石家庄市 | 497.78 | 480.66 | 480.29 | 501.12 | 504.25 | 11.17 | |
| 唐山市 | 495.03 | 484.27 | 485.16 | 498.83 | 489.54 | 10.85 | |
| 秦皇岛市 | 129.51 | 132.74 | 134.52 | 134.44 | 129.08 | 2.86 | |
| 邯郸市 | 534.46 | 547.15 | 547.28 | 549.69 | 537.63 | 11.91 | |

续表

| 城市名 | 2008 年 | 2009 年 | 2010 年 | 2011 年 | 平均 | 百分比（%） |
|--------|---------|---------|---------|---------|------|------------|
| 邢台市 | 561.61 | 523.84 | 531.13 | 553.18 | 528.11 | 11.7 |
| 保定市 | 624.87 | 667.29 | 665.54 | 660.51 | 652.86 | 14.46 |
| 张家口市 | 247.46 | 253.79 | 251.67 | 262.43 | 249.03 | 5.52 |
| 承德市 | 142.84 | 144.45 | 145.48 | 149.91 | 131.89 | 2.92 |
| 沧州市 | 567.16 | 520.72 | 525.46 | 533.45 | 540.2 | 11.97 |
| 廊坊市 | 280.63 | 278.19 | 276.62 | 275.06 | 278.68 | 6.17 |
| 衡水市 | 479.15 | 476.49 | 477.72 | 477.98 | 472.22 | 10.46 |
| 全省 | 4560.51 | 4509.6 | 4520.87 | 4596.61 | 4513.49 | 100 |

## 1.4.4 山东

山东省多年平均水资源总量为 $3.03 \times 10^{10}$ $m^3$，人均水资源占有量 334 $m^3$，仅为全国人均水平的 15%、世界平均水平的 3.8%，位居全国各省（市、区）倒数第 6 位。全省多年平均地下水天然补给资源量为 $2.16 \times 10^{10}$ $m^3/a$，可开采资源量为 $1.79 \times 10^{10}$ $m^3/a$。其中，淡水、微咸水天然补给资源量为 $2.06 \times 10^{10}$ $m^3/a$，可开采资源量为 $1.70 \times 10^{10}$ $m^3/a$。近几年全省平均地下水实际开采量为 $1.23 \times 10^{10}$ $m^3/a$，淡水、微咸水剩余可开采资源量即开采潜力为 $4.75 \times 10^9$ $m^3/a$，开采程度为 72.2%。

山东作为水资源小省与人口、经济大省之间的矛盾，必然导致水资源"瓶颈"的存在，制约社会经济的可持续发展。年内降水量分布不均，全年地表水天然径流量约 80%集中在七八月份，因此，枯水期水资源短缺，导致农业冬灌和春灌困难，春旱几乎年年发生。从表 1-14 看出，山东省有效灌溉面积基本呈上升趋势，特别是 2008 年以前，随着全省耕地面积的减少，灌溉面积占耕地面积比例增加；2008 年以后，耕地面积增加到 $7.51 \times 10^6$ $hm^2$，灌溉面积增幅偏小，使得连续几年灌溉面积占耕地面积的比例维持在 65%左右。

表 1-14　山东 2001～2011 年地下水资源量与灌溉情况

| 年份 | 水资源总量 （$10^8$ $m^3$） | 地表水资源量 （$10^8$ $m^3$） | 地下水资源 与地表水不重复量 （$10^8$ $m^3$） | 地下水 供水量 （$10^8$ $m^3$） | 有效灌溉 面积 （$10^3$ $hm^2$） | 有效灌溉面积 占耕地面积百分数 （%） |
|------|------|------|------|------|------|------|
| 2001 | 306* | 193.9* | 152.6* | 133.71 | 4836.00 | 73.71 |
| 2002 | 306* | 193.9* | 152.6* | 132.96 | 4797.40 | 74.17 |

续表

| 年份 | 水资源总量<br>（$10^8$ m³） | 地表水资源量<br>（$10^8$ m³） | 地下水资源<br>与地表水不重复量<br>（$10^8$ m³） | 地下水<br>供水量<br>（$10^8$ m³） | 有效灌溉<br>面积<br>（$10^3$ hm²） | 有效灌溉面积<br>占耕地面积百分数<br>（%） |
|---|---|---|---|---|---|---|
| 2003 | 489.69 | 349.29 | 140.40 | 113.95 | 4760.79 | 74.68 |
| 2004 | 349.46 | 234.51 | 114.55 | 107.40 | 4766.81 | 75.01 |
| 2005 | 415.86 | 295.85 | 120.01 | 102.67 | 4789.96 | 75.56 |
| 2006 | 199.78 | 109.56 | 90.22 | 103.90 | 4818.16 | 76.16 |
| 2007 | 387.11 | 280.19 | 106.93 | 101.98 | 4836.78 | 76.51 |
| 2008 | 328.71 | 228.96 | 99.75 | 101.23 | 4866.71 | 64.80 |
| 2009 | 284.95 | 173.80 | 111.16 | 97.05 | 4896.92 | 65.20 |
| 2010 | 309.12 | 199.08 | 110.04 | 91.31 | 4955.30 | 65.98 |
| 2011 | 347.61 | 237.49 | 110.12 | 89.34 | 4986.88 | 66.40 |

注：*为多年平均数

## 1.4.5 河南

河南省地下水资源量总计 $2.30×10^{10}$ m³，其中浅层水为 $2.05×10^{10}$ m³，中深层水为 $2.53×10^9$ m³。浅层水可开采量达 $1.17×10^{10}$ m³，主要分布在黄淮海大平原、山前倾斜平原及山间河谷平原和盆地。具有埋藏浅、补给快、储存条件好、富水性强、易于开采等特点，是目前河南省地下水资源开发利用的主要对象。

2011 年全省水资源总用量为 $1.92×10^{10}$ m³，其中山丘区 $8.33×10^9$ m³，平原区 $1.22×10^{10}$ m³，本年度全省地下水资源量比多年平均值减少 2.1%，比 2010 年减少了 10.6%。2011 年河南省农业用水量为 $1.25×10^{10}$ m³，工业用水量 $5.68×10^9$ m³，生活用水量 $4.76×10^9$ m³，生态用水量 $5.17×10^8$ m³，分别占总量的 53.3%、24.2%、20.3%、2.2%。

近年来，随着农业生产基础设施条件的改善和农民对农业生产的重视，田间农用水井大量增加，河南省的耕地有效灌溉面积，在 2001～2011 年增加了 $3.84×10^5$ hm²（图 1-11），一直处于增长趋势。2011 年河南省有效灌溉面积为 $5.15×10^6$hm²，占常用耕地面积的 71.5%。三门峡、洛阳、南阳灌溉水平较低，商丘、漯河、焦作、鹤壁灌溉水平较高。其中农田灌溉用水指标，新乡、济源、鹤壁、洛阳最高，都在 5100 m³/hm² 以上，周口、驻马店最低，都在 1500 m³/hm² 以下（表 1-15）[11]。

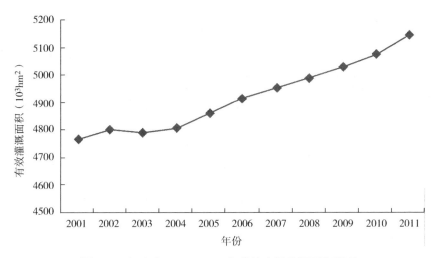

图 1-11　河南省 2001～2011 年耕地有效灌溉面积情况

表 1-15　2011 年河南省耕地灌溉情况

| 地市 | 有效灌溉面积<br>（$10^3$ hm$^2$） | 耕地面积<br>（$10^3$ hm$^2$） | 有效灌溉面积占耕地<br>面积（%） |
|---|---|---|---|
| 郑州市 | 196.31 | 295.69 | 66.39 |
| 开封市 | 323.90 | 394.04 | 82.20 |
| 洛阳市 | 141.94 | 356.08 | 39.86 |
| 平顶山市 | 205.96 | 312.91 | 65.82 |
| 安阳市 | 298.83 | 394.62 | 75.73 |
| 鹤壁市 | 83.17 | 96.35 | 86.32 |
| 新乡市 | 329.06 | 403.07 | 81.64 |
| 焦作市 | 162.09 | 181.65 | 89.23 |
| 濮阳市 | 221.07 | 248.37 | 89.01 |
| 许昌市 | 240.75 | 325.59 | 73.94 |
| 漯河市 | 152.13 | 165.73 | 91.79 |
| 三门峡市 | 53.37 | 163.17 | 32.71 |
| 南阳市 | 469.26 | 941.16 | 49.86 |
| 商丘市 | 600.04 | 666.56 | 90.02 |
| 信阳市 | 469.78 | 568.64 | 82.61 |
| 周口市 | 611.82 | 826.17 | 74.05 |
| 驻马店市 | 570.92 | 827.27 | 69.01 |
| 济源市 | 20.04 | 34.80 | 57.59 |
| 全省 | 5150.44 | 7201.87 | 71.52 |

## 1.4.6　辽宁

2011 年辽宁全省地下水资源量和水资源总量均低于多年平均值,与 2010 年相比水库蓄水量有所减少,地下水位略有下降,水资源质量没有明显变化。

2011 年全省地下水资源量 $1.12×10^{10}$ m³,占全国的 1.55%,比多年平均值少 10.2%。其中,山丘区地下水资源量 $6.07×10^9$ m³,平原区地下水资源量 5.80 亿× $10^9$ m³,山丘区与平原区重复计算量 $6.73×10^8$ m³。

全省地下水存储量相对 2010 年减少了 $6.19×10^8$ m³,平原区地下水水位总体下降,没有上升区域。相对 2010 年地下水水位下降区(地下水水位下降超过 0.5 m)总面积为 5758km²,占整个平原区面积的 21.0%,地下水位平均下降了 0.93 m,地下水存储量减少了 $2.84×10^8$ m³。主要集中在辽宁中部平原,零散分布于铁岭市昌图县大部,开原市、铁岭市区、调兵山市的小部分地区;沈阳市苏家屯区的大部,新民市和辽中县的部分地区;鞍山市区和海城市的中部;锦州凌海、北宁、黑山的少部分地区。相对稳定区(地下水位升降值在 0.5 m 以内)总面积为 21 621km²,地下水存储量减少了 $3.35×10^8$ m³。相对稳定区有三个区域:其一,分布于辽宁中部平原除下降区以外的区域,区域面积为 20124km²,占整个平原区面积的 73.5%,地下水水位平均下降 0.19 m,存储量减少 $3.02×10^8$ m³;其二,沿渤海西岸平原区,总面积为 821km²,占整个平原区面积的 3.0%,地下水水位平均下降 0.50 m,存储量减少 $0.25×10^8$ m³;其三,沿黄海、渤海东岸诸河平原区,区域面积为 676km²,占整个平原区面积的 2.5%,地下水水位平均下降 0.25 m,存储量变化不明显。

沈阳城区漏斗主要有二个区域。其一,城区西部漏斗中心面积为 13.80km²,比 2010 年减少 22.71km²,漏斗中心埋深 16.62 m,比 2010 年减少 1.70 m。其二,城区东部望花地区漏斗中心面积为 0.22km²,比 2010 年增加了 0.22km²,漏斗中心埋深 23.25 m,比 2010 年增加 1.35 m。辽阳首山漏斗中心位置与 2010 年相同,其漏斗区面积为 169.00km²,比 2010 年减少 6.00km²,漏斗中心位置埋深为 20.61 m,比 2010 年减少 0.57 m。

2011 年全省水资源总量为 $2.95×10^{10}$ m³,占全国的 1.27%,比多年平均值少 13.8%。水资源总量在流域三级分区上的分布是:除太子河及大辽河干流和辽河柳河口以下比多年平均值偏多以外,其他各流域水资源总量均比多年平均值少。其中,东辽河比多年平均值少 57.4%;滦河山区比多年平均值少 57.0%;第二松花江丰满以上、辽河柳河口以上和沿渤海西部诸河,分别比多年平均值少 37.2%、33.2%和 31.5%;西辽河比多年平均值少 20.4%;浑河和沿黄海、渤海东部诸河,分别比多年平均值少 14.0%和 5.6%。

2011 年全省总供水量 $1.45 \times 10^{10}$ m³, 占全国的 2.37%, 比 2010 年多 $8.90 \times 10^7$ m³。其中地表水供水量 $7.67 \times 10^9$ m³, 占总供水量的 53.0%; 地下水供水量 $6.43 \times 10^9$ m³, 占总供水量的 44.5%; 其他水源供水量 $3.57 \times 10^8$ m³。在地表水源供水量中, 蓄水工程供水量 $3.78 \times 10^9$ m³, 引水工程供水量 $1.12 \times 10^9$ m³, 提水工程供水量 $2.77 \times 10^9$ m³, 分别占地表水供水量的 49.3%、14.6% 和 36.1%。在地下水源供水量中, 浅层地下水供水量 $6.37 \times 10^9$ m³, 深层地下水供水量 $6.40 \times 10^7$ m³, 微咸地下水供水量 $2.00 \times 10^6$ m³, 在其他水源供水量中污水处理回用量 $3.46 \times 10^8$ m³, 海水淡化量 $1.10 \times 10^7$ m³。

2011 年全省实际总耗水量 $9.23 \times 10^9$ m³, 综合耗水率 64%。其中农田灌溉耗水量 $6.26 \times 10^9$ m³, 是耗水大户, 耗水率 73%; 林牧渔畜耗水量 $6.98 \times 10^8$ m³, 耗水率 88%; 工业耗水量 $9.11 \times 10^8$ m³, 耗水率 38%; 城镇公共耗水量 $2.95 \times 10^8$ m³, 耗水率 44%; 城镇居民生活耗水量 $2.76 \times 10^8$ m³, 耗水率 26%, 农村居民生活耗水量 $4.51 \times 10^8$ m³, 耗水率 93%; 生态与环境耗水量 $3.32 \times 10^8$ m³, 耗水率 68%。

2011 年全省总用水量 $1.45 \times 10^{10}$ m³, 比 2010 年多 $8.90 \times 10^7$ m³。其中农田灌溉用水量 $8.54 \times 10^9$ m³, 占总用水量的 59.1%; 林牧渔畜用水量 $7.90 \times 10^8$ m³, 占总用水量的 5.5%; 工业用水量 $2.40 \times 10^9$ m³, 占总用水量的 16.6%; 城镇公共用水量 $6.68 \times 10^8$ m³, 占总用水量的 4.6%; 城乡居民生活用水量 $1.57 \times 10^9$ m³, 占总用水量的 10.8%; 生态环境用水量 $4.87 \times 10^8$ m³, 占总用水量的 3.4%。

2011 年全省灌溉面积 $1.59 \times 10^6$ hm², 平均灌溉水平为耕地总面积的 38.88%, 其中机电提水灌溉面积 $1.10 \times 10^6$ hm², 占有效灌溉面积的 62.40%。沈阳市有效灌溉面积最大, 为 $2.51 \times 10^5$ hm², 本溪市有效灌溉面积最小, 为 $1.95 \times 10^4$ hm², 详见表 1-16。

表 1-16　2011 年辽宁省各地农田水利灌溉情况[5]

| 地区 | 有效<br>灌溉面积（$10^3$ hm²） | 机电提<br>灌溉面积（$10^3$ hm²） | 机电提灌溉<br>占有比例（%） | 机电井数<br>（眼） |
|---|---|---|---|---|
| 全省 | 1 588.38 | 1 097.03 | 62.4 | 146 291 |
| 沈阳市 | 250.81 | 214.49 | 82.8 | 46 098 |
| 大连市 | 111.31 | 35.86 | 24.4 | 4 502 |
| 鞍山市 | 89.02 | 75.48 | 82.2 | 5 544 |
| 抚顺市 | 42.94 | 0.59 | 1.4 | 1 288 |
| 本溪市 | 19.51 | 5.09 | 22.5 | 439 |
| 丹东市 | 71.43 | 16.57 | 22.9 | 426 |

续表

| 地区 | 有效<br>灌溉面积（$10^3 hm^2$） | 机电提<br>灌溉面积（$10^3 hm^2$） | 机电提灌溉<br>占有比例（%） | 机电井数<br>（眼） |
|---|---|---|---|---|
| 锦州市 | 206.52 | 126.96 | 59.8 | 19 472 |
| 营口市 | 84.63 | 76.79 | 83.2 | 2 411 |
| 阜新市 | 94.23 | 89.62 | 79.9 | 13 127 |
| 辽阳市 | 96.31 | 40.63 | 41.4 | 2 927 |
| 盘锦市 | 108.95 | 108.95 | 79.7 | 400 |
| 铁岭市 | 162.25 | 131.76 | 73.4 | 16 042 |
| 朝阳市 | 173.1 | 133.59 | 71.4 | 19 666 |
| 葫芦岛市 | 77.37 | 40.65 | 39.1 | 13 949 |

## 1.5　地下水硝酸盐含量与环境健康

目前，地下水仍然是世界上许多国家和地区的主要饮用水源。在亚洲大约有1/3 的居民以地下水为主要的饮用水源，美国有 50%的城市居民的生活用水和将近90%的农村地区的居民生活用水以地下水为饮用水水源，对于许多郊区、县城和一些大型的城市，地下水甚至是唯一的饮用水源[12]。我国是一个缺水比较严重的国家，在干旱—半干旱地区和西南岩溶山地，地下水是主要的甚至是唯一的供水水源；在地表水相对丰富的东部、南部和沿海地区，地下水也越来越成为重要的供水水源。

水体中氮含量超标，不仅使水环境质量恶化，还对动、植物以及人类健康有严重危害作用。由于与人类健康密切相关，以地下水为水源的饮用水硝酸盐污染引起了许多国家的关注。通过饮用水和食物链等途径进入人体的硝酸盐，有 80%会随着尿液被排出体外，另外的 20%会储存在人体内。$NO_3^--N$ 在人体内经过消化系统后被转化成亚 $NO_3^--N$，后者可与血红蛋白结合形成高铁血红蛋白，使血液失去输氧能力，导致患者呼吸困难甚至死亡[13]。婴幼儿因酶系统发育尚不完全，血红蛋白被氧化成高铁血红蛋白的速度比成年人快得多，更易引起疾病。早在 20 世纪 40 年代，美国的 H.H.Comley 便报道了由于饮用水中硝酸盐氮含量高而引起婴儿高铁血红蛋白症的病例[14]，瑞典曾在克里斯蒂塔地区对 35 例癌症患者致病原因进行分析发现，其中有一半以上的病例是因饮用硝酸盐含量高的地下水所致[15]。俗称的蓝婴症就是由于婴幼儿食用了含硝酸盐的食品或水，致使体内缺氧而在皮肤上出现蓝紫色斑纹，并伴有呼吸短促的症状，严重时可能因窒息而亡。1960 年前后，在德国与奥地利交界处一个小村落的 200 名婴幼儿中，约一半得了蓝婴症，其中有 1/3 死亡，1/3 出现缺氧症状[16]。这类惨剧的发生足以引起人们对地下水硝酸盐污染的重视。除了能引起死亡外，硝酸盐对人类健康的危害更多的时候是潜在的。$NO_3^-$-N 为具有强烈致癌特性的亚硝酸类化合物的合成提供了物质基础，亚硝酸盐在人体内能合成强致癌物质亚硝胺，它可以诱发消化系统疾病。根据国土资源部东北地质研究所在沈阳市的调查，发现饮用水中 $NO_3^-$ 污染较严重的地区与水质相关的几种癌症的死亡率也较高；而 $NO_3^-$ 含量低的地区，相应与水质有关的几种癌症的死亡率也低[17]。英美等国的研究结果显示，饮用水中过多的 $NO_3^-$ 和 $NO_2^-$ 与食管癌的发病率及死亡率成正比。我国的食管癌高发区（例如河南安阳、林州地区）也与饮用水、土壤和食物中 $NO_3^-$、$NO_2^-$、$NO$ 及亚硝胺含量呈正相关关系[18]。日本、英国、智利、哥伦比亚均报道过亚硝酸盐、硝酸盐与胃癌发病率具有相关性的研究成果[19]。

地下水硝酸盐含量过高，不仅对人类健康造成危害，同时对动植物也会产生很大的影响。土壤与水中的硝酸盐会被饲料作物吸收并大量累积，在一定的条件下会释放出二氧化氮等气体，浓度高时可以毒死家禽。牲畜若食用了含有大量硝酸盐的饲料（硝酸盐含量超过 1%）会发生急性中毒，严重时可导致死亡。据报道，硝酸盐氮对牛、羊、猪、狗、兔等的致死量为 70~140 mg/kg 体重[20]。农作物从土壤或水中吸收过量的硝酸盐后，会引起各种病虫害，影响作物的质量。用含有大量硝酸盐的地下水灌溉农田，会使蔬菜中的硝酸盐含量增高，这种蔬菜中的硝酸盐在长途运输及存储过程中会被催化还原为亚硝酸盐，人食用后就会引起中毒[20]。

由于地下水中含有的硝酸盐氮会以直接或间接的方式危害人们的健康，世界卫生组织（World Health Organization，WHO）规定饮用水中硝酸盐的含量不得超过 50.0 mg/L（折合为 $NO_3^-$-N 11.3 mg/L）。中国国家地下水质量标准（GB/T 14848-93）中规定了硝酸盐（以 N 计，mg/L）的分级标准：≤2.0 为 I 类水，≤5.0 为 II 类水，≤20 为III类水，≤30 为IV类水，>30 为 V 类水，其中集中式生活饮用水应符合III类以上标准，即 $NO_3^-$-N 含量不超过 20 mg/L。我国生活饮用水卫生标准（GB 5749-2006）也规定，饮用水中 $NO_3^-$-N 的含量不得超过 10 mg/L，地下水源饮用水中 $NO_3^-$-N 含量不得超过 20 mg/L。

所以对泛渤海地区地下水硝酸盐的情况进行调查、监测、分析并进行风险评价，有助于我们了解该区域地下水硝酸盐含量现状、变化规律，分析、评价农业措施对该区域地下水硝酸盐含量的影响，提出行之有效的防控措施，为减少农业对水环境的影响提出技术对策。

## 参 考 文 献

[1] 国家统计局天津调查总队. 天津调查年鉴 2012. 北京: 中国统计出版社, 2012.
[2] 魏克循. 河南土壤地理. 郑州: 河南科学技术出版社, 1995.
[3] 国家统计局河南调查总队. 河南省调查年鉴 2011. 北京: 中国统计出版社, 2011.
[4] 河北省人民政府办公厅, 河北省统计局. 河北农村统计年鉴 2012. 北京: 中国统计出版社, 2012.
[5] 辽宁省统计局. 辽宁统计年鉴 2002 ~ 2012 卷. 北京: 中国统计出版社, 2002 ~ 2012.
[6] 辽宁省统计局. 辽宁统计年鉴 2003. 北京: 中国统计出版社, 2003.
[7] 辽宁省统计局. 辽宁统计年鉴 2004. 北京: 中国统计出版社, 2004.
[8] 辽宁省统计局. 辽宁统计年鉴 2005. 北京: 中国统计出版社, 2005.
[9] 辽宁省统计局. 辽宁统计年鉴 2006. 北京: 中国统计出版社, 2006.
[10] 辽宁省统计局. 辽宁统计年鉴 2007. 北京: 中国统计出版社, 2007.
[11] 辽宁省统计局. 辽宁统计年鉴 2008. 北京: 中国统计出版社, 2008.
[12] 辽宁省统计局. 辽宁统计年鉴 2009. 北京: 中国统计出版社, 2009.
[13] 辽宁省统计局. 辽宁统计年鉴 2010. 北京: 中国统计出版社, 2010.
[14] 辽宁省统计局. 辽宁统计年鉴 2011. 北京: 中国统计出版社, 2011.
[15] 辽宁省统计局. 辽宁统计年鉴 2012. 北京: 中国统计出版社, 2012.
[16] 郑桂森, 吕金波. 北京地区的水资源. 中国地质, 2001, 28(4): 45-48, 37.
[17] 杨耀栋, 李晓华, 王兰化, 等. 天津平原区地下水位动态特征与影响因素分析. 地质调查与研究, 2011, 34(4): 313-320.
[18] 王兰化. 天津市平原区深层淡水咸化-咸水下移问题的讨论. 地质调查与研究, 2007, 34(1): 1-9.
[19] 天津统计局. 天津统计年鉴 2002 ~ 2012 年卷. 北京: 中国统计出版社, 2002 ~ 2012.
[20] 天津统计局. 天津统计年鉴 2003. 北京: 中国统计出版社, 2003.
[21] 天津统计局. 天津统计年鉴 2004. 北京: 中国统计出版社, 2004.
[22] 天津统计局. 天津统计年鉴 2005. 北京: 中国统计出版社, 2005.
[23] 天津统计局. 天津统计年鉴 2006. 北京: 中国统计出版社, 2006.
[24] 天津统计局. 天津统计年鉴 2007. 北京: 中国统计出版社, 2007.
[25] 天津统计局. 天津统计年鉴 2008. 北京: 中国统计出版社, 2008.
[26] 天津统计局. 天津统计年鉴 2009. 北京: 中国统计出版社, 2009.
[27] 天津统计局. 天津统计年鉴 2010. 北京: 中国统计出版社, 2010.
[28] 天津统计局. 天津统计年鉴 2011. 北京: 中国统计出版社, 2011.
[29] 天津统计局. 天津统计年鉴 2012. 北京: 中国统计出版社, 2012.
[30] 河北省人民政府办公厅, 河北省统计局. 河北农村统计年鉴 2003 ~ 2011 卷. 北京: 中国统计出版社, 2003 ~ 2011.
[31] 河北省人民政府办公厅, 河北省统计局. 河北农村统计年鉴 2004. 北京: 中国统计出版社, 2004.
[32] 河北省人民政府办公厅, 河北省统计局. 河北农村统计年鉴 2005. 北京: 中国统计出版社, 2005.
[33] 河北省人民政府办公厅, 河北省统计局. 河北农村统计年鉴 2006. 北京: 中国统计出版社, 2006.
[34] 河北省人民政府办公厅, 河北省统计局. 河北农村统计年鉴 2007. 北京: 中国统计出版社, 2007.
[35] 河北省人民政府办公厅, 河北省统计局. 河北农村统计年鉴 2008. 北京: 中国统计出版社, 2008.
[36] 河北省人民政府办公厅, 河北省统计局. 河北农村统计年鉴 2009. 北京: 中国统计出版社, 2009.
[37] 河北省人民政府办公厅, 河北省统计局. 河北农村统计年鉴 2010. 北京: 中国统计出版社, 2010.

[38] 河北省人民政府办公厅, 河北省统计局. 河北农村统计年鉴 2011. 北京: 中国统计出版社, 2011.

[39] 国家统计局河南调查总队. 河南省调查年鉴 2012. 北京: 中国统计出版社, 2012.

[40] 关亮炯. 我国水污染现状及治理对策. 科技情报开发与经济, 2004, 14(6): 80-81.

[41] 闫素云, 匡颖, 张焕祯. 硝酸盐氮污染地下水修复技术. 环境科学, 2011, 24(2): 7-9.

[42] 沈梦蔚. 地下水硝酸盐去除方法的研究. 杭州: 浙江大学硕士学位论文, 2004.

[43] 陈翔. 固体碳源生物反硝化去除水源水中的硝酸盐. 南京: 南京林业大学硕士学位论文, 2008.

[44] 毕晶晶, 彭昌盛, 胥慧真. 地下水硝酸盐污染与治理研究进展综述. 地下水, 2010, 32(1): 97-102.

[45] 冯锦霞, 朱建军, 陈立. 我国地下水硝酸盐污染防治及评估预测办法. 地下水, 2006, 28(4): 58-62.

[46] 童桂华. 去除地下水硝酸盐 PRB 介质试验研究. 青岛: 中国海洋大学硕士学位论文, 2008.

[47] 赵秀春, 王成见. 胶州市地下水源地硝酸盐污染修复方法探讨. 水利水电技术, 2009, (7): 9-12.

[48] 朱济成. 关于地下水硝酸盐污染原因的探讨. 北京地质, 1995, (2): 20-26.

# 2

# 地下水硝酸盐调查与评价方法

## 2.1 地下水硝酸盐时空变化研究方法

### 2.1.1 布点和采样原则

每年在雨季前和雨季后分两次于泛环渤海 6 省市典型集约化农区采集地下水水样（其中 2005 年作为研究的预备启动阶段，仅在雨季前采集一次地下水），地下水采样点选点主要依据是代表性、可控性、经济性及可行性原则，考虑到区域、地貌单元、井深、河流、作物类型等因素，主要确定了大面积作物种植区、代表性作物种植区、大型畜禽养殖场区为采样区域，采样点按照作物种植类型（粮田、果园、菜地、其他四类）、地理位置来确定，代表区域面积大于 1000 亩（1 亩≈666.7m²）。

样点的分布兼顾了地理位置的均匀性，也考虑了菜地、果园等高投入作物区地下水的高变异性，以及各种作物种植面积占耕地面积的比例，不同年份也有一定的差异。为了结果的可比性、一致性，观测期内保持地下水样品采样点点位固定。

### 2.1.2 采集方法

灌溉井中水样的采集，在充分抽汲后进行，采样深度在地下水水面 0.5 m 以下，以保证水样能代表地下水水质。封闭的生产井在抽水时从泵房出水管放水阀处采样，采样前将抽水管中存水放净。对于压水井、户用电井、自来水在充分放水后，在出水口处直接采集。对于自喷的泉水，在涌口处出水水流的中心采样。采集非自喷泉水时，将滞留在抽水管中的水汲出，新水更替之后，再进行采样。采集水样的同时向当地管理部门调查水井的深度，做好记录。采样容器采用塑料瓶，采样前用蒸馏水清洗，采样时在采样点上用塑料瓶装取水样 500 mL 左右，及时贴标签，注明编号、日期、采样人。记录采样点的位置信息包括市、县、乡、村、户、水源类型、井深等，用 GPS 定位采样点，记录经纬度。详细调查和记录样点周边地形地貌、年灌水量、作物类型、施肥水平、工厂以及养殖场分布情况等。并在每个样品中加入 1 : 1 的盐酸 4mL，以保证样品水质不受微生物影响，所有样品均带回实验室进行分析测定。

### 2.1.3　测试与分析

为了保证样本分析结果的一致性，统一采用紫外分光法进行样品分析。保留标准样本，以便统一校正结果及其他指标。

#### 2.1.3.1　试剂

分析所用化学试剂有 1 mol/L 盐酸、50 g/L 氨基磺酸胺溶液、10 g/L 硝酸盐标液（硝酸盐氮），均为分析纯试剂。

#### 2.1.3.2　分析步骤

取水样 10.0 mL，注入 50 mL 容量瓶中，加入 1 mol/L 盐酸 1.0 mL 摇匀，加入氨基黄酸胺溶液 2.0 mL，摇匀，于紫外分光光度计上，波长 220 nm 处，用石英比色皿，以试剂空白作对比，测量吸光度 A220。同样方法测量吸光度 A275。

标准曲线：标准溶液浓度分别为 0、0.2、0.4、0.8、1.2、1.6、2.0 mg/L。

由除零管外的其他标准溶液浓度系列测得的吸光度值减去零管的吸光度值，分别绘制不同比色皿光程长的吸光度对硝酸盐氮含量的标准曲线。

#### 2.1.3.3　结果计算

220 nm 处吸光度减去 275 nm 处吸光度的 2 倍，然后查对标准曲线，再乘以水样分取倍数，即得水样中硝酸盐氮含量。

### 2.1.4　数据处理

采用 Excel 软件处理试验数据及作图，SPSS 软件进行统计分析，置信水平为 95%（$P < 0.05$）。

## 2.2 地下水硝酸盐含量预测模型

### 2.2.1 地下水硝酸盐影响因素相关性分析

通过文献调研，影响地下水硝酸盐的因素分为自然因素和人为因素，自然因素包括土壤类型、水文地质、地形地貌、水文气象、地质条件等，人为因素包括肥料施用、种植制度、灌溉状况、养殖状况和地下水资源开发状况等。

利用多年地下水 $NO_3^-$-N 监测结果，选取典型监测时期≤30 m 井深地下水水样 $NO_3^-$-N 数据，运用地理信息系统软件（ArcGIS）进行空间插值计算，以平原区县为统计单元，提取计算各区县地下水 $NO_3^-$-N 平均含量。

自然因素的影响数据获得方法如下。研究区坡度、距地表水域距离和土壤介质评分等地面状况因素均利用 ArcGIS 提取处理获得。对 1∶25 万 DEM 高程图进行坡度处理，提取坡度数据，对研究区河流水系地理信息数据进行直线距离提取操作，获得距地表水域距离数据，利用《1∶100 万中华人民共和国土壤图》以及《中国土种志》确定出土壤介质类型评分分布状况。地下水埋深数据来源于《中国地质环境监测地下水位年鉴》[1]，将各监测井地理信息数据、地下水埋深数据数字化，利用 GIS 软件进行空间插值，获得研究区 2005 年、2006 年地下水埋深数据。收集研究区 2004～2008 年多年气象站点月均降水数据，将各站点地理信息数据、多年月均降水数据数字化，利用 GIS 软件对月均降水数据进行空间插值获得研究区多年月均降水数据，进一步统计 2004～2008 年雨季前后及全年不同时期月均累积降水量。以平原区县为统计单元分别提取计算，获得各区县坡度、距地表水域距离、土壤介质评分、地下水埋深及月均累积降水量均值。

人为因素的影响数据获得方法如下。通过文献调研的方式，收集整理平原各区县 2004～2007 年社会经济资料，包括单位面积氮肥施用折纯量、单位面积肥料施用折纯量、人口密度、粮食作物播种面积、蔬菜播种面积、果园面积、有效灌溉面积、耕地面积。

对上述获得的研究区自然、人为等各项影响因素数据与计算所得相应单元地下水 $NO_3^-$-N 平均含量一一开展相关性分析，分析所得相关系数，以此为依据筛选研究区地下水 $NO_3^-$-N 的主要影响因素。

### 2.2.2 地下水硝酸盐含量预测模型构建

综合考虑筛选出的浅埋区地下水 $NO_3^-$-N 含量的主要影响因素及其可获取性。

以 2006 年地下水 $NO_3^-$-N 监测数据为例，应用多元线性回归的方法，建立研究区雨季前后地下水 $NO_3^-$-N 含量预测模型，利用基础地理信息数据和社会经济数据对区域地下水 $NO_3^-$-N 含量进行预测。

社会因素数据是以行政区域为单位的离散数据，而自然因素数据基本为自然状态的空间连续分布数据，为便于进行回归分析，使二者对应统一，需将自然因素数据以行政区域为单元进行划分，提取各单元的均值，最终形成研究区多个县级区域的多项影响因素均值数据样本，以此作为自变量。同样以行政区域为单元对先前生成的雨季前后≤30 m 井深地下水 $NO_3^-$-N 含量空间数据进行提取，生成研究区多个县级区域≤30 m 井深地下水 $NO_3^-$-N 含量均值数据样本。

将多个县级区域≤30 m 井深地下水 $NO_3^-$-N 含量均值样本随机分为两部分，一部分作为回归样本，用于建立统计预测模型，剩余的作为模型验证样本。

## 2.3　地下水硝酸盐污染脆弱性评价

地下水环境脆弱性评价是合理开发、利用和保护地下水资源的重要基础性工作。可以通过开展对地下水脆弱性研究，区分不同地区地下水的脆弱程度，评价地下水的潜在污染性，圈定脆弱区，警示人们在脆弱区开发和利用地下水资源时，采取相应的保护措施。另外，地下水脆弱性研究可以帮助水资源管理和决策者制定地下水资源有效保护计划，科学指导地下水的合理开发与管理。对国土整治、水环境保护乃至国民经济发展都起着重要的作用[2]。

国外水文地质学家在 20 世纪 60 年代提出了地下水环境脆弱性的概念[3]。美国国家科学研究委员会于 1993 年给予地下水脆弱性如下定义：地下水脆弱性是污染物到达最上层含水层之上某特定位置的倾向性与可能性。这也是现在普遍公认的地下水脆弱性概念[4]。同时美国国家科学研究委员会将地下水脆弱性分为两类：一类是本质脆弱性（intrinsic vulnerability），即不考虑人类活动和污染源而只考虑水文地质内部因素的脆弱性；另一类是特殊脆弱性（specific vulnerability），即地下水对某一特定污染源或人类活动影响的脆弱性[5]。

地下水脆弱性评价是对评价区的地下水脆弱性进行量化的过程。根据地下水脆弱性的概念可知，地下水脆弱性只具有相对的性质，它无法测量、无维度、无量纲，评价结果的精确度取决于有代表性的且可靠的数据及其数量。同地下水脆弱性概念相对应，地下水脆弱性评价分为本质脆弱性评价与特殊脆弱性评价两类。地下水脆弱性离不开水文地质内部因素，因而地下水本质脆弱性评价是地下水脆弱性评价的一项前提与基础性工作。但地下水系统是一个开放系统，地下水与人类活动等外部因素的关系越来越密切和复杂，因而地下水特殊脆弱性评价越来越不容忽视[6]。

## 2.3.1 地下水脆弱性评价方法概述

国内外现有的地下水脆弱性评价方法主要有：迭置指数法、过程数学模拟法、统计方法和模糊数学方法等。

1）迭置指数法。通过选取的评价参数的分指数进行迭加形成一个反映脆弱程度的综合指数，再由综合指数进行评价。它又分为水文地质背景参数法（hydrogeologic complex and setting methods，HCS）和参数系统法（parametricsystem methods）。水文地质背景参数法是一种通过将研究对象与同其条件相类似的且已知脆弱性的地区相比较，进而得出研究对象脆弱性的评价方法。这种方法通常需要建立多组地下水脆弱性标准模式，一般适用于地质、水文地质条件比较复杂的大区域，但这种脆弱性评价多为定性或半定量的。参数系统法是通过选择评价脆弱性的代表性参数来建立一个参数系统，每个参数均有一个给定的大致区间，这个区间又被进一步细分成几个亚区间，每一区间给出相应的评分值或脆弱度（即参数等级评分标准），把各参数的实际资料与此标准进行比较评分，最后根据参数所得到的评分值或相对脆弱度迭加即得到综合指数或脆弱度。另外，这些参数均被赋以相应的权重，权重反映了参数与地下水脆弱性的关系。参数系统法最适于区域层次的脆弱性评价，是地下水脆弱性评价中最常用的一种方法，其中DRASTIC方法作为一种标准化的方法被普遍采用[7, 8]。

2）过程数学模拟法。在水流和污染质运移模型基础上，使用确定性的物理化学方程来模拟污染质的运移转化过程，将各评价因子定量化后放在同一个数学模型中求解，最终得到一个可评价脆弱性的综合指数。该方法的最大优点是可描述影响地下水脆弱性的物理、化学和生物等过程，并能估计污染质的时空分布情况。尽管描述污染质运移转化的二维、三维等模型很多，但目前在区域地下水脆弱性的评价中应用较少，脆弱性研究多数集中在土壤和包气带的一维过程上，多为农药淋滤模型和氮循环模型。该类方法需要的参数较多，获得资料和数据比较困难。虽然该方法有很多优点，但只有充分认识污染质在地下水环境中的行为，有足够的地质数据和长序列污染质运移数据，才能充分发挥它的潜力[7, 9]。

3）统计方法。通过对已有的地下水污染信息和资料进行数理统计分析，确定地下水脆弱评价因子并用分析方程表示出来，建立统计模型，把已赋值的各评价因子放入模型中计算，并根据其结果进行脆弱性分析。常用的统计方法包括地理统计（geostatistical）方法、克立格（Kriging）方法、线性回归分析法、实证权重法（weight of evidence）、逻辑回归（logistic regression）分析法等。统计方法同时也用来对脆弱性评价中的不确定性进行分析。用统计方法进行地下水脆弱性评价必须有足够的监测资料和信息。目前这种方法在地下水脆弱性评价中应用程度不如前两种方法[7, 8, 10]。

4）模糊数学法。该方法是在确定评价因子、各因子的分级标准以及因子赋权的基础上，经过单因子模糊评判和模糊综合评判来确定地下水的脆弱程度[7]。

### 2.3.2　泛环渤海地区地下水硝酸盐污染脆弱性评价方法

对于泛环渤海地区，区域范围相对较大，参照国内外所做的各种评价来看，对于如此大的区域，迭置指数法有较强的实用性，所以本书选用迭置指数法，对选取的评价指标的评分进行叠加形成一个反映脆弱性的综合指数，用综合指数进行地下水脆弱性评价。根据本研究区地下水硝酸盐污染特性，参考 DRASTIC 模型，各评价指标被赋予相应权重，最重要的指标权重为 5，最不重要的指标权重为 1，依据第 5 章地下水硝酸盐氮含量影响因素相关性分析，得到雨季前后各地下水硝酸盐污染脆弱性指标权重如表 2-1 所示。

表 2-1　评价体系中各评价指标权重

| 评价指标 | 雨季前权重 | 雨季后权重 |
| --- | --- | --- |
| 地下水埋深 | 2 | 2 |
| 含水层介质类型 | 2 | 2 |
| 降水量 | 1.5 | 1 |
| 土壤介质类型 | 1 | 1 |
| 地形坡度 | 1 | 1.5 |
| 单位面积肥料施用量 | 5 | 5 |
| 粮食作物播种面积占耕地百分比 | 4 | 4 |
| 有效灌溉面积占耕地百分比 | 3.5 | 3.5 |

地下水硝酸盐污染脆弱性综合指数的计算如下式所示：

$$P_i = \sum_{j=1}^{n} \omega_j \times R_j \qquad (2\text{-}1)$$

式中，$P_i$ 为脆弱性综合指数；$\omega_j$ 为指标 $j$ 的权重；$R_j$ 为指标 $j$ 的评分。

## 参 考 文 献

[1]  中国地质环境监测院. 中国地质环境监测地下水位年鉴 2005. 北京: 中国大地出版社, 2007.

[2]  陈学群. 莱州市地下水脆弱性评价研究. 济南: 山东大学硕士学位论文, 2006.

[3]  Vrba J, Zaporozee A. Guidebook on Mapping Ground water Vulnerability// Castany G, Groba E. International Contributions to hydrogeology drogeology founded. Hanover: Heise, 1994.

[4]  王宏伟, 刘萍, 吴美琼. 基于地下水脆弱性评价方法的综述. 黑龙江水利科技, 2007, 3(35): 43-45.

[5]  孙才志, 潘俊. 地下水脆弱性的概念、评价方法与研究前景. 水科学进展, 1999, 10(4): 444-449.

[6]  孙才志 林山杉. 地下水脆弱性概念的发展过程与评价现状及研究前景. 吉林地质, 2000, 19(1): 30-36.

[7]  姜桂华. 地下水脆弱性研究进展. 世界地质, 2002, 23(1): 32-38.

[8]  Gogu R C, Dassargue A. Current trends and future challenges in groundwater vulnerability assessment using overlay and index methods. Environmental Geology, 2000, 39(6): 549-559.

[9]  Lasserre F, Razack M, Banton O. A GIS-linked model for the assessment of nitrate contamination in groundwater. Journal of Hydrology, 1999, 224: 81-90.

[10]  Burkart M R, Kolpin D W, James D E. Assessing groundwater vulnerability to agrichemical contamination in the midwest U.S. Wat. Sci. Tech, 1999, 39(3): 103-112.

# 3

# 泛环渤海地区地下水硝酸盐变化特征

## 3.1 地下水硝酸盐含量时空变异

### 3.1.1 地下水硝酸盐含量总体特征

从 2005 年开始至 2012 年分别于 5 月份和 10 月份（2005 年仅在 5 月份取样 1 次）在北京市、天津市、河北省、山东省、河南省以及辽宁省泛环渤海六省市典型集约化农区采集地下水水样并监测地下水 $NO_3^-$-N 含量共计 15 次，水样合计 21 331 个。监测数据（表 3-1）表明，研究区地下水中 $NO_3^-$-N 含量变化范围为痕量～541.5 mg/L，平均值为 11.5 mg/L，其中约 32.6%的地下水水样 $NO_3^-$-N 含量超过国家生活饮用水卫生标准（10 mg/L），约 17.5%的地下水水样 $NO_3^-$-N 含量严重超标（超过 20 mg/L）。根据我国地下水质量标准（GB/T 14848—93），以水中 $NO_3^-$-N 含量衡量，研究区地下水水质达标率为 82.5%，其中 I 类、II 类、III 类、IV 类、V 类水比例分别为 37.2%、14.1%、31.2%、7.1%、10.4%（图 3-1）。说明目前研究区地下水整体质量良好，但由于III类水已经高达 31.2%，潜在污染风险较大，如不及时控制，这部分地下水很容易向IV类水转化，造成水质恶化。

2005～2012 年的 8 年中，5 月份、10 月份地下水水样平均 $NO_3^-$-N 含量分别为 11.9 mg/L 和 11.1 mg/L，10 月份略低于 5 月份，5 月份、10 月份地下水水样 $NO_3^-$-N 含量达标率分别为 82.7%和 82.3%，各类水体所占比率相差不大（图 3-2，图 3-3）。5 月份地下水 $NO_3^-$-N 含量变异系数（coefficient of variation，CV）高于 10 月份地下水 $NO_3^-$-N 含量变异系数，同时可知，5 月份地下水 $NO_3^-$-N 含量最大值为 541.5 mg/L，10 月份地下水 $NO_3^-$-N 含量最大值为 458.6 mg/L，均表明 5 月份各取样点地下水 $NO_3^-$-N 含量离散程度高于 10 月份，由此可知，5 月份地下水 $NO_3^-$-N 含量受外界影响要大于 10 月份，从而使区域不同取样点地下水 $NO_3^-$-N 含量间形成较大的不均一性。

表 3-1　泛环渤海地区 2005～2012 年地下水 $NO_3^-$ -N 含量

| 参数 | 样品数（个） | 平均值（mg/L） | 最大值（mg/L） | 最小值（mg/L） | 标准差（mg/L） | 变异系数（%） | 10 mg/L 超标率（%） |
|---|---|---|---|---|---|---|---|
| 合计 | 21 331 | 11.5 | 541.5 | 痕量 | 19.9 | 172.7 | 32.6 |
| 5 月 | 11 128 | 11.9 | 541.5 | 痕量 | 21.7 | 182.2 | 32.9 |
| 10 月 | 10 203 | 11.1 | 458.6 | 痕量 | 17.7 | 159.6 | 32.3 |

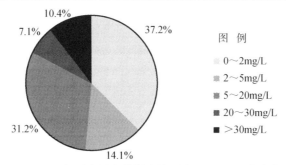

图 3-1　2005～2012 年研究区全体样本地下水 $NO_3^-$ -N 五类水体所占比例

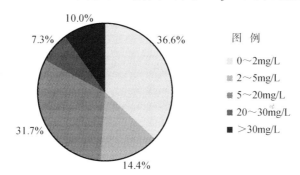

图 3-2　2005～2012 年研究区 5 月份样本地下水 $NO_3^-$ -N 五类水体所占比例

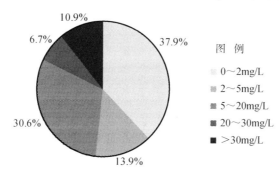

图 3-3　2005～2012 年研究区 10 月份样本地下水 $NO_3^-$ -N 五类水体所占比例

将 21 331 个水样的 $NO_3^-$ -N 含量进行频率分析，各 $NO_3^-$ -N 含量的累积分布频率见图 3-4。从图中可以看出，当 $NO_3^-$-N 含量小于 14.8 mg/L 时（含 14.8 mg/L），累积频率增速最快，累积频率达到了 70.0%，即 $NO_3^-$-N 含量≤14.8 mg/L 的样品数。占样品总数的 70.0%，之后累积频率增速迅速下降，到 $NO_3^-$-N 含量为 48.2 mg/L 时，累积频率达到了 94.4%，即 $NO_3^-$-N 含量≤48.2 mg/L 的样品占样品总数的 94.4%。把总体样本分成 $\sqrt{21331}+1=147$ 个组，每个组的数据空间为（541.5–0)/146=3.7 mg/L，再计算落入该空间的频率（频数/样本总数×100%），获得研究区地下水 $NO_3^-$-N 含量分布图，见图 3-5。从图中可以看出，$NO_3^-$-N 含量落入空间 3.7～7.4 mg/L 的频数最高，占样品总数的 42.4%。除空间 0～3.7 mg/L 外，由空间 3.7～7.4 mg/L 开始各空间频率呈下降趋势，到空间 40.8～44.5 mg/L 时，其频率接近于 0。

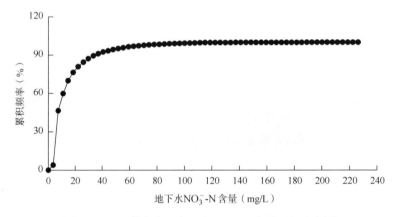

图 3-4 泛环渤海地区地下水 $NO_3^-$-N 含量累积分布图

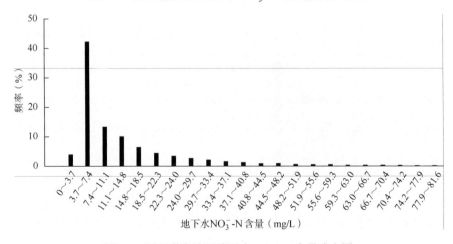

图 3-5 泛环渤海地区地下水 $NO_3^-$-N 含量分布图

## 3.1.2 地下水硝酸盐动态变化

从 2005～2012 年地下水 $NO_3^-$-N 年平均含量变化结果看（图 3-6），总体趋势为先降低后增加后又降低，2005～2008 年地下水 $NO_3^-$-N 年平均含量逐年降低，由 2005 年的 13.3 mg/L 降至 2008 年的 9.7 mg/L，而后至 2011 年逐年递增至 15.0 mg/L，2012 年又有所降低，且低于 2005 和 2006 年均值。从 2005～2012 年各年研究区全部样品地下水 $NO_3^-$-N 含量变异系数变化可知，地下水 $NO_3^-$-N 年平均含量较高年份，研究区全部样品地下水 $NO_3^-$-N 含量变异系数较低，反之亦然。对 2005～2012 年地下水 $NO_3^-$-N 年均含量与其年变异系数进行相关性分析（图 3-7）可知，二者存在一定负相关关系（不显著），Spearman 相关系数为–0.690，进一步说明研究区地下水 $NO_3^-$-N 年均含量较高的年份，各地下水样品 $NO_3^-$-N 含量变异性较低，由此表明各监测年份研究区地下水 $NO_3^-$-N 含量存在普遍较高的特征，而年均含量较低的年份地下水样品含量变异性反而较高，相应年份各样品间地下水 $NO_3^-$-N 含量差别较大。

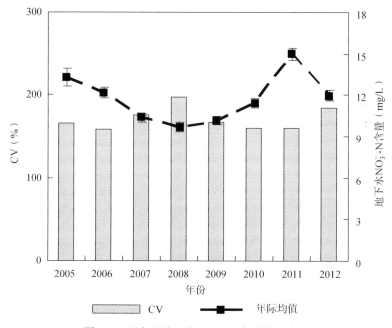

图 3-6  研究区地下水 $NO_3^-$-N 含量年际变化

从 2005～2012 年不同监测时期结果看（图 3-8），2005 年 5 月份到 2008 年 10 月份的 7 次监测，地下水 $NO_3^-$-N 平均含量平稳中有降低趋势，2009 年 5 月份至 2010 年 5 月份地下水 $NO_3^-$-N 平均含量变化较为平稳，之后到 2011 年 5 月份，地下水 $NO_3^-$-N 平均含量急剧增加，2011 年 10 月份至 2012 年 10 月份，地下水 $NO_3^-$-N 平均含量急剧降低至 2010 年 10 月份水平。各监测时期变异系数变化较地下水 $NO_3^-$-N 平均含量更为平稳，除了 2008 年五月份和 2012 年五月份变异系数超过 200% 以外，其他监测时期变异系数均在 140%～180%。

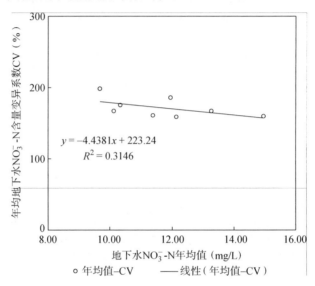

图 3-7　研究区地下水 $NO_3^-$-N 年均含量与 CV 相关性

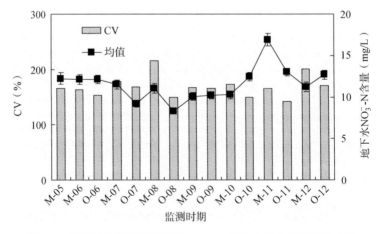

图 3-8　研究区各监测期地下水 $NO_3^-$-N 平均含量及变异系数变化

注：M-06 和 O-06 分别表示 2006 年 5 月份和 2006 年 10 月份，余同

从 2005～2012 年不同监测时期地下水 $NO_3^-$-N 含量 10 mg/L、20 mg/L 超标率的变化看（图 3-9），15 次监测的地下水 $NO_3^-$-N 含量 10 mg/L 超标率范围在 26.2%～39.0%，20 mg/L 超标率范围在 10.1%～25.5%。2005～2012 年不同监测时期地下水 $NO_3^-$-N 平均含量变异系数为 17.4%，2005～2012 年不同监测时期地下水 $NO_3^-$-N 含量 10 mg/L 超标率和 20 mg/L 超标率变异系数分别为 12.5% 和 23.9%，由此可知 15 次监测水样的 20 mg/L 超标率变异性高于 10mg/L 超标率变异性。对 2005～2012 年不同监测时期地下水 $NO_3^-$-N 含量 10 mg/L、20mg/L 超标率与相应时期地下水 $NO_3^-$-N 平均含量进行相关性分析（图 3-10）可知，2005～2012 年不同监测时期地下水 $NO_3^-$-N 平均含量与 10 mg/L、20 mg/L 超标率均为极显著正相关，Spearman 相关系数分别为 0.982 和 0.918。地下水 $NO_3^-$-N 平均含量每升高 1 mg/L，10 mg/L 和 20 mg/L 超标率分别提高 1.66% 和 1.94%。

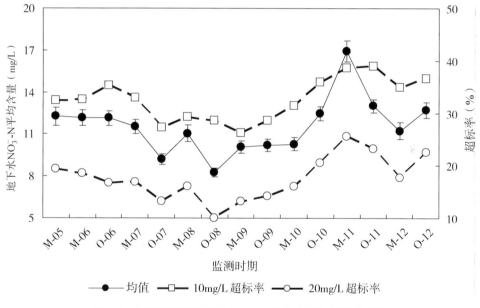

图 3-9　各监测时期地下水 $NO_3^-$-N 平均含量与超标率变化

从 2006～2012 年的地下水样品研究结果可以看出（图 3-11），2006～2008 年以及 2011 年，研究区 10 月份地下水 $NO_3^-$-N 含量较 5 月份地下水 $NO_3^-$-N 含量有所降低，而 2009、2010 及 2012 年，研究区 10 月份地下水 $NO_3^-$-N 含量较 5 月份地下水 $NO_3^-$-N 含量升高。5 月份研究区地下水 $NO_3^-$-N 含量变异系数始终高于

10 月份（表 3-2），且各年 5 月份 $NO_3^-$-N 含量变异系数相对 10 月份变异系数的变化幅度总体较大，表明 5 月份地下水 $NO_3^-$-N 含量变异性存在大于 10 月份地下水 $NO_3^-$-N 含量变异性的趋势。

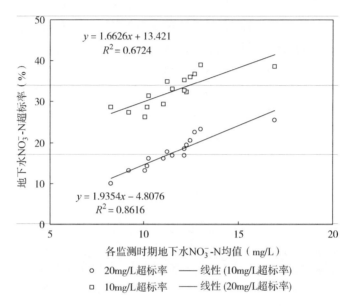

图 3-10　各监测时期地下水 $NO_3^-$-N 平均含量与超标率相关性

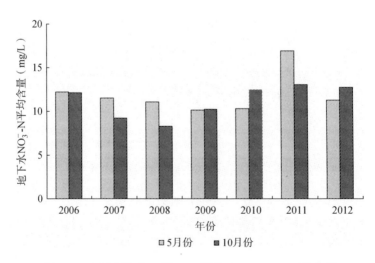

图 3-11　研究区各年 5 月、10 月地下水 $NO_3^-$-N 平均含量

表 3-2    研究区各年 5 月、10 月地下水 $NO_3^-$-N 含量基本统计参数

| 年份 | 监测时期 | 范围（mg/L） | 均值（mg/L） | CV（%） | 样本数（个） |
|---|---|---|---|---|---|
| 2006 | 5 月 | 痕量～141.1 | 12.2 | 163.8 | 1246 |
| 2006 | 10 月 | 痕量～184.6 | 12.1 | 152.9 | 1245 |
| 2007 | 5 月 | 痕量～396.7 | 11.5 | 177.8 | 1603 |
| 2007 | 10 月 | 痕量～171.4 | 9.2 | 168.2 | 1626 |
| 2008 | 5 月 | 痕量～541.5 | 11.1 | 215.4 | 1555 |
| 2008 | 10 月 | 痕量～104.6 | 8.3 | 149.8 | 1492 |
| 2009 | 5 月 | 痕量～167.1 | 10.1 | 167.3 | 1444 |
| 2009 | 10 月 | 痕量～113.5 | 10.2 | 166.2 | 1445 |
| 2010 | 5 月 | 痕量～347.2 | 10.3 | 173.0 | 1406 |
| 2010 | 10 月 | 痕量～201.9 | 12.5 | 149.7 | 1464 |
| 2011 | 5 月 | 痕量～350.9 | 16.9 | 166.1 | 1467 |
| 2011 | 10 月 | 痕量～138.2 | 13.0 | 142.3 | 1471 |
| 2012 | 5 月 | 痕量～295.5 | 11.2 | 201.0 | 1482 |
| 2012 | 10 月 | 痕量～458.6 | 12.7 | 170.3 | 1470 |

除 2006 年外，5 月份地下水 $NO_3^-$-N 含量多高于 10 月份。2006～2008 年研究区 5 月份地下水 $NO_3^-$-N 含量最大值逐年大幅增高，而 10 月份地下水 $NO_3^-$-N 含量最大值在逐年缓慢降低；2009 年 5 月份 $NO_3^-$-N 含量最大值较 2008 年急剧下降，之后 5 月份 $NO_3^-$-N 含量最大值又升高，之后平稳中略有降低，2009 年 10 月份 $NO_3^-$-N 含量最大值较 2008 年缓慢上升之后呈不稳定上升趋势，2012 年也达到 10 月份 $NO_3^-$-N 含量的最高值（图 3-12）。

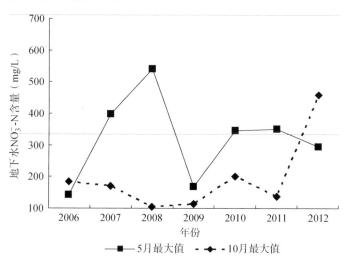

图 3-12    研究区各年度地下水 $NO_3^-$-N 含量最大值变化

### 3.1.3　不同井深地下水硝酸盐消长规律

按照井深的差别，将采样点分为≤30 m，30～100 m 及>100 m 三类，分别采集了水样 9679、7601 及 3881 个。采样点基本分布在研究区平原地带，≤30 m 井深的采样点数量最多，占 45.7%，各省都有分布，井深>100 m 的采样点最少，占 18.3%，多数分布在北京市、天津市和河北省。各类井深的地下水采样点请参见附图 23。

#### 3.1.3.1　多次监测总体特征

由图 3-13 和表 3-3 可知，2005～2012 年，三类井深地下水 $NO_3^-$-N 平均含量有显著差异。随着井深增加，地下水 $NO_3^-$-N 平均含量增加，井深>100 m 的样点地下水 $NO_3^-$-N 平均含量符合地下水质量标准的 II 类标准，≤30 m 及 30～100 m 井深的样点地下水 $NO_3^-$-N 平均含量符合地下水质量标准的III类标准。与井深大于 100 m 的样点地下水 $NO_3^-$-N 平均含量相比，30～100 m、≤30 m 井深地下水 $NO_3^-$-N 平均含量分别高出 149.2%、354.9%。三类井深样点的地下水 $NO_3^-$-N 含量变异系数同样存在较大差异，≤30 m 井深样点的地下水 $NO_3^-$-N 含量变异系数为 145.4%，三者中最小，>100 m 井深样点的地下水 $NO_3^-$-N 含量变异系数为 244.6%，三者中最大，这说明三类井深中，≤30 m 井深的地下水 $NO_3^-$-N 含量普遍较高，>100 m 井深的地下水 $NO_3^-$-N 平均含量虽然较低，但多年各样本间差异性相对较大。

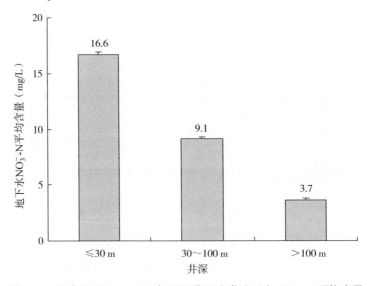

图 3-13　研究区 2005～2012 年不同井深分类地下水 $NO_3^-$-N 平均含量

表 3-3　研究区 2005～2012 年不同井深样点地下水 NO$_3^-$-N 含量基本统计参数

| 井深分类 | 范围（mg/L） | 均值（mg/L） | CV（%） | 样本数（个） |
|---|---|---|---|---|
| ≤30 m | 痕量～541.5 | 16.6 | 145.4 | 9679 |
| 30～100 m | 痕量～215.8 | 9.1 | 173.0 | 7601 |
| >100 m | 痕量～181.6 | 3.7 | 244.6 | 3881 |

### 3.1.3.2　≤30 m 井深地下水硝酸盐变化特征

2005～2012 年，从≤30 m 井深的样点地下水 NO$_3^-$-N 年平均含量变化结果看（图 3-14），总体变化趋势为升高，具体变化为先升高后平稳降低，后急剧增加而后又有降低。2005～2009 年≤30 m 井深的样点地下水 NO$_3^-$-N 年平均含量除 2006 年外均在 17.0 mg/L 以内，2006 年超过 17.0 mg/L 出现第一次峰值。2008～2011 年≤30 m 井深的样点地下水 NO$_3^-$-N 年平均含量逐年升高，由近 8 年最低的 13.6mg/L（2008 年）升至 2011 年的 23.0 mg/L，而后 2012 年又降低至 17.6 mg/L，2011 年出现第二次峰值。2005～2012 年≤30 m 井深的样点地下水 NO$_3^-$-N 平均含量变异系数总体变化呈现与平均含量相反的趋势。2006 年、2011 年变异系数为 8 年中最低的两次，分别为 130.5% 和 123.9%，2008 年变异系数最高，为 177.8%。对 2005～2012 年地下水 NO$_3^-$-N 年均含量与其年变异系数进行相关性分析（图 3-15）可知，二者存在一定负相关关系（相关性未达显著水平），Spearman 相关系数为 –0.595。负相关性表明≤30 m 井深地下水 NO$_3^-$-N 年均含量较高的年份，各样本地下水 NO$_3^-$-N 含量变异性较低，该年地下水 NO$_3^-$-N 含量存在普遍较高的特征，而年均含量较低的年份 NO$_3^-$-N 含量变异性反而较高，相应年份各样本地下水 NO$_3^-$-N 含量总体差异性较大。

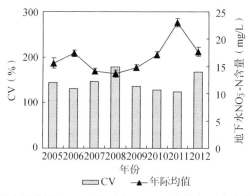

图 3-14　研究区井深≤30 m 地下水 NO$_3^-$-N 含量年际变化与变异系数

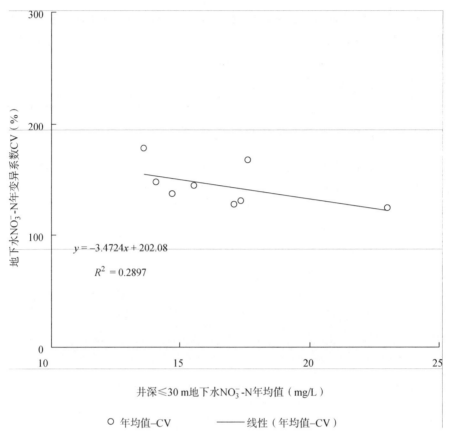

图 3-15　研究区≤30 m 井深地下水 $NO_3^-$ -N 年均含量与 CV 相关性

从 2005～2012 年不同监测时期≤30 m 井深地下水样监测结果看（图 3-16），2005 年 5 月份到 2008 年 10 月份的 7 次监测时期地下水 $NO_3^-$ -N 平均含量平稳中有降低趋势，2009 年 5 月份至 2010 年 5 月份地下水 $NO_3^-$ -N 平均含量变化较为平稳，之后到 2011 年 5 月份地下水 $NO_3^-$ -N 平均含量急剧增加，2011 年 10 月份至 2012 年 10 月份，地下水 $NO_3^-$ -N 平均含量急剧降低至 2010 年 10 月份水平，该趋势与研究区所有井深地下水 $NO_3^-$ -N 平均含量年际变化趋势完全一致。各监测时期变异系数变化较地下水 $NO_3^-$ -N 平均含量更为平稳（表 3-4），除了 2008 年 5 月份和 2012 年 5 月份变异系数超过 180.00%以外，其他监测时期变异系数均在 100.00%～150.00%附近。

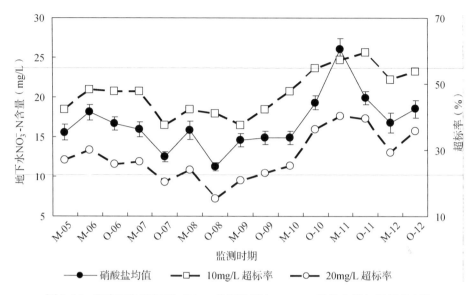

图 3-16　研究区各监测期≤30 m 井深地下水 NO$_3^-$-N 平均含量与超标率变化

表 3-4　研究区各监测时期≤30 m 井深地下水 NO$_3^-$-N 变异系数

| 年份 | 监测时期 | CV（%） | 样本数（个） | 监测时期 | CV（%） | 样本数（个） |
|---|---|---|---|---|---|---|
| 2006 | 5 月 | 133.7 | 585 | 10 月 | 126.8 | 636 |
| 2007 | 5 月 | 148.6 | 691 | 10 月 | 140.5 | 766 |
| 2008 | 5 月 | 192.9 | 717 | 10 月 | 127.0 | 666 |
| 2009 | 5 月 | 136.4 | 629 | 10 月 | 137.0 | 621 |
| 2010 | 5 月 | 144.9 | 632 | 10 月 | 113.1 | 627 |
| 2011 | 5 月 | 129.4 | 645 | 10 月 | 108.5 | 638 |
| 2012 | 5 月 | 185.5 | 635 | 10 月 | 150.1 | 633 |

　　从 2005～2012 年不同监测时期≤30 m 井深地下水 NO$_3^-$-N 10 mg/L、20mg/L 超标率变化看（图 3-16），15 次监测中，地下水 NO$_3^-$-N 含量 10 mg/L 超标率范围在 37.5%～59.4%，20 mg/L 超标率范围在 15.2%～40.3%。2005～2012 年不同监测时期≤30 m 井深的地下水 NO$_3^-$-N 平均含量变异系数为 20.9%，2005～2012 年 15 次监测中，地下水 NO$_3^-$-N 含量 10 mg/L 超标率和 20 mg/L 超标率变异系数分别为 14.6%和 26.2%，由此可知≤30 m 井深的 15 次监测，20 mg/L 超标率变异性高于其 10 mg/L 超标率变异性，地下水水样 NO$_3^-$-N 含量＞20 mg/L 高含量的水样所占比

例多次监测时期间差异性要远大于地下水水样 $NO_3^- $-N＞10mg/L 含量的水样所占比例多次监测时期间的差异性。

从 2006～2012 年≤30 m 井深地下水样品 5 月份和 10 月份的对比结果可看出（图3-17），2006～2008 年以及 2011 年，研究区 10 月份≤30 m 井深的地下水 $NO_3^-$-N 含量较 5 月份地下水 $NO_3^-$-N 含量有所降低，而 2009、2010 及 2012 年，研究区 10 月份≤30 m 井深地下水 $NO_3^-$-N 含量较 5 月份地下水 $NO_3^-$-N 含量升高。研究区 5 月份≤30 m 井深地下水 $NO_3^-$-N 含量变异系数始终高于 10 月份（2009 年除外），且多年 5 月份 $NO_3^-$-N 含量变异系数相对 10 月份变异系数的变化幅度总体较大，表明 5 月份≤30 m 井深地下水 $NO_3^-$-N 含量变异性存在大于 10 月份地下水 $NO_3^-$-N 含量变异性的趋势。

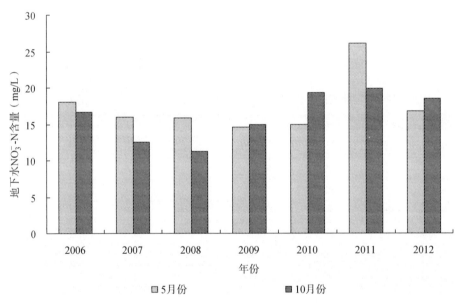

图 3-17　研究区各年 5 月、10 月≤30 m 井深地下水 $NO_3^-$-N 平均含量

由图 3-18 可知，2009 年之前，研究区 5 月份≤30 m 井深地下水 $NO_3^-$-N 含量最大值逐年大幅增高，而 10 月份地下水 $NO_3^-$-N 含量最大值在逐年缓慢降低；2009 年 5 月份 $NO_3^-$-N 含量最大值较 2008 年急剧下降之后，2010 年急剧升高后至 2012 年 5 月份 $NO_3^-$-N 含量最大值平稳中略有降低，2009 年 10 月份 $NO_3^-$-N 含量最大值较 2008 年缓慢上升之后呈不稳定上升趋势，2012 年 10 月份也达到 $NO_3^-$-N 含量的最高值。

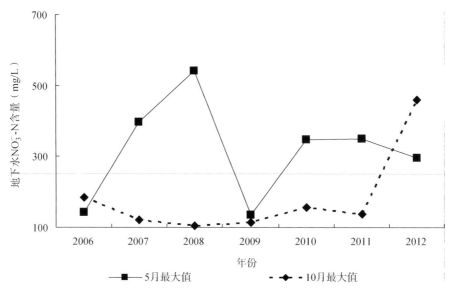

图 3-18　研究区各年度≤30 m 井深地下水 $NO_3^-$-N 含量最大值变化

将≤30 m 井深地下水 $NO_3^-$-N 含量变化趋势与整个研究区地下水 $NO_3^-$-N 含量变化趋势综合比较可知，两者变化规律极为相似，≤30 m 井深地下水 $NO_3^-$-N 含量的变化可在一定程度上代表整个研究区地下水 $NO_3^-$-N 含量变化的趋势。

### 3.1.3.3　井深 30～100 m 地下水硝酸盐含量变化特征

从 2005～2012 年 30～100 m 井深地下水 $NO_3^-$-N 年平均含量变化结果可知（图 3-19），地下水 $NO_3^-$-N 多年平均含量总体变化趋势为平稳升高，具体变化为先缓慢升高后平稳降低，后又急剧增加，而后又降低。2005～2010 年 30～100 m 井深地下水 $NO_3^-$-N 年平均含量均在 9.0 mg/L 以内，2011 年 30～100 m 井深地下水 $NO_3^-$-N 平均含量急剧上升至 11.1 mg/L，而后 2012 年又降至 9.6 mg/L。2005～2012 年 30～100 m 井深地下水 $NO_3^-$-N 年均含量变异系数总体呈降低趋势。2005 年变异系数最高，为 197.8%，2012 年变异系数最低，为 143.1%。对地下水 $NO_3^-$-N 年均含量与其年变异系数进行相关性分析可知（图 3-20），二者存在一定负相关关系（相关性不显著），Spearman 相关系数为−0.524，相关性略小于≤30 m 井深地下水 $NO_3^-$-N 年均含量与其年变异系数间的相关性。但也在一定程度上表明，30～100 m 井深地下水 $NO_3^-$-N 年均含量较高的年份，各样本地下水 $NO_3^-$-N 含量变异性较低，即该井深类型多数样本地下水 $NO_3^-$-N 含量存在普遍较高的特征，而年均含量较低的年份地下水样本 $NO_3^-$-N 含量变异性反而较高，各样本地下水 $NO_3^-$-N 含量总体差异较大。

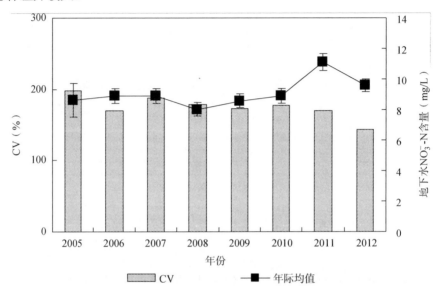

图 3-19　研究区 30～100 m 井深地下水 $NO_3^-$-N 含量年际变化与变异系数

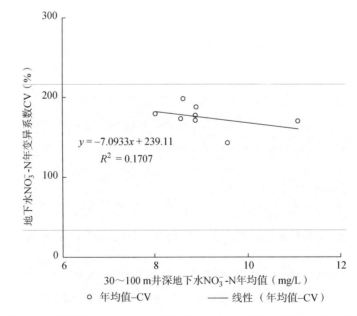

图 3-20　研究区 30～100 m 井深地下水 $NO_3^-$-N 年均含量与 CV 相关性

从 2005～2012 年不同监测时期 30～100 m 井深地下水结果看（图 3-21），2005 年 5 月份到 2007 年 5 月份的 4 次监测，地下水 $NO_3^-$-N 平均含量逐渐升高，2007 年 10 月份至 2010 年 10 月份地下水 $NO_3^-$-N 平均含量在波动中平稳升高，之后到 2011 年 5 月份地下水 $NO_3^-$-N 平均含量急剧增加，2011 年 10 月份至 2012 年 5 月份地下水 $NO_3^-$-N 平均含量急剧降低至 2010 年 10 月份水平，2012 年 10 月份又有所回升。各监测时期变异系数变化较地下水 $NO_3^-$-N 平均含量变化更为平稳（表 3-5），除了 2005 年 5 月份和 2008 年 5 月份变异系数超过 190.0%、2012 年 5 月、10 月变异系数在 150.0% 以下，其他监测时期变异系数均在 150.0%～190.0%。

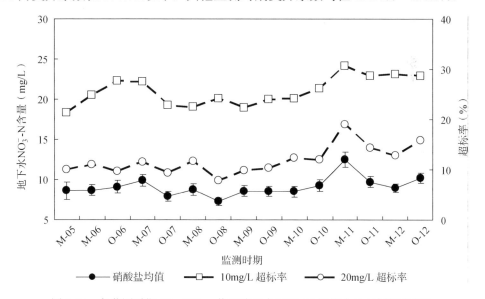

图 3-21 各监测时期 30～100 m 井深地下水 $NO_3^-$-N 平均含量与超标率变化

表 3-5 研究区各监测时期 30～100 m 井深地下水 $NO_3^-$-N 变异系数

| 年份 | 监测时期 | CV（%） | 样本数（个） | 监测时期 | CV（%） | 样本数（个） |
| --- | --- | --- | --- | --- | --- | --- |
| 2006 | 5 月 | 167.7 | 463 | 10 月 | 173.2 | 426 |
| 2007 | 5 月 | 186.7 | 606 | 10 月 | 185.7 | 569 |
| 2008 | 5 月 | 194.0 | 547 | 10 月 | 152.1 | 545 |
| 2009 | 5 月 | 179.2 | 528 | 10 月 | 167.2 | 531 |
| 2010 | 5 月 | 176.5 | 488 | 10 月 | 177.0 | 527 |
| 2011 | 5 月 | 173.6 | 519 | 10 月 | 158.2 | 529 |
| 2012 | 5 月 | 135.9 | 542 | 10 月 | 147.9 | 533 |

从 2005～2012 年不同监测时期 30～100 m 井深地下水 $NO_3^-$-N 10 mg/L、20 mg/L 超标率变化看（图 3-21），15 次监测中，地下水 $NO_3^-$-N 含量 10 mg/L 超标率范围在 21.4%～30.6%，20 mg/L 超标率范围在 7.9%～19.1%。2005～2012 年的 15 次监测中，30～100 m 井深地下水 $NO_3^-$-N 平均含量变异系数为 13.1%，2005～2012 年不同监测时期地下水 $NO_3^-$-N 含量 10 mg/L 超标率和 20 mg/L 超标率变异系数分别为 11.3% 和 23.9%，可知 30～100 m 井深的 15 次监测，$NO_3^-$-N 20 mg/L 超标率变异性同样高于 10 mg/L 超标率变异性，地下水水样 $NO_3^-$-N 大于 20 mg/L 高含量的水样所占比例多次监测时期间差异性要远大于地下水水样 $NO_3^-$-N＞10 mg/L 含量的水样所占比例多次监测时期间的差异性。

从 2006～2012 年 30～100 m 井深地下水样品 5 月份和 10 月份对比结果可看出（图 3-22），2007～2009 年以及 2011 年，研究区 10 月份 30～100 m 井深地下水 $NO_3^-$-N 含量较 5 月份地下水 $NO_3^-$-N 含量有所降低，而 2006、2010 及 2012 年，研究区 10 月份 30～100 m 井深地下水 $NO_3^-$-N 含量较 5 月份 30～100 m 井深地下水 $NO_3^-$-N 含量升高。2007～2009 年、2011 年研究区 5 月份 30～100 m 井深地下水 $NO_3^-$-N 含量变异系数高于 10 月份，2006、2010 及 2012 年则为 5 月份研究区 30～100 m 井深地下水 5 月份 $NO_3^-$-N 含量变异系数低于 10 月份。30～100 m 井深范围，10 月份地下水 $NO_3^-$-N 含量越高，变异系数也存在较高趋势。

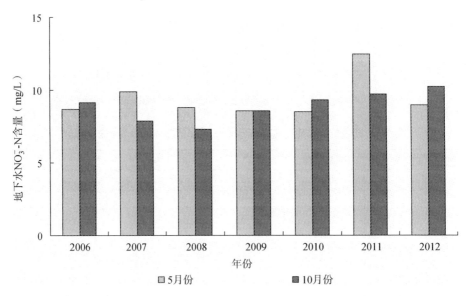

图 3-22  研究区各年 5 月、10 月 30～100 m 井深地下水 $NO_3^-$-N 平均含量

各监测时期研究区 30～100 m 井深地下水 NO$_3^-$-N 含量最大值在 80～220mg/L 变化，无显著规律，变化趋势与监测期全部井深地下水 NO$_3^-$-N 含量均值及变异系数 5 月、10 月变化趋势相似，在 80～220 mg/L 波动。2006、2010 及 2012 年研究区 30～100 m 井深地下水 5 月份 NO$_3^-$-N 含量最大值低于 10 月份（图 3-23），其余年份 5 月份 NO$_3^-$-N 含量最大值略低于 10 月份，其余年份 5 月份 NO$_3^-$-N 含量最大值高于 10 月份。

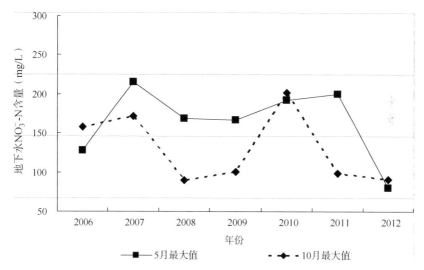

图 3-23　研究区各年度 30～100 m 井深地下水 NO$_3^-$-N 含量最大值变化

### 3.1.3.4　＞100 m 井深地下水硝酸盐变化特征

从 2005～2012 年＞100 m 井深地下水 NO$_3^-$-N 年均含量变化结果看（图 3-24），该类井深地下水 NO$_3^-$-N 年均含量总体变化为升高趋势，具体变化为先升高后平稳降低，后又急剧增加，而后又降低。2005～2009 年＞100 m 井深地下水 NO$_3^-$-N 年均含量除 2007 年外均在 3.5 mg/L 以内，2007 年出现第一次峰值，达到 4.0 mg/L。2009～2011 年＞100 m 井深地下水 NO$_3^-$-N 年平均含量逐年升高，由 2.9 mg/L（2009 年）升至 2011 年的 4.5 mg/L，而后 2012 年又降至 4.3 mg/L，2011 年出现第二次峰值。2005～2012 年＞100 m 井深地下水 NO$_3^-$-N 含量变异系数波动明显，总体趋势不明朗。2005 年变异系数最高，为 301.1%，2010 年变异系数最低，为 181.3%。对地下水 NO$_3^-$-N 年均含量与其年变异系数进行相关性分析可知（图 3-25），二者具有一定正相关性，这与≤30 m、30～100 m 两类井深地下水 NO$_3^-$-N

与各年变异系数间为负相关性有所不同,且相关性小于 30~100 m 地下水 $NO_3^-$-N 年均含量与其年变异系数间的相关性,Spearman 相关系数仅为 0.286。在一定程度上表明,>100m 井深地下水 $NO_3^-$-N 年均含量较高的年份,各样本地下水 $NO_3^-$-N 含量变异性较大,而>100m 井深地下水 $NO_3^-$-N 年均含量较低的年份多数样本地下水 $NO_3^-$-N 含量存在普遍较低的特征。

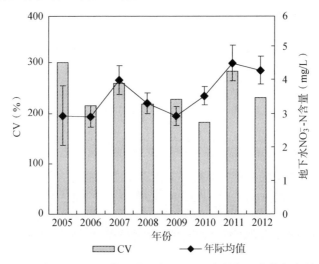

图 3-24　研究区>100 m 井深地下水 $NO_3^-$-N 含量年际变化与变异系数

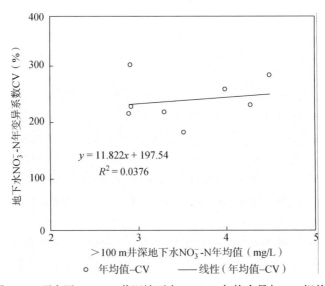

图 3-25　研究区>100 m 井深地下水 $NO_3^-$-N 年均含量与 CV 相关性

从 2005～2012 年＞100 m 井深地下水水样不同监测时期的监测结果看（图 3-26），
2005 年 5 月份到 2007 年 5 月份的 4 次监测，地下水 $NO_3^-$-N 平均含量逐渐升高，2007
年 10 月份至 2010 年 10 月份地下水 $NO_3^-$-N 平均含量在波动中平稳上升，之后到 2011
年 5 月份地下水 $NO_3^-$-N 平均含量急剧增加，2011 年 10 月份至 2012 年 5 月份地下水
$NO_3^-$-N 平均含量又降低至 2010 年 10 月份水平，2012 年 10 月份又有所回升。各监
测时期 $NO_3^-$-N 含量变异系数变化存在一定波动性，除了 2005 年 5 月份和 2011 年 5
月份变异系数超过 300.0%，2006 年 10 月份、2009 年 5 月份和 2010 年 10 月份变异
系数不到 200.0% 以外，其他监测时期变异系数均在 200.0%～300.0%（表 3-6）。

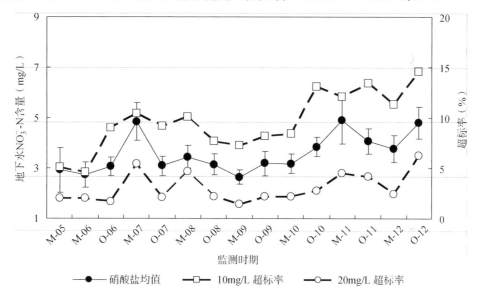

图 3-26　各监测时期＞100 m 井深地下水 $NO_3^-$-N 平均含量与超标率变化

**表 3-6　研究区各监测时期＞100 m 井深地下水 $NO_3^-$-N 变异系数**

| 年份 | 监测时期 | CV（%） | 样本数（个） | 监测时期 | CV（%） | 样本数（个） |
|------|---------|---------|-------------|---------|---------|-------------|
| 2006 | 5 月 | 263.6 | 197 | 10 月 | 159.5 | 177 |
| 2007 | 5 月 | 268.2 | 297 | 10 月 | 205.4 | 283 |
| 2008 | 5 月 | 221.2 | 277 | 10 月 | 213.6 | 274 |
| 2009 | 5 月 | 178.2 | 275 | 10 月 | 254.6 | 281 |
| 2010 | 5 月 | 202.9 | 273 | 10 月 | 164.3 | 290 |
| 2011 | 5 月 | 322.6 | 290 | 10 月 | 208.9 | 290 |
| 2012 | 5 月 | 238.6 | 291 | 10 月 | 222.2 | 288 |

2005~2012 年不同监测时期＞100 m 井深地下水 NO$_3^-$-N 含量 10 mg/L、20 mg/L 的超标率变化看（图 3-26），15 次监测的地下水 NO$_3^-$-N 含量 10 mg/L 超标率范围在 4.6%~14.6%，20 mg/L 超标率范围在 1.5%~6.3%。2005~2012 年 15 次监测＞100 m 井深地下水 NO$_3^-$-N 平均含量变异系数为 21.4%，2005~2012 年 15 次监测＞100 m 井深地下水 NO$_3^-$-N 含量 10 mg/L 超标率和 20 mg/L 超标率变异系数分别为 30.5%和 49.1%，由此可知＞100 m 井深的 15 次监测，20 mg/L 超标率变异性仍高于 10 mg/L 超标率变异性，地下水水样 NO$_3^-$-N＞20 mg/L 高含量的水样所占比例多次监测时期间差异性要远大于地下水 NO$_3^-$-N＞10 mg/L 含量的水样所占比例多次监测时期间的差异性。

从 2006~2012 年＞100 m 井深地下水样品 5 月份和 10 月份对比结果可看出（图 3-27），2007 年、2008 年以及 2011 年，研究区＞100 m 井深地下水 10 月份 NO$_3^-$-N 含量较 5 月份地下水 NO$_3^-$-N 含量有所降低，而 2006 年、2009 年、2010 年及 2012 年，研究区 30~100 m 井深地下水 10 月份 NO$_3^-$-N 含量较 5 月份＞100m 井深地下水 NO$_3^-$-N 含量升高。除了 2009 年研究区＞100 m 井深地下水 10 月份 NO$_3^-$-N 含量变异系数高于 5 月份，其他时期该井深 10 月份地下水 NO$_3^-$-N 含量变异系数低于 5 月份。

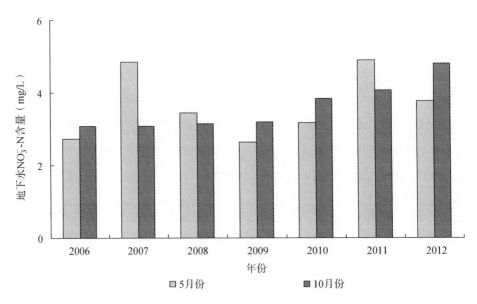

图 3-27　研究区各年 5 月份、10 月份＞100 m 井深地下水 NO$_3^-$-N 平均含量

各监测时期研究区＞100 m 井深地下水 NO₃⁻-N 含量最大值变化无显著规律,5
月份地下水 NO₃⁻-N 含量最大值变幅较大,总体趋势为先降低后升高,10 月份地下
水 NO₃⁻-N 含量最大值总体稳定升高。除 2009 年 10 月份地下水 NO₃⁻-N 含量最大
值高于 5 月份,其余年度 10 月份地下水 NO₃⁻-N 含量最大值低于 5 月份(图 3-28)。

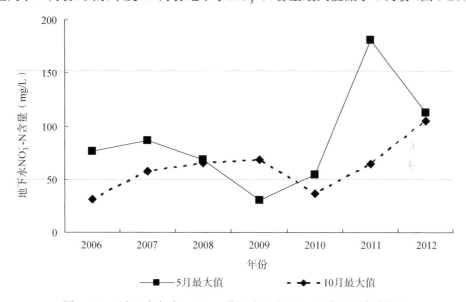

图 3-28　研究区各年度＞100 m 井深地下水 NO₃⁻-N 含量最大值变化

### 3.1.4　不同作物种植区地下水硝酸盐差异

按照作物种植类型及农业区域土地利用类型,将采样点分为粮食作物、蔬菜、
果园及其他农区(其他农区种植类型包括花卉、粮油作物、养殖区域等)四类,
分别采集水样 10 303、5737、3031 及 2128 个。粮食作物种植类型的采样点数量最
多,其他种植类型的采样点最少,粮食作物、蔬菜、果园为泛环渤海地区各省(市)
普遍种植的农作物类型,其他农区类型各省(市)间大都存在一定差异,因此本
章着重分析粮食作物、蔬菜、果园三种种植类型区地下水硝酸盐特征,其他农区
地下水硝酸盐特征将在分区讨论章节中详细阐述。

#### 3.1.4.1　监测总体特征

由图 3-29 可知,2005～2012 年,虽然不同种植类型区地下水 NO₃⁻-N 平均含

量均符合地下水质量标准的Ⅲ类标准，但各类之间有显著差异，总体上，蔬菜种植区地下水 $NO_3^-$-N 平均含量＞粮食作物种植区地下水 $NO_3^-$-N 平均含量＞果园种植区地下水 $NO_3^-$-N 平均含量。与果园种植区地下水 $NO_3^-$-N 平均含量相比，蔬菜种植区地下水 $NO_3^-$-N 平均含量高出 97.3%。三类种植类型区样本地下水 $NO_3^-$-N 含量变异系数同样存在较大差异，总体上，果园种植区地下水 $NO_3^-$-N 含量变异系数＞蔬菜地下水 $NO_3^-$-N 含量变异系数＞粮食作物种植区地下水 $NO_3^-$-N 含量变异系数，这说明粮食作物种植区地下水 $NO_3^-$-N 含量变异性最低，果园种植区地下水 $NO_3^-$-N 平均含量虽然较低，但各样本间差异相对较大，变异性最高（表 3-7）。

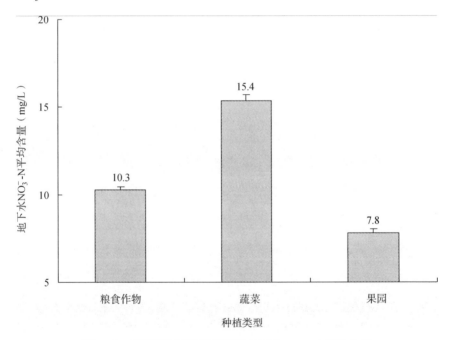

图 3-29　研究区不同种植类型区地下水 $NO_3^-$-N 平均含量

表 3-7　研究区 2005～2012 年不同作物种植区样品地下水 $NO_3^-$-N 含量基本统计参数

| 井深分类 | 范围（mg/L） | 均值（mg/L） | CV（%） | 样本数（个） |
| --- | --- | --- | --- | --- |
| 粮食作物 | 痕量～250.7 | 10.3 | 153.9 | 10 303 |
| 蔬菜 | 痕量～295.5 | 15.4 | 175.3 | 5 737 |
| 果园 | 痕量～184.6 | 7.8 | 180.9 | 3 031 |

#### 3.1.4.2 蔬菜种植区地下水硝酸盐变化特征

从 2005～2012 年蔬菜种植区地下水 $NO_3^-$-N 年均含量监测结果看（图 3-30），蔬菜种植区地下水 $NO_3^-$-N 含量总体呈先降低后升高再降低的变化趋势。2005～2009 年蔬菜种植区地下水 $NO_3^-$-N 年均含量由 17.0 mg/L 逐年降至 12.6 mg/L，之后 2011 年升至 18.6 mg/L，2012 年回落至 15.0 mg/L。2005～2012 年蔬菜种植区地下水 $NO_3^-$-N 含量变异系数总体呈升高的变化趋势。2005～2008 年蔬菜种植区地下水 $NO_3^-$-N 含量变异系数逐年增高，由 131.8%升至 195.0%，2009 年又有所下降，随后呈波动上升，2012 年蔬菜种植区地下水 $NO_3^-$-N 含量变异系数最高达 235.2%。对 2005 年到 2012 年地下水 $NO_3^-$-N 年均含量与其年变异系数进行相关性分析可知，二者存在一定负相关关系（相关性不显著），Spearman 相关系数为−0.381。

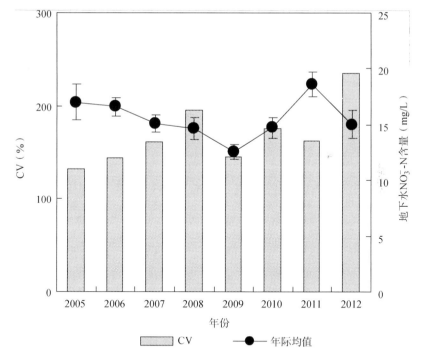

图 3-30　研究区蔬菜种植区地下水 $NO_3^-$-N 含量年际变化及变异系数

从 2005～2012 年蔬菜种植区地下水水样不同监测时期的监测结果看（图 3-31），2005 年 5 月份到 2008 年 10 月份的 7 次监测，地下水 $NO_3^-$-N 平均含量平稳中有降低趋势，2009 年 5 月份至 2011 年 5 月份地下水 $NO_3^-$-N 平均含量逐年增加，2011 年 10 月份至 2012 年 5 月份地下水 $NO_3^-$-N 平均含量又急剧降低，2012 年 10 月份略有反弹。各监测时期变异系数的变化较地下水 $NO_3^-$-N 平均含量相对更为平稳（表 3-8），在 2008 年 5 月份、2010 年 5 月份以及 2012 年 5 月份和 10 月份 $NO_3^-$-N 含量变异系数产生了 4 个峰值，分别为 208.0%、194.9%、257.9%和 212.3%其他监测时期变异系数大多在 130.0%～180.0%。

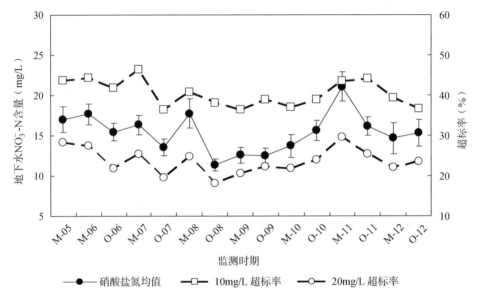

图 3-31　各监测时期蔬菜种植区地下水 $NO_3^-$ -N 平均含量与超标率变化

**表 3-8　研究区各监测时期蔬菜种植区地下水 $NO_3^-$ -N 变异系数**

| 年份 | 监测时期 | CV（%） | 样本数（个） | 监测时期 | CV（%） | 样本数（个） |
|------|---------|---------|-------------|---------|---------|-------------|
| 2006 | 5 月 | 146.7 | 404 | 10 月 | 139.1 | 387 |
| 2007 | 5 月 | 162.4 | 509 | 10 月 | 158.4 | 418 |
| 2008 | 5 月 | 208.0 | 410 | 10 月 | 131.7 | 397 |
| 2009 | 5 月 | 149.8 | 365 | 10 月 | 137.0 | 368 |
| 2010 | 5 月 | 194.9 | 364 | 10 月 | 159.1 | 387 |
| 2011 | 5 月 | 171.5 | 384 | 10 月 | 141.5 | 387 |
| 2012 | 5 月 | 257.9 | 384 | 10 月 | 212.2 | 379 |

从 2005～2012 年不同监测时期蔬菜种植区地下水 NO$_3^-$-N 含量 10 mg/L、20 mg/L 超标率变化看（图 3-31），15 次监测中，地下水 NO$_3^-$-N 含量 10 mg/L 超标率范围在 36.4%～46.4%，20 mg/L 超标率范围在 18.1%～29.7%。2005～2012 年 15 次监测中，蔬菜种植区地下水 NO$_3^-$-N 平均含量变异系数为 16.1%，2005～2012 年 15 次监测中，地下水 NO$_3^-$-N 含量 10 mg/L 超标率和 20 mg/L 超标率变异系数分别为 8.3% 和 13.7%，可知蔬菜种植区 15 次监测水样 20 mg/L 超标率变异性高于 10 mg/L 超标率变异性。

从 2006～2012 年蔬菜种植区地下水样品 5 月份和 10 月份对比结果可看出（图 3-32），2006～2009 年以及 2011 年，蔬菜种植区 10 月份地下水 NO$_3^-$-N 含量较 5 月份地下水 NO$_3^-$-N 含量有所降低，而 2010 年及 2012 年蔬菜种植区 10 月份地下水 NO$_3^-$-N 含量较 5 月份地下水 NO$_3^-$-N 含量升高。蔬菜种植区各年 5 月份地下水 NO$_3^-$-N 含量变异系数均高于 10 月份（表 3-8），且各年 5 月份变异系数相对 10 月份变异系数的变化幅度总体较大，表明蔬菜种植区 5 月地下水 NO$_3^-$-N 含量变异性大于 10 月份地下水 NO$_3^-$-N 含量的变异性。

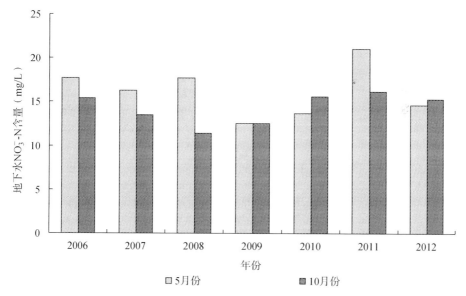

图 3-32　研究区各年 5 月份、10 月份蔬菜种植区地下水 NO$_3^-$-N 平均含量

除 2012 年以外，各年蔬菜种植区 5 月份地下水 NO$_3^-$-N 含量最大值均高于 10 月份地下水 NO$_3^-$-N 含量最大值，与监测期全部采样点地下水 NO$_3^-$-N 含量变异系

数 5 月、10 月变化趋势相似，2009 年之前蔬菜种植区 5 月份地下水 $NO_3^-$-N 含量最大值逐年增高，而 10 月份地下水 $NO_3^-$-N 含量最大值变化稳定；2009 年 5 月份 $NO_3^-$-N 含量最大值较 2008 年急剧下降之后蔬菜种植区 5 月份地下水 $NO_3^-$-N 含量最大值于 2010 年急剧升高后，之后 5 月份蔬菜种植区地下水 $NO_3^-$-N 最大值则平稳中略有降低，2009 年 10 月份蔬菜种植区地下水 $NO_3^-$-N 含量最大值较 2008 年缓慢上升并呈波动上升趋势，2012 年 10 月份地下水 $NO_3^-$-N 含量最大值也达到最高（图 3-33）。

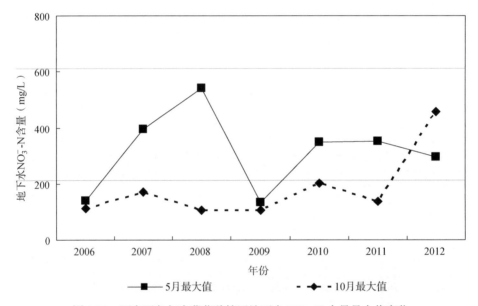

图 3-33　研究区各年度蔬菜种植区地下水 $NO_3^-$-N 含量最大值变化

从 2006～2012 年各监测时期蔬菜种植区不同井深地下水样品监测结果可知（图 3-34），蔬菜种植区≤30 m 井深地下水 $NO_3^-$-N 平均含量均明显高于 30～100 m 井深和＞100 m 井深的 $NO_3^-$-N 平均含量，30～100 m 井深地下水 $NO_3^-$-N 平均含量普遍高于＞100 m 井深地下水 $NO_3^-$-N 平均含量。2009 年之前，≤30 m 井深的地下水 $NO_3^-$-N 平均含量在 10 月份较 5 月份有明显降低。2009 年之后，10 月份略有升高，2011 年 10 月份又明显下降，2012 年 10 月份又明显上升。各监测时期，30～100 m 井深、＞100 m 井深地下水 $NO_3^-$-N 平均含量 5 月、10 月变化规律性不强，总体 10 月份地下水 $NO_3^-$-N 平均含量下降的情况较多。

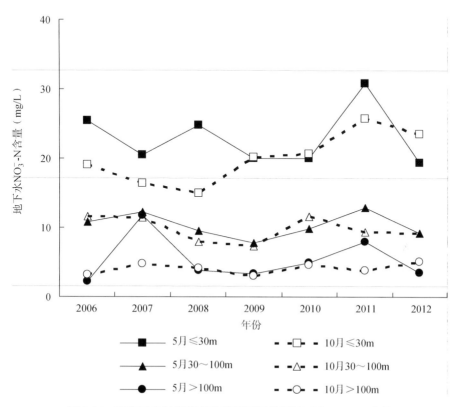

图 3-34　研究区各年度蔬菜种植区不同井深地下水 $NO_3^-$-N 含量

### 3.1.4.3　粮食种植区地下水硝酸盐变化特征

从 2005～2012 年粮食种植区地下水 $NO_3^-$-N 年均含量监测结果看（图 3-35），总体趋势和蔬菜种植区相同，为先降低后升高再降低。2005～2009 年粮食种植区地下水 $NO_3^-$-N 年均含量由 10.7 mg/L 逐年降至 8.0 mg/L，之后到 2011 年升至 13.8mg/L，2012 年回落至 11.5 mg/L。2005～2012 年粮食种植区地下水 $NO_3^-$-N 含量变异系数总体变化呈降低的趋势，与蔬菜种植区相反。2005～2008 年粮食种植区地下水 $NO_3^-$-N 含量变异系数变化较平稳，略呈先降后升趋势，2009 年有所下降，随后平稳下降，2012 年粮食种植区地下水 $NO_3^-$-N 含量变异系数达最低值 130.7%。对 2005～2012 年地下水 $NO_3^-$-N 年均含量与其年变异系数进行相关性分析可知，二者存在一定负相关关系（相关性不显著），Spearman 相关系数为 –0.190。

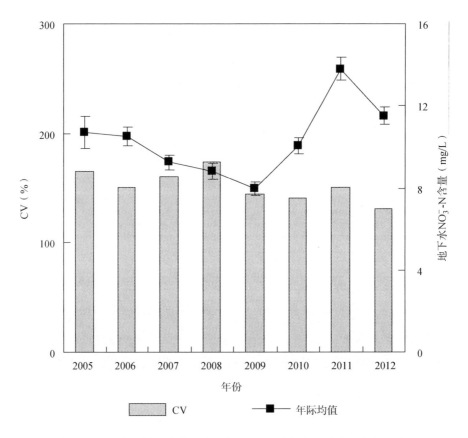

图 3-35　研究区粮食种植区地下水 $NO_3^-$-N 含量年际变化及变异系数

从 2005～2012 年粮食种植区地下水样不同监测时期监测结果看（图 3-36），2005 年 5 月份到 2008 年 10 月份的 7 次监测中，地下水 $NO_3^-$-N 平均含量平稳中有降低趋势，2009 年 5 月份至 2011 年 5 月份地下水 $NO_3^-$-N 平均含量逐年增加，2011 年 10 月份至 2012 年 5 月份地下水 $NO_3^-$-N 平均含量又急剧降低，2012 年 10 月份略有反弹，该变化趋势与蔬菜种植区相同。各监测时期变异系数变化较地下水 $NO_3^-$-N 平均含量相对略为平稳（表 3-9），其中 2007 年 5 月份、2008 年 5 月份以及 2011 年 5 月份变异系数相对较高，分别为 166.2%、183.5% 和 154.8%，各监测时期地下水 $NO_3^-$-N 含量变异系数总体随时间推移呈下降趋势。

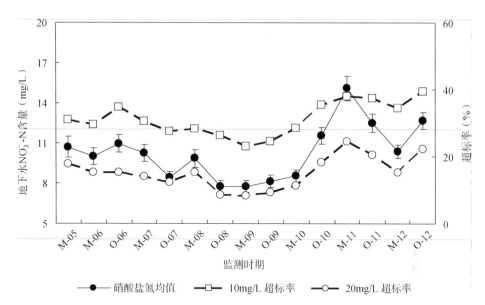

图 3-36　各监测时期粮食种植区地下水 $NO_3^-$ -N 平均含量与超标率变化

表 3-9　研究区各监测时期粮食种植区地下水 $NO_3^-$ -N 变异系数

| 年份 | 监测时期 | CV（%） | 样本数 | 监测时期 | CV（%） | 样本数 |
|------|----------|---------|--------|----------|---------|--------|
| 2006 | 5 月 | 156.3 | 591 | 10 月 | 144.5 | 612 |
| 2007 | 5 月 | 166.2 | 749 | 10 月 | 151.2 | 879 |
| 2008 | 5 月 | 183.5 | 806 | 10 月 | 152.5 | 759 |
| 2009 | 5 月 | 143.3 | 637 | 10 月 | 146.4 | 660 |
| 2010 | 5 月 | 141.0 | 662 | 10 月 | 137.3 | 667 |
| 2011 | 5 月 | 154.8 | 682 | 10 月 | 142.4 | 684 |
| 2012 | 5 月 | 128.2 | 699 | 10 月 | 130.8 | 689 |

　　从 2005～2012 年不同监测时期粮食种植区地下水 $NO_3^-$ -N 含量 10 mg/L、20 mg/L 超标率变化看（图 3-36），15 次监测中，地下水 $NO_3^-$ -N 含量 10 mg/L 的超标率范围在 23.1%～39.5%，20 mg/L 超标率范围在 8.3%～24.5%。2005～2012 年的 15 次监测中，粮食种植区地下水 $NO_3^-$ -N 平均含量变异系数为 20.1%，2005～2012 年的 15 次监测中，地下水 $NO_3^-$ -N 含量 10 mg/L 超标率和 20 mg/L 超标率变异系数分别为 16.3% 和 32.2%，由此可知粮食种植区 15 次监测的水样 $NO_3^-$ -N 含量 20 mg/L 超标率变异性高于 10 mg/L 超标率变异性，多次监测时期地

下水 NO$_3^-$-N 含量＞20 mg/L 的高含量水样所占比例多次监测时期间差异性要大于 NO$_3^-$-N 含量＞10 mg/L 的高含量水样所占比例间的差异性。

从 2006～2012 年粮食种植区地下水样品 5 月份和 10 月份对比结果可看出（图 3-37），2007 年、2008 年以及 2011 年，粮食种植区 10 月份地下水 NO$_3^-$-N 含量较 5 月份地下水 NO$_3^-$-N 含量有所降低，粮食种植区其他年份 10 月份地下水 NO$_3^-$-N 含量较 5 月份地下水 NO$_3^-$-N 含量升高。除了 2006 年外，粮食种植区各年 5 月份地下水 NO$_3^-$-N 含量变异系数均高于 10 月份，表明粮食种植区 5 月份地下水 NO$_3^-$-N 含量变异性存在大于 10 月份地下水 NO$_3^-$-N 含量变异性的趋势。

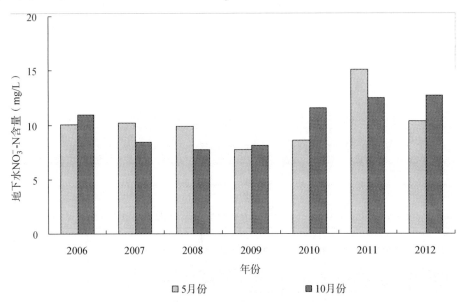

图 3-37　研究区各年 5 月、10 月粮食种植区地下水 NO$_3^-$-N 平均含量

除 2006 年、2010 年及 2012 年外，各监测时期粮食种植区 5 月份地下水 NO$_3^-$-N 含量最大值高于 10 月份地下水 NO$_3^-$-N 含量最大值，同监测期地下水 NO$_3^-$-N 含量变异系数 5 月、10 月变化趋势为：2009 年之前粮食种植区 5 月份地下水 NO$_3^-$-N 含量最大值逐年增高，而 10 月份地下水 NO$_3^-$-N 含量最大值变化稳定；粮食种植区 2009 年 5 月份 NO$_3^-$-N 含量最大值较 2008 年急剧下降之后呈波动变化，最低至 89.2 mg/L（2010 年），最高至 165.7 mg/L（2011 年），2009 年 10 月份粮食种植区地下水 NO$_3^-$-N 含量最大值较 2008 年缓慢下降后上升至一个较稳定的状态（图 3-38）。

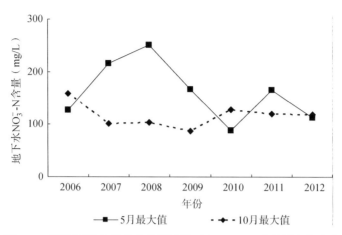

图 3-38 研究区各年度粮食种植区地下水 $NO_3^-$-N 含量最大值变化

从 2006～2012 年各监测时期粮食种植区不同井深地下水样品监测结果可看出（图 3-39），粮食种植区≤30 m 井深地下水 $NO_3^-$-N 平均含量总体高于 30～100 m 井深地下水 $NO_3^-$-N 平均含量，30～100 m 井深地下水 $NO_3^-$-N 平均含量总体高于＞100 m 井深地下水 $NO_3^-$-N 平均含量，≤30 m 井深和 30～100 m 井深地下水 $NO_3^-$-N 平均含量两者与＞100 m 井深地下水 $NO_3^-$-N 平均含量间的差距较明显。各监测时期不同井深地下水 $NO_3^-$-N 平均含量 5 月、10 月变化的规律性不强，但可看出，除 2009 年外，三类井深地下水 10 月份 $NO_3^-$-N 平均含量变化趋势一致，同步降低，同步升高。

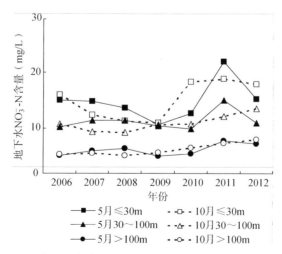

图 3-39 研究区各年度粮食种植区不同井深地下水 $NO_3^-$-N 含量

#### 3.1.4.4 果园地下水硝酸盐含量变化特征

从 2005～2012 年果园种植区地下水 $NO_3^-$-N 年均含量变化结果看（图 3-40），总体趋势与蔬菜种植区相同，趋势为先降低后升高再降低，但降低趋势较明显。2005～2009 年果园种植区地下水 $NO_3^-$-N 年均含量由 13.2 mg/L 逐年降至 5.1 mg/L，之后到 2011 年升至 9.1mg/L，2012 年回落至 7.6 mg/L。2005～2012 年果园种植区地下水 $NO_3^-$-N 含量变异系数总体呈平稳波动的趋势。2005～2007 年果园种植区地下水 $NO_3^-$-N 含量变异系数呈升高趋势，2008 年有所下降，随后平稳中有升高，2012年果园种植区地下水 $NO_3^-$-N 含量变异系数达最高值 191.4%。2005～2012 年地下水 $NO_3^-$-N 年均含量与其年变异系数相关性不明显。

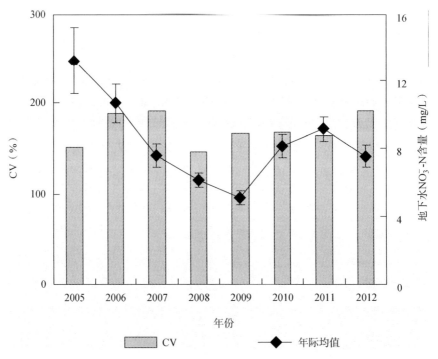

图 3-40　研究区果园种植区地下水 $NO_3^-$-N 含量年际变化及变异系数

从 2005～2012 年果园种植区不同监测时期地下水水样监测结果看（图 3-41），2005 年 5 月份到 2009 年 10 月份的 9 次监测中，地下水 $NO_3^-$-N 平均含量呈现降低趋势，2009 年 10 月份至 2010 年 10 月份地下水 $NO_3^-$-N 平均含量逐渐增加，2011

年5月份至2012年10月份地下水 $NO_3^-$-N 平均含量又平稳降低，该变化趋势不同于蔬菜和粮食种植区。各监测时期变异系数波动中保持平稳的趋势，分布范围在130.0%~200.0%，2006年10月份、2009年5月份以及2012年5月份变异系数相对较高，分别为198.9%、197.4%和197.4%（表3-10）。

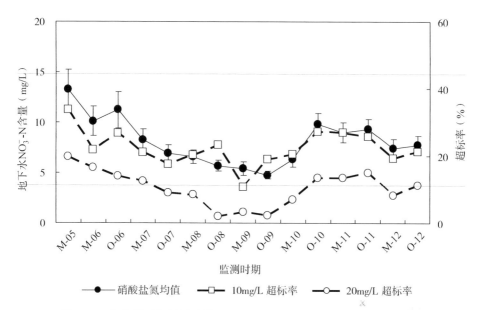

图 3-41　各监测时期果园种植区地下水 $NO_3^-$-N 平均含量与超标率变化

**表 3-10　研究区各监测时期果园种植区地下水 $NO_3^-$-N 含量变异系数**

| 年份 | 监测时期 | CV（%） | 样本数（个） | 监测时期 | CV（%） | 样本数（个） |
|---|---|---|---|---|---|---|
| 2006 | 5月 | 177.1 | 151 | 10月 | 198.9 | 150 |
| 2007 | 5月 | 195.9 | 218 | 10月 | 181.5 | 210 |
| 2008 | 5月 | 152.4 | 212 | 10月 | 135.8 | 210 |
| 2009 | 5月 | 197.4 | 243 | 10月 | 113.6 | 232 |
| 2010 | 5月 | 166.0 | 200 | 10月 | 162.7 | 221 |
| 2011 | 5月 | 169.1 | 222 | 10月 | 159.9 | 221 |
| 2012 | 5月 | 197.4 | 219 | 10月 | 186.1 | 221 |

从 2005～2012 年不同监测时期果园种植区地下水 $NO_3^-$-N 含量 10mg/L、20 mg/L 超标率变化看（图 3-41），15 次监测中，地下水 $NO_3^-$-N 含量 10 mg/L 超标率范围在 10.7%～33.7%，20 mg/L 超标率范围在 1.9%～19.8%。2005～2012 年 15 次监测中，果园种植区地下水 $NO_3^-$-N 平均含量变异系数为 28.8%，2005～2012 年 15 次监测中，地下水 $NO_3^-$-N 含量 10 mg/L 超标率和 20 mg/L 超标率变异系数分别为 23.8%和 51.1%，由此可知果园种植区 15 次监测的水样 20 mg/L 超标率变异性高于 10 mg/L 超标率变异性，各监测时期地下水 $NO_3^-$-N＞20 mg/L 的高含量水样所占比例间差异性要大于 $NO_3^-$-N＞10 mg/L 的高含量水样所占比例间的差异性。

从 2006～2012 年果园种植区地下水样品 5 月份和 10 月份对比结果可看出（图 3-42），2007～2009 年，果园种植区 10 月份地下水 $NO_3^-$-N 含量较 5 月份地下水 $NO_3^-$-N 含量有所降低，其他年份果园种植区 10 月份地下水 $NO_3^-$-N 含量较 5 月份地下水 $NO_3^-$-N 含量升高。除了 2006 年外，果园种植区各年 5 月份地下水 $NO_3^-$-N 含量变异系数均高于 10 月份，该规律与粮食种植区各年际 5、10 月地下水 $NO_3^-$-N 含量变异系数变化相同，表明果园种植区 5 月份地下水 $NO_3^-$-N 含量变异性存在大于 10 月份地下水 $NO_3^-$-N 含量变异性的趋势。

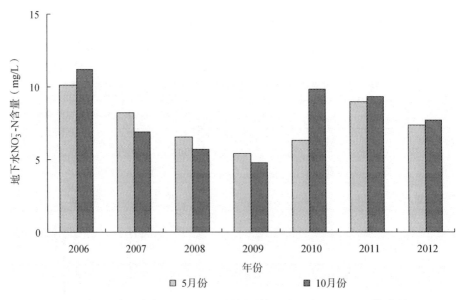

图 3-42　研究区各年 5 月、10 月果园种植区地下水 $NO_3^-$-N 平均含量

除 2006 年、2008 年及 2012 年外，各监测时期果园种植区 5 月份地下水 NO$_3^-$-N 含量最大值高于 10 月份地下水 NO$_3^-$-N 含量最大值，同监测期地下水 NO$_3^-$-N 含量变异系数 5 月、10 月变化趋势为：2009 年之前果园种植区 5 月份地下水 NO$_3^-$-N 含量最大值平稳波动，而 10 月份地下水 NO$_3^-$-N 含量最大值逐年降低；果园种植区 2009 年 5 月份 NO$_3^-$-N 含量最大值较 2008 年升高之后依旧平稳波动，2009 年 10 月份果园种植区地下水 NO$_3^-$-N 含量最大值逐年上升（图 3-43）。

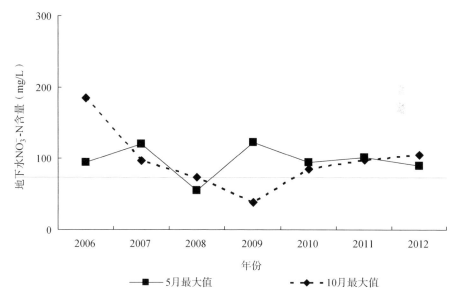

图 3-43　研究区各年度果园种植区地下水 NO$_3^-$-N 含量最大值变化

从 2006～2012 年各监测时期果园种植区不同井深地下水样品监测结果可看出（图 3-44），果园种植区 ≤30 m 井深地下水 NO$_3^-$-N 平均含量总体高于 30～100 m 井深地下水 NO$_3^-$-N 平均含量，30～100 m 井深地下水 NO$_3^-$-N 平均含量总体又高于 >100 m 井深地下水 NO$_3^-$-N 平均含量，≤30 m 井深地下水 NO$_3^-$-N 平均含量较 30～100 m 井深、>100 m 井深地下水 NO$_3^-$-N 平均含量二者间的差距更明显。各监测时期不同井深地下水 NO$_3^-$-N 平均含量 5 月、10 月变化规律性不强，但可看出，>100 m 井深地下水 NO$_3^-$-N 平均含量 10 月份均高于 5 月份，30～100 m 井深地下水 NO$_3^-$-N 平均含量 10 月份较 5 月份升高的情况略多，而 ≤30 m 井深地下水 NO$_3^-$-N 平均含量 10 月份较 5 月份下降的情况略多。

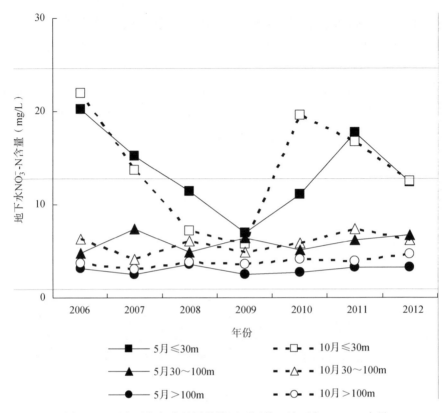

图 3-44　研究区各年度果园种植区不同井深地下水 $NO_3^-$-N 含量

## 3.2　浅埋区地下水硝酸盐空间分布特征

### 3.2.1　地下水硝酸盐时间分布特征

由于研究区≤30m 井深地下水硝酸盐含量的变化能够很好地反映出研究区总体地下水硝酸盐含量的变化规律，研究该区域地下水 $NO_3^-$-N 污染总体空间分布状况，可将重点放在对浅埋区（井深≤30m）地下水 $NO_3^-$-N 分布的研究上，加之本研究大量监测点布设在平原区，书中重点对泛环渤海地区平原区≤30m 井深的地下水 $NO_3^-$-N 的空间分布状况进行分析研究。

将 2006～2012 年≤30m 井深地下水 $NO_3^-$-N 各次监测数据依据空间分布信息进行整理并电子化（2005 年样点地理坐标不全，未做空间分布特征分析），利用

GIS 软件进行 IDW 空间插值，获得不同监测时期≤30m 井深地下水 $NO_3^- \text{-N}$ 含量的空间分布图（栅格单元为 500m×500m，见附图 1～附图 14）。由图可知，泛环渤海地区平原区各监测时期地下水 $NO_3^- \text{-N}$ 总体分布状况存在如下规律，山东北部，辽宁平原区西部、东部，天津中部的环渤海湾地区，以及辽宁平原区北部，河南地区中西部地下水 $NO_3^- \text{-N}$ 含量较高，主要为国家地下水质量标准的Ⅳ、Ⅴ类水；河北、山东、河南三省交界周边的平原区地下水 $NO_3^- \text{-N}$ 含量较低，主要为国家地下水质量标准的Ⅰ、Ⅱ类水；除 2010 年和 2012 年外，其他年份 5 月份地下水 $NO_3^- \text{-N}$ 含量较高水体（Ⅳ、Ⅴ类水）区域面积要大于 10 月份地下水 $NO_3^- \text{-N}$ 含量较高水体区域面积，这与定位监测数据统计结果非常吻合，由此说明浅埋区地下水 $NO_3^- \text{-N}$ 含量插值结果在一定程度上可很好地反映研究区地下水 $NO_3^- \text{-N}$ 空间分布特征，具有很好的研究意义。

各类水体分布面积占泛环渤海平原区面积的比例如图 3-45 所示，2006～2008 年，地下水 $NO_3^- \text{-N}$ 指标符合或好于国家地下水质量Ⅲ类水质标准的区域面积基本呈逐年增加的趋势，2008 年后符合或好于国家地下水质量Ⅲ类水质标准的区域面积基本呈逐年下降趋势，2012 年有所升高。2006～2009 年，各年 10 月份符合或好于国家地下水质量Ⅲ类水质标准的区域面积都大于 5 月份；除了 2011 年 10 月份符合或好于国家地下水质量Ⅲ类水质标准的区域面积略大于 5 月份外，2009 年之后，各年 10 月份符合或好于国家地下水质量Ⅲ类水质标准的区域面积均小于 5 月份（图 3-46）。

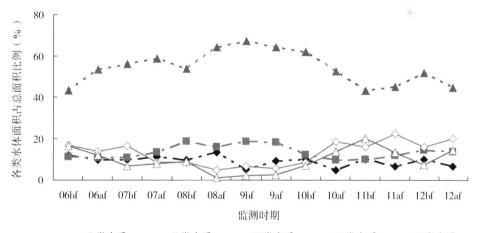

图 3-45　2006～2012 年五类水质分布面积占总面积百分比

注：bf 为雨季前，af 为雨季后

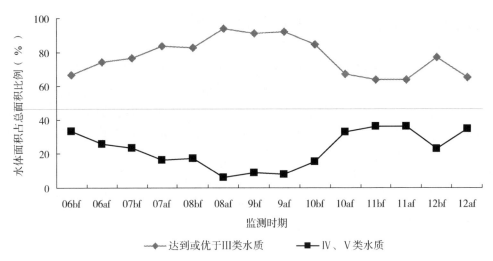

图 3-46　2006～2012 年地下水 $NO_3^-$-N 含量达到与超过Ⅲ类水质标准分布面积所占百分比

注：bf 为雨季前，af 为雨季后

### 3.2.2 雨季前后硝酸盐空间变异特征

　　将各年 10 月份地下水 $NO_3^-$-N 含量空间分布图同 5 月份地下水 $NO_3^-$-N 含量分布图进行空间叠加并进行相减运算，可获得 2006～2012 年 10 月份地下水 $NO_3^-$-N 含量较 5 月份地下水 $NO_3^-$-N 含量变化值空间分布图（附图 15～附图 21）。对地下水 $NO_3^-$-N 含量变化值空间分布图进行统计分析可知（表 3-11），各年 10 月份地下水 $NO_3^-$-N 含量变化范围、变幅及主要变幅状况。由各年度 10 月份较 5 月份地下水 $NO_3^-$-N 含量变化分布频率来看，2006～2008 年，研究区 10 月份较 5 月份地下水 $NO_3^-$-N 含量变化范围有逐渐增加的趋势，2009 年变化范围急剧降低，2010 年增加，2011 年降低后 2012 年又增加。从主要变幅来看，2006～2009 年研究区 10 月份较 5 月份地下水 $NO_3^-$-N 含量主要变幅是逐年降低的，2009～2011 年有较大增加，到 2012 年又有所降低（图 3-47 和图 3-48）。

表 3-11　各年 10 月份较 5 月份研究区地下水 $NO_3^-$-N 空间分布变化范围

| 年份 | 下限（mg/L） | 上限（mg/L） | 变幅（mg/L） | 主要变幅<br>（mg/L） | 主要变幅占总变<br>幅比例（%） |
|---|---|---|---|---|---|
| 2006 | −109.26 | 120.47 | 229.74 | −10.0～7.0 | 80.19 |
| 2007 | −271.95 | 68.42 | 340.37 | −11.0～5.0 | 80.75 |

续表

| 年份 | 下限（mg/L） | 上限（mg/L） | 变幅（mg/L） | 主要变幅<br>（mg/L） | 主要变幅占总变<br>幅比例（%） |
|------|-------------|-------------|-------------|---------------------|------------------------|
| 2008 | −310.53 | 47.27 | 357.80 | −10.0～4.6 | 80.74 |
| 2009 | −124.20 | 77.68 | 201.88 | −4.0～4.0 | 80.35 |
| 2010 | −215.92 | 126.19 | 342.11 | −6.0～16.0 | 80.76 |
| 2011 | −151.31 | 107.46 | 258.77 | −12.0～13.0 | 80.24 |
| 2012 | −73.79 | 356.56 | 430.35 | −4.0～12.0 | 80.04 |

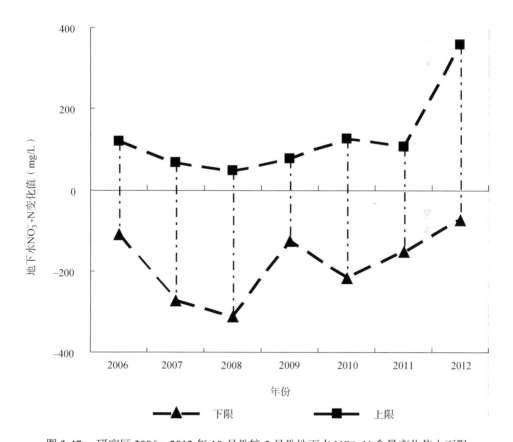

图 3-47 研究区 2006～2012 年 10 月份较 5 月份地下水 $NO_3^-$-N 含量变化值上下限

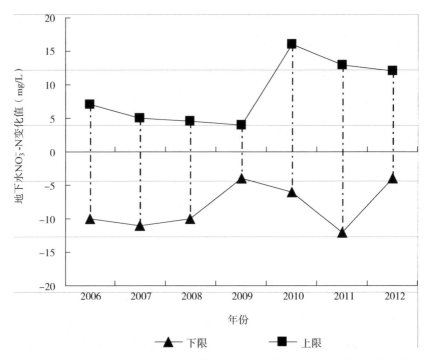

图 3-48　研究区 2006～2012 年 10 月份较 5 月份地下水 $NO_3^-$-N 含量主要变幅上下限

2006～2012 年，10 月份与 5 月份地下水 $NO_3^-$-N 含量升高的区域 7 年间的空间分布差异不大，多分布于北京平原区北部，河北东、南部，山东西北部，河南北部（2006～2009 年，2012 年），辽宁平原区南部；地下水 $NO_3^-$-N 含量降低区域则多分布于辽宁平原区中北部、天津大部、山东东南部、河北中部、河南西南部（2006～2009 年，2012 年）和东北小部。

根据地下水 $NO_3^-$-N 含量变化情况，将各年度 10 月份地下水 $NO_3^-$-N 含量较 5 月份地下水 $NO_3^-$-N 含量变化分为 6 级，分别为 >14mg/L、5～14mg/L、0～5mg/L、-5～0mg/L、-14～-5mg/L、≤-14mg/L，各级区域所占研究区面积如图 3-49 所示。可知 2006～2008 年，10 月份较 5 月份地下水 $NO_3^-$-N 含量增加区域所占面积逐年减小，之后到 2010 年 10 月份较 5 月份地下水 $NO_3^-$-N 含量增加区域所占面积逐年增加，2011 年略有回调，2012 年 10 月份较 5 月份地下水 $NO_3^-$-N 含量增加区域所占面积又增加并接近 2010 年水平。数据说明，2006～2008 年在整个研究区平原地带，10 月份较 5 月份地下水硝酸盐污染趋势逐年趋于缓和，2008 年之后，10 月份较 5 月份地下水硝酸盐污染趋势又趋于严峻。

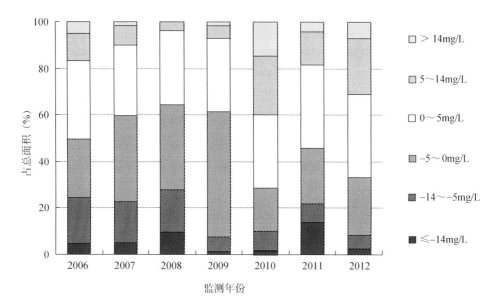

图 3-49　2006～2012 年地下水 NO$_3^-$-N 10 月份较 5 月份不同含量变化范围所占面积比例

对 2006～2012 年 10 月份地下水 NO$_3^-$-N 含量较 5 月份的变化状况分布图进行叠置分析，可以获得研究区平原地带浅埋区地下水 NO$_3^-$-N 含量 7 年内 5 月、10 月变化特征空间分布状况（附图 15～附图 21）。结果表明，7 年中 10 月份地下水 NO$_3^-$-N 含量始终大于 5 月份地下水 NO$_3^-$-N 含量区域主要分布在北京市平原区西侧的怀柔、昌平、门头沟、丰台、平谷部分地区，天津市蓟县，河北省唐山、秦皇岛、邢台部分地区，山东省济宁、泰安、德州、潍坊部分地区，河南省商丘、驻马店、安阳、周口部分地区；7 年中 10 月份地下水 NO$_3^-$-N 含量始终小于 5 月份地下水 NO$_3^-$-N 区域主要分布在天津市中部，河北省沧州、廊坊部分地区，河南驻马店部分地区，辽宁省沈阳、阜新、铁岭、锦州大部。由研究区平原浅埋区地下水 NO$_3^-$-N 含量 5 月、10 月 7 年变化不同特征所占面积比例图（图 3-50）可知 7 年中，10 月份地下水 NO$_3^-$-N 含量始终大于 5 月份地下水 NO$_3^-$-N 含量区域面积最小，占研究区平原区域面积的 2.08%，10 月份地下水 NO$_3^-$-N 含量相比 5 月份地下水 NO$_3^-$-N 含量有 4 年升高 3 年降低的区域面积最大，占研究区平原区域面积的 27.24%，总体上 7 年中仍然是 10 月份地下水 NO$_3^-$-N 含量相比 5 月份地下水 NO$_3^-$-N 含量升高的区域面积相对较多，多出 7.42%。

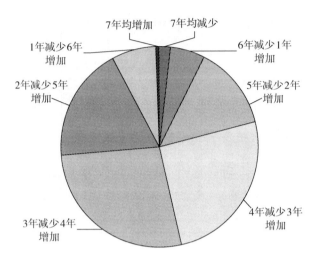

图 3-50　浅埋区地下水 $NO_3^-$-N 含量 2006～2012 年 5 月、10 月不同变化特征区域面积分布

# 4

# 泛环渤海地区地下水硝酸盐分区特征

## 4.1 北京

### 4.1.1 地下水硝酸盐含量特征

北京市集约化农区 2005～2012 年地下水硝酸盐含量监测数据表明，地下水中 $NO_3^-$-N 含量变化范围为痕量～105.39mg/L，平均值为 6.42mg/L，其中约 19.4%的地下水水样超过 WHO 饮用水 $NO_3^-$-N 标准（10mg/L），约 7.0%的地下水水样超过国家生活饮用水卫生标准（GB 5749—2006）（≤20mg/L）。根据我国地下水质量标准（GB/T 14848—93），以水中 $NO_3^-$-N 含量单项指标衡量，北京市集约化农区地下水水质达标率为 93.0%，其中Ⅰ类、Ⅱ类、Ⅲ类、Ⅳ类、Ⅴ类水分别为 40.1%、23.6%、29.3%、3.4%、3.6%。因此，以水中 $NO_3^-$-N 含量单项指标衡量，目前北京市地下水整体质量良好；但由于Ⅲ类水已经高达 29.3%，潜在污染风险较大，如不及时控制，这部分水体很容易向Ⅳ类水转化。

2005～2012 年采集监测地下水水样 5633 个，如果把 5633 个水样的 $NO_3^-$-N 含量看成是一个总体样本，把总体样本分成 $\sqrt{5633}$ +1=76 个组，每个组的数据空间为（458.6–0）/75=6.10mg/L，再计算落入该空间的频率（频数/样本总数×100%），获得北京市地下水 $NO_3^-$-N 含量分布图，见图 4-1。从图中可以看出，$NO_3^-$-N 含量落入区间 6.10～12.21mg/L 的频数最高，占样品总数的 66.6%。在 6.10mg/L 之前，到区间 6.10～12.21mg/L 止，各区间频率成上升趋势，在区间 6.10～12.21mg/L 之后，各区间呈下降趋势，到区间 152.60～158.70mg/L 时，其频率接近于 0。各 $NO_3^-$-N 含量的累积分布频率见图 4-2，从图中可以看出，当 $NO_3^-$-N 含量在 18.3mg/L 之前（含18.3mg/L），累积频率增速最快，累积频率达到了 85.2%，即 $NO_3^-$-N 含量≤18.3mg/L，占样品总数的 85.2%，之后累积频率增速迅速下降，到 $NO_3^-$-N 含量为 42.7mg/L 时，累积频率达到了 97.6%，即 $NO_3^-$-N 含量≤42.7mg/L，占样品总数的 97.6%。

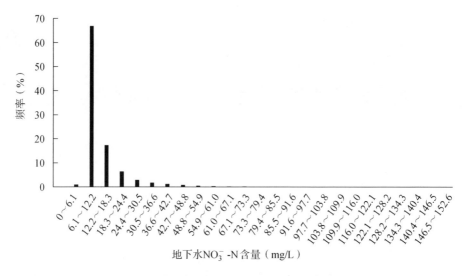

图 4-1　北京集约化农区地下水 $NO_3^-$-N 含量分布图

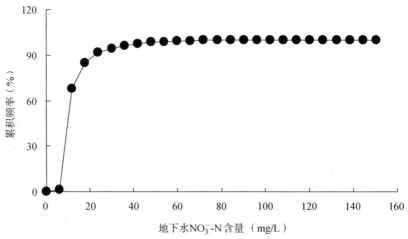

图 4-2　北京集约化农区地下水 $NO_3^-$-N 含量累积分布图

## 4.1.2　地下水硝酸盐动态变化

降水通过地表土壤中的渗透和迁移，影响土壤中 $NO_3^-$-N 的淋溶和地下水的补给，从而影响地下水中$NO_3^-$-N 的含量。从表 4-1 可以看出，北京市集约化农区地下水中$NO_3^-$-N 含量在不同监测时期有明显差异，雨季后的$NO_3^-$-N 含量平均值为 6.80mg/L，略高于雨季前 6.06mg/L，$NO_3^-$-N 含量的变化范围也是雨季后大于雨季前。与雨季前相比，雨季后 Ⅰ 类水所占比例大幅下降，Ⅱ 类、Ⅲ 类水所占比例上升，Ⅳ 类、Ⅴ 类水所占比例相差不大。这可能与北京市降雨特点和灌溉方式有关，即降雨频率较低且雨量偏小，较难形成地表径流，对地下水中$NO_3^-$-N 的稀释不明显，而近年来长期过量施用氮肥致使土壤中氮素含量过高，采用大水漫灌使得$NO_3^-$-N 的渗漏作用增强，导致地下水 $NO_3^-$-N 含量升高。

表 4-1　2006～2012 年雨季前后地下水中硝酸盐含量差异

| 监测时期 | 样品数 | 范围（mg/L） | 均值（mg/L） | 分布频率（%） | | | | |
| --- | --- | --- | --- | --- | --- | --- | --- | --- |
| | | | | ≤2（Ⅰ类） | ≤5（Ⅱ类） | ≤20（Ⅲ类） | ≤30（Ⅳ类） | >30（Ⅴ类） |
| 雨季前 | 2887 | 痕量～82.40 | 6.06 | 42.5 | 22.6 | 28.5 | 3.2 | 3.3 |
| 雨季后 | 2746 | 痕量～105.39 | 6.80 | 37.6 | 24.7 | 30.1 | 3.7 | 3.9 |

2006～2012 年雨季后地下水中$NO_3^-$-N 平均含量均高于雨季前（图 4-3），说明降雨对土壤中$NO_3^-$-N 的淋溶作用大于对地下水的补给作用，使得地下水中$NO_3^-$-N 含量升高。从地下水$NO_3^-$-N 变异系数看，除 2009 年、2012 年雨季后地下水$NO_3^-$-N 变异系数高于雨季前外，其余年份雨季后变异系数均低于雨季前变异系数，说明除 2009 年、2012 年外，其余年份雨季前地下水中$NO_3^-$-N 含量分布具有更高的离散度。

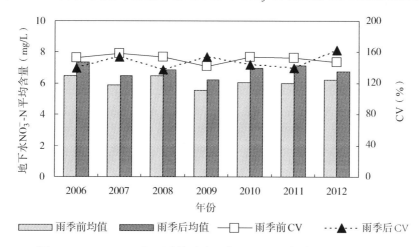

图 4-3　2006～2012 年雨季前后地下水 $NO_3^-$-N 平均含量及变异系数

### 4.1.3　不同井深地下水硝酸盐消长规律

地下水埋深对 $NO_3^-$-N 含量有明显影响。从图 4-4 可以看出，总体趋势是，0～30m 井深的地下水 $NO_3^-$-N 含量明显高于 30～100m 及＞100m 井深的地下水 $NO_3^-$-N 含量。从超标率来看，当井深＜20 m 时，超标率（＞10mg/L）和严重超标率（＞20mg/L）随深度的增加而升高；当井深＞20 m 时，超标率（＞10mg/L）和严重超标率（＞20mg/L）随着深度的增加而降低。井深 0～10m、10～20 m、20～30m、30～60m、60～100m 及＞100 m 地下水 $NO_3^-$-N 平均含量分别为 10.80mg/L、16.71mg/L、11.06mg/L、5.63mg/L、4.72mg/L 和 4.75mg/L（图 4-4(a)）。当井深＜30 m 时，$NO_3^-$-N 平均含量为 12.94mg/L，高于世界卫生组织制定的饮用水水质标准，其中 40.6%的样点 $NO_3^-$-N 浓度超过 10mg/L，23.7%的样点 $NO_3^-$-N 浓度超过 20mg/L，可见北京市埋深 30m 以内地下水硝酸盐污染情况已经相当严重。井深 30～100m、＞100 m 的 $NO_3^-$-N 平均含量较低，分别为 5.06mg/L 和 4.75mg/L，但也分别有 15.3%、13.5%样点的 $NO_3^-$-N 浓度超过 10mg/L，说明部分地区也处于硝酸盐中度污染状态。需要说明的是，埋深＞200m 地下水中的 $NO_3^-$-N 的来源可能与淋溶无关，更可能来源于地质形成过程。从地下水水质等级分布［图 4-4(b)］看，不同埋深地下水的水质分布也存在明显差异。当井深＜20 m 时，Ⅰ类、Ⅱ类水所占比重随着水体深度的增加而减少，Ⅲ类水所占比重变化不大，而Ⅳ类和Ⅴ类水所占比重随着水体深度的增加而增加；当井深＞20 m 时，Ⅰ类水所占比重随着水体深度的增加而逐渐增加，Ⅱ类和Ⅲ类水所占比重变化不大，而Ⅳ类和Ⅴ类水所占的比例逐渐下降。这说明当井深＞20 m 时，随着水体深度的增加，地下水硝酸盐污染程度越轻，水质也越好。

2006～2012 年各监测时期 0～30 m 井深地下水中 $NO_3^-$-N 平均含量均远高于井深 30～100m、＞100 m 的 $NO_3^-$-N 平均含量（图 4-5），说明研究区浅层地下水容易受到人类活动的影响，硝酸盐污染较为严重。除 2008 年外，雨季后不同井深地下水中 $NO_3^-$-N 平均含量均高于雨季前，井深 0～30 m 地下水中 $NO_3^-$-N 平均含量升高幅度较大，说明降水使 $NO_3^-$-N 的淋溶作用增强，大量累积在土壤中的 $NO_3^-$-N 随雨水进入地下水体，且 30 m 以内的浅层地下水中 $NO_3^-$-N 含量受降水影响较大。

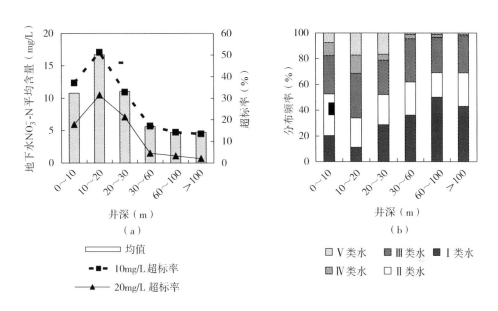

图 4-4 不同井深地下水 $NO_3^-$ -N 平均含量、超标率及分布频率

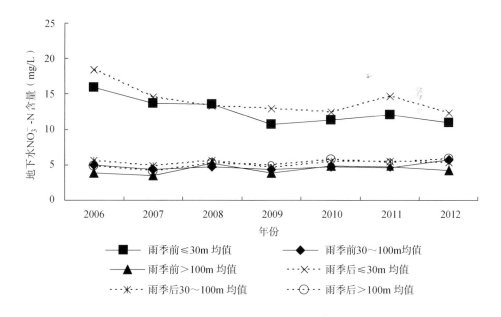

图 4-5 2006～2012 年雨季前后不同井深地下水 $NO_3^-$ -N 平均含量

#### 4.1.4 不同作物种植区地下水硝酸盐差异

2005～2012 年在研究区采集的地下水样包括蔬菜种植区水样 2340 个，粮田种植区 1057 个，果树种植区 1795 个，其他区域水样 441 个。

不同作物种植类型的农田，氮施肥量差异很大，通过 $NO_3^-$-N 淋洗迁移至地下水而对地下水 $NO_3^-$-N 含量产生不同的影响。按照蔬菜、果树、粮食作物、其他作物四种种植类型对不同土地利用方式下地下水中 $NO_3^-$-N 含量进行分类比较，结果显示，四种作物种植类型的地下水 $NO_3^-$-N 平均含量差异明显 [图 4-6 (a)]，其高低顺序为：蔬菜种植区＞粮食作物区＞其他作物区＞果树种植区，平均值分别为 7.75mg/L、6.16mg/L、5.63mg/L 和 5.04mg/L。不同土地利用方式下地下水 $NO_3^-$-N 含量分布频率差异明显 [图 4-6 (b)]，蔬菜种植对地下水 $NO_3^-$-N 含量影响较大，11.6% 的样点地下水 $NO_3^-$-N 含量超过我国地下水 III 类水质标准（20mg/L），部分样点 $NO_3^-$-N 含量高达 85.16mg/L。氮肥施用量大、利用率低、土壤中 $NO_3^-$-N 累积严重可能是导致蔬菜种植区地下水 $NO_3^-$-N 含量高的重要原因。杜连凤等[1]对京郊地区 3 种典型农田系统硝酸盐污染现状的调查和高新昊等[2]对山东省农村地区地下水硝酸盐污染现状调查及评价研究也得出了相同的结论。值得注意的是，粮食作物区地下水虽然只有 3.97% 的样点地下水 $NO_3^-$-N 含量严重超标，但其 I 类水比重仅占 30.8%，III 类水比重高达 38.7%，说明粮食作物种植对地下水硝酸盐污染也存在着潜在的威胁。这主要是由于近年来粮食作物肥料使用量也逐渐加大，尤其以氮肥居多，超过了作物的需求量，使得地下水中 $NO_3^-$-N 含量升高。

从图 4-6 可以看出，2006～2012 年各监测时期不同作物种植区地下水中 $NO_3^-$-N 平均含量顺序为：蔬菜种植区＞粮食作物区＞果树种植区，且总体趋势是雨季后高于雨季前。三种作物种植类型下不同井深地下水 $NO_3^-$-N 含量结果（图 4-7、图 4-8、图 4-9、图 4-10）显示，蔬菜种植区 0～30 m 井深地下水中 $NO_3^-$-N 平均含量均远高于 30～100m、＞100 m 井深的 $NO_3^-$-N 平均含量，雨季后高于雨季前，且 0～30 m 井深地下水中 $NO_3^-$-N 平均含量升高的幅度较大，而粮食作物种植区和果树种植区不同井深地下水 $NO_3^-$-N 含量差异不显著，说明不同作物种植因施肥量的不同对地下水的影响不同，由于蔬菜的需肥量远大于粮食作物和果树，菜地长期大量施用氮肥，使得 $NO_3^-$-N 富集在土壤中，随雨水或灌溉水进入地下，造成地下水污染，尤其是浅层地下水硝酸盐污染较为严重。

农业生产中长期过量施用化肥不仅造成了经济效益的降低，而且存在很大的环境污染风险。由于大量施用氮肥而引起的硝酸盐淋洗现象非常普遍，地下水硝酸盐污染问题日益严重，而以蔬菜种植区及其周遍地区最为严重，尤其是土壤深层 $NO_3^-$-N 长期累积，严重威胁了地下水体安全。

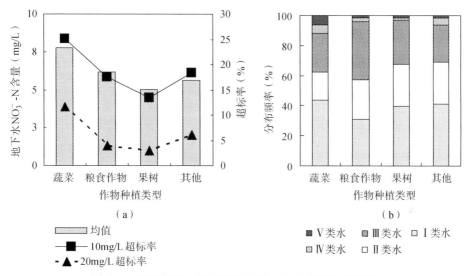

图 4-6 不同作物种植区地下水 $NO_3^-$-N 含量及分布频率

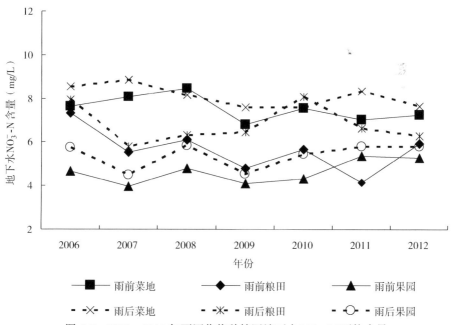

图 4-7 2006～2012 年不同作物种植区地下水 $NO_3^-$-N 平均含量

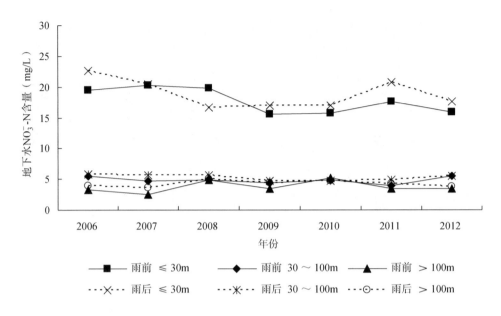

图 4-8　2006～2012 年蔬菜种植区地下水 NO$_3^-$-N 平均含量

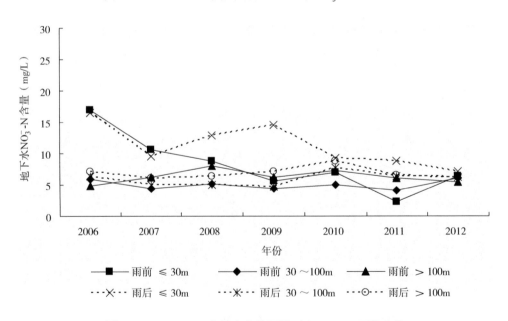

图 4-9　2006～2012 年粮食作物区地下水 NO$_3^-$-N 平均含量

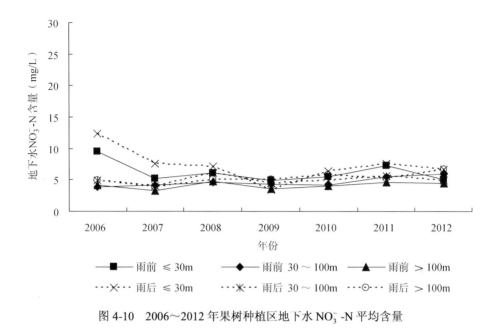

图 4-10 2006～2012 年果树种植区地下水 $NO_3^-$-N 平均含量

## 4.1.5 北京市集约化农区地下水硝酸盐时空分布特征

### 4.1.5.1 地下水硝酸盐时间变化规律

如表 4-2 所示，2005～2012 年北京市集约化农区地下水 $NO_3^-$-N 含量年际均值在 5.85～6.93mg/L，低于饮用水的限定标准（10mg/L），符合我国地下水质量标准的Ⅲ类水质标准。

表 4-2 2005～2012 年地下水 $NO_3^-$-N 含量的统计分析

| 年份 | 样品数 | 范围 (mg/L) | 均值 (mg/L) | 分布频率（%） | | | | |
|------|--------|------------|------------|---------|---------|----------|----------|---------|
| | | | | ≤2（Ⅰ类） | ≤5（Ⅱ类） | ≤20(Ⅲ类) | ≤30(Ⅳ类) | >30(Ⅴ类) |
| 2005 | 166 | 痕量～71.87 | 5.85 | 39.16 | 22.89 | 32.53 | 3.01 | 2.41 |
| 2006 | 515 | 痕量～73.66 | 6.93 | 36.31 | 25.63 | 31.46 | 2.72 | 3.88 |
| 2007 | 841 | 痕量～73.55 | 6.19 | 40.31 | 25.80 | 27.23 | 2.97 | 3.69 |
| 2008 | 838 | 痕量～82.40 | 6.68 | 39.62 | 21.36 | 31.50 | 4.18 | 3.34 |

续表

| 年份 | 样品数 | 范围 (mg/L) | 均值 (mg/L) | 分布频率（%） | | | | |
|------|--------|-------------|-------------|----------------|----------------|----------------|----------------|----------------|
| | | | | ≤2（Ⅰ类） | ≤5（Ⅱ类） | ≤20(Ⅲ类) | ≤30(Ⅳ类) | >30(Ⅴ类) |
| 2009 | 845 | 痕量～66.20 | 5.88 | 40.47 | 25.80 | 27.46 | 3.43 | 2.84 |
| 2010 | 807 | 痕量～77.58 | 6.51 | 40.15 | 24.91 | 27.14 | 3.59 | 4.21 |
| 2011 | 815 | 痕量～63.01 | 6.58 | 43.44 | 18.77 | 30.31 | 3.19 | 4.29 |
| 2012 | 806 | 痕量～105.39 | 6.49 | 39.2 1 | 23.70 | 30.02 | 3.72 | 3.35 |

从年际变化看，地下水 $NO_3^-$-N 年均含量呈现一定波动性，2006 年最高，为 6.93mg/L，2005 年和 2009 年最低，分别为 5.85mg/L 和 5.88mg/L。以世界卫生组织饮用水标准（$NO_3^-$-N＜10mg/L）和国家饮用水标准（$NO_3^-$-N＜20mg/L）超标率来衡量，2008 年地下水 $NO_3^-$-N 含量超标率较高，有 21.7%左右的地下水水样超过世界卫生组织的饮用水标准，7.5%左右的地下水样严重超标（$NO_3^-$-N 超过 20mg/L）。从水质分布看，2005～2012 年研究区地下水水质达标率在 92.2%～94.6%，说明北京市农区地下水总体水质情况较稳定。

#### 4.1.5.2 地下水硝酸盐空间分布特征

各郊各区县农区地下水受灌溉、施肥、水文地质、降雨、土地利用方式等因素的影响存在差异，造成北京市集约化农区 2005～2012 年各区县地下水 $NO_3^-$-N 含量差异较大（图 4-11），其中以丰台区最高，平均含量为 22.52mg/L，密云县次之，平均含量为 11.59mg/L，大兴区最低，平均含量为 1.67mg/L，其余各区县地下水 $NO_3^-$-N 多年平均含量均在 2.00～10.00mg/L。从超标情况看，丰台区有 54.4%的样点 $NO_3^-$-N 含量严重超标，这与样点所处为蔬菜种植区施氮肥量较大有关。其次为密云县、房山区，严重超标率分别为 15.6%、5.9%，采样区多属果蔬区，且土层质地较轻，土壤层次较薄，常不足 1m，土层下层多砂石水肥易淋失。从各区县地下水 $NO_3^-$-N 含量的变异系数（CV）还可以看出，通州区各采样点地下水 $NO_3^-$-N 含量多年变化较大，丰台区、房山区变化较小。

北京市不同区县地下水 $NO_3^-$-N 含量多年平均值的频率分布（图 4-12）结果显示，丰台区地下水水质等级分布频率差异不大，表明该区地下水硝酸盐含量普遍偏高，这与丰台区采样点附近种植作物类型多为蔬菜有关，说明近年来丰台区大面积发展蔬菜种植和菜地不合理施肥造成地下水硝酸盐污染已成普遍现象。其Ⅰ类水仅有 10.2%，Ⅳ类、Ⅴ类水分别高达 18.9%、35.4%，即近 50% 的地下水不能直接做饮用水水源，按此趋势发展，丰台区地下水硝酸盐污染会日趋严重。房山区、怀柔区、密云县虽然严重超标率不高，但是Ⅲ类水分别高达 60.8%、45.0%、44.0%，存在着向Ⅳ类水发展的潜在威胁。大兴区、通州区地下水水质最好，Ⅰ类水分别高达 78.6% 和 75.4%，严重超标率仅为 0.2% 和 1.7%。

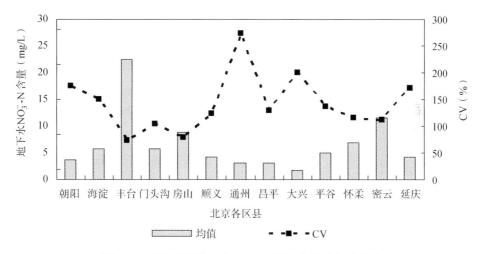

图 4-11　不同区县地下水 $NO_3^-$-N 平均含量及变异系数

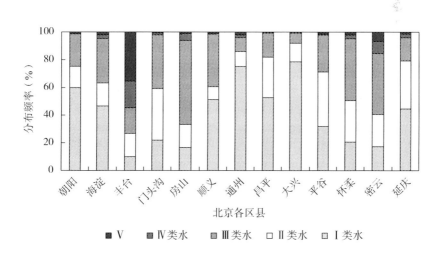

图 4-12　不同区县地下水 $NO_3^-$-N 含量分布

### 4.1.5.3　地下水硝酸盐时空动态变化

将 2006～2012 年北京市集约化农区地下水 $NO_3^-$-N 监测数据及相关资料进行整理，建立研究区地下水 $NO_3^-$-N 基础数据库。在 GIS 平台上，运用 IDW（反距离权重）插值方法，对地下水 $NO_3^-$-N 数据进行分析，得到研究区 2006～2012 年不同监测时期地下水 $NO_3^-$-N 含量分布图（图 4-13～图 4-19），可以看出研究区地下水 $NO_3^-$-N 含量的时空分布状况。

由于北京市集约化农区间社会、经济条件存在差异，土地利用方式及其环境也不同，造成了地下水中 $NO_3^-$-N 含量表现出明显的地区差别。由 2006～2012 年地下水 $NO_3^-$-N 含量分布图可知，研究区地下水水质以 Ⅱ、Ⅲ 类水为主，其中 Ⅱ 类水主要分布在昌平、延庆、平谷、门头沟、怀柔西部及顺义南部地区，Ⅲ 类水主要分布在密云、房山、丰台西部、怀柔东部及顺义北部地区；丰台东部、大兴北部及密云北部部分地区地下水 $NO_3^-$-N 含量较高，主要为国家地下水质量标准的 Ⅳ、Ⅴ 类水；大兴南部、通州南部及朝阳、昌平与顺义三区交界处地下水中 $NO_3^-$-N 含量较低，水质达到国家地下水 Ⅰ 类水质标准。

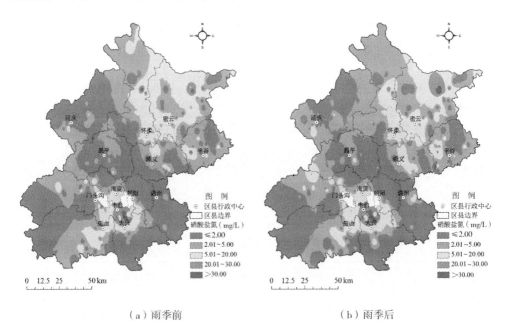

（a）雨季前　　　　　　　　　　　　　（b）雨季后

图 4-13　2006 年地下水 $NO_3^-$-N 含量分布图

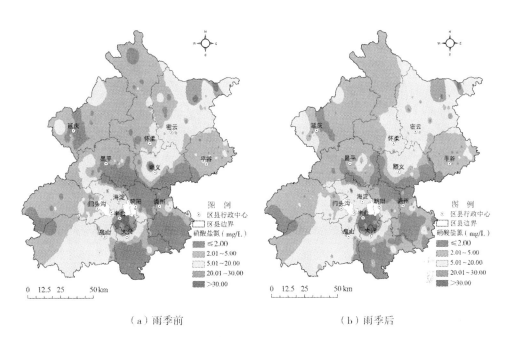

（a）雨季前　　　　　　　　　　　　（b）雨季后

图 4-14　2007 年地下水 $NO_3^-$ -N 含量分布图

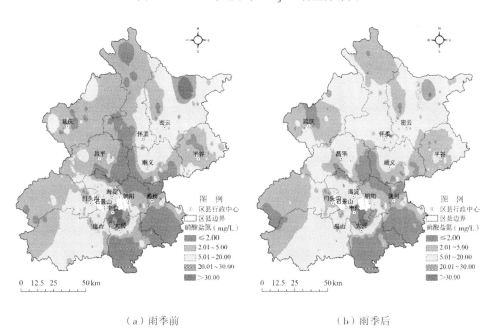

（a）雨季前　　　　　　　　　　　　（b）雨季后

图 4-15　2008 年地下水 $NO_3^-$ -N 含量分布图

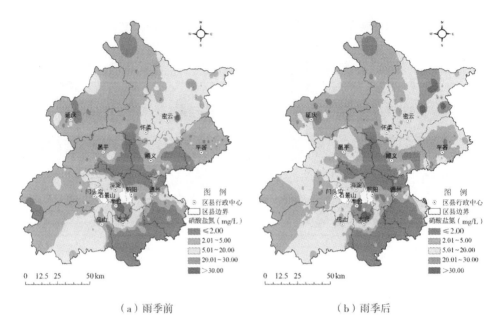

（a）雨季前　　　　　　　　　　　　（b）雨季后

图 4-16　2009 年地下水 $NO_3^-$ -N 含量分布图

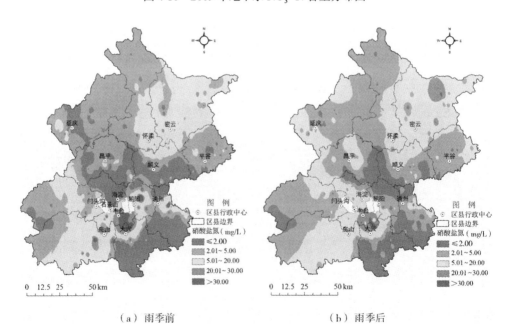

（a）雨季前　　　　　　　　　　　　（b）雨季后

图 4-17　2010 年地下水 $NO_3^-$ -N 含量分布图

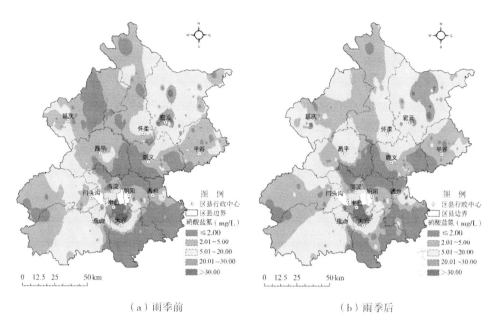

（a）雨季前 　　　　　　　　　　　（b）雨季后

图 4-18　2011 年地下水 $NO_3^-$-N 含量分布图

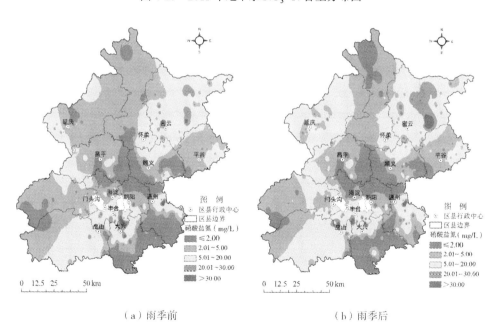

（a）雨季前 　　　　　　　　　　　（b）雨季后

图 4-19　2012 年地下水 $NO_3^-$-N 含量分布图

　　将不同监测时期地下水 $NO_3^-$-N 含量分布进行空间叠置分析，得到 2006～2012 年雨季后较雨季前地下水 $NO_3^-$-N 含量的变化分布图（图 4-20～图 4-26）。根据结果可知，雨季后较雨季前地下水 $NO_3^-$-N 含量的变化有一定波动性，总体上地下水 $NO_3^-$-N 含量升高的区域面积远高于降低的区域面积，这同 3.1.2 中得到的雨季后 $NO_3^-$-N 含量均值略高于雨季前的结论相同。从雨季后较雨季前 $NO_3^-$-N 含量的变化范围来看，2006～2012 年变化范围分别为 -7.2～8.2mg/L、-8.1～10.3mg/L、-14.1～11.7mg/L、-7.7～16.5mg/L、-21.9～14.3mg/L、-11.3～16.3mg/L、-12.8～15.8mg/L，负号表示雨季后地下水 $NO_3^-$-N 含量较雨季前有所升高，整体上讲，变化范围逐渐增大，主要集中在 -2.00～2.00mg/L，此范围的区域面积占研究区面积的 66%～92%。2006～2012 年雨季后较雨季前相比，地下水 $NO_3^-$-N 含量均升高的区域面积约占研究区面积的 2.48%，主要分布在延庆、昌平、顺义和平谷地区。

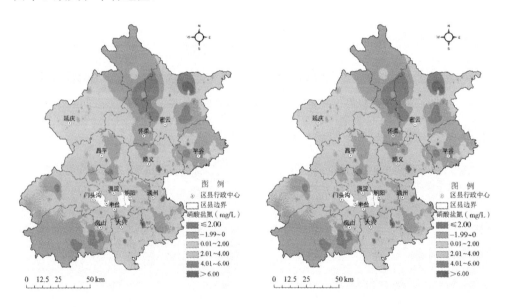

图 4-20　2006 年地下水 $NO_3^-$-N 含量变化分布图　　图 4-21　2007 年地下水 $NO_3^-$-N 含量变化分布图

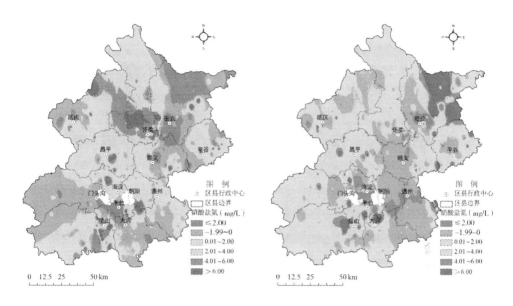

图4-22　2008年地下水 NO$_3^-$-N 含量变化分布图　　图4-23　2009年地下水 NO$_3^-$-N 含量变化分布图

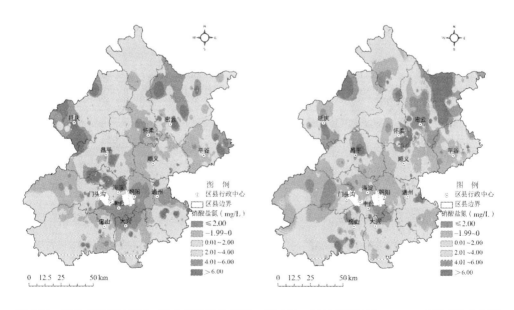

图4-24　2010年地下水 NO$_3^-$-N 含量变化分布图　　图4-25　2011年地下水 NO$_3^-$-N 含量变化分布图

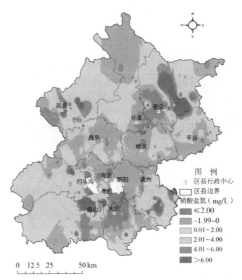

图 4-26　2012 年地下水 $NO_3^-$-N 含量变化分布图

## 4.2 天津

### 4.2.1 地下水硝酸盐含量特征

2005~2012 年分别于每年 5 月份和 10 月份（2005 年仅 5 月份取样 1 次）在天津市集约化农区进行地下水 $NO_3^-$-N 含量的监测，共采集水样 1929 个，其中 5 月份 1004 个，10 月份 925 个。监测数据（表 4-3）表明，天津市集约化农区地下水中 $NO_3^-$-N 含量变化范围为痕量~153.2mg/L，平均值为 6.8mg/L，其中约 15%的地下水水样超过国家生活饮用水卫生标准（≤10mg/L），约 10.8%的地下水样严重超标（超过 20mg/L）。根据我国地下水质量标准（GB/T 14848—93），以水中 $NO_3^-$-N 含量衡量，天津市地下水水质达标率为 89.2%，其中 Ⅰ 类、Ⅱ 类、Ⅲ 类、Ⅳ 类、Ⅴ 类水分别为 79.1%、2.3%、7.8%、2.8%、8.1%。说明目前天津市地下水整体质量良好。但同时也应注意，7.8%的Ⅲ类水潜在污染风险较大，应及时采取调控措施，避免这部分水体向Ⅳ类水转化，造成水质恶化。

2005~2012 年 8 年平均 5 月份、10 月份地下水样 $NO_3^-$-N 含量分别为 7.4mg/L 和 6.1mg/L，同时 10 月份地下水样 $NO_3^-$-N 最大值也低于 5 月份；5 月份、10 月份地下水 $NO_3^-$-N 合格率分别为 88.1%和 90.3%，五类水体各占的比重相差不大（图 4-27~图 4-29）。

表 4-3  天津市 2005～2012 年地下水 $NO_3^-$-N 含量

| 参数 | 最小值 (mg/L) | 最大值 (mg/L) | 平均值 (mg/L) | 标准差 | 变异系数 (%) | 10mg/L 超标率 (%) | 样本数 (个) |
|---|---|---|---|---|---|---|---|
| 5 月 | 痕量 | 153.2 | 7.4 | 16.8 | 265 | 15.9 | 1004 |
| 10 月 | 痕量 | 118.6 | 6.1 | 19.7 | 273 | 14.0 | 925 |
| 总体 | 痕量 | 153.2 | 6.8 | 18.4 | 269 | 15.0 | 1929 |

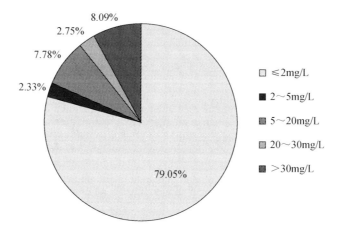

图 4-27  2005～2012 年天津市全体样本地下水 $NO_3^-$-N 五类水体所占比例

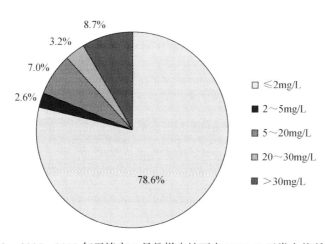

图 4-28  2005～2012 年天津市 5 月份样本地下水 $NO_3^-$-N 五类水体所占比例

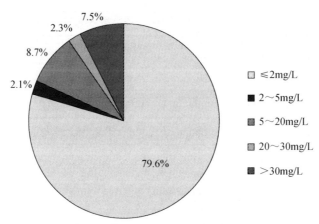

图 4-29　2005～2012 年天津市 10 月份样本地下水 $NO_3^-$-N 五类水体所占比例

如果把 1929 个水样的 $NO_3^-$-N 含量看成是一个总体样本，采用 Kolmogorov- Smirnov（简称 K-S）对其进行数据正态分布检验，表明天津市地下水 $NO_3^-$-N 含量不符合正态分布。各 $NO_3^-$-N 含量的累积分布频率见图 4-30。从图中可以看出，当 $NO_3^-$-N 含量 ≤ 3.5mg/L（含 3.5mg/L），累积频率达到了 80.5%，即 $NO_3^-$- N 含量≤3.5mg/L 的样品占样品总数的 80.5%，之后累积频率增速迅速下降，到 $NO_3^-$- N 含量为 24.4mg/L 时，累积频率达到了 90.7%，即 $NO_3^-$-N 含量≤24.4mg/L 的样品占样品总数的 90.7%。把总体样本分成 45（$\sqrt{1929}+1$）个组，每个组的数据空间为 3.5 [(153.2-0)/45] mg/L，再计算落入该空间的频率（频数/样本总数×100%），获得天津市地下水 $NO_3^-$-N 含量分布图，见图 4-31。从图中可以看出，$NO_3^-$-N 含量落入空间 0～3.5mg/L 的频数最高，占样品总数的 78.1%。其后，各空间呈下降趋势，到空间 94.5～98mg/L 时，其频率接近于 0。

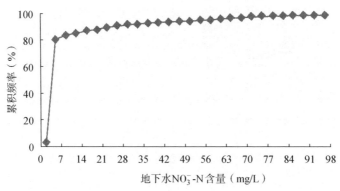

图 4-30　天津市地下水 $NO_3^-$-N 含量累积频率分布图

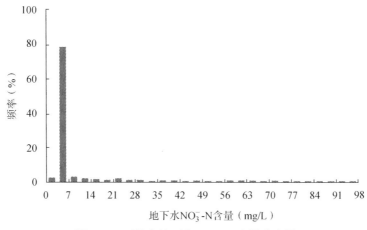

图 4-31　天津市地下水 NO$_3^-$-N 含量分布图

## 4.2.2　地下水硝酸盐动态变化

从 2005～2012 年天津市集约化农区地下水 NO$_3^-$-N 年均含量变化结果看(图 4-32)，总体趋势为先降低后增加后又趋于平缓。2005～2007 年地下水 NO$_3^-$-N 年均含量逐年降低，且下降幅度较大，由 2005 年的 11.9mg/L 降至 2007 年的 3.6mg/L，而后 2008～2012 年又开始增加，其中 2008～2010 年维持在 6.5～6.7mg/L，2012 年增加到 7.5mg/L。2005 年、2006 年均值分别 11.9mg/L、9.1mg/L，略高于其他年份。分析其原因，一是部分采样点集中于蔬菜区的浅井，二是 2005 年、2006 年蓟县、宝坻区两个地区还未完全覆盖自来水管网，居民饮用水多为一家一户的浅层井，采集的居民饮用水水样 NO$_3^-$-N 含量较高。2007 年 NO$_3^-$-N 含量均值为 3.6mg/L，与其他年份相比相对较低，原因主要是当年增加了滨海新区农村居民饮用水样点的采集数量，由于天津市特殊的地质结构，这些地区农村饮用水水井的深度一般在 300～500 m 或者更深，水样 NO$_3^-$-N 含量都很低，因此造成了 2007 年天津市水体 NO$_3^-$-N 含量总体平均值的下降。

从 2005～2012 年各年地下水 NO$_3^-$-N 含量变异系数变化可知，地下水 NO$_3^-$-N 年平均含量较高年份，地下水 NO$_3^-$-N 含量变异系数较低，反之亦然。对 2005～2012 年地下水 NO$_3^-$-N 年均含量与其年变异系数进行相关性分析（图 4-33）可知，二者存在显著负相关关系（$R^2$=0.91），说明天津市地下水 NO$_3^-$-N 年均含量较高的年份各地下水样本含量变异性较低，由此表明各监测年份天津市多数样本地下水 NO$_3^-$-N 含量存在普遍较高的特征，而年均含量较低的年份地下水样本含量变异性反而较高，各样本各批地下水 NO$_3^-$-N 含量差别较大。

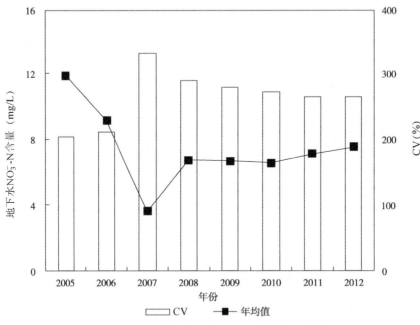

图 4-32　天津市地下水 $NO_3^-$ -N 含量年际变化

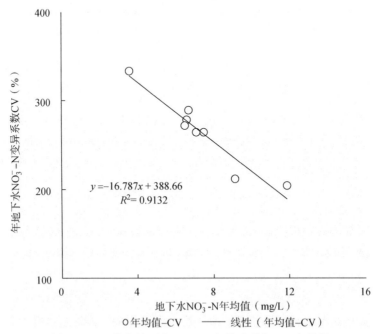

图 4-33　天津市地下水 $NO_3^-$ -N 年均含量与 CV 相关性

2005～2012 年分别于每年 5 月份和 10 月份（2005 年仅 5 月份取样 1 次）在天津市集约化农区进行地下水 $NO_3^-$-N 含量的监测，共 15 次采样。从 2005～2012 年不同监测结果看（图 4-34），2005 年 5 月份到 2007 年 10 月份的 5 次监测，地下水 $NO_3^-$-N 平均含量急剧降低，由 2005 年 5 月份的 11.9mg/L 降至 2007 年的 3.3mg/L，2008～2012 年又升高至 2006 年的含量水平。从 2008 年开始，各监测年份 5 月份、10 月份地下水 $NO_3^-$-N 平均含量的变化趋势略有不同，2008～2012 年 5 月份地下水 $NO_3^-$-N 平均含量平稳中逐渐降低，由 2008 年 5 月份的 7.8mg/L 降至 2012 年的 7.4mg/L；而 2008～2012 年 10 月份地下水 $NO_3^-$-N 平均含量平稳中逐渐增加，由 2008 年 10 月份的 5.6mg/L 增至 2012 年的 7.6mg/L。除 2007 年 5 月份之后的 2 次监测外，各监测时期变异系数变化较为平稳，2007 年 5 月份后变异系数超过 300%，其他监测时期变异系数均在 200%～300%。

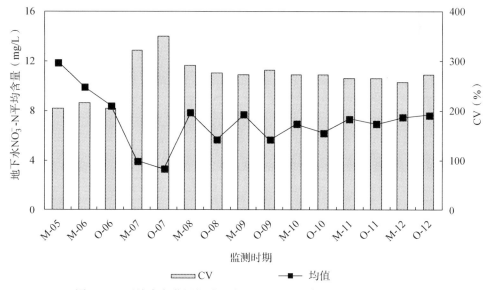

图 4-34  天津市各监测期地下水 $NO_3^-$-N 平均含量及变异系数变化

从 2005～2012 年不同监测时期地下水 $NO_3^-$-N 含量 10mg/L、20mg/L 超标率变化看（图 4-35），15 次监测地下水 $NO_3^-$-N 含量 10mg/L 超标率范围在 8.1%～23.9%，20mg/L 超标率范围在 5.2%～20.9%。2005～2012 年不同监测时期地下水 $NO_3^-$-N 平均含量变异系数为 30.1%，2005～2012 年不同监测时期地下水 $NO_3^-$-N 含量 10mg/L 超标率和 20mg/L 超标率变异系数分别为 27.7% 和 33.6%。由此可知，15 次监测水样的 20mg/L 超标率变异性高于 10mg/L 超标率变异性，各批地下水水样 $NO_3^-$-N＞20mg/L 高含量的水样出现频率差异性要远大于各批地下水水样

$NO_3^- \text{-}N > 10mg/L$ 含量的水样出现频率差异性。对 2005~2012 年不同监测时期地下水 $NO_3^- \text{-}N$ 含量 10mg/L、20mg/L 超标率与相应时期地下水 $NO_3^- \text{-}N$ 平均含量相关性分析（图 4-36）可知，2005~2012 年不同监测时期地下水 $NO_3^- \text{-}N$ 平均含量与 10mg/L、20mg/L 超标率均为极显著正相关。地下水 $NO_3^- \text{-}N$ 平均含量每升高 1mg/L，10mg/L、20mg/L 超标率分别提高 1.9% 和 1.7%。

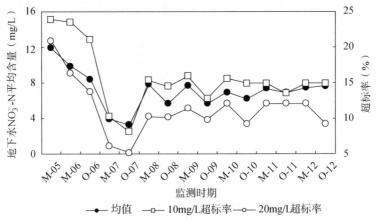

图 4-35　各监测时期地下水 $NO_3^- \text{-}N$ 平均含量与超标率变化

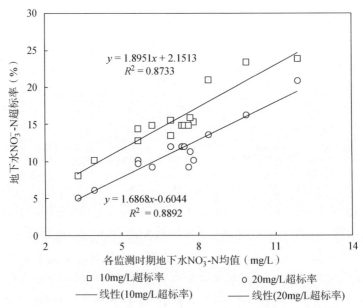

图 4-36　各监测时期地下水 $NO_3^- \text{-}N$ 平均含量与超标率相关性

从 2006～2012 年的天津市地下水 $NO_3^-$-N 含量监测结果可以看出（图 4-37），除 2012 年 10 月份地下水 $NO_3^-$-N 平均含量高于 5 月份外，其余年份均为 10 月份低于 5 月份。从各年份天津市地下水 $NO_3^-$-N 含量变异系数来看（表 4-4），5 月份、10 月份均表现出先增加后趋于平缓的趋势，但是 5 月份、10 月份的变化幅度没有明显差别，表明影响 5 月份、10 月份地下水 $NO_3^-$-N 含量变化的因素差别不大。

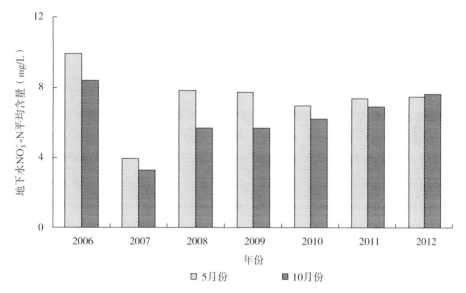

图 4-37　2006～2012 年 5 月份、10 月份地下水 $NO_3^-$-N 平均含量及变异系数

**表 4-4　天津市 2006～2012 年 5 月份、10 月份地下水 $NO_3^-$-N 含量基本统计参数**

| 监测时期 | 范围（mg/L） | 均值（mg/L） | CV（%） | 样本数（个） |
| --- | --- | --- | --- | --- |
| 2006 年 5 月 | 痕量～122.7 | 9.9 | 215.8 | 98 |
| 2006 年 10 月 | 痕量～81.7 | 8.4 | 203.7 | 95 |
| 2007 年 5 月 | 痕量～95.7 | 3.9 | 321.1 | 147 |
| 2007 年 10 月 | 痕量～91.8 | 3.3 | 349.4 | 136 |
| 2008 年 5 月 | 痕量～153.2 | 7.8 | 290.2 | 137 |
| 2008 年 10 月 | 痕量～104.5 | 5.6 | 276.4 | 138 |
| 2009 年 5 月 | 痕量～110.8 | 7.7 | 272.2 | 132 |
| 2009 年 10 月 | 痕量～104.4 | 5.6 | 281.1 | 133 |
| 2010 年 5 月 | 痕量～124.4 | 6.9 | 271.9 | 141 |

| 监测时期 | 范围（mg/L） | 均值（mg/L） | CV（%） | 样本数（个） |
|---|---|---|---|---|
| 2010 年 10 月 | 痕量~116.8 | 6.2 | 272.0 | 141 |
| 2011 年 5 月 | 痕量~118.6 | 7.3 | 264.7 | 141 |
| 2011 年 10 月 | 痕量~99.4 | 6.9 | 264.8 | 141 |
| 2012 年 5 月 | 痕量~94.4 | 7.4 | 257.0 | 141 |
| 2012 年 10 月 | 痕量~102.4 | 7.6 | 272.8 | 141 |

2006~2010 年天津市 5 月份地下水 $NO_3^-$-N 含量最大值变化幅度较大，表现为一年升高一年降低的折线变化趋势，最高值出现在 2008 年，而 2006~2010 年 10 月份地下水 $NO_3^-$-N 含量最大值表现出逐年升高的趋势；2011 年后 5 月份 $NO_3^-$-N 含量最大值表现出下降趋势，而 10 月份表现出上升趋势（图 4-38）。

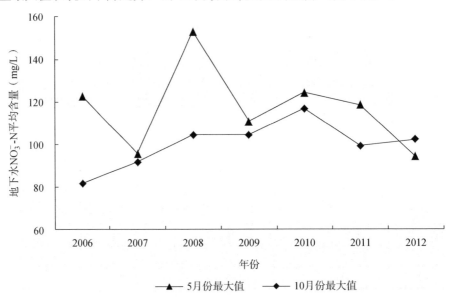

图 4-38　2006~2012 年 5 月份、10 月份地下水 $NO_3^-$-N 含量最大值变化

### 4.2.3　不同井深地下水硝酸盐消长规律

按照不同采样点水井深度划分，5 月份采集≤30 m 井深水样 121 个，10 月份采集≤30 m 井深水样 108 个；5 月份采集 30~100 m 井深水样 201 个，10 月份采集 30~100 m 井深水样 183 个；5 月份采集>100 m 井深水样 682 个，10 月份采集>100m 井深水样 634 个。

#### 4.2.3.1 多次监测总体特征

天津市地下水硝酸盐监测结果表明，≤30 m、30～100 m 以及＞100 m 井深地下水 $NO_3^-$-N 平均值分别为 38.1mg/L、10.9mg/L 和 0.2mg/L，随着井深增加，$NO_3^-$-N 含量呈现出下降趋势。关于我国国家地下水质量标准Ⅲ类水质标准（$NO_3^-$-N≤20mg/L）的超标率分别为 61.6%、14.8% 和 0.0%，而按照世界卫生组织饮用水水质标准（$NO_3^-$-N≤10mg/L），超标率分别为 85.2%、24.5% 和 0.0%，随着井深加深，超标率也呈现出显著下降趋势。

由图 4-39 可知，2005～2012 年三类井深地下水 $NO_3^-$-N 平均含量有显著差异，≤30 m、30～100 m 以及＞100 m 井深地下水 $NO_3^-$-N 平均含量分别为38.1mg/L、10.9mg/L 和 0.2mg/L，随着井深增加呈现出明显的下降趋势。井深＞100 m 地下水 $NO_3^-$-N 平均含量符合地下水 Ⅰ 类标准，30～100 m 井深地下水 $NO_3^-$-N 平均含量符合地下水Ⅲ类标准，≤30 m 井深地下水 $NO_3^-$-N 平均含量符合地下水Ⅴ类标准。与井深大于 100 m 地下水 $NO_3^-$-N 平均含量相比，30～100 m、≤30 m 井深地下水 $NO_3^-$-N 平均含量分别升高 57 倍、200 倍。三类井深地下水样本 $NO_3^-$-N 含量变异系数同样存在较大差异，≤30 m 井深地下水样本 $NO_3^-$-N 含量变异系数为 78.2%，三者中最小，30～100 m 井深地下水样本 $NO_3^-$-N 含量变异系数为 187.2%，三者中最大，这说明三类井深中≤30 m 井深地下水 $NO_3^-$-N 含量普遍较高，而 30～100 m 井深地下水各样本间差异相对较大（表 4-5）。

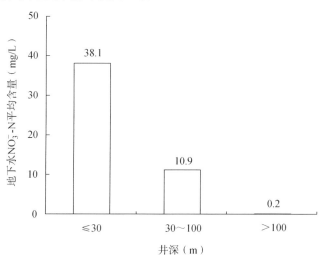

图 4-39 天津市不同井深分类地下水 $NO_3^-$-N 总体平均含量

表 4-5 天津市 2005～2012 年不同井深地下水 $NO_3^-$-N 基本统计参数

| 井深分类 | 范围（mg/L） | 均值（mg/L） | CV（%） | 样本数（个） |
|---|---|---|---|---|
| ≤30 m | 痕量～122.7 | 38.1 | 78.1 | 229 |
| 30～100 m | 痕量～153.2 | 10.9 | 187.2 | 384 |
| >100 m | 痕量～5.9 | 0.2 | 166.0 | 1316 |

### 4.2.3.2 小于等于 30 m 井深地下水硝酸盐变化特征

从 2005～2012 年 ≤30 m 井深地下水 $NO_3^-$-N 年平均含量变化结果看（图 4-40），总体趋势为先降低后平稳升高。2005～2007 年 ≤30 m 井深地下水 $NO_3^-$-N 年平均含量逐年下降，由 2005 年的 43.1mg/L 下降至 2007 年的 24.0mg/L。2008～2012 年 ≤30 m 井深地下水 $NO_3^-$-N 年均含量逐年升高，由 2008 年的 39.5mg/L 升至 2012 年的 48.4mg/L。2005～2012 年 ≤30 m 井深地下水 $NO_3^-$-N 平均含量变异系数总体变化呈现与平均含量相反的趋势。2011 年变异系数为 8 年中最低，为 57.2%，2006 年变异系数最高，为 102.5%。对 2005～2012 年地下水 $NO_3^-$-N 年均含量与其年变异系数进行相关性分析（图 4-41）可知，二者存在显著的线性负相关关系（$R^2$=0.95）。这表明 ≤30 m 井深地下水 $NO_3^-$-N 年均含量较高的年份各地下水样本含量变异性较低，多数样本地下水 $NO_3^-$-N 含量存在普遍较高的特征，而年均含量较低的年份地下水样本含量变异性反而较高，样本之间地下水 $NO_3^-$-N 含量差别较大。

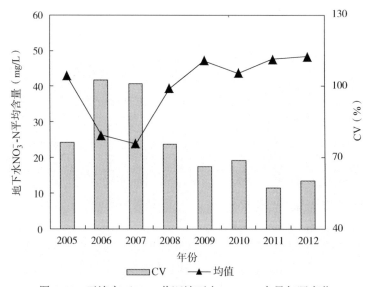

图 4-40 天津市 ≤30 m 井深地下水 $NO_3^-$-N 含量年际变化

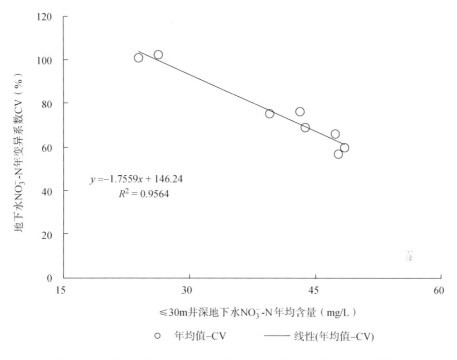

图 4-41 天津市井深≤30 m 地下水 NO$_3^-$-N 年均含量与 CV 相关性

从2005～2012年≤30 m 井深地下水样不同监测时期结果看（图4-42），2005年5月份到2006年10月份地下水 NO$_3^-$-N 平均含量呈现急剧降低的趋势，2006年10月份降低至整个监测时期的最低值，为23.4mg/L，之后的2007年5月份、10月份两次监测，地下水 NO$_3^-$-N 平均含量变化较为平稳，基本维持在2006年10月份的含量水平。2008年5月份地下水 NO$_3^-$-N 平均含量开始表现出增加趋势，至2009年5月份达到57.1mg/L，为整个监测时期的最高值，2009年10月份又降低至2008年10月份水平。2010年5月份至2012年10月份地下水 NO$_3^-$-N 平均含量又进入一个变化较为平稳的时期，除2010年10月份略低外，基本维持在46mg/L 以上。各监测时期变异系数变化趋势与地下水 NO$_3^-$-N 平均含量的变化相反（图4-41），2006年5月份至2007年10月份的4次监测，地下水 NO$_3^-$-N 平均含量变异系数较为接近，维持在100%左右，其他监测时期变异系数均在50%～80%（表4-6）。

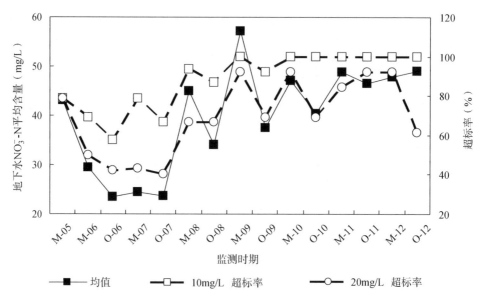

图 4-42 天津市各监测期≤30 m 井深地下水 NO$_3^-$-N 平均含量与超标率变化

表 4-6 天津市各监测时期≤30 m 井深地下水 NO$_3^-$-N 变异系数

| 年份 | 监测时期 | CV（%） | 样本数（个） | 监测时期 | CV（%） | 样本数（个） |
|------|----------|---------|--------------|----------|---------|--------------|
| 2006 | 5 月 | 103.1 | 26 | 10 月 | 100.9 | 26 |
| 2007 | 5 月 | 103.1 | 14 | 10 月 | 102.7 | 15 |
| 2008 | 5 月 | 70.2 | 15 | 10 月 | 82.0 | 15 |
| 2009 | 5 月 | 56.2 | 13 | 10 月 | 75.2 | 13 |
| 2010 | 5 月 | 67.6 | 13 | 10 月 | 72.3 | 13 |
| 2011 | 5 月 | 60.8 | 13 | 10 月 | 55.3 | 13 |
| 2012 | 5 月 | 56.0 | 13 | 10 月 | 65.9 | 13 |

　　从 2005～2012 年不同监测时期≤30 m 井深地下水 NO$_3^-$-N 含量 10mg/L、20mg/L 超标率变化看（图 4-42），15 次监测地下水 NO$_3^-$-N 含量 10mg/L 超标率在 57.7%～100%，20mg/L 超标率在 40.0%～92.3%。对 2005～2012 年不同监测时期≤30 m 井深地下水 NO$_3^-$-N 含量 10mg/L、20mg/L 超标率与相应时期地下水 NO$_3^-$-N 平均含量相关性分析（图 4-43）可知，2005～2012 年不同监测时期地下水 NO$_3^-$-N 平均含量与 10mg/L、20mg/L

超标率均为显著线性正相关。≤30 m 井深地下水 $NO_3^-$-N 平均含量每升高 1mg/L，10mg/L、20mg/L 超标率分别提高 1.2%和 1.6%。

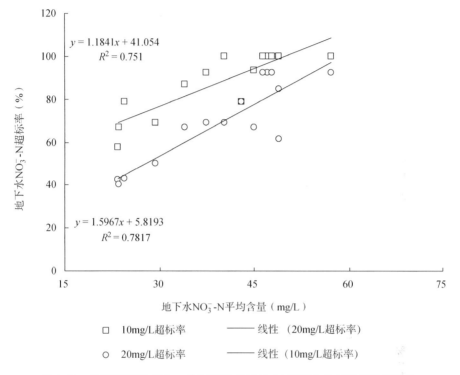

图 4-43　各监测时期≤30 m 井深地下水 $NO_3^-$-N 平均含量与超标率相关性

从 2006~2012 年 5 月份、10 月份≤30 m 井深地下水 $NO_3^-$-N 含量监测结果可以看出（图 4-44），除 2012 年 10 月份≤30 m 井深地下水 $NO_3^-$-N 平均含量较 5 月份有所升高之外，其余年份均为 10 月份较 5 月份降低。其中 2006 年、2008 年、2009 年及 2010 年 10 月份比 5 月份降低幅度大，而 2007 年和 2011年 10 月份比 5 月份降低幅度较小。2009 年 10 月份较 5 月份降低幅度最大，达 19.7mg/L，2011 年 10 月份较 5 月份降低幅度最小，为 2.4mg/L。2012 年 5 月份、10 月份变化不大，10 月份只比 5 月份升高了 1.2mg/L。总体来看，10 月份≤30 m 井深地下水 $NO_3^-$-N 含量变异系数变化幅度高于 5 月份，表明 10 月份≤30 m 井深地下水 $NO_3^-$-N 含量变异性存在大于 5 月份≤30 m 井深地下水 $NO_3^-$-N 含量变异性的趋势。

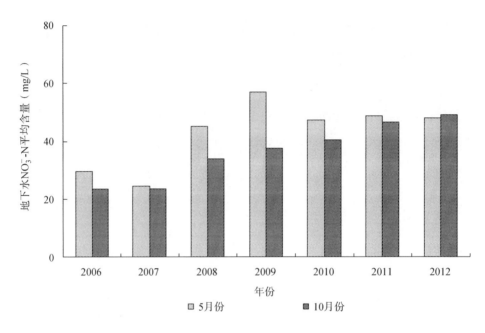

图 4-44　2006～2012 年 5 月份、10 月份 ≤30 m 井深地下水 $NO_3^-$ -N 平均含量及变异系数

### 4.2.3.3　30～100 m 井深地下水硝酸盐变化特征

从 2005～2012 年 30～100m 井深地下水 $NO_3^-$ -N 年均含量变化结果看（图 4-45），总体呈现升高的趋势，具体为先急剧降低，后又急剧增加又降低，后逐年平稳增加。2005～2007 年 30～100m 井深地下水 $NO_3^-$ -N 年均含量急剧降低，由 2005 年的 12.7mg/L 下降至 2007 年的 5.6mg/L，为历年最低，2008 年又上升至 12.6mg/L，达到 2005 年的水平，2009 年又下降至 10.5mg/L，2010～2012 年逐年平稳增加，至 2012 年达到 14.7mg/L，为历年最高。2005～2012 年 30～100m 井深地下水 $NO_3^-$ -N 平均含量变异系数总体变化呈现与平均含量相反的趋势，即地下水 $NO_3^-$ -N 含量年均值较高的年分，其变异系数较低。2007 年变异系数为 8 年中最高，为 214.1%，2010 年变异系数最低，为 159.4%。对 2005～2012 年地下水 $NO_3^-$ -N 年均含量与其年变异系数进行相关性分析（图 4-46）可知，二者存在一定负相关关系（$R^2$=0.60）。这表明 30～100m 井深地下水 $NO_3^-$ -N 年均含量较高的年份各地下水样本含量变异性相对较低，多数样本地下水 $NO_3^-$ -N 含量较高，而年均含量较低的年份地下水样本含量变异性反而较高，各样本地下水 $NO_3^-$ -N 含量差别较大。

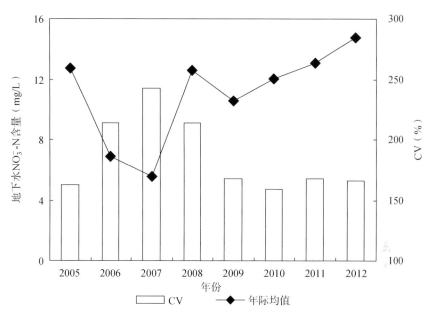

图 4-45　天津市 30～100 m 井深地下水 $NO_3^-$-N 年均含量与 CV 相关性

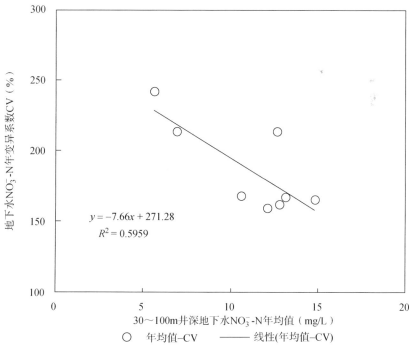

图 4-46　天津市 30～100 m 井深地下水 $NO_3^-$-N 年均含量与 CV 相关性

从 2005～2012 年 30～100 m 井深地下水样不同监测时期监测结果看（图 4-47），2005 年 5 月份到 2007 年 10 月份的 5 次监测，地下水 $NO_3^-$-N 平均含量降低趋势明显，2008 年 5 月份又急剧升高至整个监测时期的最高值，2008 年 10 月份又降低，2009 年 5 月份至 2012 年 10 月份地下水 $NO_3^-$-N 平均含量表现为逐年平稳升高的趋势，2012 年 10 月份上升至 2008 年 5 月份的水平。各监测时期变异系数变化较地下水 $NO_3^-$-N 平均含量更为平稳（图 4-47），除了 2007 年 10 月份变异系数超过 300.0% 以外，其他监测时期变异系数均在 160.0%～230.0%（表 4-7）。

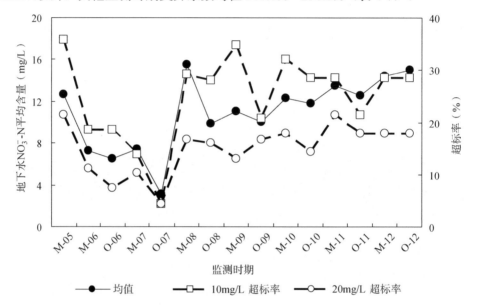

图 4-47 各监测时期 30～100 m 井深地下水 $NO_3^-$-N 年均含量及超标率变化

**表 4-7　天津市各监测时期 30～100 m 井深地下水 $NO_3^-$-N 变异系数**

| 年份 | 监测时期 | CV（%） | 样本数（个） | 监测时期 | CV（%） | 样本数（个） |
|------|----------|---------|--------------|----------|---------|--------------|
| 2006 | 5 月 | 222.3 | 27 | 10 月 | 206.7 | 27 |
| 2007 | 5 月 | 210.9 | 29 | 10 月 | 310.2 | 23 |
| 2008 | 5 月 | 223.7 | 24 | 10 月 | 173.2 | 25 |
| 2009 | 5 月 | 164.8 | 23 | 10 月 | 175.5 | 24 |
| 2010 | 5 月 | 161.5 | 28 | 10 月 | 160.2 | 28 |
| 2011 | 5 月 | 165.2 | 28 | 10 月 | 173.8 | 28 |
| 2012 | 5 月 | 161.9 | 28 | 10 月 | 172.7 | 28 |

从 2005～2012 年不同监测时期 30～100m 井深地下水 $NO_3^-$-N 含量 10mg/L、20mg/L 超标率变化看（图 4-47），15 次监测中，地下水 $NO_3^-$-N 含量 10mg/L 超标率范围在 4.4%～35.7%，20mg/L 超标率在 4.3%～21.4%。2005～2012 年不同监测时期 30～100 m 井深地下水 $NO_3^-$-N 平均含量变异系数为 20.9%，2005～2012 年不同监测时期地下水 $NO_3^-$-N 含量 10mg/L 超标率和 20mg/L 超标率变异系数分别为 34.2% 和 32.7%，由此可知 30～100 m 井深的 15 次监测水样 20mg/L 超标率变异性略低于 10mg/L 超标率变异性，各批地下水水样 $NO_3^-$-N＞20mg/L 高含量的水样出现频率差异性要小于各批地下水水样 $NO_3^-$-N＞10mg/L 含量的水样出现频率差异性。对 2005～2012 年不同监测时期 30～100m 井深地下水 $NO_3^-$-N 含量 10mg/L、20mg/L 超标率与相应时期地下水 $NO_3^-$-N 平均含量相关性分析（图 4-48）可知，2005～2012 年不同监测时期地下水 $NO_3^-$-N 平均含量与 10mg/L、20mg/L 超标率均为显著线性正相关，30～100m 井深地下水 $NO_3^-$-N 平均含量每升高 1mg/L，10mg/L、20mg/L 超标率分别提高 1.9% 和 1.2%。

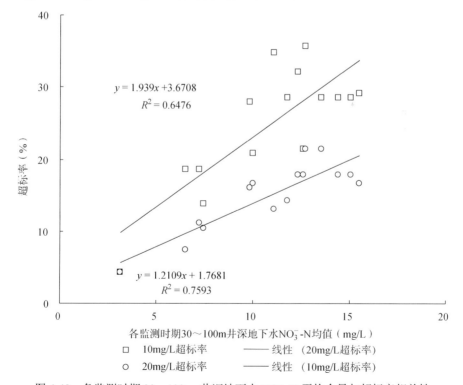

图 4-48　各监测时期 30～100 m 井深地下水 $NO_3^-$-N 平均含量与超标率相关性

从 2006～2012 年 30～100 m 井深地下水样品 5 月份、10 月份对比结果可看出（图 4-49），除 2012 年 10 份月 30～100 m 井深地下水 $NO_3^-$-N 含量略高于 5 月份之外，其余年份均为 10 月份低于 5 月份。其中 2007 年 5 月份、10 月份 30～100 m 井深地下水 $NO_3^-$-N 平均含量变化幅度最大，10 月份比 5 月份降低了 5.7mg/L，2010 年 5 月份、10 月份变化幅度最小，10 月份比 5 月份降低了 0.5mg/L。2006 年 5 月份 30～100 m 井深地下水 $NO_3^-$-N 含量变异系数低于 10 月份，表明 2006 年 5 月份 30～100 m 井深地下水 $NO_3^-$-N 含量变异性小于 10 月份的变异性。而 2007 年则正好与 2006 年相反。其余年份 5 月份、10 月份 30～100 m 井深地下水 $NO_3^-$-N 含量变异系数基本接近，变化很小。

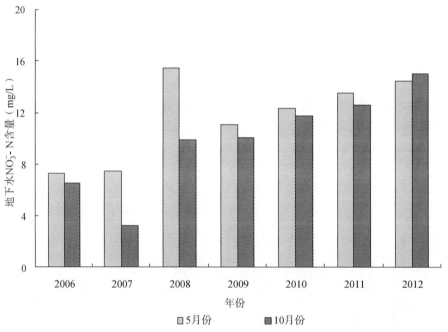

图 4-49　天津市 2006～2012 年 5 月份、10 月份 30～100m 井深地下水 $NO_3^-$-N 平均含量及变异系数

天津市各监测时期 30～100 m 井深地下水 $NO_3^-$-N 含量最大值变化无显著规律（图 4-50），2006～2010 年 5 月份 30～100m 井深地下水 $NO_3^-$-N 含量最大值均高于 10 月份最大值，其中 2008 年变化幅度最大，而 2011～2012 年则为 5 月份低于 10 月份。5 月份 30～100 m 井深地下水 $NO_3^-$-N 含量最大值总体表现出逐年缓慢降低的趋势，而 10 月份则呈现逐年升高的趋势。

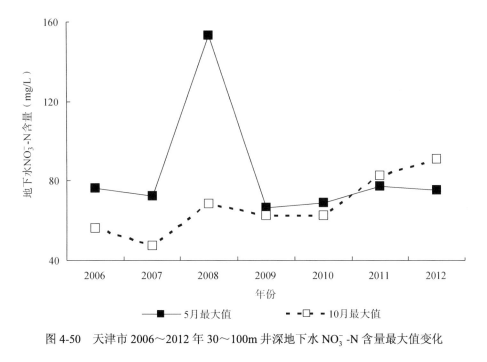

图 4-50　天津市 2006～2012 年 30～100m 井深地下水 $NO_3^-$-N 含量最大值变化

#### 4.2.3.4　＞100 m 井深地下水硝酸盐变化特征

从 2005～2012 年＞100 m 井深地下水 $NO_3^-$-N 年均含量变化结果看（图 4-51），总体趋势为降低，具体为先急剧降低，后又增加，而后又降低。2005 年和 2007 年＞100m 井深地下水 $NO_3^-$-N 年平均含量急剧降低，由 2005 年的 0.38mg/L 下降至 2007 年的 0.16mg/L，为历年最低，2008 年又上升至 0.21mg/L，达到 2006 年的水平，2009～2010 年逐渐下降至 0.16mg/L，2011～2012 年逐年平稳增加，至 2012 年达到 0.18mg/L。2005～2012 年＞100 m 井深地下水 $NO_3^-$-N 平均含量变异系数总体趋势为下降。2005～2007 年波动明显，表现为 2006 年急剧升高 2007 年又急剧下降，2006 年变异系数最高，为 287.7%。从 2008 年开始，＞100 m 井深地下水 $NO_3^-$-N 平均含量变异系数逐渐平稳下降至 2011 年的 109.3%，2012 年又升高至 134.9%。对 2005～2012 年地下水 $NO_3^-$-N 年均含量与其年变异系数进行相关性分析（图 4-52）可知，二者存在一定的相关性（$R^2$=0.15），但相关性小于 30～100 m 地下水 $NO_3^-$-N 年均含量与其年变异系数间的相关性。在一定程度上表明＞100 m 井深地下水 $NO_3^-$-N 年均含量较高的年份各样本含量变异性较大，多数样本地下水 $NO_3^-$-N 含量较低。

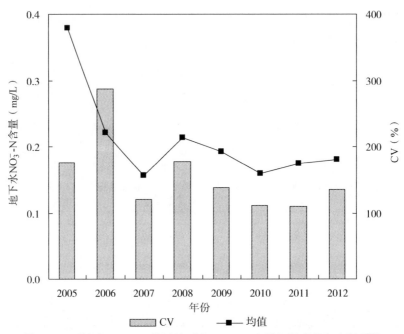

图 4-51　天津市＞100 m 井深地下水 $NO_3^-$ -N 含量年际变化与变异系数

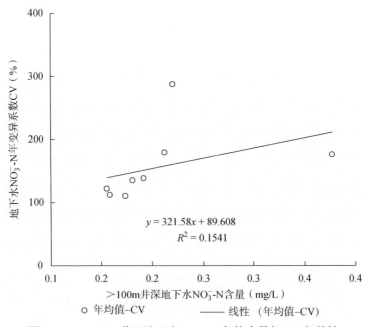

图 4-52　＞100 m 井深地下水 $NO_3^-$ -N 年均含量与 CV 相关性

从 2005～2012 年＞100 m 井深地下水样不同监测时期的监测结果看（图 4-53），2005 年 5 月份到 2007 年 5 月份的 4 次监测中，地下水 $NO_3^-$-N 平均含量变化较大，2007 年 10 月份至 2008 年 10 月份地下水 $NO_3^-$-N 平均含量平稳升高，之后到 2012 年 10 月份地下水 $NO_3^-$-N 平均含量波动中平稳降低。各监测时期地下水 $NO_3^-$-N 含量变异系数变化较大（表 4-8），2005 年 5 月份至 2008 年 5 月份地下水 $NO_3^-$-N 平均含量变异系数存在较大的波动性，变化幅度在 104.8%～318.6%。2008 年 10 月份至 2012 年 10 月份变异系数变化较为平稳，基本维持在 105.2%～146.4%。

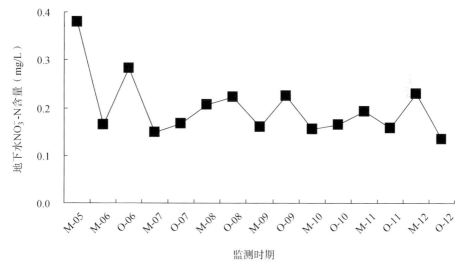

图 4-53　各监测期＞100 m 井深地下水 $NO_3^-$-N 平均含量

**表 4-8　各监测时期＞100 m 井深地下水 $NO_3^-$-N 变异系数**

| 年份 | 监测时期 | CV（%） | 样本数（个） | 监测时期 | CV（%） | 样本数（个） |
|---|---|---|---|---|---|---|
| 2006 | 5 月 | 104.8 | 45 | 10 月 | 318.6 | 42 |
| 2007 | 5 月 | 125.5 | 104 | 10 月 | 116.2 | 98 |
| 2008 | 5 月 | 216.6 | 98 | 10 月 | 137.4 | 98 |
| 2009 | 5 月 | 113.1 | 96 | 10 月 | 146.4 | 96 |
| 2010 | 5 月 | 107.6 | 100 | 10 月 | 115.0 | 100 |
| 2011 | 5 月 | 110.5 | 100 | 10 月 | 105.2 | 100 |
| 2012 | 5 月 | 131.3 | 100 | 10 月 | 119.8 | 100 |

从 2006～2012 年＞100 m 井深地下水样品研究结果可看出（图 4-54），2006～

2010 年，10 月份＞100 m 井深地下水 $NO_3^-$-N 含量较 5 月份地下水 $NO_3^-$-N 含量有所升高，而 2011 年及 2012 年，10 月份较 5 月份有所降低。

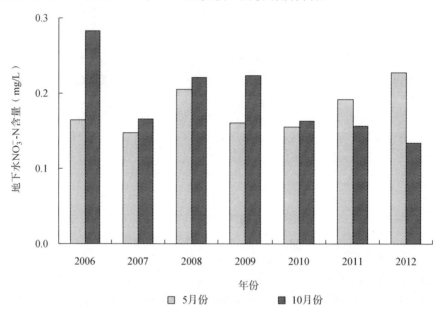

图 4-54  2006～2012 年 5 月份、10 月份＞100m 井深地下水 $NO_3^-$-N 平均含量

## 4.2.4  不同作物种植区地下水硝酸盐差异

结合天津市目前的种植制度，按照作物种植类型的差别，将采样点分为粮食作物、蔬菜、果园及其他四类，粮食作物主要包括小麦、玉米、水稻三种作物，蔬菜包括露地蔬菜和设施蔬菜，果园主要包括桃园、葡萄园，其他种植类型主要为棉花。2005～2012 年采集蔬菜种植区地下水水样 412 个，果树种植区地下水水样 222 个，粮食作物种植区地下水水样 892 个，其他类型种植区地下水水样 403 个。

### 4.2.4.1  总体特征

由图 4-55 可知，天津市不同种植类型区地下水 $NO_3^-$-N 平均含量之间有显著差异，总体上，蔬菜种植区地下水 $NO_3^-$-N 平均含量＞粮食作物种植区地下水 $NO_3^-$-N 平均含量＞果园种植区地下水 $NO_3^-$-N 平均含量＞其他作物种植区地下水 $NO_3^-$-N 含量。与粮食作物种植区地下水 $NO_3^-$-N 平均含量相比，蔬菜种植区地下水 $NO_3^-$-N 平均含量高出了 13.1 倍。四类种植区地下水样本 $NO_3^-$-N 含量变异系数同样存在较大差异（表 4-9），粮食作物种植区地下水 $NO_3^--N$ 含量变异系数＞果园地下水 $NO_3^--N$ 含量变异系数＞其他农区种植区地下水 $NO_3^--N$ 含量变异系数＞蔬菜种植区地下水 $NO_3^--N$ 含量变异系数，这说明蔬菜种植区地下水 $NO_3^--N$ 含量变异性最弱，各样本地下水 $NO_3^--N$ 含量普遍较高，粮食作物种植区地下水 $NO_3^--N$ 平均含量虽然较低，但各样本间差异相对较大，变异性最强。

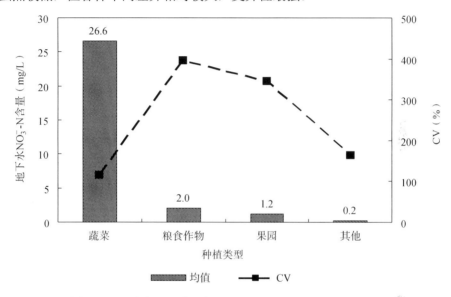

图 4-55    天津市不同种植类型区地下水 $NO_3^--N$ 总体平均含量

表 4-9    2005～2012 年不同作物种植区样品地下水 $NO_3^--N$ 基本统计参数

| 种植区分类 | 范围（mg/L） | 均值（mg/L） | CV（%） | 样本数（个） |
|---|---|---|---|---|
| 蔬菜 | 痕量～153.2 | 26.6 | 114.4 | 412 |
| 粮食作物 | 痕量～82.6 | 2.0 | 394.6 | 892 |
| 果园 | 痕量～37.2 | 1.2 | 344.0 | 222 |
| 其他 | 痕量～3.4 | 0.2 | 163.4 | 403 |

#### 4.2.4.2    蔬菜种植区地下水硝酸盐变化特征

从 2005～2012 年蔬菜种植区地下水 $NO_3^--N$ 年均含量变化结果看（图 4-56），总体趋势为先降低后升高。2005～2007 年蔬菜种植区地下水 $NO_3^--N$ 年均含量急剧下降，由 36.2mg/L 降至 14.9mg/L，之后到 2012 年逐渐升至 31.9mg/L。2005～2012

年蔬菜种植区地下水 $NO_3^-$-N 含量变异系数总体变化呈先升高后降低的趋势。2005～2007 年蔬菜种植区地下水 $NO_3^-$-N 含量变异系数急剧增高，由 93.3%升至 148.1%，而后开始逐年下降，至 2012 年降低至 104.0%。对 2005～2012 年地下水 $NO_3^-$-N 年均含量与其年变异系数进行相关性分析（图 4-57）可知，二者存在显著负相关关系（$R^2$=0.81）。

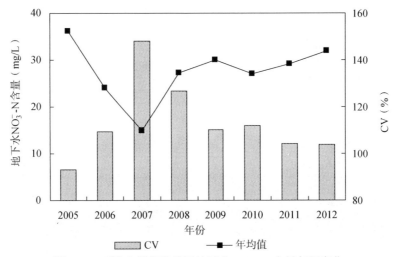

图 4-56 天津市蔬菜种植区地下水 $NO_3^-$-N 含量年际变化

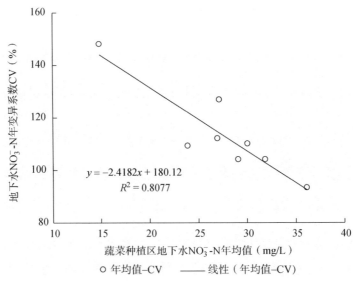

图 4-57 天津市蔬菜种植区地下水 $NO_3^-$-N 年均含量与 CV 相关性

由图 4-58 可知,2005 年 5 月份到 2007 年 10 月份的 5 次监测中,地下水 $NO_3^-$-N 平均含量逐渐降低,2008 年 5 月份至 2012 年 10 月份地下水 $NO_3^-$-N 平均含量呈波动变化,平稳增加。各监测时期变异系数波动变化较地下水 $NO_3^-$-N 平均含量相对更为平稳(表 4-10),仅 2007 年 5 月份、10 月份变异系数较高,分别为 147.6%、151.7%,其他监测时期变异系数大多在 100%~130%。

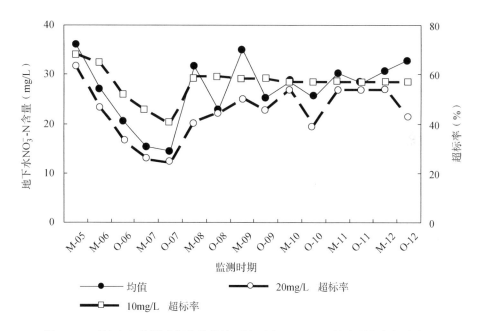

图 4-58  天津市各监测时期蔬菜种植区地下水 $NO_3^-$-N 平均含量与超标率变化

从 2005~2012 年天津市不同监测时期蔬菜种植区地下水 $NO_3^-$-N 含量 10mg/L、20mg/L 超标率变化看(图 4-58),15 次监测的地下水 $NO_3^-$-N 含量 10mg/L 超标率范围在 40.0%~68.4%,20mg/L 超标率范围在 24.0%~63.2%。2005~2012 年不同监测时期蔬菜种植区地下水 $NO_3^-$-N 平均含量变异系数为 24.1%,2005~2012 年不同监测时期地下水 $NO_3^-$-N 含量 10mg/L 和 20mg/L 超标率变异系数分别为 12.1% 和 24.3%,由此可知天津市蔬菜种植区 15 次监测水样 20mg/L 超标率变异性高于 10mg/L 超标率变异性,各批地下水水样 $NO_3^-$-N 含量 >20mg/L 的出现频率差异性要大于各批地下水水样 $NO_3^-$-N 含量 >10mg/L 的出现频率差异性。

**表 4-10　研究区各监测时期蔬菜种植区地下水 $NO_3^-$-N 变异系数**

| 年份 | 监测时期 | CV（%） | 样本数（个） | 监测时期 | CV（%） | 样本数（个） |
|------|---------|---------|-------------|---------|---------|-------------|
| 2006 | 5 月 | 106.5 | 34 | 10 月 | 111.2 | 33 |
| 2007 | 5 月 | 147.6 | 31 | 10 月 | 151.7 | 25 |
| 2008 | 5 月 | 128.3 | 27 | 10 月 | 119.7 | 27 |
| 2009 | 5 月 | 106.5 | 24 | 10 月 | 112.9 | 24 |
| 2010 | 5 月 | 111.3 | 28 | 10 月 | 114.4 | 28 |
| 2011 | 5 月 | 105.9 | 28 | 10 月 | 103.9 | 28 |
| 2012 | 5 月 | 101.5 | 28 | 10 月 | 107.6 | 28 |

对 2005～2012 年不同监测时期蔬菜种植区地下水 $NO_3^-$-N 含量 10mg/L、20mg/L 超标率与相应时期地下水 $NO_3^-$-N 平均含量相关性分析（图 4-59）可知，2005 到 2012 年不同监测时期地下水 $NO_3^-$-N 平均含量与 10mg/L、20mg/L 超标率均存在一定的线性正相关关系。蔬菜种植区地下水 $NO_3^-$-N 平均含量每升高 1mg/L，10mg/L、20mg/L 超标率分别提高 0.9%和 1.4%。

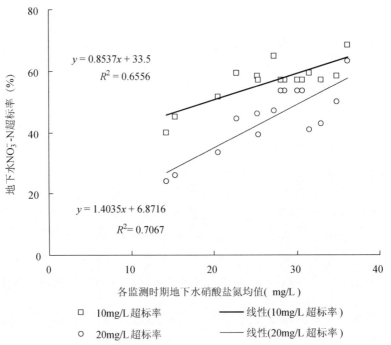

图 4-59　2005～2012 年天津市蔬菜种植区地下水 $NO_3^-$-N 平均含量与超标率相关性

从 2006～2012 年的天津市蔬菜种植区 5 月份、10 月份地下水硝酸盐含量监测结果可以看出（图 4-60），除 2012 年 10 月份地下水 $NO_3^-$-N 平均含量略高于 5 月份之外，其余年份均为 10 月份低于 5 月份。从各年份天津市蔬菜种植区 5 月份、10 月份地下水 $NO_3^-$-N 含量变异系数变化来看，5 月份、10 月份均表现出先增加后趋于平缓降低的趋势，但是 5 月份、10 月份变异系数之间的变化幅度没有明显差别，表明影响蔬菜种植区 5 月份、10 月份地下水 $NO_3^-$-N 含量变化的因素差别不大。

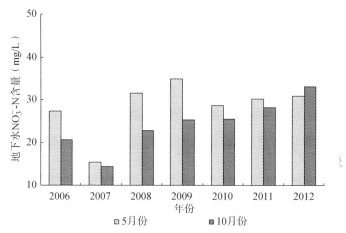

图 4-60 2006～2012 年天津市 5 月份、10 月份蔬菜种植区地下水 $NO_3^-$-N 平均含量

从图 4-61 可以看出，2006～2012 年天津市蔬菜种植区 5 月份地下水 $NO_3^-$-N 含量最大值变化幅度较大，表现为一年升高一年降低的折线变化趋势，最高值为 153.2mg/L（2008 年），而 2006～2012 年蔬菜种植区 10 月份地下水 $NO_3^-$-N 含量最大值表现出先逐年升高后降低的趋势，最高值出现在 2010 年，为 116.8mg/L。

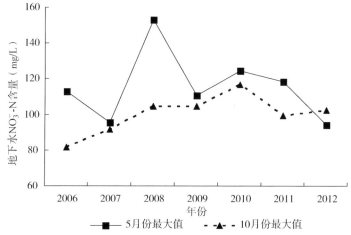

图 4-61 2006～2012 年天津市 5 月份、10 月份蔬菜种植区地下水 $NO_3^-$-N 含量最大值变化

### 4.2.4.3 粮食种植区地下水硝酸盐变化特征

从 2005～2012 年天津市粮食作物种植区地下水 $NO_3^-$-N 年均含量变化结果看（图 4-62），总体趋势为先降低后升高再降低。2005～2007 年粮食作物种植区地下水 $NO_3^-$-N 年均含量由 3.3mg/L 降至 1.1mg/L，之后 2008 年升至 2.4mg/L，然后逐年平稳下降至 2012 年的 2.1mg/L。2005～2012 年天津市粮食作物种植区地下水 $NO_3^-$-N 含量变异系数总体变化呈先升高后降低的趋势。2005～2007 年粮食作物种植区地下水 $NO_3^-$-N 含量变异系数逐年增高，由 285.5% 升至 513.8%，2009 年又下降至 330.6%，随后呈波动上升，至 2012 年达 393.7%。对 2005～2012 年粮食作物种植区地下水 $NO_3^-$-N 年均含量与其年变异系数进行相关性分析（图 4-63）可知，二者存在线性负相关关系（$R^2$=0.63）。

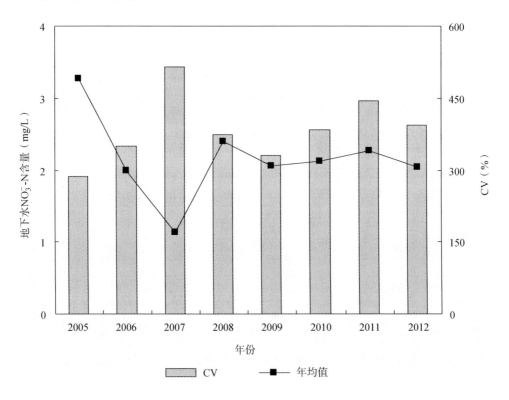

图 4-62　天津市粮食作物种植区地下水 $NO_3^-$-N 含量年际变化

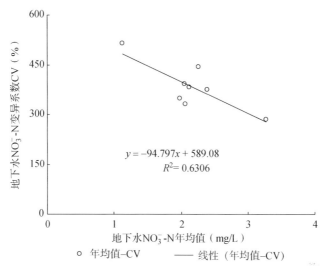

图 4-63　天津市粮食作物种植区地下水 $NO_3^-$ -N 年均含量与 CV 相关性

从 2005～2012 年粮食作物种植区地下水样不同监测时期监测结果看（图 4-64），2005 年 5 月份到 2007 年 10 月份的 5 次监测，地下水 $NO_3^-$ -N 平均含量波动幅度较大，2008 年 5 月份至 2012 年 10 月份粮食作物种植区地下水 $NO_3^-$ -N 平均含量呈现波动中平稳下降。各监测时期变异系数变化较地下水 $NO_3^-$ -N 平均含量波动性更大，2005 年 5 月份至 2007 年 10 月份表现为急剧升高，2007 年 10 月份达到峰值，为 540.0%，而后至 2009 年 5 月份下降至一个较低值，为 304.7%，2009 年 10 月份至 2011 年 10 月份表现为逐年升高，至 2011 年 10 月份达到又一个峰值，为 473.4%。

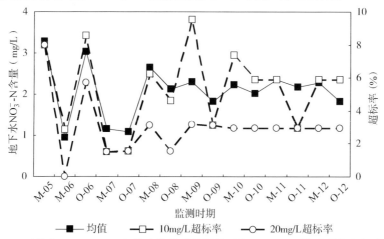

图 4-64　天津市 2005～2012 年粮食作物种植区地下水 $NO_3^-$ -N 平均含量与超标率变化

表 4-11　研究区各监测时期粮食种植区地下水 $NO_3^-$-N 变异系数

| 年份 | 监测时期 | CV（%） | 样本数（个） | 监测时期 | CV（%） | 样本数（个） |
|---|---|---|---|---|---|---|
| 2006 | 5 月 | 259.7 | 35 | 10 月 | 312.0 | 35 |
| 2007 | 5 月 | 493.9 | 68 | 10 月 | 540.0 | 65 |
| 2008 | 5 月 | 378.9 | 64 | 10 月 | 366.3 | 65 |
| 2009 | 5 月 | 304.7 | 63 | 10 月 | 365.0 | 64 |
| 2010 | 5 月 | 400.5 | 68 | 10 月 | 364.0 | 68 |
| 2011 | 5 月 | 419.3 | 68 | 10 月 | 473.4 | 68 |
| 2012 | 5 月 | 391.2 | 68 | 10 月 | 394.9 | 68 |

　　从 2005～2012 年天津市不同监测时期粮食作物种植区地下水 $NO_3^-$-N 含量 10mg/L、20mg/L 超标率变化看（图 4-64），15 次监测中，地下水 $NO_3^-$-N 含量 10mg/L 超标率范围在 1.5%～8.6%，20mg/L 超标率范围在 0.0%～8.0%。2005～2012 年不同监测时期粮食作物种植区地下水 $NO_3^-$-N 平均含量的变异系数为 31.6%，2005～2012 年不同监测时期粮食作物种植区地下水 $NO_3^-$-N 含量 10mg/L 超标率和 20mg/L 超标率变异系数分别为 47.1% 和 61.3%，由此可知天津市粮食作物种植区 15 次监测水样 20mg/L 超标率变异性高于 10mg/L 超标率变异性，各监测时期地下水水样 $NO_3^-$-N 含量＞20mg/L 的出现频率差异性要大于各监测时期地下水水样 $NO_3^-$-N 含量＞10mg/L 的出现频率差异性。

　　对 2005～2012 年不同监测时期粮食作物种植区地下水 $NO_3^-$-N 含量 10mg/L、20mg/L 超标率与相应时期地下水 $NO_3^-$-N 平均含量相关性分析（图 4-65）可知，2005～2012 年不同监测时期粮食作物种植区地下水 $NO_3^-$-N 平均含量与 10mg/L、20mg/L 超标率均存在一定的线性正相关关系。粮食作物种植区地下水 $NO_3^-$-N 平均含量每升高 1mg/L，10mg/L、20mg/L 超标率分别提高 3.0% 和 2.4%。

　　从 2006～2012 年的天津市粮食作物种植区 5 月份、10 月份地下水 $NO_3^-$-N 含量监测结果可以看出（图 4-66），除 2006 年 10 月份地下水 $NO_3^-$-N 平均含量显著高于 5 月份之外，其余年份均为 10 月份低于 5 月份。从各年份天津市粮食作物种植区 5 月份、10 月份地下水 $NO_3^-$-N 含量变异系数变化来看，5 月份、10 月份均表现波动变化的趋势，具体为先升高后降低，再平稳升高。但是 5 月份、10 月份变异系数之间的变化幅度没有明显差别，表明影响粮食作物种植区 5 月份、10 月份地下水 $NO_3^-$-N 含量变化的因素差别不大。

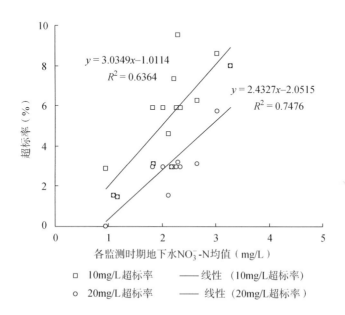

图 4-65　天津市各监测时期粮食作物种植区地下水 $NO_3^-$-N 平均含量与超标率相关性

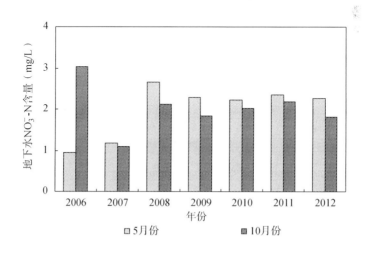

图 4-66　2006～2012 年天津市 5 月份、10 月份粮食作物区地下水 $NO_3^-$-N 平均含量

2006～2012 年天津市粮食作物种植区 5 月份地下水 $NO_3^-$-N 含量最大值变化幅度较大，表现为先升高后降低然后平稳升高的变化趋势，最高值出现在 2008 年，为 69.9mg/L，而 2006～2012 年粮食作物种植区 10 月份地下水 $NO_3^-$-N 含量最大值表现出先平稳升高后降低的趋势，最高值出现在 2011 年，为 82.6mg/L。从 5 月份、10 月份地下水 $NO_3^-$-N 含量最大值相比较来看，除 2006 年、2011 年 10 月份含量高于 5 月份含量之外，其余年份均为 10 月份低于 5 月份（图 4-67）。

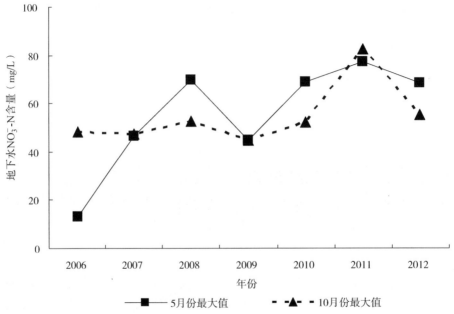

图 4-67  2006～2012 年天津市 5 月份、10 月份粮食作物区地下水 $NO_3^-$-N 含量最大值变化

#### 4.2.4.4 果园地下水硝酸盐变化特征

从 2005～2012 年天津市果园区地下水 $NO_3^-$-N 含量年均变化结果看（图 4-68），总体表现出先降低后升高然后再逐渐降低的趋势。2005～2007 年果园区地下水 $NO_3^-$-N 年均含量由 2.6mg/L 急剧下降至 0.6mg/L，到 2008 年又升至 1.8mg/L，之后开始逐渐降低至 2012 年的 1.1mg/L。2005～2012 年果园区地下水 $NO_3^-$-N 含量变异系数总体呈先升高后下降的趋势，2005～2008 年果园区地下水 $NO_3^-$-N 含量变异系数逐年升高，由 2005 年的 161.6%升高至 2008 年的 369.7%，而后开始平稳下降至 2012 年的 312.7%。对 2005～2012 年果园区地下水 $NO_3^-$-N 年均含量与其年变异系数进行相关性分析（图 4-69）可知，二者相关性较小（$R^2$=0.11），在一定程

度上表明果园区地下水 $NO_3^-$-N 年均含量高低在普遍性和特异性上无明显规律。

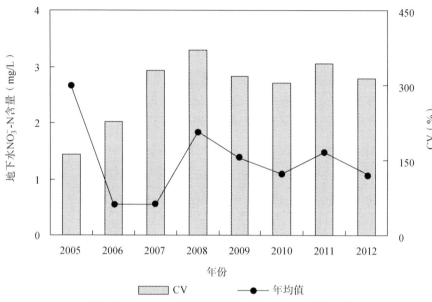

图 4-68　天津市果园区地下水 $NO_3^-$-N 含量年际变化

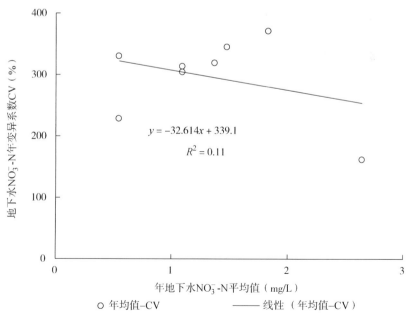

图 4-69　天津市果园区地下水 $NO_3^-$-N 年均含量与 CV 相关性

从 2005～2012 年天津市不同监测时期果园区地下水 $NO_3^-$-N 平均含量结果看（图 4-70），2005 年 5 月份到 2007 年 10 月份的 5 次监测中，地下水 $NO_3^-$-N 平均含量呈现降低趋势，2008 年 5 月份急剧升高，达 2.5mg/L，之后逐渐平稳下降至 2012 年 10 月份的 0.9mg/L。各监测时期果园区地下水 $NO_3^-$-N 含量变异系数总体呈波动性升高趋势，除 2005 年 5 月份、2006 年 5 月份较低之外，其余监测时期基本在 217.5%～356.3%上下波动。

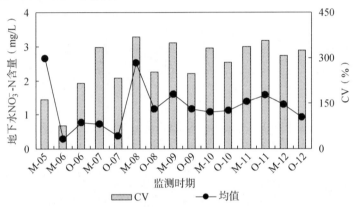

图 4-70  天津市各监测期果园区地下水 $NO_3^-$-N 平均含量及变异系数变化

从 2006～2012 年天津市果园区 5 月份、10 月份地下水 $NO_3^-$-N 平均含量监测结果可以看出（图 4-71），2006 年、2010 年、2011 年 10 月份地下水 $NO_3^-$-N 平均含量高于 5 月份，其余年份为 10 月份低于 5 月份，其中 2008 年 5 月份、10 月份地下水 $NO_3^-$-N 平均含量变幅最大，10 月份较 5 月份降低了 1.4mg/L，降幅达 53.8%。

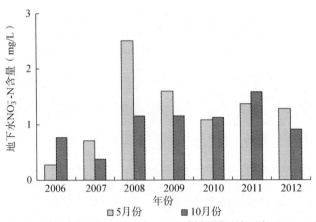

图 4-71  2006～2012 年天津市 5 月份、10 月份果园区地下水 $NO_3^-$-N 平均含量

2006～2012 年天津市果园区 5 月份地下水 $NO_3^-$-N 含量最大值变化幅度较大（图 4-72），表现为先升高后降低的变化趋势，最高值出现在 2008 年，为 37.2mg/L，而 2006～2012 年果园区 10 月份地下水 $NO_3^-$-N 含量最大值变化表现出先平稳升高后降低的趋势，最高值出现在 2011 年，为 22.7mg/L。从 5 月份、10 月份地下水 $NO_3^-$-N 含量最大值变化相比较，除 2006 年、2011 年 5 月份低于 10 月份之外，其余年份均为 5 月份高于 10 月份。

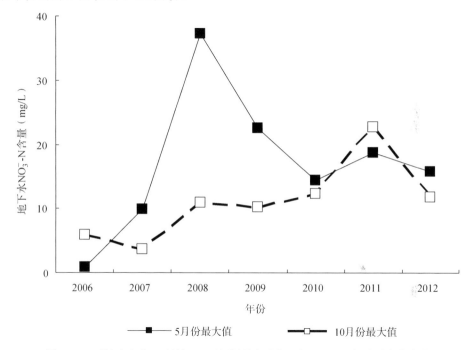

图 4-72　天津市各年 5 月份、10 月份果园区地下水 $NO_3^-$-N 含量最大值变化

### 4.2.4.5　其他农区地下水硝酸盐变化特征

从 2005～2012 年天津市其他农区地下水 $NO_3^-$-N 年均含量变化结果看（图 4-73），总体表现出先降低后平稳然后升高的趋势。2005～2006 年其他农区地下水 $NO_3^-$-N 年均含量由 0.5mg/L 下降至 0.2mg/L，2007～2010 年变化较为平稳，基本维持在 0.2～0.3mg/L，2011 年之后开始逐渐升高，至 2012 年达 0.4mg/L。2005～2012 年其他农区地下水 $NO_3^-$-N 含量变异系数变化趋势与地下水 $NO_3^-$-N 年平均含量的变化趋势基本一致。对 2005～2012 年其他农区地下水 $NO_3^-$-N 年均含量与年变异系数进行相关性分析（图 4-74）可知，二者存在线性正相关关系（$R^2$=0.72），在一

定程度上表明其他农区地下水 $NO_3^-$-N 年均含量较高的年份各样本含量变异性也较高，多数样本地下水 $NO_3^-$-N 含量偏低。

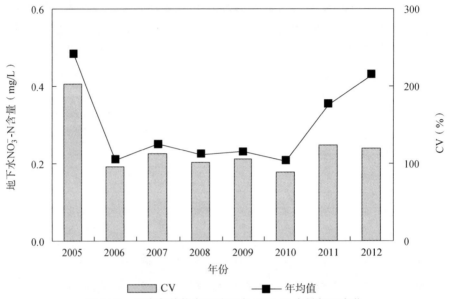

图 4-73  天津市其他农区地下水 $NO_3^-$-N 含量年际变化

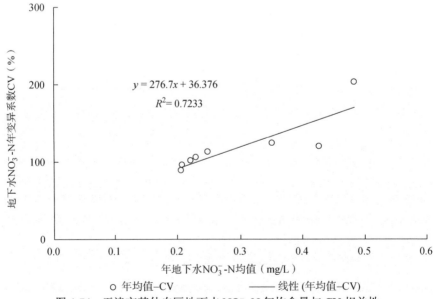

图 4-74  天津市其他农区地下水 $NO_3^-$-N 年均含量与 CV 相关性

从 2005～2012 年天津市不同监测时期其他农区地下水 $NO_3^-$-N 平均含量结果看（图 4-75），2005 年 5 月份到 2006 年 5 月份地下水 $NO_3^-$-N 平均含量呈降低趋势，2006 年 5 月份至 2010 年 10 月份的 10 次监测中，地下水 $NO_3^-$-N 含量变化较为平稳，基本维持在 0.1～0.2mg/L，2011 年 5 月份至 2012 年 10 月份的 4 次监测中，表现为逐渐升高。各监测时期其他农区地下水 $NO_3^-$-N 含量变异系数总体较为平稳，除 2005 年 5 月份略高外，基本在 103.7%～171.2%。

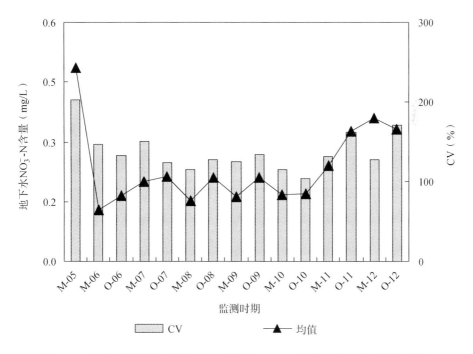

图 4-75　天津市各监测期其他农区地下水 $NO_3^-$-N 平均含量及变异系数变化

从 2006～2012 年天津市其他农区 5 月份、10 月份地下水 $NO_3^-$-N 平均含量监测结果可以看出（图 4-76），除 2012 年 10 月份地下水 $NO_3^-$-N 平均含量低于 5 月份之外，其余年份均为 10 月份高于 5 月份，但是各年 5 月份、10 月份地下水 $NO_3^-$-N 平均含量变幅均较小。从天津市其他农区各年份 5 月份、10 月份地下水 $NO_3^-$-N 含量变异系数变化来看，5 月份呈现先平稳降低后升高的趋势，10 月份则呈现逐年平稳降低的趋势。

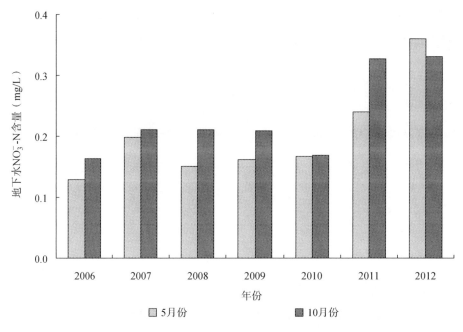

图 4-76　天津市各年 5 月份、10 月份其他农区地下水 $NO_3^-$ -N 平均含量

## 4.3　河北

### 4.3.1　地下水硝酸盐含量特征

　　从 2006 年开始至 2012 年,分别于 5 月份和 10 月份在河北省典型集约化农区采集地下水样、监测地下水 $NO_3^-$ -N 含量 14 次,水样合计 3537 个。监测数据(表 4-12)表明,河北省地下水中 $NO_3^-$ -N 含量变化范围为痕量～350.9mg/L,平均值为 8.4mg/L,其中约 22.3%的地下水水样 $NO_3^-$ -N 超过饮用水标准(10mg/L),约 9.7%的地下水水样硝酸盐严重超标(超过 20mg/L)。根据我国地下水质量标准(GB/T 14848—93),以水中 $NO_3^-$ -N 含量衡量,河北省地下水水质达标率为 90.3%,其中Ⅰ类、Ⅱ类、Ⅲ类、Ⅳ类、Ⅴ类水分别占 45.5%、12.8%、32.0%、4.1%、5.6%。说明目前河北省地下水整体质量良好,但由于Ⅲ类水已经高达 32.0%,潜在污染风险较大,如不及时控制,这部分水很容易向Ⅳ类水转化,造成水质恶化。

表 4-12　2006～2012 年河北省地下水 $NO_3^-$-N 含量

| 参数 | 样品数 | 平均值（mg/L） | 最大值（mg/L） | 最小值（mg/L） | 标准差（mg/L） | 变异系数（%） | 10mg/L 超标率（%） |
|---|---|---|---|---|---|---|---|
| 5 月 | 1773 | 8.3 | 350.9 | 痕量 | 18.9 | 228.8 | 22.3 |
| 10 月 | 1764 | 8.6 | 283.6 | 痕量 | 17.2 | 201.0 | 22.5 |
| 总体 | 3537 | 8.4 | 350.9 | 痕量 | 18.1 | 215.0 | 22.3 |

2006～2012 年 7 年间总体 5 月份、10 月份地下水样 $NO_3^-$-N 含量分别为 8.3mg/L 和 8.6mg/L，10 月份略高于 5 月份，5 月份、10 月份地下水水样 $NO_3^-$-N 含量达标率分别为 91.1%和 89.4%，各类水体所占比率相差不大。5 月份地下水 $NO_3^-$-N 含量变异系数要高于 10 月份地下水 $NO_3^-$-N 含量变异系数，同时，5 月份地下水 $NO_3^-$-N 含量最大值为 350.9mg/L，10 月份地下水 $NO_3^-$-N 含量最大值为 283.6mg/L，表明 5 月份各取样点地下水 $NO_3^-$-N 含量离散程度要高于 10 月份，由此可知，5 月份地下水 $NO_3^-$-N 含量受外界影响要大于 10 月份，从而使区域不同取样点地下水 $NO_3^-$-N 含量间形成较大的不均一性（图 4-77～图 4-79）。

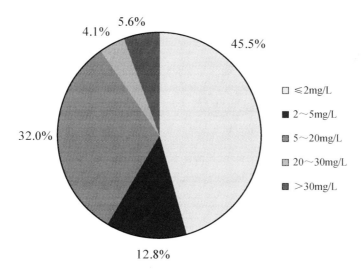

图 4-77　2006～2012 年河北省全体样本地下水 $NO_3^-$-N 含量五类水体所占比例

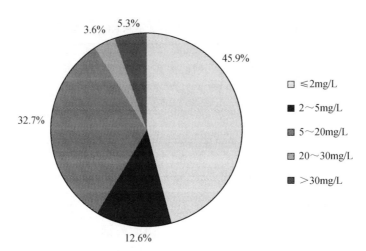

图 4-78 2006～2012 年河北省 5 月份样本地下水 $NO_3^-$-N 含量五类水体所占比例

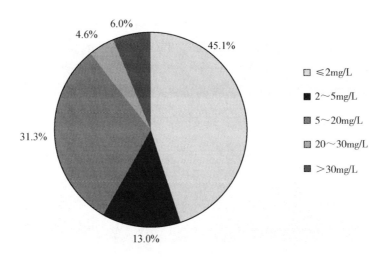

图 4-79 2006～2012 年河北省 10 月份样本地下水 $NO_3^-$-N 含量五类水体所占比例

若把 3537 个水样的 $NO_3^-$-N 含量看成是一个总体样本，采用 Kolmogorov-Smirnov 对其进行正态分布检验，检验结果表明河北省地下水 $NO_3^-$-N 含量不符合正态分布。各 $NO_3^-$-N 含量的累积分布频率见图 4-80，可以看出，当 $NO_3^-$-N 含量低于 6.0mg/L 时（含 6.0mg/L），累积频率增速最快，累积频率达到了 62.3%，即 $NO_3^-$-N 含量≤6.0mg/L，占样品总数的 62.3%，之后累积频率增速迅速下降，到 $NO_3^-$-N 含量为 23.8mg/L 时，累积频率达到了 92.3%，即 $NO_3^-$-N 含量≤23.8mg/L，占样品总数的92.3%。把总体样本分成60（$\sqrt{3537}+1$）个组，每组的数据空间为6.0（350.9/59）mg/L，再计算落入该空间的频率（频数/样本总数×100%），获得河北省地下水$NO_3^--N$含量分布图，见图4-81。从图中可以看出，$NO_3^--N$含量落入空间0~6.0mg/L的频数最高，占样品总数的57.2%。除空间0~6.0mg/L外，各空间频率呈上升趋势，在空间6.0~11.9mg/L之后，各空间呈下降趋势，到空间101.1~356.8mg/L时，其频率接近为0。

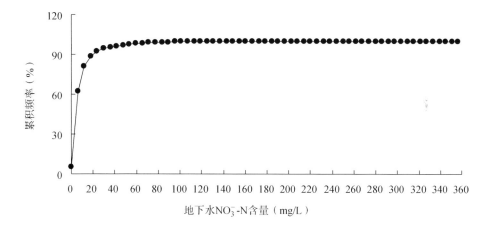

图4-80 河北省地下水 $NO_3^--N$ 含量累积分布图

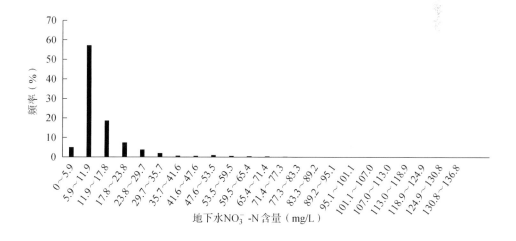

图4-81 河北省地下水 $NO_3^--N$ 含量分布图

### 4.3.2 地下水硝酸盐动态变化

从 2006～2012 年河北省地下水 $NO_3^-$-N 平均含量变化结果看（图 4-82），河北省地下水 $NO_3^-$-N 平均含量总体上呈逐年升高的趋势。2006～2012 年河北省地下水 $NO_3^-$-N 平均含量在 7.0～9.7mg/L。2006 年的平均含量最低，为 7.0mg/L，2012 年最高，为 9.7mg/L，经 7 年时间地下水 $NO_3^-$-N 平均含量增加了 39.0%，已经接近世界卫生组织饮水水质标准规定的地下水 $NO_3^-$-N 标准中 10mg/L 限值。从 2006～2012 各年河北省全部样本地下水 $NO_3^-$-N 含量变异系数变化可知，地下水 $NO_3^-$-N 年均含量最高的年份，地下水 $NO_3^-$-N 含量变异系数也最大。对 2006～2012 年地下水 $NO_3^-$-N 年均含量与其年变异系数进行相关性分析（图 4-83）可知，二者存在明显正相关关系（$R^2$=0.739），进一步说明河北省地下水 $NO_3^-$-N 年均含量较高的年份各地下水样本含量变异性也较高。

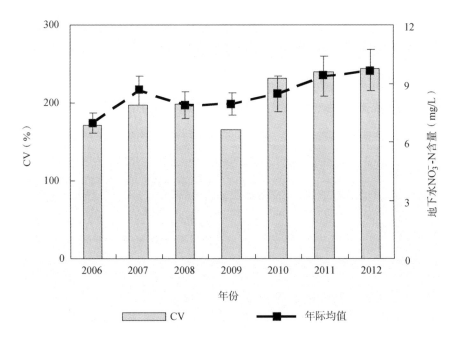

图 4-82　河北省地下水 $NO_3^-$-N 含量年际变化

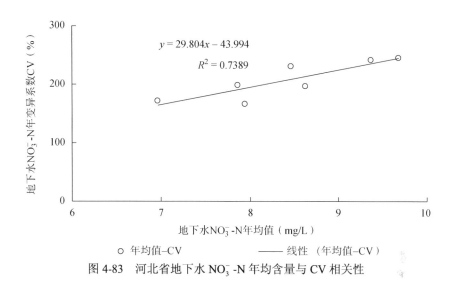

图 4-83 河北省地下水 $NO_3^-$-N 年均含量与 CV 相关性

从 2006~2012 年不同监测时期监测结果看（图 4-84），2006~2012 年河北省地下水 $NO_3^-$-N 平均含量总体上呈明显的上升趋势。2006 年 5 月份到 2007 年 10 月份的 4 次监测中，地下水 $NO_3^-$-N 平均含量呈明显上升的趋势，随后到 2009 年 10 月份地下水 $NO_3^-$-N 平均含量呈下降、上升，接着又缓慢下降的趋势。从 2009 年 10 月份到 2011 年 5 月份地下水 $NO_3^-$-N 平均含量呈明显上升的趋势，且此时达最大值，从 2011 年 5 月份到 2012 年 10 月份地下水 $NO_3^-$-N 平均含量呈下降、缓慢上升，到 2012 年 10 月份又回到高水平值。

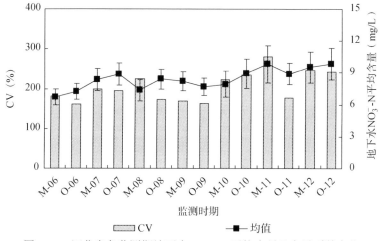

图 4-84 河北省各监测期地下水 $NO_3^-$-N 平均含量及变异系数变化

从 2006～2012 年不同监测时期地下水 $NO_3^-$-N 含量 10mg/L、20mg/L 超标率变化看（图 4-85），14 次监测中，地下水 $NO_3^-$-N 含量 10mg/L 超标率范围在 18.4%～27.8%，20mg/L 超标率范围在 6.3%～12.7%。2006～2012 年不同监测时期地下水 $NO_3^-$-N 平均含量变异系数为 11.5%，2006～2012 年不同监测时期地下水 $NO_3^-$-N 含量 10mg/L 超标率和 20mg/L 超标率变异系数分别为 13.0%和 18.2%，由此可知 14 次监测中，水样的 20mg/L 超标率变异性高于 10mg/L 超标率变异性，多次监测期地下水水样 $NO_3^-$-N ＞20mg/L 高含量的水样所占比例差异性要大于多次监测期地下水水样 $NO_3^-$-N ＞10mg/L 含量的水样所占比例差异性。对 2006～2012 年不同监测时期地下水 $NO_3^-$-N 含量 10mg/L、20mg/L 超标率与相应时期地下水 $NO_3^-$-N 平均含量进行相关性分析（图 4-86）可知，2006～2012 年不同监测时期地下水 $NO_3^-$-N 平均含量与 10mg/L、20mg/L 超标率之间的相关性差异不显著。

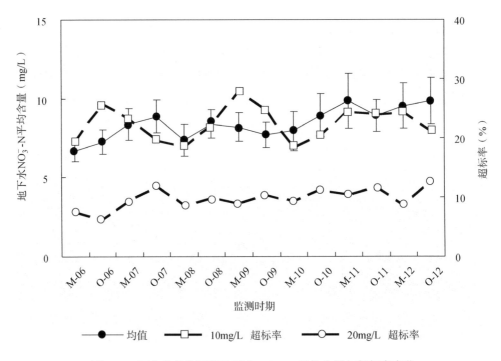

图 4-85　河北省各监测期地下水 $NO_3^-$-N 平均含量与超标率变化

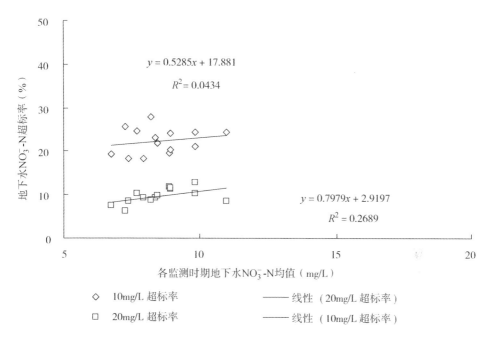

图 4-86　各监测时期地下水 $NO_3^-$-N 平均含量与超标率相关性

从 2006～2012 年的地下水样品研究结果可以看出（图 4-87），2009 年、2011 年以及 2012 年，河北省 10 月份地下水 $NO_3^-$-N 含量较 5 月份地下水 $NO_3^-$-N 含量有所降低，而 2006 年、2007 年、2008 年及 2010 年，河北省 10 月份地下水 $NO_3^-$-N 含量较 5 月份地下水 $NO_3^-$-N 含量升高。除 2010 年 5 月份河北省地下水 $NO_3^-$-N 含量变异系数低于 10 月份外，河北省其他年份 5 月份地下水 $NO_3^-$-N 含量变异系数均高于 10 月份或与 10 月份基本相当（表 4-13），且各年 5 月份变异系数相对 10 月份变异系数的变化幅度总体较大，5 月份地下水 $NO_3^-$-N 含量变异系数在 168.6%～281.5%，10 月份地下水 $NO_3^-$-N 含量变异系数在 160.4%～243.0%，表明 5 月份地下水 $NO_3^-$-N 含量变异性大于 10 月份地下水 $NO_3^-$-N 含量变异性。2006～2009 年，除了 2008 年 5 月份 $NO_3^-$-N 含量变异系数超过 200.0%以外，其他监测时期变异系数均在 160.0%～200.0%。2009～2012 年，除了 2011 年 10 月份 $NO_3^-$-N 含量变异系数低于 200.0%以外，其他监测时期变异系数均超过 200.0%。尤其是 2011 年 5 月份 $NO_3^-$-N 含量变异系数达到 280.0%左右。

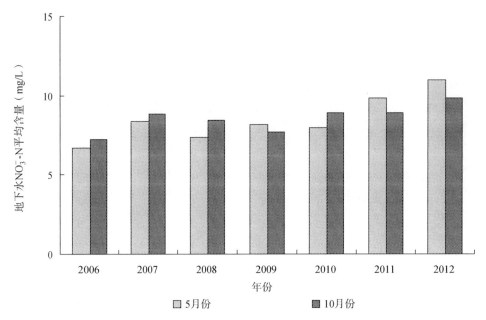

图4-87 河北省各年5月、10月地下水 $NO_3^-$-N 平均含量

**表4-13 河北省各年5月、10月地下水 $NO_3^-$-N 基本统计参数**

| 监测时期 | 范围（mg/L） | 均值（mg/L） | CV（%） | 样本数 |
|---|---|---|---|---|
| 2006年5月 | 痕量～101.2 | 6.7 | 181.1 | 280 |
| 2006年10月 | 痕量～94.7 | 7.3 | 160.4 | 237 |
| 2007年5月 | 痕量～132.2 | 8.4 | 198.2 | 259 |
| 2007年10月 | 痕量～134.3 | 8.9 | 196.0 | 270 |
| 2008年5月 | 痕量～167.3 | 7.4 | 224.8 | 271 |
| 2008年10月 | 痕量～95.7 | 8.4 | 173.5 | 255 |
| 2009年5月 | 痕量～123.1 | 8.2 | 168.6 | 248 |
| 2009年10月 | 痕量～87.1 | 7.7 | 163.1 | 252 |
| 2010年5月 | 痕量～191.7 | 7.9 | 222.7 | 206 |
| 2010年10月 | 痕量～201.9 | 8.9 | 235.7 | 240 |
| 2011年5月 | 痕量～350.9 | 9.8 | 281.5 | 250 |
| 2011年10月 | 痕量～97.5 | 8.9 | 177.7 | 250 |
| 2012年5月 | 痕量～295.5 | 9.5 | 246.4 | 259 |
| 2012年10月 | 痕量～283.6 | 9.8 | 243.0 | 260 |

图 4-88 为河北省各年度地下水 $NO_3^-$-N 含量最大值变化。除 2008 年、2009 年和 2011 年的 5 月份地下水 $NO_3^-$-N 含量最大值明显高于 10 月份外，2006 年、2007年、2010 年和 2012 年 5 月份地下水 $NO_3^-$-N 含量最大值与 10 月份基本相当。2006～2011 年河北省 5 月份地下水 $NO_3^-$-N 含量最大值逐年大幅增高，2011 年 5 月份地下水 $NO_3^-$-N 含量达到最高值，为 350.9mg/L。2012 年又有所回落。2006～2009 年10 月份地下水 $NO_3^-$-N 含量最大值逐年上下波动，但变幅不大，2010 年 10 月份$NO_3^-$-N 含量最大值较 2009 年大幅上升，之后 2011 年 10 月份 $NO_3^-$-N 含量最大值又大幅下降，与 2009 年 10 月份 $NO_3^-$-N 含量最大值相差不多，接着 2012 年 10 月份 $NO_3^-$-N 含量最大值大幅上升，且达到最高值。分析最大值出现的采样点位置，在 14 次监测中 7 次出现在张家口的张北、尚义和康保，井深＜50m，种植类型是蔬菜。4 次出现在秦皇岛市区及昌黎和抚宁，井深＜35m，种植类型是春玉米和果园。2 次出现在邯郸的永年，井深＜40m，种植类型是蔬菜。1 次出现在唐山的丰润，井深＜40m，种植类型是小麦玉米轮作。

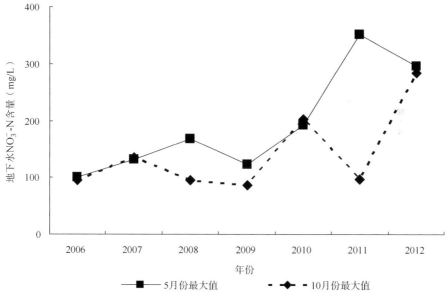

图 4-88  河北省各年度地下水 $NO_3^-$-N 含量最大值变化

从图 4-89 河北省不同地区地下水 $NO_3^-$-N 平均含量及变异系数变化可以看出，河北省不同地区间地下水 $NO_3^-$-N 平均含量存在明显的差异。不同地区间地下水$NO_3^-$-N 平均含量的大小顺序依次是：秦皇岛＞张家口＞承德＞唐山＞邯郸＞石家庄

＞保定＞邢台＞沧州＞廊坊＞衡水。地下水 $NO_3^-$-N 含量最高值出现在秦皇岛地区，平均含量达到 26.5mg/L，这可能与当地的地下水埋深、多年的种植结构、耕作习惯以及土体构型有关。地下水 $NO_3^-$-N 含量的最低值出现在廊坊、衡水和沧州地区，平均含量分别为 0.6mg/L、0.6mg/L 和 1.0mg/L。地下水 $NO_3^-$-N 平均含量在 5～20mg/L 的有石家庄、邯郸、邢台、保定、唐山和承德地区，在 20～30mg/L 的有秦皇岛和张家口地区。秦皇岛地区地下水 $NO_3^-$-N 平均含量是廊坊、衡水和沧州地区的 27.3～42.4 倍，张家口地区地下水 $NO_3^-$-N 平均含量是廊坊、衡水和沧州地区的 22.5～35.0 倍。

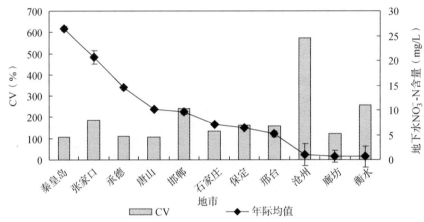

图 4-89　河北省不同地区地下水 $NO_3^-$-N 平均含量及变异系数变化

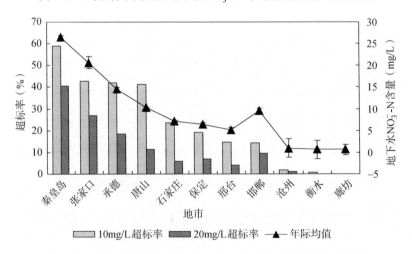

图 4-90　河北省不同地区地下水 $NO_3^-$-N 平均含量及超标率变化

从河北省不同地区地下水 $NO_3^-$-N 含量 10mg/L、20mg/L 超标率变化看（图 4-90），河北省不同地区地下水 $NO_3^-$-N 超标率也存在明显的差异。不同地区间地下水 $NO_3^-$-N 含量 10mg/L 超标率范围在 0.0%～58.8%，大小顺序依次是：秦皇岛＞张家口=承德=唐山＞石家庄＞保定＞邢台=邯郸＞沧州＞衡水＞廊坊。秦皇岛地区地下水 $NO_3^-$-N 超标率最大，为 58.8%，其次是张家口、承德和唐山，超标率分别为 42.9%、41.9% 和 41.4%。地下水 $NO_3^-$-N 超标率较低的为廊坊、衡水和沧州地区，分别为 0.0%、0.9% 和 2.0%。其余各市在 14.2%～23.4%。综合河北省不同地区间地下水 $NO_3^-$-N 含量和 10mg/L 超标率来看，大部分地区地下水 $NO_3^-$-N 平均含量与 10mg/L 超标率高低排序基本上一致。仅有邯郸、石家庄、唐山和承德地区地下水 $NO_3^-$-N 平均含量与 10mg/L 超标率高低排序不一致。邯郸地区地下水 $NO_3^-$-N 平均含量相对较高，但 10mg/L 超标率却处于较低的状态，表明 $NO_3^-$-N 含量 ＞10mg/L 的地下水样品数量所占比例较低。而石家庄、唐山和承德 3 个地区，尽管地下水 $NO_3^-$-N 平均含量不高，但 10mg/L 超标率却处于较高状态，表明这 3 个地区地下水 $NO_3^-$-N 含量 ＞10mg/L 的样品数量所占比例较高。不同地区间地下水 $NO_3^-$-N 含量 20mg/L 超标率范围在 0.0%～40.6%，变化规律与不同地区间地下水 $NO_3^-$-N 含量 10mg/L 超标率基本一致。

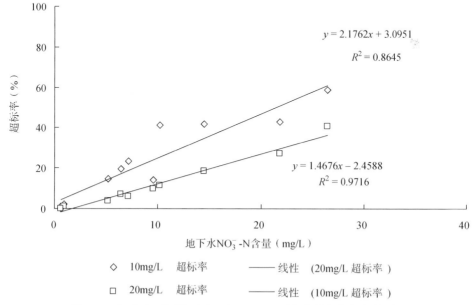

图 4-91　河北省不同地区地下水 $NO_3^-$-N 平均含量与超标率的关系

不同地区地下水 $NO_3^- \text{-} N$ 平均含量变异系数为 90.5%，不同地区地下水 $NO_3^- \text{-} N$ 含量 10mg/L 和 20mg/L 超标率变异系数分别为 84.5% 和 111.7%，由此可知不同地区水样的 20mg/L 超标率变异性高于 10mg/L 超标率变异性，各批地下水水样 $NO_3^- \text{-} N$ 含量＞20mg/L 高含量的水样出现频率差异性要远大于地下水水样 $NO_3^- \text{-} N$ 含量＞10mg/L 的水样出现频率差异性。通过对河北省不同地区地下水 $NO_3^- \text{-} N$ 含量 10mg/L、20mg/L 超标率与相应地区地下水 $NO_3^- \text{-} N$ 平均含量相关性分析（图 4-91）可知，不同地区地下水 $NO_3^- \text{-} N$ 平均含量与 10mg/L、20mg/L 超标率之间存在显著地正相关关系。

从图 4-92 河北省不同地区 5 类水的分布频率来看，不同地区间各类水的分布频率存在明显的差异。衡水、沧州、廊坊地区 I 类水分布频率较高，在 88.8%～95.3%，而且属于优良和良好的 I 和 II 类水分布频率也最大，在 96.8%～100.0%，III 类水的分布频率为零或极低，在 0.0%～2.0%。可见，这 3 个地区主要以 I 类水为主。保定、邢台、邯郸、石家庄和唐山 5 个地区以 I 类水和 III 类水为主，I 类和 III 类之和分别占 75.9%、77.5%、66.2%、76.6% 和 81.3%。其中，石家庄和唐山地区的 III 类水分布频率高于 I 类水，保定、邢台和邯郸地区的 I 类水分布频率高于 III 类水，这表明石家庄和唐山地区地下水硝酸盐污染更为严重。单从地下水硝酸盐这一指标来考虑，保定、邢台和邯郸地区相比石家庄和唐山地区水质稍好。秦皇岛、张家口和承德等地区以 III 类水为主。其中，秦皇岛地区 V 类水分布频率达到 32.4%，仅次于 III 类水，I 类水和 II 类水分布频率较低，分别为 8.24% 和 8.24%，可见，秦皇岛的地下水硝酸盐污染是最不容乐观的。张家口和承德地区 V 类水分布频率分别为 15.5% 和 10.0%，仅次于本地区的 III 类水和 II 类水所占比例。因此，这 2 个地区的地下水硝酸盐污染也应引起重视。

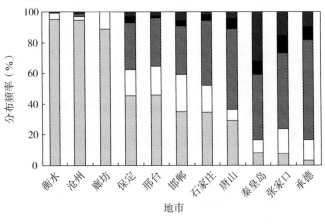

图 4-92　河北省不同地区五类水的分布频率

### 4.3.3 不同井深地下水硝酸盐消长规律

#### 4.3.3.1 多次监测总体特征

按照井深的差别，将河北省采样点分为≤30 m、30～100 m 及＞100 m 三类。由图 4-93 和表 4-14 可知，2006 年开始至 2012 年，三类井深地下水 $NO_3^-$-N 平均含量有显著差异，随着井深增加，地下水 $NO_3^-$-N 含量明显降低，＞100 m 井深地下水 $NO_3^-$-N 含量符合地下水Ⅱ类标准，≤30 m 及 30～100m 井深地下水 $NO_3^-$-N 含量符合地下水Ⅲ类标准。与＞100m 井深地下水 $NO_3^-$-N 含量相比，30～100m、≤30 m 井深地下水 $NO_3^-$-N 含量分别升高 196.0%、378.8%。三类井深样本地下水 $NO_3^-$-N 含量变异系数同样存在较大差异，30～100 m 井深地下水 $NO_3^-$-N 含量变异系数为 179.6%，三者中最小，＞100 m 井深地下水 $NO_3^-$-N 含量变异系数为 262.4%，三者中最大。

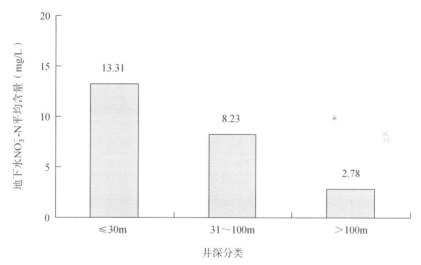

图 4-93　河北省 2006～2012 年不同井深分类地下水 $NO_3^-$-N 含量

**表 4-14　河北省 2006～2012 年不同井深分类样品地下水 $NO_3^-$-N 基本统计参数**

| 井深分类 | 范围（mg/L） | 均值（mg/L） | CV（%） | 样本数 |
| --- | --- | --- | --- | --- |
| ≤30 m | 痕量～350.9 | 13.3 | 197.2 | 997 |
| 30～100 m | 痕量～201.9 | 8.2 | 179.6 | 1734 |
| ＞100 m | 痕量～112.9 | 2.8 | 262.4 | 804 |

#### 4.3.3.2 ≤30 m 井深地下水硝酸盐变化特征

从 2006～2012 年≤30m 井深地下水 $NO_3^-$-N 年均含量变化结果看（图 4-94），变化范围在 10.0～18.0mg/L，平均为 13.5mg/L，高于国际上规定的地下水硝酸盐限量标准。从 2006～2012 年≤30m 井深地下水 $NO_3^-$-N 年均含量变化规律总体大趋势为升高，具体为先升高后平稳降低，后又明显升高。2006～2009 年≤30m 井深地下水 $NO_3^-$-N 年均含量均≥10mg/L，2007 年出现第一次峰值。2009～2012 年≤30m 井深地下水 $NO_3^-$-N 年均含量逐年升高，由近 7 年最低的 10.0mg/L（2009 年）升至 2012 年的最高值 18.0mg/L。2006～2012 年≤30 m 井深地下水 $NO_3^-$-N 平均含量变异系数总体变化呈现与平均含量基本上一致的规律。2006 年、2009 年变异系数为 7 年中最低的两年，分别为 157.6%和 142.3%，2010 年、2011 年和 2012 年变异系数均较高，分别为 213.8%、220.1%和 217.3%。对 2006～2012 年地下水 $NO_3^-$-N 年均含量与其年变异系数进行相关性分析（图 4-95）可知，二者存在一定正相关关系（$R^2$=0.509）。这表明≤30m 井深地下水 $NO_3^-$-N 年均含量较高的年份各地下水样本含量变异性较高，多数样本地下水 $NO_3^-$-N 含量存在普遍较高的特征，而年均含量较低的年份地下水样本含量变异性较低，各样本地下水 $NO_3^-$-N 含量差别较小。

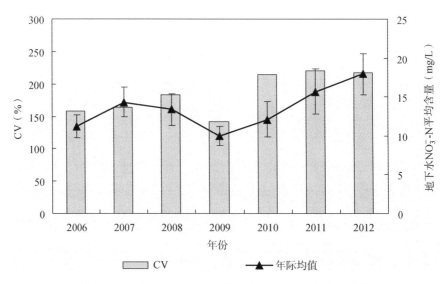

图 4-94  河北省≤30 m 井深地下水 $NO_3^-$-N 含量年际变化

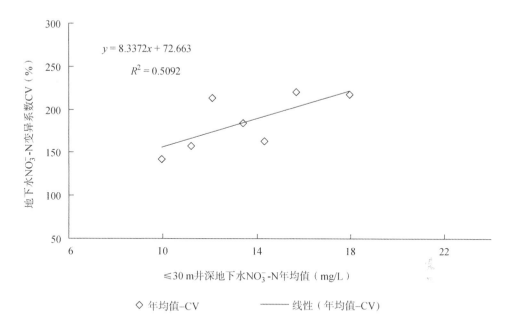

图 4-95　河北省≤30 m 井深地下水 NO$_3^-$-N 年均含量与 CV 相关性

从 2006～2012 年≤30 m 井深地下水样不同监测时期监测结果看（图 4-96），2006～2012 年≤30 m 井深地下水 NO$_3^-$-N 平均含量的变化范围在 9.1～18.2mg/L，平均为 13.5mg/L，高于国际上规定的地下水硝酸盐含量限量标准。从 2006～2012 年，≤30 m 井深地下水 NO$_3^-$-N 平均含量总体上呈现上升的趋势，但存在一定的上下波动。2006 年 5 月份到 2007 年 10 月份的 4 次监测中，地下水 NO$_3^-$-N 平均含量呈平稳上升的趋势，2007 年 10 月份出现第一次峰值。2007年 10 月份至 2009 年 10 月份地下水 NO$_3^-$-N 平均含量呈明显下降的趋势，之后到 2011 年 5 月份地下水 NO$_3^-$-N 平均含量明显增加，2011 年 5 月份出现第二次峰值。从 2011 年 5 月份～2012 年 5 月份地下水 NO$_3^-$-N 平均含量先平稳下降，后上升，之后到 2012 年 10 月份出现第三次峰值，也是 14 次采样监测中的最大值。该趋势与河北省所有井深地下水 NO$_3^-$-N 平均含量年际变化趋势完全一致（表 4-15）。

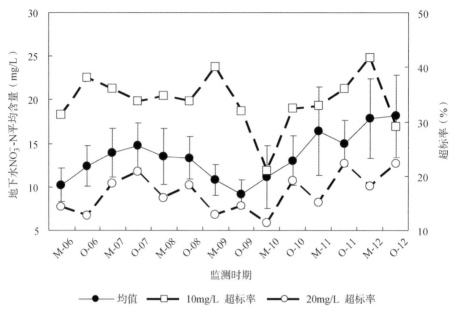

图 4-96　各监测期≤30m 井深地下水 $NO_3^-$-N 平均含量与超标率变化

**表 4-15　河北省各监测时期≤30 m 井深地下水 $NO_3^-$-N 变异系数**

| 年份 | 监测时期 | CV（%） | 样本数 | 监测时期 | CV（%） | 样本数 |
|------|---------|---------|--------|---------|---------|--------|
| 2006 | 5 月 | 164.7 | 77 | 10 月 | 150.6 | 63 |
| 2007 | 5 月 | 173.1 | 75 | 10 月 | 155.3 | 77 |
| 2008 | 5 月 | 207.8 | 75 | 10 月 | 154.2 | 71 |
| 2009 | 5 月 | 134.6 | 70 | 10 月 | 152.1 | 69 |
| 2010 | 5 月 | 257.4 | 62 | 10 月 | 179.2 | 68 |
| 2011 | 5 月 | 265.0 | 73 | 10 月 | 150.3 | 72 |
| 2012 | 5 月 | 216.5 | 72 | 10 月 | 221.6 | 72 |

　　从 2006～2012 年不同监测时期≤30 m 井深地下水 $NO_3^-$-N 含量 10mg/L、20mg/L 超标率变化看（图 4-96），14 次监测地下水 $NO_3^-$-N 含量 10mg/L 超标率范围在 29.2%～41.7%，20mg/L 超标率范围在 11.3%～22.2%。2006～2012 年不同监测时期≤30 m 井深地下水 $NO_3^-$-N 平均含量变异系数为 20.2%，2006～2012 年不同监测时期地下水 $NO_3^-$-N 含量 10mg/L 超标率和 20mg/L 超标率变异系数分别为 14.9%和 21.2%，由此可知≤30 m 井深的 14 次监测水样 20mg/L 超标率变异性高于 10mg/L 超标率变异性，各批地下水水样 $NO_3^-$-N＞20mg/L 高含量的水样

出现频率差异性要远大于各批地下水水样 $NO_3^-$-N＞10mg/L 含量的水样出现频率差异性。

从 2006～2012 年≤30 m 井深地下水样品 5 月份和 10 月份对比结果可看出（图 4-97），从 2006～2012 年≤30 m 井深地下水水样品 5 月份地下水 $NO_3^-$-N 含量变化范围在 10.2～17.9mg/L，平均为 13.4mg/L，10 月份变化范围在 9.1～18.2mg/L，平均为 13.8mg/L。2006 年、2007 年、2010 年以及 2012 年，河北省≤30 m 井深地下水 10 月份 $NO_3^-$-N 含量较 5 月份地下水 $NO_3^-$-N 含量有所升高，而 2008 年、2009 年、2010 年及 2011 年，河北省≤30 m 井深地下水 10 月份 $NO_3^-$-N 含量较 5 月份地下水 $NO_3^-$-N 含量降低。各监测时期变异系数变化较地下水 $NO_3^-$-N 平均含量更为平稳（表 4-15），除了 2008 年、2010 年、2011 年、2012 年的 5 月份和 2012 年 10 月份变异系数超过 200.0%以外，其他监测时期变异系数均在 130.0%～180.0%附近。河北省≤30 m 井深地下水 5 月份 $NO_3^-$-N 含量变异系数始终高于 10 月份（2012 年除外），且多年 5 月份变异系数相对 10 月份变异系数的变化幅度总体较大，表明≤30 m 井深地下水 5 月份 $NO_3^-$-N 含量变异性＞10 月份地下水 $NO_3^-$-N 含量变异性。

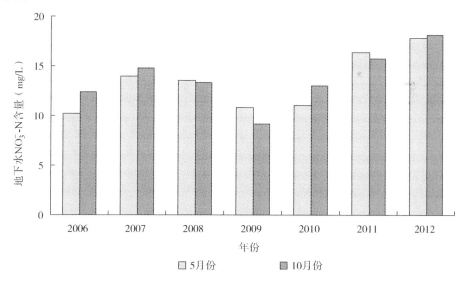

图 4-97 河北省各年 5 月份、10 月份≤30m 井深地下水 $NO_3^-$-N 平均含量

由图 4-98 可知，2008 年之前河北省≤30 m 井深地下水 5 月份 $NO_3^-$-N 含量最大值逐年缓慢增高，到 2009 年又急剧降低，而 2009 年之前 10 月份地下水 $NO_3^-$-N

含量最大值在逐年缓慢降低；2009～2011 年 5 月份 $NO_3^-$-N 含量最大值大幅升高，到 2011 年 5 月份 $NO_3^-$-N 含量最大值出现最高值，2012 年 5 月份又明显下降。从 2009～2012 年 10 月份 $NO_3^-$-N 含量最大值呈上升、下降、再大幅上升趋势，2012 年 10 月份也达到 $NO_3^-$-N 含量最大值的最高值。

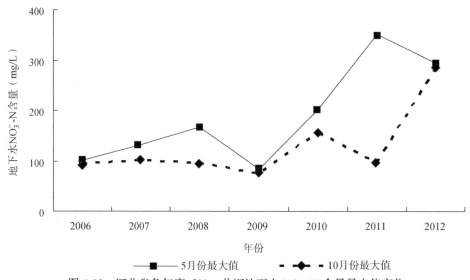

图 4-98　河北省各年度≤30m 井深地下水 $NO_3^-$-N 含量最大值变化

将河北省各年度≤30 m 井深地下水 $NO_3^-$-N 含量变化趋势与整个河北省地下水 $NO_3^-$-N 含量变化趋势综合比较可知，两者变化规律极为相似，≤30 m 井深地下水 $NO_3^-$-N 含量的变化可在很大程度上代表河北省地下水 $NO_3^-$-N 含量的变化趋势。

### 4.3.3.3　30～100 m 井深地下水硝酸盐变化特征

从 2006～2012 年 30～100m 井深地下水 $NO_3^-$-N 年均含量变化结果看（图 4-99），变化范围在 7.0～9.5mg/L，平均为 8.1mg/L，低于国际上规定的地下水硝酸盐含量限量标准。变化规律是先升高后平稳降低。2006～2012 年 30～100 m 井深地下水 $NO_3^-$-N 年均含量均在 10mg/L 以内，2006 年出现低值，2007 年出现第一次峰值，达到 8.2mg/L；2010 年出现第二次峰值，达到 9.5mg/L；2012 年又回到低值。2010～2012 年 30～100 m 井深地下水 $NO_3^-$-N 平均含量逐年降低。2006～2012 年 30～100 m 井深地下水 $NO_3^-$-N 平均含量变异系数总体变化呈现与平均含量相一致的趋势。2006 年、2008 年变异系数为 7 年中最低的两次，分别为 132.1%

和 149.3%，2010 年变异系数最高，为 199.2%。通过对 2006～2012 年地下水 $NO_3^-$-N 年均含量与其年变异系数进行相关性分析（图 4-100）可知，二者存在一定正相关关系（$R^2$=0.592）。

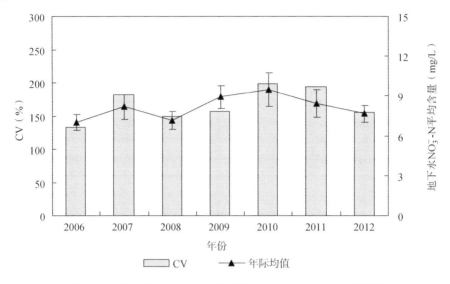

图 4-99　河北省 30～100 m 井深地下水 $NO_3^-$-N 含量年际变化

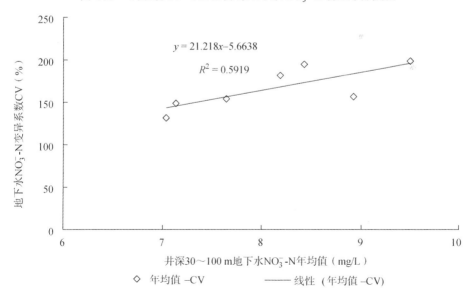

图 4-100　河北省 30～100 m 井深地下水 $NO_3^-$-N 年均含量与 CV 相关性

从 2006～2012 年 30～100 m 井深地下水不同监测时期监测结果看（图 4-101），2006～2012 年 30～100m 井深地下水 $NO_3^-$-N 平均含量的变化范围在 6.2～10.2mg/L，平均为 8.1mg/L，低于国际上规定的地下水硝酸盐含量限量标准。2006 年 5 月份到 2007 年 10 月份的 4 次监测中，地下水 $NO_3^-$-N 平均含量逐渐升高，2007 年 10 月份至 2008 年 5 月份地下水 $NO_3^-$-N 平均含量下降，2008 年 5 月份至 2010 年 10 月份地下水 $NO_3^-$-N 平均含量逐渐上升，之后到 2012 年 5 月份地下水 $NO_3^-$-N 平均含量平稳下降，2012 年 10 月份又有所回升。各监测时期变异系数变化较地下水 $NO_3^-$-N 平均含量变化更为平稳（表 4-16），除了 2010 年 10 月份和 2011 年 5 月份变异系数超过 200.0%，2006 年 10 月变异系数在 130.0%以下，其他监测时期变异系数均在 130.0%～200.0%。

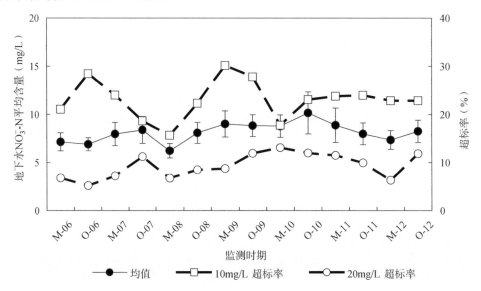

图 4-101　各监测期 30～100 m 井深地下水 $NO_3^-$-N 平均含量与超标率变化

**表 4-16　河北省各监测时期 30～100 m 井深地下水 $NO_3^-$-N 变异系数**

| 年份 | 监测时期 | CV（%） | 样本数 | 监测时期 | CV（%） | 样本数 |
|------|---------|---------|--------|---------|---------|--------|
| 2006 | 5 月 | 150.4 | 133 | 10 月 | 106.0 | 116 |
| 2007 | 5 月 | 168.5 | 125 | 10 月 | 192.3 | 134 |
| 2008 | 5 月 | 139.8 | 134 | 10 月 | 152.4 | 130 |
| 2009 | 5 月 | 168.3 | 126 | 10 月 | 142.9 | 126 |
| 2010 | 5 月 | 136.9 | 107 | 10 月 | 232.1 | 117 |
| 2011 | 5 月 | 221.1 | 122 | 10 月 | 155.3 | 121 |
| 2012 | 5 月 | 151.5 | 127 | 10 月 | 144.4 | 127 |

从 2006～2012 年河北省不同监测时期 30～100 m 井深地下水 $NO_3^-$-N 含量 10mg/L、20mg/L 超标率变化看（图 4-101），14 次监测地下水 $NO_3^-$-N 含量 10mg/L 超标率范围在 15.7%～30.2%，20mg/L 超标率范围在 5.2%～13.1%。2006～2012 年 14 次监测中，30～100m 井深地下水 $NO_3^-$-N 平均含量变异系数为 12.4%，2006～2012 年不同监测时期地下水 $NO_3^-$-N 含量 10mg/L 超标率和 20mg/L 超标率变异系数分别为 17.5% 和 27.8%，可知 30～100 m 井深的 14 次监测水样 20mg/L 超标率变异性同样高于 10mg/L 超标率变异性，表明多次监测时期地下水水样 $NO_3^-$-N 含量＞20mg/L 高含量的水样所占比例间差异性要大于多次监测时期地下水水样 $NO_3^-$-N＞10mg/L 含量的水样所占比例间的差异性。

从 2006～2012 年河北省 30～100 m 井深地下水样品 5 月份和 10 月份结果对比可看出（图 4-102），2006 年、2009 年以及 2011 年，河北省 30～100 m 井深地下水 10 月份 $NO_3^-$-N 含量较 5 月份地下水 $NO_3^-$-N 含量有所降低，而 2007 年、2008 年、2010 年及 2012 年，河北省 30～100 m 井深地下水 10 月份 $NO_3^-$-N 含量较 5 月份 30～100m 井深地下水 $NO_3^-$-N 含量升高。由表 4-16 可知，2006～2012 年，2006 年 10 月份河北省 30～100 m 井深地下水 $NO_3^-$-N 含量变异系数最小，为 106.0%。河北省 30～100 m 井深地下水 $NO_3^-$-N 含量变异系数较为异常的是 2010 年的 10 月份和 2011 年的 5 月份，均高于 200%。其次，2007 年的 10 月份变异系数也较高，接近 200%。其他年份河北省 30～100 m 井深地下水 $NO_3^-$-N 含量变异系数均在 150.0% 左右波动。

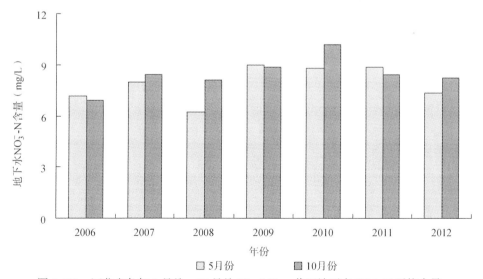

图 4-102　河北省各年 5 月份、10 月份 30～100 m 井深地下水 $NO_3^-$-N 平均含量

除 2010 年 10 月份和 2011 年 5 月份 30～100 m 井深地下水 $NO_3^-$-N 含量最大值较为异常外，河北省各监测时期 30～100 m 井深地下水 $NO_3^-$-N 含量最大值 5 月份和 10 月份基本上比较一致。从 2006～2012 年 30～100 m 井深地下水 $NO_3^-$-N 含量最大值表现为上下平稳波动，变化不大。2010 年 10 月份和 2011 年 5 月份 30～100 m 井深地下水 $NO_3^-$-N 含量最大值均出现在河北省邯郸市永年县史堤的蔬菜种植区，分别为 201.9mg/L 和 200.0mg/L，也是该区 14 次采样监测中地下水 $NO_3^-$-N 含量最高的 2 次（图 4-103）。

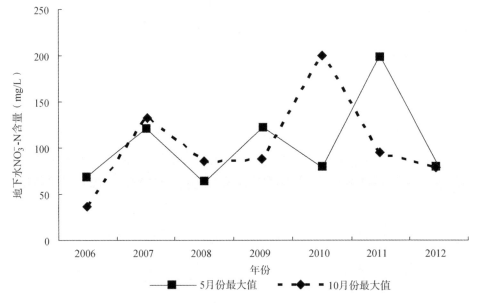

图 4-103　河北省各年度 30～100 m 井深地下水 $NO_3^-$-N 含量最大值变化

综合比较河北省 30～100 m 井深地下水 $NO_3^-$-N 含量变化趋势与整个河北省地下水 $NO_3^-$-N 含量变化趋势可知，两者变化规律存在一定的相似性。

#### 4.3.3.4　＞100 m 井深地下水硝酸盐变化特征

从 2006～2012 年＞100 m 井深地下水 $NO_3^-$-N 年均含量变化结果看（图 4-104），总体为升高趋势，具体为先升高后降低，后又急剧增加。2006～2012 年＞100m 井深地下水 $NO_3^-$-N 年均含量均在 4.0mg/L 以内，2009 年出现第一次峰值，由近 7 年最低的 2.2mg/L（2006 年）升至 2009 年的 3.1mg/L，而后 2010 年又降低至 2.3mg/L，2012 年出现第二次峰值，为 3.9mg/L。2006～2012 年＞100m 井深地下水 $NO_3^-$-N

平均含量变异系数总体变化呈现与平均含量基本上一致的趋势。2008 年变异系数为 7 年中最低的 1 次，为 191.1%，2012 年变异系数最高，为 329.8%。对 2006～2012 年地下水 $NO_3^-$-N 年均含量与其年变异系数进行相关性分析（图 4-105）可知，二者存在一定正相关关系（$R^2$=0.555）。这表明＞100 m 井深地下水 $NO_3^-$-N 年均含量较高的年份地下水样本含量变异性较高。

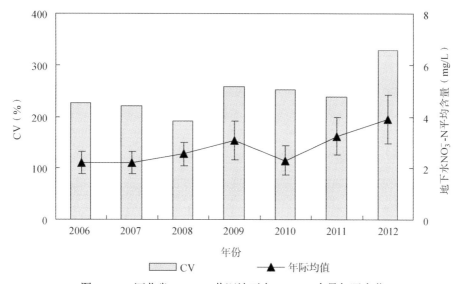

图 4-104　河北省＞100 m 井深地下水 $NO_3^-$-N 含量年际变化

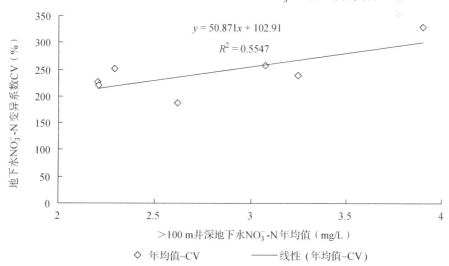

图 4-105　河北省＞100 m 井深地下水 $NO_3^-$-N 年均含量与 CV 相关性

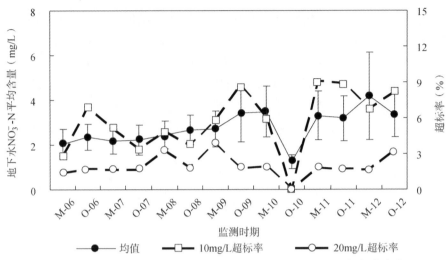

图 4-106　各监测期＞100m 井深地下水 $NO_3^-$-N 平均含量与超标率变化

从 2006～2012 年＞100 m 井深地下水样不同监测时期监测结果看（图 4-106），2006～2012 年＞100 m 井深地下水 $NO_3^-$-N 平均含量的变化范围在 1.2～4.2mg/L，平均为 2.8mg/L，远远低于国际上规定的地下水硝酸盐含量限量标准。从 2006～2012 年，＞100 m 井深地下水 $NO_3^-$-N 平均含量总体上呈现上升的趋势，但也存在一定的上下小幅波动。2006 年 5 月份到 2010 年 5 月份的 9 次监测中，地下水 $NO_3^-$-N 平均含量逐渐升高，2010 年 10 月份明显下降，之后至 2012 年 10 月份地下水 $NO_3^-$-N 平均含量再次出现上下波动，2011 年 5 月份至 2011 年 10 月份地下水 $NO_3^-$-N 平均含量基本上没有变化，2012 年 5 月份明显上升，2012 年 10 月份又有明显下降。各监测时期变异系数变化存在一定波动性（表 4-17），除了 2012 年 5 月份变异系数超过 300.0%，2006 年、2008 年、2010 年 10 月份变异系数不到 200.0%以外，其他监测时期变异系数均在 200.0%～300.0%。

表 4-17　河北省各监测时期＞100 m 井深地下水 $NO_3^-$-N 变异系数

| 年份 | 监测时期 | CV（%） | 样本数 | 监测时期 | CV（%） | 样本数 |
|------|---------|---------|--------|---------|---------|--------|
| 2006 | 5 月 | 265.4 | 70 | 10 月 | 186.1 | 58 |
| 2007 | 5 月 | 209.1 | 59 | 10 月 | 233.7 | 59 |
| 2008 | 5 月 | 201.8 | 62 | 10 月 | 181.3 | 54 |
| 2009 | 5 月 | 215.3 | 52 | 10 月 | 279.2 | 57 |
| 2010 | 5 月 | 228.2 | 49 | 10 月 | 184.4 | 55 |
| 2011 | 5 月 | 239.6 | 55 | 10 月 | 240.5 | 57 |
| 2012 | 5 月 | 356.6 | 59 | 10 月 | 229.5 | 61 |

从 2006～2012 年不同监测时期＞100 m 井深地下水 $NO_3^- $-N 含量 10mg/L、20mg/L 超标率变化看（图 4-106），14 次监测地下水 $NO_3^- $-N 含量 10mg/L 超标率范围在 0.0%～8.9%，平均为 5.7%。20mg/L 超标率范围在 0.0%～3.8%，平均为 2.0%。2006～2012 年不同监测时期＞100 m 井深地下水 $NO_3^- $-N 平均含量变异系数为 27.3%，2006～2012 年不同监测时期地下水 $NO_3^- $-N 含量 10mg/L 超标率和 20mg/L 超标率变异系数分别为 46.2%和 47.1%，由此可知＞100 m 井深的 14 次监测水样 20mg/L 超标率变异性与 10mg/L 超标率变异性差异不大。

从 2006～2012 年＞100 m 井深地下水样品 5 月份和 10 月份对比结果可看出（图 4-107），2010 年、2011 年以及 2012 年，河北省＞100 m 井深地下水 10 月份 $NO_3^- $-N 含量较 5 月份地下水 $NO_3^- $-N 含量有所降低，而 2006 年、2007 年、2008 年及 2009 年，河北省＞100 m 井深地下水 10 月份 $NO_3^- $-N 含量较 5 月份＞100 m 井深地下水 $NO_3^- $-N 含量升高。2006～2012 年河北省＞100 m 井深地下水 $NO_3^- $-N 含量变异系数在 181.3%～356.6%（表 4-17），其中低于 200.0%仅有 2006 年、2008 年、2010 年的 10 月份，其余年份均高于 200.0%。

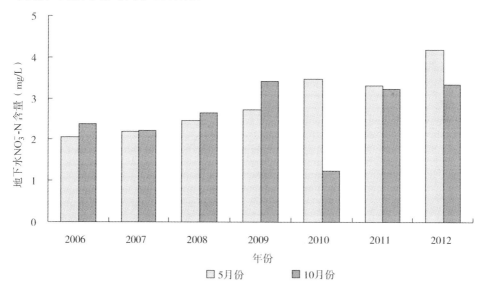

图 4-107　河北省各年 5 月份、10 月份＞100m 井深地下水 $NO_3^- $-N 平均含量

从各监测时期河北省＞100 m 井深地下水 $NO_3^- $-N 含量最大值（图 4-108）看，仅 2012 年 5 月份的最大值较为异常，为 112.9mg/L，出现在保定市市郊，该样点此次监测结果为 14 次中最大的 1 次，其他时期监测结果范围在 25.0～

68.2mg/L。从 2006～2011 年 5 月份地下水 $NO_3^-$-N 含量最大值变幅相对较小，2012 年 5 月份地下水 $NO_3^-$-N 含量最大值大幅升高，总体趋势为先降低后升高。从 2006～2008 年 10 月份地下水 $NO_3^-$-N 含量最大值总体变化不大，2009 年大幅升高，2010 年大幅降低，2011 年又大幅升高，2012 年稳定不变。除 2009 年 10 月份地下水 $NO_3^-$-N 含量最大值明显高于 5 月份，2006 年、2010 年和 2012 年均表现为 10 月份地下水 $NO_3^-$-N 含量低于 5 月份，其他年份 5 月份与 10 月份基本上相同。

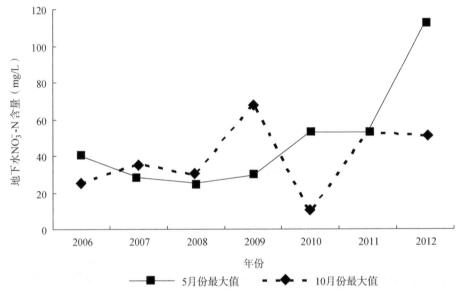

图 4-108　河北省各年度＞100m 井深地下水 $NO_3^-$-N 含量最大值变化

综合比较＞100m 井深地下水 $NO_3^-$-N 含量变化趋势与河北省地下水 $NO_3^-$-N 含量变化趋势可知，两者变化规律有一定的相似性。

### 4.3.4　不同作物种植区地下水硝酸盐差异

按照作物种植类型差别，将采样点分为冬小麦夏玉米轮作、春玉米、棉花、蔬菜、果园及其他作物 6 类，冬小麦夏玉米轮作种植类型的采样点最多，其他作物种植类型的采样点最少，春玉米、棉花、蔬菜、果园种植类型均有不同数量的采样点。

#### 4.3.4.1 多次监测总体特征

由图4-109和表4-18可知，2006～2012年，虽然不同种植类型区地下水$NO_3^-$-N平均含量均符合地下水III类标准，但不同种植类型区之间有显著差异。总体上，有如下顺序：蔬菜种植区地下水$NO_3^-$-N平均含量＞春玉米种植区地下水$NO_3^-$-N平均含量＞冬小麦夏玉米种植区地下水$NO_3^-$-N平均含量＞其他作物种植区地下水$NO_3^-$-N平均含量＞果树种植区地下水$NO_3^-$-N平均含量＞棉花种植区地下水$NO_3^-$-N平均含量。与地下水$NO_3^-$-N平均含量最低的棉花种植区相比，蔬菜种植区地下水$NO_3^-$-N平均含量是前者的31.4倍。6类农区地下水$NO_3^-$-N含量变异系数同样存在较大差异，果树种植区地下水$NO_3^-$-N含量变异系数＞其他作物种植区地下水$NO_3^-$-N含量变异系数＞蔬菜地下水$NO_3^-$-N含量变异系数＞棉花种植区地下水$NO_3^-$-N含量变异系数＞冬小麦夏玉米种植区地下水$NO_3^-$-N含量变异系数＞春玉米种植区地下水$NO_3^-$-N含量变异系数，这说明粮食作物种植区（春玉米、冬小麦夏玉米）地下水$NO_3^-$-N含量变异性最弱，果园种植区地下水$NO_3^-$-N平均含量虽然较低，但各样本间差异相对较大，变异性最强。

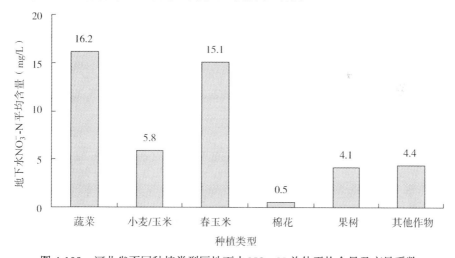

图4-109　河北省不同种植类型区地下水$NO_3^-$-N总体平均含量及变异系数

**表4-18　河北省2006～2012年不同作物种植区样品地下水$NO_3^-$-N基本统计参数**

| 种植类型 | 范围（mg/L） | 均值（mg/L） | CV（%） | 样本数 |
|---|---|---|---|---|
| 蔬菜 | 痕量～350.9 | 15.6 | 205.7 | 646 |
| 小麦玉米 | 痕量～112.9 | 5.8 | 166.1 | 1831 |

| 种植类型 | 范围（mg/L） | 均值（mg/L） | CV（%） | 样本数 |
|---|---|---|---|---|
| 春玉米 | 痕量～132.2 | 15.1 | 118.7 | 478 |
| 棉花 | 痕量～5.8 | 0.5 | 167.2 | 175 |
| 果树 | 痕量～123.1 | 4.1 | 364.9 | 327 |
| 其他作物 | 痕量～61.4 | 4.4 | 253.6 | 79 |

#### 4.3.4.2 蔬菜种植区地下水硝酸盐变化特征

从 2006～2012 年蔬菜种植区地下水 $NO_3^- $-N 年均含量变化结果看（图 4-110），年均含量变化范围在 13.2～17.9mg/L，平均为 15.6mg/L，高于国际上规定的地下水硝酸盐含量限定标准。总体趋势为先升高后降低，再升高，后又降低。2006～2008 年蔬菜种植区地下水 $NO_3^- $-N 年均含量由 13.2mg/L 升至 17.9mg/L，之后的 2009 年降至 11.6mg/L，2010 年回升至 17.6mg/L，2012 年降低至 15.5mg/L。除 2009 年外，2006～2012 年蔬菜种植区地下水 $NO_3^- $-N 含量变异系数总体变化呈升高的趋势。2006～2008 年蔬菜种植区地下水 $NO_3^- $-N 含量变异系数逐年增高，由 135.1%升至 171.9%，2009 年下降至 134.7%，随后持续上升，2012 年蔬菜种植区地下水 $NO_3^- $-N 含量变异系数达最高值 258.9%。对 2006～2012 年地下水 $NO_3^- $-N 年均含量与其年变异系数进行相关性分析可知，二者存在低度正相关关系，$R^2$=0.236。

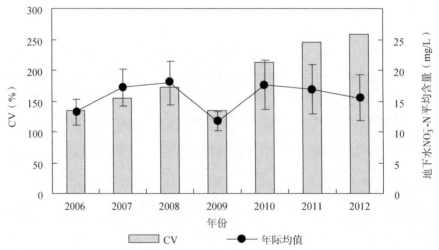

图 4-110 河北省蔬菜种植区地下水 $NO_3^- $-N 含量年际变化及变异系数

从 2006~2012 年蔬菜种植区地下水不同监测时期监测结果看（图 4-111），平均含量变化范围在 10.9~22.1mg/L，平均为 15.6mg/L，高于国际上规定的地下水硝酸盐含量限定标准。2006 年 5 月份到 2012 年 10 月份 14 监测中，地下水 $NO_3^- -N$ 平均含量总体上处于升高、降低、再升高、再降低，波浪式变化趋势。除 2006 年、2010 年和 2012 年外，高点主要出现在 5 月份，如 2007 年、2008 年、2009 年和 2011 年。各监测时期变异系数变化与地下水 $NO_3^- -N$ 平均含量的变化规律基本上一致（表 4-19）。随着时间的推移，地下水 $NO_3^- -N$ 含量变异系数处于一直上升的趋势，而且 5 月份明显高于 10 月份。在 2011 年 5 月份地下水 $NO_3^- -N$ 含量变异系数达到最高值，为 272.0%。

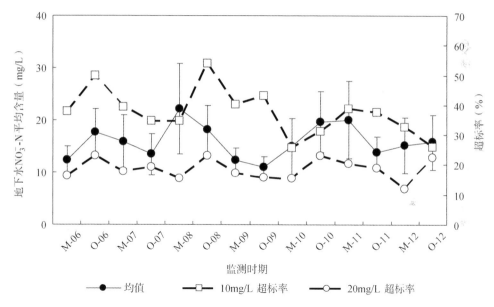

图 4-111　各监测时期蔬菜种植区地下水 $NO_3^- -N$ 平均含量与超标率变化

**表 4-19　河北省各监测时期蔬菜种植区地下水 $NO_3^- -N$ 变异系数**

| 年份 | 监测时期 | CV（%） | 样本数 | 监测时期 | CV（%） | 样本数 |
|------|---------|---------|--------|---------|---------|--------|
| 2006 | 5 月 | 131.8 | 37 | 10 月 | 127.3 | 26 |
| 2007 | 5 月 | 172.0 | 28 | 10 月 | 146.2 | 26 |
| 2008 | 5 月 | 199.3 | 26 | 10 月 | 129.9 | 26 |
| 2009 | 5 月 | 136.0 | 52 | 10 月 | 133.7 | 51 |
| 2010 | 5 月 | 226.7 | 39 | 10 月 | 203.7 | 48 |
| 2011 | 5 月 | 272.0 | 54 | 10 月 | 158.8 | 53 |
| 2012 | 5 月 | 268.0 | 58 | 10 月 | 252.2 | 58 |

从 2006～2012 年不同监测时期蔬菜种植区地下水 $NO_3^-$-N 含量 10mg/L、20mg/L 超标率变化看（图 4-111），14 次监测地下水 $NO_3^-$-N 含量 10mg/L 超标率范围在 25.9%～53.8%，20mg/L 超标率范围在 12.1%～23.1%。2006～2012 年不同监测时期蔬菜种植区地下水 $NO_3^-$-N 平均含量变异系数为 20.8%，2006～2012 年不同监测中，地下水 $NO_3^-$-N 含量 10mg/L 超标率和 20mg/L 超标率变异系数分别为 21.2% 和 18.7%，由此可知蔬菜种植区 14 次监测水样 20mg/L 超标率变异性与 10mg/L 超标率变异性基本相同，各批地下水水样 $NO_3^-$-N 含量＞20mg/L 的出现频率差异性与各批地下水水样 $NO_3^-$-N 含量＞10mg/L 的出现频率差异性相当。

从 2006～2012 年蔬菜种植区地下水样品 5 月份和 10 月份对比结果可看出（图 4-112），2007～2009 年以及 2011 年，蔬菜种植区 10 月份地下水 $NO_3^-$-N 含量较 5 月份地下水 $NO_3^-$-N 含量有所降低，而 2006 年、2010 年及 2012 年蔬菜种植区 10 月份地下水 $NO_3^-$-N 含量较 5 月份地下水 $NO_3^-$-N 含量升高。蔬菜种植区各年 5 月份地下水 $NO_3^-$-N 含量变异系数均高于 10 月份（表 4-19），且各年 5 月份变异系数相对 10 月份变异系数的变化幅度总体较大，表明蔬菜种植区 5 月份地下水 $NO_3^-$-N 含量变异性大于 10 月份地下水 $NO_3^-$-N 含量变异性（图 4-113）。

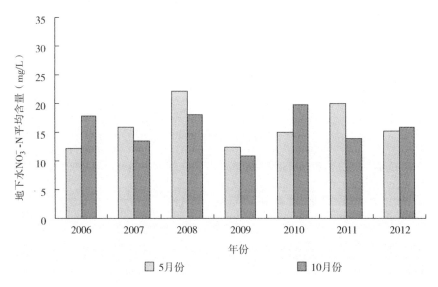

图 4-112　河北省各年 5 月份、10 月份蔬菜种植区地下水 $NO_3^-$-N 平均含量

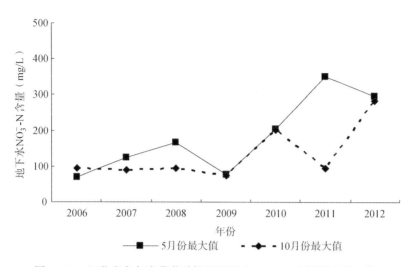

图 4-113　河北省各年度蔬菜种植区地下水 $NO_3^-$-N 含量最大值变化

除去 2007 年、2008 年和 2012 年蔬菜种植区 5 月份地下水 $NO_3^-$-N 含量最大值高于 10 月份地下水 $NO_3^-$-N 含量最大值外,其余年度蔬菜种植区 5 月份地下水 $NO_3^-$-N 含量最大值与 10 月份地下水 $NO_3^-$-N 含量最大值基本一致。最大值的变化趋势与监测期地下水 $NO_3^-$-N 含量变异系数变化趋势相同,2009 年之前蔬菜种植区 5 月份以及 10 月份地下水 $NO_3^-$-N 含量最大值变化不明显,而 2009 年以后 5 月份以及 10 月份地下水 $NO_3^-$-N 含量最大值逐年升高,2012 年 5 月份地下水 $NO_3^-$-N 含量达到最大值,2012 年 10 月份地下水 $NO_3^-$-N 含量最大值又开始降低。

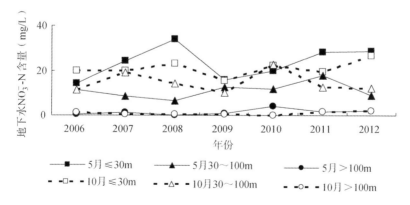

图 4-114　河北省各年度蔬菜种植区不同井深地下水 $NO_3^-$-N 含量

从 2006～2012 年各监测时期蔬菜种植区不同井深地下水样品监测结果可看出（图 4-114），蔬菜种植区≤30 m 井深地下水 $NO_3^-$-N 平均含量明显高于 30～100 m 井深以及＞100 m 井深 $NO_3^-$-N 平均含量，30～100 m 井深地下水 $NO_3^-$-N 平均含量普遍高于＞100 m 井深地下水 $NO_3^-$-N 平均含量。≤30 m 井深地下水 $NO_3^-$-N 平均含量总体 5 月份高于 10 月份，而且从 2006 年到 2012 年处于波浪式上升趋势。30～100 m 井深地下水 $NO_3^-$-N 平均含量总体 10 月份高于 5 月份，而且从 2006～2012 年变化平稳，波动不大。＞100 m 井深地下水 $NO_3^-$-N 平均含量 5 月份和 10 月份变化不明显，而且从 2006～2012 年变化平稳，波动不大。

### 4.3.4.3 冬小麦夏玉米种植区地下水硝酸盐变化特征

从 2006～2012 年冬小麦夏玉米种植区地下水 $NO_3^-$-N 年均含量变化结果看（图 4-115），年均含量变化范围在 4.4～7.4mg/L，平均为 5.8mg/L，低于国际上规定的地下水硝酸盐含量限量标准。总体趋势是逐年缓慢升高。除了 2009 年冬小麦夏玉米种植区地下水 $NO_3^-$-N 年平均含量明显升高以外，其他的年度较上年度相比均缓慢增高。总体趋势为 7 年间冬小麦夏玉米种植区地下水 $NO_3^-$-N 年均含量由 4.4mg/L 逐年升高至 7.4mg/L。2006～2012 年冬小麦夏玉米种植区地下水 $NO_3^-$-N 含量变异系数总体变化也是呈升高的趋势。7 年间冬小麦夏玉米种植区地下水 $NO_3^-$-N 年均变异系数由 2006 年的 126.0%逐年升高到 2012 年的 187.2%。对 2006～2012 年地下水 $NO_3^-$-N 年均含量与其年变异系数进行相关性分析可知，二者存在高度正相关关系，$R^2$=0.7884。

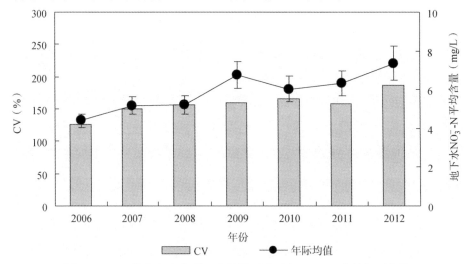

图 4-115  河北省冬小麦夏玉米种植区地下水 $NO_3^-$-N 含量年际变化

从 2006～2012 年冬小麦夏玉米种植区地下水样不同监测时期监测结果看（图 4-116），除在 2009 年 10 月份明显升高外，从 2006 年 5 月份到 2012 年 10 月份的地下水 $NO_3^-$-N 平均含量总体处于平稳中缓慢升高趋势。2006 年 5 月份至 2008 年 10 月份地下水 $NO_3^-$-N 平均含量基本平稳，2009 年 10 月份升到最高值，至 2010 年 10 月份又逐渐降低，随后至 2012 年 10 月份又缓慢升高。各监测时期变异系数变化与地下水 $NO_3^-$-N 平均含量的变化规律基本一致。随时间推移，地下水 $NO_3^-$-N 含量变异系数总体处于上下波动并缓慢上升的趋势。

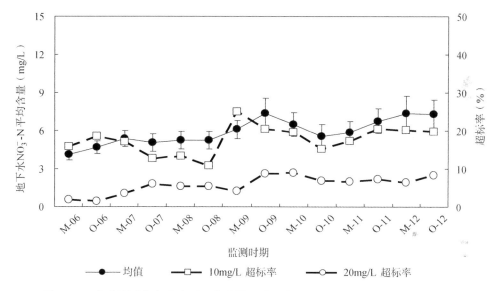

图4-116　各监测时期冬小麦夏玉米种植区地下水 $NO_3^-$-N 平均含量与超标率变化

从 2006～2012 年不同监测时期冬小麦夏玉米种植区地下水 $NO_3^-$-N 含量 10mg/L、20mg/L 超标率变化看（图 4-116），14 次监测中，地下水 $NO_3^-$-N 含量 10mg/L 超标率范围在 10.9%～30.6%，20mg/L 超标率范围在 2.3%～8.9%。2006～2012 年不同监测时期冬小麦夏玉米种植区地下水 $NO_3^-$-N 平均含量变异系数为 17.6%，2006～2012 年不同监测时期地下水 $NO_3^-$-N 含量 10mg/L 超标率和 20mg/L 超标率变异系数分别为 26.0% 和 31.3%，由此可知冬小麦夏玉米种植区 14 次监测水样 20mg/L 超标率变异性略高于 10mg/L 超标率变异性，各批地下水水样 $NO_3^-$-N 含量＞20mg/L 的出现频率差异性略高于各批地下水水样 $NO_3^-$-N 含量＞10mg/L 的出现频率差异性。

表 4-20　河北省各监测时期冬小麦夏玉米种植区地下水 NO$_3^-$-N 变异系数

| 年份 | 监测时期 | CV（%） | 样本数 | 监测时期 | CV（%） | 样本数 |
|------|----------|---------|--------|----------|---------|--------|
| 2006 | 5 月 | 131.3 | 152 | 10 月 | 120.5 | 129 |
| 2007 | 5 月 | 137.1 | 140 | 10 月 | 161.4 | 149 |
| 2008 | 5 月 | 160.1 | 149 | 10 月 | 153.1 | 147 |
| 2009 | 5 月 | 127.0 | 120 | 10 月 | 177.7 | 127 |
| 2010 | 5 月 | 154.8 | 112 | 10 月 | 178.0 | 118 |
| 2011 | 5 月 | 155.8 | 121 | 10 月 | 158.9 | 123 |
| 2012 | 5 月 | 199.8 | 124 | 10 月 | 173.9 | 121 |

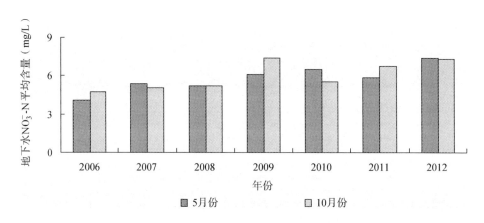

图 4-117　河北省各年 5 月份、10 月份冬小麦夏玉米种植区地下水 NO$_3^-$-N 平均含量

从 2006～2012 年冬小麦夏玉米种植区地下水 NO$_3^-$-N 含量研究结果可看出（图 4-117），2006～2012 年冬小麦夏玉米种植区 10 月份地下水 NO$_3^-$-N 平均含量较 5 月份地下水 NO$_3^-$-N 平均含量或降低或升高。2010 年冬小麦夏玉米种植区 10 月份地下水 NO$_3^-$-N 平均含量较 5 月份地下水 NO$_3^-$-N 平均含量有明显降低，2006 年、2009 年和 2011 年冬小麦夏玉米种植区 10 月份地下水 NO$_3^-$-N 平均含量较 5 月份地下水 NO$_3^-$-N 平均含量有明显升高；2007 年、2012 年冬小麦夏玉米种植区 10 月份地下水 NO$_3^-$-N 平均含量较 5 月份地下水 NO$_3^-$-N 平均含量

有微弱降低，2008 年 5 月份和 10 月份基本相同。冬小麦夏玉米种植区各年 5 月份地下水 $NO_3^-$-N 平均含量变异系数相对 10 月份变异系数以及变化幅度总体各有高低（表 4-20），但是基本趋同，没有显著差异，表明冬小麦夏玉米种植区 5 月份地下水 $NO_3^-$-N 平均含量变异性与 10 月份地下水 $NO_3^-$-N 平均含量变异性的趋势相同（图 4-118）。

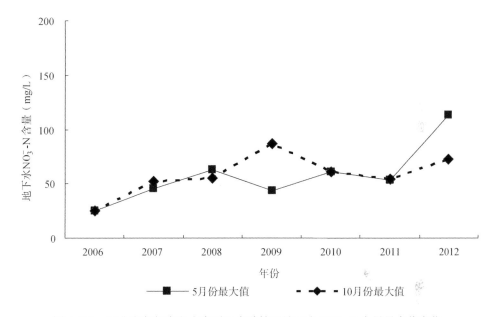

图 4-118　河北省各年度冬小麦夏玉米种植区地下水 $NO_3^-$-N 含量最大值变化

　　总体来看，除 2009 年和 2012 年外，各监测时期冬小麦夏玉米种植区 5 月份地下水 $NO_3^-$-N 含量最大值与 10 月份地下水 $NO_3^-$-N 含量最大值相当。2012 年冬小麦夏玉米种植区 5 月份地下水 $NO_3^-$-N 含量最大值显著高于 10 月份地下水 $NO_3^-$-N 含量最大值；2009 年冬小麦夏玉米种植区 5 月份地下水 $NO_3^-$-N 含量最大值显著低于于 10 月份地下水 $NO_3^-$-N 含量最大值；而 2006 年、2007 年、2008 年、2010 年和 2011 年 5 月份 $NO_3^-$-N 含量最大值与 10 月份没有显著差异。从 2006～2012 年冬小麦夏玉米种植区地下水 $NO_3^-$-N 含量最大值呈现波浪式波动，基本上一个高点过后两年处于低位，而后又反弹到高位，再后又进入两年的低位，再到高位。

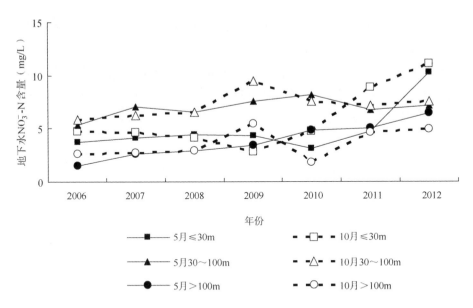

图 4-119　河北省各年度小麦玉米种植区不同井深地下水 $NO_3^-$-N 含量

从 2006～2012 年各监测时期冬小麦夏玉米种植区不同井深地下水样品监测结果可看出（图 4-119），冬小麦夏玉米种植区 30～100 m 井深地下水 $NO_3^-$-N 平均含量明显高于≤30 m 井深以及＞100 m 井深 $NO_3^-$-N 平均含量，≤30 m 井深地下水 $NO_3^-$-N 平均含量普遍高于井深＞100 m 地下水 $NO_3^-$-N 平均含量。冬小麦夏玉米种植区各个年度不同井深地下水 $NO_3^-$-N 平均含量总体 5 月份较 10 月份差异不显著，而且从 2006～2012 年处于波浪式缓慢上升趋势。

### 4.3.4.4　春玉米种植区地下水硝酸盐变化特征

从 2006～2012 年春玉米种植区地下水 $NO_3^-$-N 年均含量变化结果看（图 4-120），年均含量变化范围在 11.8～18.6mg/L，平均为 15.1mg/L，高于国际上规定的地下水硝酸盐含量限量标准。总体趋势为稳定降低趋势，但是 2009 年和 2010 年 $NO_3^-$-N 含量平均含量是最低的两年。2006 年至 2007 年春玉米种植区地下水 $NO_3^-$-N 年均含量维持在 18mg/L 左右，之后开始降低，降到 2009 年的 11.8mg/L，随后又开始缓慢上升，2012 年回升至 15.3mg/L。2006～2012 年春玉米种植区地下水 $NO_3^-$-N 含量变异系数总体变化呈升高的趋势。2006～2012 年春玉米种植区地下水 $NO_3^-$-N 含量变异系数波浪式增高，由 104.2%经 2007 年的上升、2008 年和 2009

年的下降，随后持续上升，2012 年春玉米种植区地下水 $NO_3^- $-N 含量变异系数达最高值 142.2%。对 2006～2012 年地下水 $NO_3^- $-N 年均含量与其年变异系数进行相关性分析可知，二者存在低度正相关关系，$R^2$=0.2021。

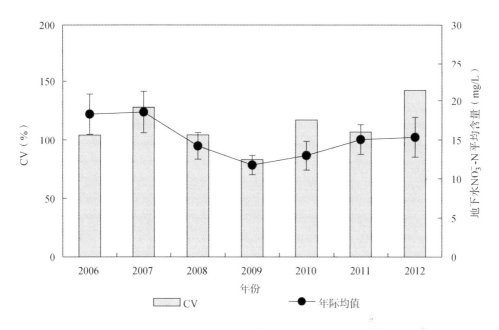

图 4-120　河北省春玉米种植区地下水 $NO_3^- $-N 含量年际变化

从 2006～2012 年春玉米种植区地下水样不同监测时期监测结果看（图 4-121），平均含量变化范围在 11.1～22.1mg/L，平均为 15.1mg/L，高于国际上规定的地下水硝酸盐含量限量标准。2006 年 5 月份到 2012 年 10 月份的 14 次监测中，地下水 $NO_3^- $-N 平均含量总体上处于在 10.0～20.0mg/L 小幅波动趋势，总体变化不大。各监测时期变异系数变化与地下水 $NO_3^- $-N 平均含量的变化规律基本上一致。随着时间的推移，地下水 $NO_3^- $-N 含量变异系数也呈小幅波动趋势，总体 5 月份高于 10 月份（表 4-21）。

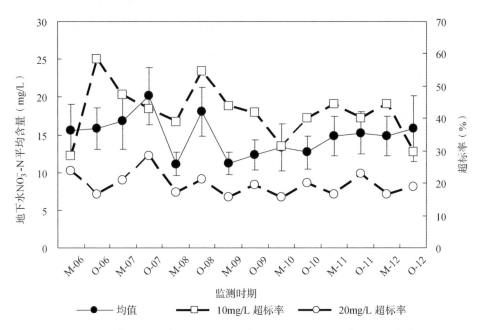

图 4-121　各监测时期春玉米种植区地下水 $NO_3^-$ -N 平均含量与超标率变化

表 4-21　河北省各监测时期春玉米种植区地下水 $NO_3^-$ -N 变异系数

| 年份 | 监测时期 | CV（%） | 样本数 | 监测时期 | CV（%） | 样本数 |
|---|---|---|---|---|---|---|
| 2006 | 5 月 | 102.1 | 21 | 10 月 | 84.5 | 24 |
| 2007 | 5 月 | 136.3 | 38 | 10 月 | 122.0 | 42 |
| 2008 | 5 月 | 91.3 | 41 | 10 月 | 102.8 | 33 |
| 2009 | 5 月 | 77.2 | 32 | 10 月 | 88.6 | 31 |
| 2010 | 5 月 | 131.1 | 32 | 10 月 | 102.2 | 35 |
| 2011 | 5 月 | 104.8 | 36 | 10 月 | 109.9 | 35 |
| 2012 | 5 月 | 106.5 | 36 | 10 月 | 167.9 | 37 |

从 2006～2012 年不同监测时期春玉米种植区地下水 $NO_3^-$ -N 含量 10mg/L、20mg/L 超标率变化看（图 4-121），14 次监测中，地下水 $NO_3^-$ -N 含量 10mg/L 超标率范围在 28.6%～58.3%，20mg/L 超标率范围在 16.7%～28.6%。2006～2012 年不同

监测时期春玉米种植区地下水 $NO_3^-$-N 平均含量变异系数为 17.3%，2006～2012 年地下水 $NO_3^-$-N 含量 10mg/L 超标率和 20mg/L 超标率变异系数分别为 20.2%和 18.9%，由此可知春玉米种植区 14 次监测水样 20mg/L 超标率变异性与 10mg/L 超标率变异性基本相当，各批地下水水样 $NO_3^-$-N 含量＞20mg/L 的出现频率差异性与各批地下水水样 $NO_3^-$-N 含量＞10mg/L 的出现频率差异性相当。

从 2006～2012 年春玉米种植区地下水 $NO_3^-$-N 含量研究结果可看出（图 4-122、图 4-123），2010 年，春玉米种植区 10 月份地下水 $NO_3^-$-N 含量较 5 月份地下水 $NO_3^-$-N 含量有所降低，而 2007 年、2008 年、2009 年及 2012 年春玉米种植区 10 月份地下水 $NO_3^-$-N 含量较 5 月份地下水 $NO_3^-$-N 含量升高，2006 年和 2011 年 5 月份和 10 月份地下水 $NO_3^-$-N 含量基本相同。而且春玉米种植区各年 5 月份地下水 $NO_3^-$-N 含量变异系数普遍高于 10 月份（表 4-21），且各年 5 月份变异系数相对 10 月份变异系数的总体变化幅度较大，表明春玉米种植区 5 月份地下水 $NO_3^-$-N 含量变异性大于 10 月份地下水 $NO_3^-$-N 含量变异性。除去 2012 年春玉米种植区 10 月份地下水 $NO_3^-$-N 含量最大值明显高于 5 月份外，2007 年和 2010 年春玉米种植区 5 月份地下水 $NO_3^-$-N 含量最大值均高于 10 月份地下水 $NO_3^-$-N 含量最大值，其余年度春玉米种植区 5 月份地下水 $NO_3^-$-N 含量最大值与 10 月份地下水 $NO_3^-$-N 含量最大值基本一致。最大值的变化趋势与监测期地下水 $NO_3^-$-N 含量变异系数变化趋势相同，但是规律性不强。

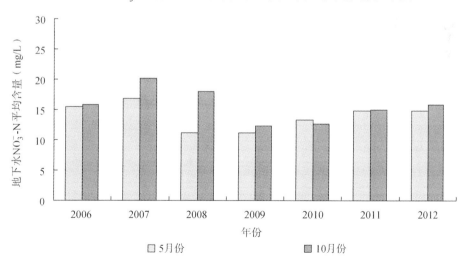

图 4-122　河北省各年 5 月份、10 月份春玉米种植区地下水 $NO_3^-$-N 平均含量

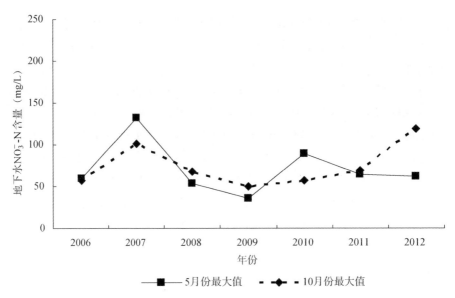

图 4-123　河北省各年度春玉米种植区地下水 $NO_3^-$-N 含量最大值变化

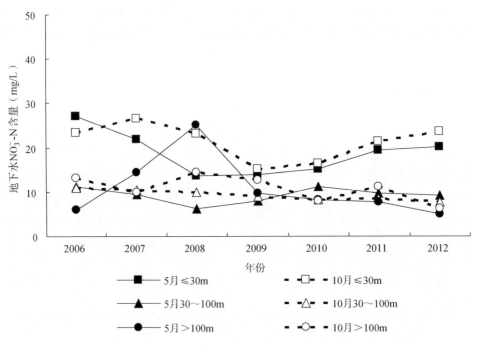

图 4-124　河北省各年度春玉米种植区不同井深地下水 $NO_3^-$-N 含量

从 2006～2012 年各监测时期春玉米种植区不同井深地下水样品监测结果可看出（图 4-124），除去 2008 年＞100 m 井深 $NO_3^-$-N 含量异常外，春玉米种植区≤30 m 井深地下水 $NO_3^-$-N 平均含量均明显高于 30～100 m 井深以及＞100 m 井深 $NO_3^-$-N 平均含量，30～100 m 井深地下水 $NO_3^-$-N 平均含量普遍与＞100 m 井深地下水 $NO_3^-$-N 平均含量近似，差异不明显。≤30 m 井深地下水 $NO_3^-$-N 平均含量总体 10 月份高于 5 月份，而且从 2006～2012 年处于从高位降低再缓慢升高趋势。30～100 m 井深以及＞100 m 井深地下水 $NO_3^-$-N 平均含量，除去 2008 年，从 2006～2012 年变化平稳，波动不大。

### 4.3.4.5 棉花种植区地下水硝酸盐变化特征

从 2006～2012 年棉花种植区地下水 $NO_3^-$-N 年均含量变化结果看（图 4-125），年均含量变化范围在 0.4～1.2mg/L，平均为 0.5mg/L，远远低于国际上规定的地下水硝酸盐含量限量标准。总体趋势为先升高后降低再升高。2006～2008 年棉花种植区地下水 $NO_3^-$-N 年均含量由 0.3mg/L 逐年升至 1.1mg/L，之后的 2009 年降至 0.4mg/L，2010 年和 2011 年保持在 0.4mg/L。除去 2008 年和 2012 年，2006～2012 年棉花种植区地下水 $NO_3^-$-N 含量变异系数基本保持平稳趋势。对 2006～2012 年地下水 $NO_3^-$-N 年均含量与其年变异系数进行相关性分析可知，二者存在低度正相关关系，$R^2$=0.2773。

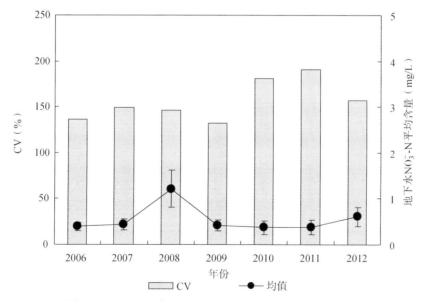

图 4-125　河北省棉花种植区地下水 $NO_3^-$-N 含量年际变化

从 2006～2012 年棉花种植区地下水不同监测时期监测结果看（图 4-126），2006～2012 年棉花种植区 14 次监测中，地下水 $NO_3^-$-N 平均含量在 0.3～1.2mg/L，平均为 0.5mg/L。除 2008 年 10 月份地下水 $NO_3^-$-N 平均含量稍高外，其余变化不明显。但各监测时期变异系数变化明显，在 99.0%～211.0%波动（表 4-22）。

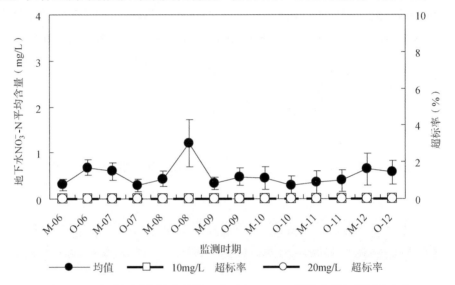

图 4-126　各监测时期棉花种植区地下水 $NO_3^-$-N 平均含量与超标率变化

表 4-22　河北省各监测时期棉花种植区地下水 $NO_3^-$-N 变异系数

| 年份 | 监测时期 | CV（%） | 样本数 | 监测时期 | CV（%） | 样本数 |
| --- | --- | --- | --- | --- | --- | --- |
| 2006 | 5 月 | 183.5 | 22 | 10 月 | 99.8 | 16 |
| 2007 | 5 月 | 125.6 | 15 | 10 月 | 183.8 | 16 |
| 2008 | 5 月 | 158.0 | 16 | 10 月 | 146.1 | 12 |
| 2009 | 5 月 | 131.3 | 10 | 10 月 | 132.6 | 11 |
| 2010 | 5 月 | 164.3 | 9 | 10 月 | 211.0 | 10 |
| 2011 | 5 月 | 210.2 | 9 | 10 月 | 185.1 | 10 |
| 2012 | 5 月 | 172.0 | 10 | 10 月 | 148.9 | 11 |

从 2006～2012 年不同监测时期棉花种植区地下水 $NO_3^-$-N 含量 10mg/L、20mg/L 超标率变化看（图 4-126），14 次监测中，地下水 $NO_3^-$-N 含量 10mg/L 和 20mg/L 超标率均为 0.0%。2006～2012 年不同监测时期棉花种植区地下水

$NO_3^-$-N 平均含量变异系数为 48.4%，2006～2012 年不同监测时期地下水 $NO_3^-$-N 含量 10mg/L 超标率和 20mg/L 超标率变异系数分别为 0.0% 和 0.0%，由此可知棉花种植区 14 次监测水样 20mg/L 超标率与 10mg/L 超标率一致，含量非常稳定。

从 2006～2012 年棉花种植区地下水 $NO_3^-$-N 含量研究结果可看出（图 4-127、图 4-128），棉花种植区 10 月份地下水 $NO_3^-$-N 含量较 5 月份地下水 $NO_3^-$-N 含量有的降低，有的升高，规律性不强。2008 年 10 月份及 2009 年 5 月份棉花种植区

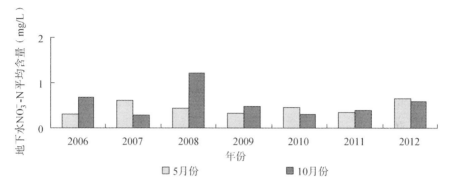

图 4-127　河北省 2006～2012 年 5 月份、10 月份棉花种植区地下水 $NO_3^-$-N 平均含量

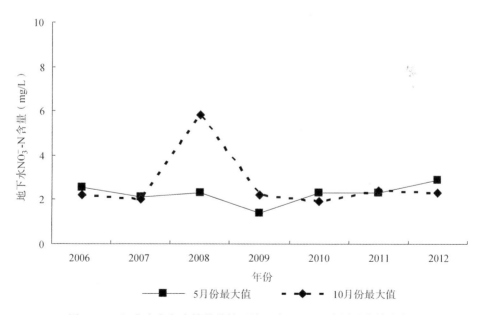

图 4-128　河北省各年度棉花种植区地下水 $NO_3^-$-N 含量最大值变化

地下水 NO$_3^-$-N 含量变幅较小，主要因为棉花种植区地下水水位深，地下水 NO$_3^-$-N 含量也低。而且棉花种植区各年 5 月份地下水 NO$_3^-$-N 含量变异系数与 10 月份的变异系数也接近（表 4-22），5 月份变异系数相对 10 月份变异系数变化幅度也较小。除去 2008 年棉花种植区 10 月份地下水 NO$_3^-$-N 含量最大值异常高于 5 月份外，其余年度棉花种植区 5 月份地下水 NO$_3^-$-N 含量最大值与 10 月份地下水 NO$_3^-$-N 含量最大值基本一致。

从 2006～2012 年各监测时期棉花种植区不同井深地下水样品监测结果可看出（图 4-129），除去 2008 年＞100 m 井深 NO$_3^-$-N 含量异常外，棉花种植区≤30 m 井深地下水 NO$_3^-$-N 平均含量均明显高于 30～100 m 井深以及＞100 m 井深 NO$_3^-$-N 平均含量，2010 年之前 30～100 m 井深地下水 NO$_3^-$-N 平均含量普遍与＞100 m 井深地下水 NO$_3^-$-N 平均含量近似，差异不明显；2010 年开始至 2012 年，30～100m 井深地下水 NO$_3^-$-N 平均含量明显低于＞100m 井深地下水 NO$_3^-$-N 平均含量。≤30m 井深地下水 NO$_3^-$-N 平均含量总体 5 月份高于 10 月份，而且从 2006～2012 年基本处于微小波动趋势。30～100m 井深以及＞100 m 井深地下水 NO$_3^-$-N 平均含量，除去 2008 年，从 2006～2012 年变化平稳，波动不大。

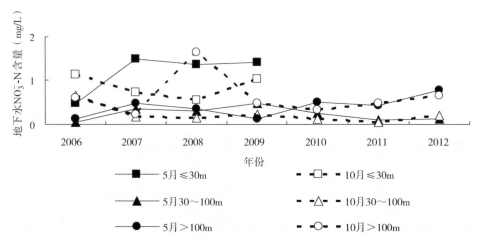

图 4-129　河北省各年度棉花种植区不同井深地下水 NO$_3^-$-N 含量

#### 4.3.4.6 果园地下水硝酸盐变化特征

从 2006～2012 年果园种植区地下水 NO$_3^-$-N 年均含量变化结果看（图 4-130），年均含量变化范围在 1.9～5.6mg/L，平均为 4.1mg/L，远低于国际上规定的地下水硝酸盐含量限量标准。总体变化趋势是波浪式缓慢上升，从 2006 年 2.5mg/L 左右开始，经过 2007 年的上升，2008 年降低，2009 年的上升和 2010 年的降低，随后 2011 年和 2012 年增高，果园种植区地下水 $NO_3^-$-N 年均含量升至 5.5mg/L。2006～2012 年果园种植区地下水 $NO_3^-$-N 含量变异系数除去 2007 年外，基本保持平稳趋势。对 2006～2012 年地下水 $NO_3^-$-N 年均含量与其变异系数进行相关性分析可知，二者存在低度正相关关系，$R^2$=0.2841。

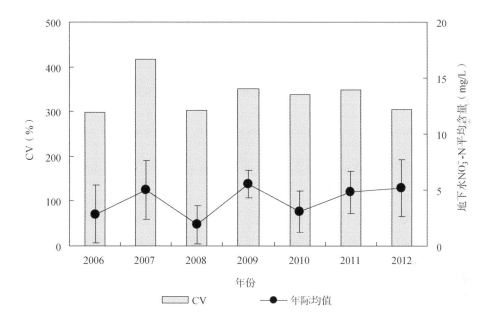

图 4-130　河北省果树种植区地下水 $NO_3^-$-N 含量年际变化

　　从 2006～2012 年果园种植区地下水样不同监测时期监测结果看（图 4-131），2006 年 5 月份到 2012 年 10 月份的 14 次监测中，地下水 $NO_3^-$-N 平均含量总体上处于逐步升高趋势，基本上从 2006 年的 3.0mg/L 左右开始，逐步上升到 2012 年 10 月份的 6.0mg/L 左右，增加了约一倍。可见果园地下水 $NO_3^-$-N 平均含量在这几年受到外界的影响在逐步升高。各监测时期变异系数变化与地下水 $NO_3^-$-N 平均含量的变化规律基本上一致（表 4-23）。随着时间的推移，地下水 $NO_3^-$-N 含量变异系数围绕着 300.0%，以＜100% 的波幅上下波动，但是总体没有升高和降低。

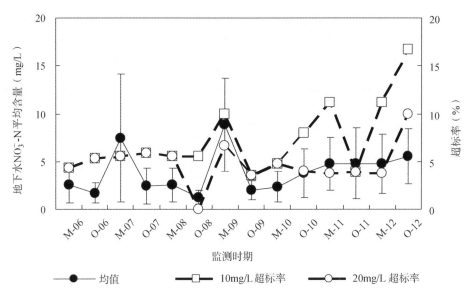

图 4-131 各监测时期果树种植区地下水 $NO_3^-$-N 平均含量与超标率变化

从 2006～2012 年不同监测时期果树种植区地下水 $NO_3^-$-N 含量 10mg/L、20mg/L 超标率变化看（图 4-131），14 次监测中，地下水 $NO_3^-$-N 含量 10mg/L 超标率范围在 3.6%～16.7%，20mg/L 超标率范围在 0.1%～10.1%。2006～2012 年不同监测时期果园种植区地下水 $NO_3^-$-N 平均含量变异系数为 52.9%，2006～2012 年不同监测时期地下水 $NO_3^-$-N 含量 10mg/L 超标率和 20mg/L 超标率变异系数分别为 48.1%和 56.9%，由此可知蔬菜种植区 14 次监测水样 20mg/L 超标率变异性略高于 10mg/L 超标率变异性。各批地下水水样 $NO_3^-$-N 含量＞20mg/L 的出现频率差异性略高于各批地下水水样 $NO_3^-$-N 含量＞10mg/L 的出现频率差异性。

表 4-23 河北省各监测时期果树种植区地下水 $NO_3^-$-N 变异系数

| 年份 | 监测时期 | CV（%） | 样本数 | 监测时期 | CV（%） | 样本数 |
|------|---------|---------|--------|---------|---------|--------|
| 2006 | 5 月 | 355.0 | 23 | 10 月 | 274.7 | 19 |
| 2007 | 5 月 | 380.9 | 18 | 10 月 | 315.6 | 17 |
| 2008 | 5 月 | 296.2 | 18 | 10 月 | 254.4 | 18 |
| 2009 | 5 月 | 298.6 | 30 | 10 月 | 259.4 | 28 |
| 2010 | 5 月 | 308.4 | 21 | 10 月 | 340.8 | 25 |
| 2011 | 5 月 | 299.2 | 27 | 10 月 | 397.9 | 26 |
| 2012 | 5 月 | 338.7 | 27 | 10 月 | 283.4 | 30 |

从 2006～2012 年果园种植区地下水 $NO_3^-$-N 含量研究结果可看出（图 4-132、图 4-133），在 2006 年、2007 年、2008 年和 2009 年，果园种植区 10 月份地下水 $NO_3^-$-N 含量较 5 月份地下水 $NO_3^-$-N 含量明显降低，2010 和 2012 年，10 月份果园种植区地下水 $NO_3^-$-N 含量较 5 月份地下水 $NO_3^-$-N 含量明显增加。2011 年果园种植区 10 月份地下水 $NO_3^-$-N 含量与 5 月份地下水 $NO_3^-$-N 含量基本相当。而且果园种植区各年 5 月份地下水 $NO_3^-$-N 含量变异系数与 10 月份的变异系数也接近，5 月份变异系数相对 10 月份变异系数变化幅度也没有显著差异。同时 2006 年、2007年、2008 年和 2009 年，果园种植区 5 月份地下水 $NO_3^-$-N 含量最大值高于 10 月份地下水 $NO_3^-$-N 含量最大值，而 2010 年和 2011 年果园种植区 10 月份地下水 $NO_3^-$-N 含量最大值高于 5 月份地下水 $NO_3^-$-N 含量最大值，2012 年果园种植区 10 月份地下水 $NO_3^-$-N 含量最大值与 5 月份相当。

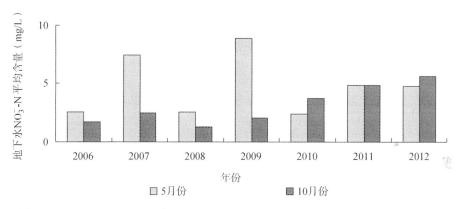

图 4-132　河北 2006～2012 年 5 月份、10 月份果树种植区地下水 $NO_3^-$-N 平均含量

从 2006～2012 年各监测时期果园种植区不同井深地下水样品监测结果可看出（图 4-134），除去 2007 年和 2009 年 30～100 m 井深果园种植区地下水 $NO_3^-$-N 含量异常增高外，其余均符合缓慢上升的总趋势。前几年 5 月份果园种植区地下水 $NO_3^-$-N 含量高于 10 月份，但是从 2010 年开始，10 月份果园种植区地下水 $NO_3^-$-N 含量高于 5 月份。2010 年之前总体上 30～100 m 井深果园种植区地下水 $NO_3^-$-N 含量高于≤30m 井深地下水 $NO_3^-$-N 平均含量以及＞100 m 井深 $NO_3^-$-N 平均含量；2010 年之后，30～100m 井深果园种植区地下水 $NO_3^-$-N 含量则低于≤30m 地下水 $NO_3^-$-N 平均含量，高于＞100m 井深 $NO_3^-$-N 平均含量。

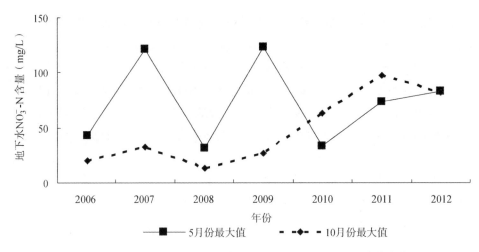

图 4-133  河北省各年度果树种植区地下水 $NO_3^-$-N 含量最大值变化

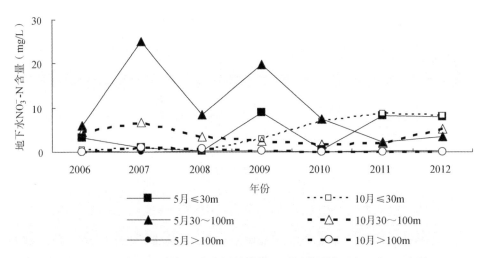

图 4-134  2006～2012 年河北省果树种植区不同井深地下水 $NO_3^-$-N 含量

#### 4.3.4.7  其他作物种植区地下水硝酸盐变化特征

从 2006～2012 年其他作物种植区地下水 $NO_3^-$-N 年均含量变化结果看（图 4-135），年均含量变化范围在 0.2～9.0mg/L，平均为 2.9mg/L，远低于国际上规定的地下水硝酸盐含量限量标准。总体趋势是缓慢降低，从 2006 年 9.0mg/L 左右开始，经过 2007 年的降低，2008 年上升，2009 年以后的降低，其他作物种植区地下水 $NO_3^-$-N 年均含量降至 0.2mg/L。2006～2012 年其他作物种植区地下水

$NO_3^-$-N 含量变异系数除去 2008 年和 2009 量较高外，基本保持平稳趋势。对 2006 年到 2012 年地下水 $NO_3^-$-N 年均含量与其变异系数进行相关性分析可知，如果除去 2006 年和 2007 年的异常，二者存在高度正相关关系，$R^2$=0.9875。

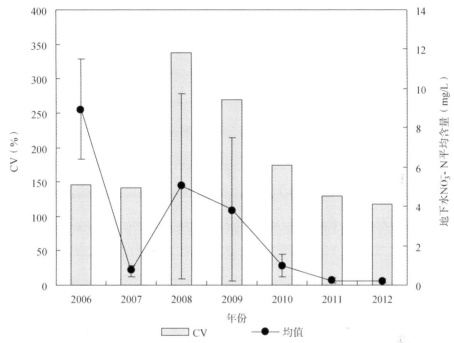

图 4-135　2006～2012 年河北省其他作物种植区地下水 $NO_3^-$-N 含量年际变化

从 2006～2012 年其他作物种植区地下水样不同时期监测结果看（图 4-136），平均含量变化范围在 0.1～13.0mg/L，平均为 2.9mg/L，远低于国际上规定的地下水硝酸盐含量限量标准。除 2006 年 5 月份和 10 月份、2008 年 10 月份以及 2009 年 5 月份，其他作物种植区地下水 $NO_3^-$-N 平均含量很低，普遍低于 1.0mg/L。其他作物种植区地下水 $NO_3^-$-N 平均含量总体上处于降低趋势，除去 2006 年 5 月份和 10 月份、2008 年 10 月份以及 2009 年 5 月份。各监测时期变异系数变化与地下水 $NO_3^-$-N 平均含量的变化规律差异明显（表 4-24）。随着时间的推移，地下水 $NO_3^-$-N 含量变异系数处于 150.0%左右上下摆动，变幅一般不超过 50.0%。

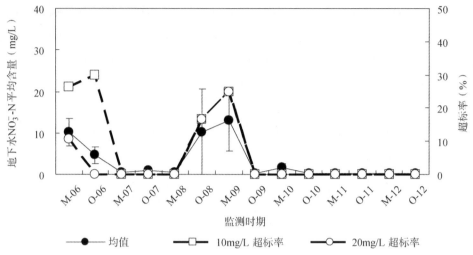

图 4-136　各监测时期其他作物种植区地下水 $NO_3^-$-N 平均含量与超标率变化

　　从 2006～2012 年不同监测时期其他作物种植区地下水 $NO_3^-$-N 含量 10mg/L、20mg/L 超标率变化看（图 4-136），14 次监测地下水 $NO_3^-$-N 含量 10mg/L 超标率范围在 0.0%～30.0%，20mg/L 超标率范围在 0.0%～16.7%。2006～2012 年不同监测时期其他作物种植区地下水 $NO_3^-$-N 平均含量变异系数为 148.7%，2006～2012年不同监测时期地下水 $NO_3^-$-N 含量 10mg/L 超标率和 20mg/L 超标率变异系数分别为 169.8% 和 206.1%，由此可知其他作物种植区 14 次监测水样 20mg/L 超标率变异性高于 10mg/L 超标率变异性，各批地下水水样 $NO_3^-$-N 含量>20mg/L 的出现频率差异性高于各批地下水水样 $NO_3^-$-N 含量>10mg/L 的出现频率差异性。

表 4-24　河北省各监测时期其他作物种植区地下水 $NO_3^-$-N 变异系数

| 年份 | 监测时期 | CV（%） | 样本数 | 监测时期 | CV（%） | 样本数 |
|------|---------|---------|--------|---------|---------|--------|
| 2006 | 5 月 | 142.4 | 19 | 10 月 | 140.0 | 10 |
| 2007 | 5 月 | 179.0 | 6 | 10 月 | 125.3 | 6 |
| 2008 | 5 月 | 184.5 | 7 | 10 月 | 244.0 | 6 |
| 2009 | 5 月 | 197.7 | 4 | 10 月 | 75.4 | 4 |
| 2010 | 5 月 | 128.3 | 5 | 10 月 | 200.0 | 4 |
| 2011 | 5 月 | 134.3 | 3 | 10 月 | 154.4 | 3 |
| 2012 | 5 月 | 122.3 | 3 | 10 月 | 137.1 | 3 |

从 2006～2012 年其他作物种植区地下水 $NO_3^-$-N 含量研究结果可看出（图4-137、图4-138），除 2006 年 5 月份和 10 月份、2008 年 10 月份以及 2009 年 5 月份，其他作物种植区地下水 $NO_3^-$-N 平均含量很低，10 月份和 5 月份其他作物种植区地下水 $NO_3^-$-N 含量变化不规律。而且其他作物种植区各年 5 月份地下水 $NO_3^-$-N 含量变异系数与 10 月份的变异系数也接近，仅仅是 2008 年和 2009 年 10 月份变异系数相对变化幅度大。同时 2006 年和 2009 年，其他作物种植区 5 月份地下水 $NO_3^-$-N 含量最大值高于 10 月份地下水 $NO_3^-$-N 含量最大值，2008 年则是 10 月份 $NO_3^-$-N 含量最大值大于 5 月份，而其余年度种植区地下水 $NO_3^-$-N 含量最大值很低。

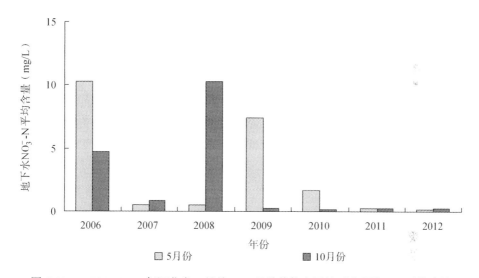

图 4-137　2006～2012 年河北省 5 月份、10 月份其他农区地下水 $NO_3^-$-N 平均含量

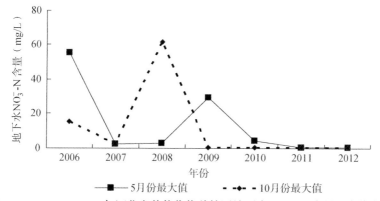

图 4-138　2006～2012 年河北省其他作物种植区地下水 $NO_3^-$-N 含量最大值变化

从 2006～2012 年各监测时期其他作物种植区不同井深地下水样品监测结果可看出（图 4-139），除去 2006 年 5 月份和 10 月份、2008 年 10 月份以及 2009 年 5 月份，其他作物种植区地下水 $NO_3^-$-N 平均含量很低，不论是 ≤30 m 井深，还是 30～100 m 井深以及 >100 m 井深其他作物种植区地下水 $NO_3^-$-N 含量均很低，总体趋势是波动降低。

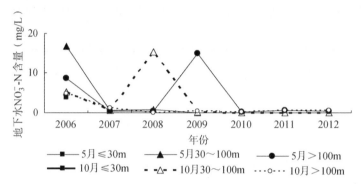

图 4-139 河北省各年度其他作物种植区不同井深地下水 $NO_3^-$-N 含量

## 4.4 山东

### 4.4.1 地下水硝酸盐含量特征

从 2005～2012 年分别于 5 月份和 10 月份（2005 年仅在 5 月份取样 1 次）在山东省典型集约化农区采集地下水水样并监测地下水 $NO_3^-$-N 含量共计 15 次，水样合计 3691 个，其中 5 月份采集水样 2044 个，10 月份采集水样 1647 个。监测数据（表 4-25）表明，山东省部分地区地下水硝酸盐累积问题十分突出。尽管研究区地下水中 $NO_3^-$-N 含量平均值为 17.7mg/L，未超过 20mg/L（GB/T 14848—93）的限量标准，但差异较大，从痕量到 184.6mg/L，变异系数达到了 123.0%。若以国家生活饮用水卫生标准（10mg/L）衡量，其中约 48.3% 的地下水水样超标，有 28.5% 的地下水水样甚至严重超标（超过 20mg/L）。从图 4-140 可以看出，山东省典型集约化农区硝酸盐潜在污染风险较大，如不及时控制，极易造成水质恶化。根据我国地下水质量标准（GB/T 14848—93），以水中 $NO_3^-$-N 含量衡量，研究区地下水水质 I 类（≤2mg/L）、II 类（2～5mg/L）、III 类（5～20mg/L）、IV 类（20～30mg/L）、V 类（>30mg/L）水比例分别为 22.7%、10.5%、38.3%、9.5%、19.0%，

III类水远高于其他类比重。

监测数据还表明（表4-25、图4-141、图4-142），地下水硝酸盐含量在不同监测时期存在差异，从整个监测时期来看，雨季后（10月份）较雨季前（5月份）呈弱上升趋势。2005～2012年8年总体5月份、10月份地下水样 $NO_3^- -N$ 含量平均值分别为16.8mg/L和17.6mg/L，最大值分别为181.6mg/L和184.6mg/L，超标率（10mg/L）分别为45.5%和51.8%，5月份略低于10月份，但变异系数和严重超标率（20mg/L）却高于10月份。从各水质所占比重来看，两者I类、IV类、V类所占比重非常接近，但II类、III类比重差异较大，10月份III类比重明显大于于5月份，10月份II类比重明显小于5月份。这表明，雨季后较雨季前，地下水硝酸盐含量呈弱增加趋势，这可能与来自地表径流和淋溶液中的 $NO_3^- -N$ 对地下水的净补给有关，地下水 $NO_3^- -N$ 含量较低的地区表现的尤为明显。

表 4-25　山东省 2005～2012 年地下水 $NO_3^- -N$ 含量

| 参数 | 样品数 | 平均值（mg/L） | 最大值（mg/L） | 最小值（mg/L） | 变异系数（%） | 10mg/L超标率（%） | 20mg/L超标率（%） |
|---|---|---|---|---|---|---|---|
| 合计 | 3691 | 17.7 | 184.6 | 痕量 | 123.0 | 48.3 | 28.5 |
| 5 月 | 2044 | 16.8 | 181.6 | 痕量 | 127.3 | 45.5 | 29.0 |
| 10 月 | 1647 | 17.6 | 184.6 | 痕量 | 122.5 | 51.8 | 28.0 |

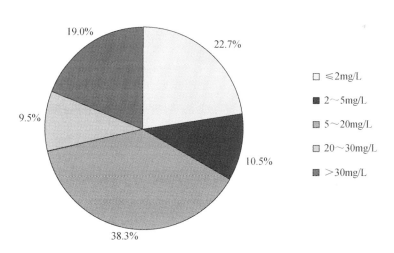

图 4-140　2005～2012 年山东省全体样本地下水 $NO_3^- -N$ 含量五类水体所占比例

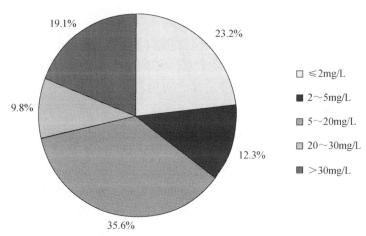

图 4-141　2005～2012 年山东省 5 月份样本地下水 $NO_3^-$-N 含量五类水体所占比例

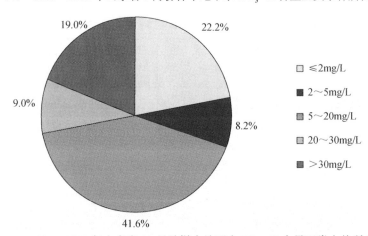

图 4-142　2005～2012 年山东省 10 月份样本地下水 $NO_3^-$-N 含量五类水体所占比例

　　如果把 3691 个水样的 $NO_3^-$-N 含量看成是一个总体样本，采用 Kolmogorov-Smirnov 对其进行正态性分检验，检验结果表明山东省地下水 $NO_3^-$-N 含量总体样本并不符合正态分布。把总体样本分成 62（$\sqrt{3691}+1$）个组，每个组的数据空间为（184.6−0）/61=3.04mg/L，再计算落入该空间的频率（频数/样本总数×100%），获得山东省地下水 $NO_3^-$-N 含量分布图，见图 4-143。从图中可以看出，$NO_3^-$-N 含量落入空间 0～3.04mg/L 的频数最高，占样品总数的 22.19%。到空间 6.08～9.12mg/L 止，除空间 0～3.04mg/L 外，各空间频率呈上升趋势，在空间 6.08～9.12mg/L 之后，各空间呈下降趋势，到空间 51.66～54.69mg/L 时，其频率接近于 0。各 $NO_3^-$-N 含量的累积分布频率见图 4-144。从图中可以看出，当 $NO_3^-$-N 含量≤15.19mg/L，累积频率增速最快，累积频率达到了 63.23%，即 $NO_3^-$-N 含量≤15.19mg/L 的样品占总数的 63.23%，之后累积频率增速迅速下降，到 $NO_3^-$-N 含量为 48.62mg/L 时，累积频率达到了 90.98%，即 $NO_3^-$-N 含量≤48.62mg/L 的样品，占样品总数的 90.98%。近 2/3 地下水样品 $NO_3^-$-N 含量低于 18.24mg/L，该值非常接近平均值（17.7mg/L），说明部分监测点地下水硝酸盐的过量累积拉高了整体的平均值，反映出山东省只是部分集约化农区地下水发生了硝酸盐超累积现象。

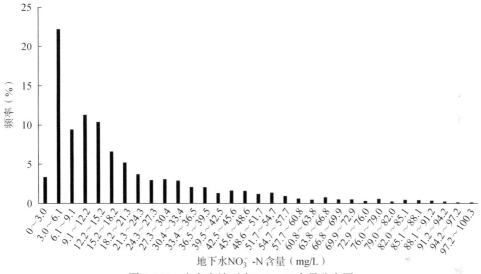

图 4-143　山东省地下水 $NO_3^-$-N 含量分布图

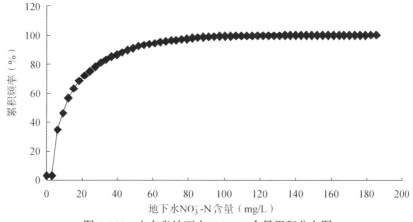

图 4-144　山东省地下水 $NO_3^-$-N 含量累积分布图

### 4.4.2 地下水硝酸盐动态变化

从 2005～2012 年地下水 $NO_3^-$-N 年均含量变化结果看（图 4-145），总体趋势为先降低后增加后又降低，整体呈上升趋势，表明山东省地下水 $NO_3^-$-N 累积呈弱加重趋势。2006～2009 年地下水 $NO_3^-$-N 年均含量逐年降低，由 2006 年的 21.5mg/L 降至 2009 年的 7.4mg/L，而后逐年递增，至 2011 年达到整个监测时期的最高值 23.3mg/L，2012 年又有所降低，与 2010 年持平。这一变化，除了可能与降水的变化有关外，可能还与施氮量的变化有关，2007～2009 年正值我国肥料价格较高时期，这一时期，肥料的实物量可能没有下降，但实际氮含量却在下降，导致了施氮量的下降。从 2005～2012 年研究区全部样本地下水 $NO_3^-$-N 含量变异系数变化曲线可知，2005～2007 年地下水 $NO_3^-$-N 年含量变异系数处于高位稳定阶段，从 2008～2011 年出现了剧烈波动，呈现先升后降再升的变化，2012 年又有所降，但整体呈现明显上升的趋势。这表明，山东省地下水 $NO_3^-$-N 含量升高的地区在不断扩展，由个别点的污染向整个地区发展，但从数值上看，只有 2009 年和 2012 年 $NO_3^-$-N 含量变异系数低于 100%，其他年份在 100%～160%，说明山东省地下水 $NO_3^-$-N 平均含量上升主要还是由个别点和个别地区地下水硝酸盐含量上升造成的。2008～2012 年地下水 $NO_3^-$-N 含量与变异系数具有相同的变化趋势也能说明这一点，两者都经历了先降后升再下降的变化。含量高的地区往往是比较敏感的地区，当整体含量下降时这一地区往往先下降，导致变异系数下降，同样，当整体含量上升时这一地区往往先上升，导致变异系数升高。总之，山东省地下水 $NO_3^-$-N 平均含量多数年份较高（>10mg/L），且呈弱上升趋势，地下水 $NO_3^-$-N 平均含量的升高主要由个别点和个别地区地下水 $NO_3^-$-N 含量上升造成的，但含量升高的区域在扩展。

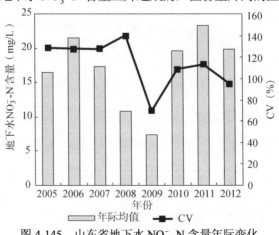

图 4-145　山东省地下水 $NO_3^-$-N 含量年际变化

从 2005~2012 年不同监测时期监测结果看（图 4-146），地下水 $NO_3^-$-N 平均含量随监测时期的变化规律与随年际的变化规律相同，整体都表现为先升后降再升再降（M 型）。从同时期来看，5 月份地下水 $NO_3^-$-N 平均含量也呈先升后降再升再降（M 型）趋势；10 月份地下水 $NO_3^-$-N 平均含量呈先降后升再降再升（W 型），与年际变化规律不一致。即使同一年份，两个月份地下水 $NO_3^-$-N 平均含量也存在差异，2006 年、2010 年、2012 年 $NO_3^-$-N 含量 5 月份低于 10 月份；而 2007 年、2008 年、2009 年及 2011 年是 5 月份高于 10 月份，在整个监测期内没有表现出统一的规律。地下水 $NO_3^-$-N 含量变异系数随监测时期的变化规律与随年际的变化规律相同，整体都表现为先升后降再升再降。从同时期来看，5 月份地下水 $NO_3^-$-N 含量变异系数呈先降后升再降再升再降，与年际变化规律不一致；10 月份地下水 $NO_3^-$-N 含量变异系数则呈先升后降再升再降（M 型）。即使同一年份，两个月份地下水 $NO_3^-$-N 含量变异系数也存在差异，2007 年 5 月份低于 10 月份；而 2006 年和 2008 年、2009 年、2010 年、2011 年、2012 年是 5 月份高于 10 月份，在整个监测期整体表现出 $NO_3^-$-N 含量变异系数 5 月份大于 10 月份，这可能与 5 月份之前的约半年时间降雨少，少部分样点和地区地下水 $NO_3^-$-N 含量高造成的。10 月份正值山东省雨季过后，土壤中累积的 $NO_3^-$-N 容易随径流或淋溶进入地下水，提高了整个研究区地下水 $NO_3^-$-N 含量或由于稀释作用降低了整个研究区地下水 $NO_3^-$-N 含量，但都降低了变异系数。

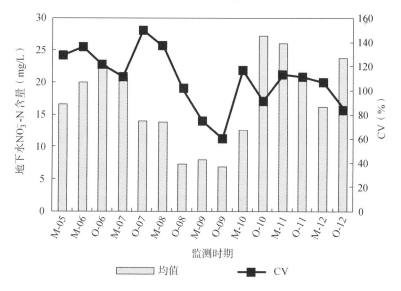

图 4-146　山东省各监测期地下水 $NO_3^-$-N 平均含量及变异系数变化

　　从 2005～2012 年不同监测时期地下水 $NO_3^--N$ 含量 10mg/L、20mg/L 超标率变化看（图 4-147），所监测的 15 次地下水 $NO_3^--N$ 含量 10mg/L 超标率范围在 11.7%～70.0%，20mg/L 超标率范围在 0.0%～51.7%。2005 年到 2012 年不同监测时期地下水 $NO_3^--N$ 含量 10mg/L、20mg/L 超标率均呈先升后降再升后降再升的趋势，都整体呈上升趋势，表明地下水硝酸盐污染呈上升趋势。超标率随时间的变化规律与地下水 $NO_3^--N$ 平均含量的变化规律相同，而且具有较好的同步性。对 2005～2012 年不同监测时期地下水 $NO_3^--N$ 含量 10mg/L、20mg/L 超标率与相应时期地下水 $NO_3^--N$ 平均含量进行相关性分析（图 4-148）发现：2005～2012 年不同监测时期地下水 $NO_3^--N$ 平均含量与 10mg/L、20mg/L 超标率均为极显著正相关关系，Spearman 相关系数分别为 0.87 和 0.97。地下水 $NO_3^--N$ 平均含量每升高 1mg/L，10mg/L、20mg/L 超标率分别提高 2.04% 和 2.42%。

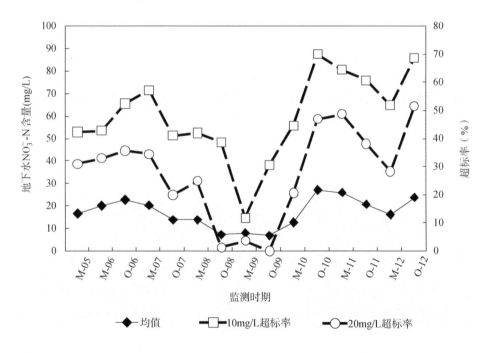

图 4-147　各监测时期地下水 $NO_3^--N$ 平均含量与超标率变化

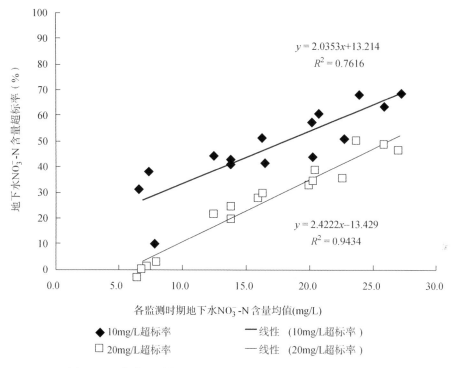

图 4-148  各监测时期地下水 $NO_3^-$-N 平均含量与超标率相关性

### 4.4.3  不同井深地下水硝酸盐消长规律

地下水中的硝酸盐主要来自于氮的淋溶和地表水补给中的氮，因而不同井深的地下水所受硝酸盐的影响不同。将山东省的地下水按井深分成三类，≤30m、30m～100m、>100m。

#### 4.4.3.1  多次监测总体特征

由表 4-26 可知，在山东省采集的 3691 个地下水水样中已知井深的样品数为 3616 个，其中≤30m 井深的地下水样品为 2102 个，占样品总数的 58.1%，井深 30～100m 的地下水样品为 1262 个，占样品总数的 34.9%，>100m 井深的地下水样品为 252 个，占样品总数的 7.0%。2005～2012 年，≤30m 井深的地下水 $NO_3^-$-N 平均含量为 19.2mg/L，变异系数为 118.0%；30～100m 井深的地下水 $NO_3^-$-N 平均含量为 15.9mg/L，变异系数为 126.0%；>100m 井深的地下水 $NO_3^-$-N 平均含量为

14.9mg/L，变异系数为142.0%。三类井深地下水 $NO_3^-$-N 平均含量有显著差异，随着井深增加地下水 $NO_3^-$-N 平均含量降低，但变异系数却增大，而含量范围变化不大。结果表明，地下水埋藏越深越不容易受到硝酸盐的污染，而且深层地下水的污染主要是个别样点和个别地区，这给我们应对地下水硝酸盐污染提供了有益的井深数据。

表4-26　山东省 2005～2012 年不同井深地下水 $NO_3^-$-N 含量

| 井深分类 | 范围（mg/L） | 均值（mg/L） | CV（%） | 样本数 |
|---|---|---|---|---|
| ≤30 m | 痕量～184.6 | 19.2 | 118.0 | 2102 |
| 30～100 m | 痕量～171.4 | 15.9 | 126.0 | 1262 |
| >100 m | 痕量～181.6 | 14.9 | 142.0 | 252 |

从图 4-149 中可以看出，三类井深的地下水 $NO_3^-$-N 含量均落入 0～3.04mg/L 的样点频数最高，接近样品总数的 20%，此外在 0～0.3mg/L、3.0～6.1mg/L、6.1～9.1mg/L、9.1～12.2mg/L、12.2～15.2mg/L、15.2～18.2mg/L 也有较大频数分布。井深 30～100m 的地下水 $NO_3^-$-N 含量的频数分布与全部样品总体频数分布相同，均在除空间 0～3.0mg/L 外，到空间 6.1～9.1mg/L 止，各空间频率成上升趋势，在空间 6.0～9.1mg/L 之后，各空间成下降趋势，而井深≤30m 和>100m 的地下水 $NO_3^-$-N 含量的频数分布与全部样品总体频数分布不相同。前者在除空间 0～3.04mg/L 外，到空间 9.1～12.2mg/L 止，各空间频率成上升趋势，在空间 9.1～12.2mg/L 之后，各空间成下降趋势；后者在空间 0～3.0mg/L 之后，各空间均呈下降趋势。我们可以看出随着井深的增加，频数分布产生拐点时的地下水 $NO_3^-$-N 含量在下降。各 $NO_3^-$-N 含量的累积分布频率见图 4-150。从图中可以看出，频数分布累积速率为≤30m 井深小于 30～100m 井深小于>100m 井深。前者当 $NO_3^-$-N 含量在 15.2mg/L 之前，累积频率增速最快，累积频率达到了 60.3%，后两者在 12.2mg/L 之前就分别达到了 61.0%和 62.7%。即 $NO_3^-$-N 含量≤15.2mg/L 的样品，占样品总数的 63.23%，之后累积频率增速迅速下降，到 $NO_3^-$-N 含量为 48.6mg/L 时，累积频率达到了 91.0%。

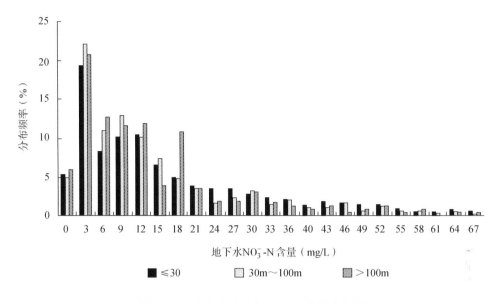

图 4-149 山东省地下水 $NO_3^-$-N 含量分布图

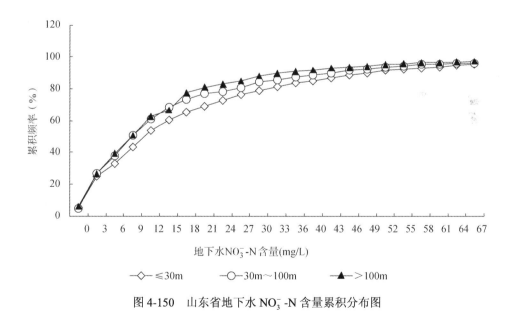

图 4-150 山东省地下水 $NO_3^-$-N 含量累积分布图

三类井深的地下水 $NO_3^-$-N 含量（表 4-27）按井深递增的顺序，10mg/L 的超标率≤30 m 井深的样本大于 30～100m 井深的样本大于＞100m 井深的样本，分别为 52.3%、45.9%、46.0%；20mg/L 的超标率≤30 m 井深的样本大于 30~100m 井深的样本大于>100m 井深的样本，分别为 32.3%、24.3%、20.2%。三类井深的地下水 $NO_3^-$-N 含量Ⅲ类水比重最大，均超过了 30%，与Ⅰ类水比重相接近。随着井深的增加，Ⅱ类水、Ⅲ类水比重增加，而Ⅳ类水和Ⅴ类水比重降低。

表 4-27　山东省 2005~2012 年不同井深地下水 $NO_3^-$-N 含量超标率及分级

| 井深分类 | 超标率（%） | | 各分级所占比例（%） | | | | |
|---|---|---|---|---|---|---|---|
| | >10mg/L | >20mg/L | Ⅰ | Ⅱ | Ⅲ | Ⅳ | Ⅴ |
| ≤30 m | 52.3 | 32.3 | 21.2 | 8.4 | 37.4 | 10.9 | 22.2 |
| 30~100 m | 45.9 | 24.3 | 22.8 | 11.5 | 40.6 | 8.6 | 16.5 |
| >100 m | 46.0 | 20.2 | 21.4 | 13.9 | 44.4 | 7.9 | 12.3 |

### 4.4.3.2　≤30 m 井深地下水硝酸盐变化特征

从 2005~2012 年≤30 m 井深地下水 $NO_3^-$-N 年均含量变化结果看（图 4-151），总体变化趋势为弱降低，具体变化为先升后降再升再降（M 型）。地下水 $NO_3^-$-N 年均含量从 2005 年的 21.0mg/L 开始，增加到 2006 年的 27.4mg/L，达到整个监测期的第一个高值，而且是最高值，之后迅速递减至 2009 年的 7.6mg/L，达到整个监测时期的第一个低值，而且是最低值，之后又开始递增，到 2011 年增至 25.3mg/L，达到整个监测时期的第二个高值，之后又开始递减。2005~2012 年≤30 m 井深地下水 $NO_3^-$-N 含量年变异系数变化规律与年均含量的变化规律相似但不同步。地下水 $NO_3^-$-N 含量年变异系数 2005 年、2006 年相对稳定，分别为 108.7%和 107.0%，之后开始增高，增高到 2008 年的 136.1%，达到整个监测时期的第一个高值而且是最高值，之后迅速减至 2009 年的 66.7%，达到整个监测时期的第一个低值而且是最低值，之后又开始迅速递增，到 2010 年增至 103.3%，2011 年保持了稳定，2012 年又有小幅下降，降至 100.2%。

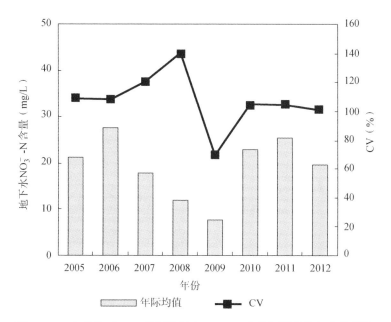

图 4-151　山东省≤30 m 井深地下水 $NO_3^-$-N 含量年际变化与变异系数

从 2005～2012 年不同监测时期结果看（图 4-152），地下水 $NO_3^-$-N 平均含量随监测时期的变化规律与随年际的变化规律相似，整体都表现为先升后降再升再降再升趋势。从同时期来看，5 月份，地下水 $NO_3^-$-N 平均含量也呈先升后降再升再降趋势，从 2005 年的 21.0mg/L 增至 2006 年的 27.9mg/L，达到了整个监测期最高值，之后开始迅速递减，至 2009 年的 8.0mg/L，达到整个监测期最低值，之后迅速上升，至 2011 年的 27.7mg/L，达到整个监测期第二高值，之后开始迅速递减至 2012 年的 16.1mg/L；10 月份，地下水 $NO_3^-$-N 平均含量则呈先降后升再降再持平，与年际变化规律不一致，从 2006 年的 27.1mg/L 开始迅速递减，至 2009 年的 7.2mg/L，达到整个监测期最低值，之后迅速上升，至 2010 年的 32.5mg/L，达到整个监测时期同期最高值，之后开始递减至 2011 年的 22.9mg/L，2012 年的 23.1mg/L。即使同一年份，两个月份地下水 $NO_3^-$-N 平均含量也存在差异，2010 年、2012 年 5 月份低于 10 月份；而 2006 年、2007 年、2008 年、2009 年和 2011 年 5 月份却高于 10 月份，在整个监测时期内没有表现出统一的规律。地下水 $NO_3^-$-N 含量变异系数随监测时期的变化规律不明显，整体呈弱下降趋势。从同时期来看，也没有明显的规律性，5 月份，地下水 $NO_3^-$-N 含量变异系数最大值出现在 2008 年，为 134.8%，最小值出现在 2009 年，为 73.2%，其他年份保持在 101.3%～114.7%；10 月份，地下水 $NO_3^-$-N 含量变异系数最大值出现在 2007 年，为 138.4%、最小值出现在 2009 年，为 56.6%，其他年份保持在 83.1%～106.0%。即使同一年份，两个月份地下水 $NO_3^-$-N 含量变异系数也存在差异，2007 年、2011 年 5 月份低于 10 月份；而 2006 年和 2008 年、2009 年、2010年、2012 年是 5 月份高于 10 月份，在整个监测期没有表现出统一的规律性。

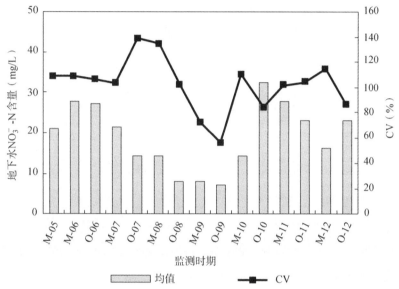

图 4-152　山东省≤30 m 井深地下水 $NO_3^-$-N 含量不同监测时期变化与变异系数

从 2005～2012 年不同监测期地下水 $NO_3^-$-N 含量 10mg/L、20mg/L 超标率变化看（图 4-153），所监测的 15 次地下水 $NO_3^-$-N 含量 10mg/L 超标率范围在 8.2%～75.5%，20mg/L 超标率范围在 0.0%～59.4%。2005～2012 年不同监测时期地下水 $NO_3^-$-N 含量 10mg/L、20mg/L 超标率均呈先升后降再升后降再升的趋势，都整体呈上升趋势，表明地下水硝酸盐污染呈上升趋势。超标率随时间的变化规律与地下水 $NO_3^-$-N 平均含量的变化规律相同，而且具有较好的同步性。将≤30 m 井深地下水 $NO_3^-$-N 含量变化趋势与整个研究区地下水 $NO_3^-$-N 含量变化趋势综合比较可知，两者变化规律极为相似，≤30 m 井深地下水 $NO_3^-$-N 含量的变化可在一定程度上代表山东省地下水 $NO_3^-$-N 含量的变化趋势。

### 4.4.3.3　井深 30～100 m 地下水硝酸盐变化特征

从 2005～2012 年 30～100m 井深地下水 $NO_3^-$-N 年均含量变化结果看（图 4-154），总体变化趋势为弱上升，具体变化为先升后降再升（N 型）。地下水 $NO_3^-$-N 年均含

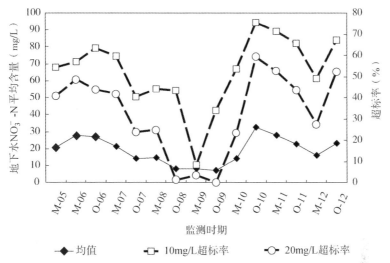

图 4-153　山东省各监测期≤30 m 井深地下水 NO$_3^-$-N 平均含量与超标率变化

量从 2005 年的 15.3mg/L 开始，增高到 2006 年的 17.7mg/L，达到整个监测时期的第一个高值，之后迅速减至 2009 年的 7.7mg/L，达到整个监测时期的第一个低值而且是最低值，之后又开始递增，到 2012 年增至 20.7mg/L，达到整个监测时期的第二个高值，而且是最高值。2005～2012 年 30～100m 井深地下水 NO$_3^-$-N 含量年变异系数变化规律与年均含量的变化规律不同，整体呈明显的下降趋势。地下水 NO$_3^-$-N 含量年变异系数 2005～2008 年在 136.1%～148.1%波动，2009 年开始大幅降低，降至 69.7%，达到整个监测时期的最低值，之后开始上升至 2010 年的 114.3% 和 2011 年的 114.4%，又降至 2012 年的 90.7%。结果表明，深层地下水 NO$_3^-$-N 含量尽管较低，但呈逐年上升的趋势，而且 NO$_3^-$-N 含量上升的样点和地区也在不断扩大，也说明了硝酸盐的累积向更深层次的地下水发展。

从 2005～2012 年不同监测时期监测结果看（图 4-155），地下水 NO$_3^-$-N 平均含量随监测时期的变化规律与随年际的变化规律相似，整体都表现为先升后降再升再降再升。从同时期来看，5 月份，地下水 NO$_3^-$-N 平均含量也呈先升后降再升再降趋势，从 2005 年的 15.3mg/L 增至 2007 年的 19.2mg/L，达到整个监测时期第一个高值，之后开始递减，至 2009 年降至 8.4mg/L，达到整个监测时期最低值，之后开始上升，至 2011 年的 19.7mg/L，达到整个监测时期最高值，之后开始迅速递减至 2012 年的 16.3mg/L；10 月份，地下水 NO$_3^-$-N 平均含量则呈先降后升再降再升（M 型），与年际变化规律不一致，从 2006 年的 20.6mg/L 开始迅速递减，至 2008 年的 6.4mg/L，达到整个监测时期最低值，之后迅速上升，至 2010 年的

22.2mg/L，之后开始递减至 2011 年的 17.1mg/L，2012 年又上升至 25.2mg/L，达到整个监测时期最高值。即使同一年份，两个月份地下水 $NO_3^-$-N 平均含量也存在差异，2006 年、2010 年、2012 年 5 月份低于 10 月份；而 2007 年、2008 年、2009 年和 2011 年却 5 月份高于 10 月份，在整个监测期内没有表现出统一的规律。地下水 $NO_3^-$-N 含量变异系数随监测时期的变化规律不明显，整体呈明显的下降趋势。从同时期来看，5 月份，地下水 $NO_3^-$-N 含量变异系数变化呈"锯齿"状，上升和下降间隔出现（2012 年初外）最大值出现在 2006 年，为 159.5%，最小值出现在 2009 年为 74.4%，其他年份保持在 92.4%～140.%；10 月份，地下水 $NO_3^-$-N 含量变异系数变化趋势呈先降后升再降（N 型），地下水 $NO_3^-$-N 含量变异系数最大值出现在 2006 年，为 137.8%，最小值出现在 2009 年，为 58.1%，其他年份保持在 83.8%～124.3%。即使同一年份，两个月份地下水 $NO_3^-$-N 含量变异系数也存在差异，2007 年、2011 年 5 月份低于 10 月份；而 2006 年和 2008 年、2009 年、2010 年、2012 年却 5 月份高于 10 月份，在整个监测时期没有表现出统一的变化规律。

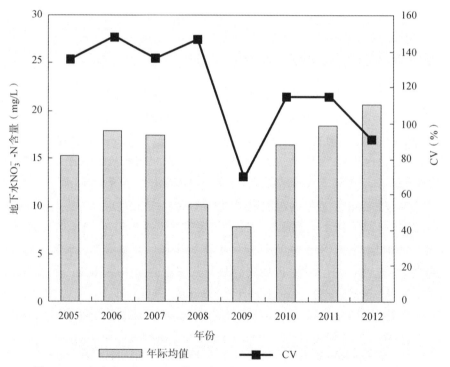

图 4-154　山东省 30～100 m 井深地下水 $NO_3^-$-N 含量年际变化与变异系数

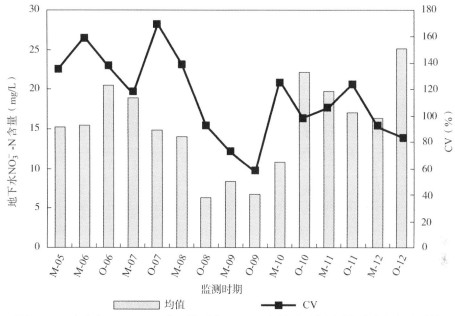

图 4-155　山东省 30～100 m 井深地下水 $NO_3^-$-N 含量不同监测时期变化与变异系数

从 2005～2012 年不同监测时期地下水 $NO_3^-$-N 含量 10mg/L、20mg/L 超标率变化看(图 4-156)，所监测的 15 次地下水 $NO_3^-$-N 含量 10mg/L 超标率范围在 17.0%～

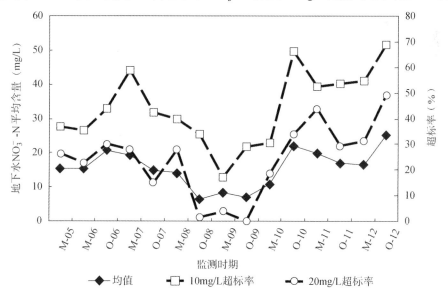

图 4-156　各监测时期 30～100 m 井深地下水 $NO_3^-$-N 平均含量与超标率变化

68.9%，20mg/L 超标率范围在 0.0%～49.2%。2005～2012 年不同监测时期地下水 $NO_3^--N$ 含量 10mg/L、20mg/L 超标率整体呈上升趋势，表明地下水硝酸盐污染呈上升趋势，其变化趋势与井深≤30m 的样点相同。20mg/L 超标率随时间的变化规律与地下水 $NO_3^--N$ 平均含量的变化规律相似，也具有较好的同步性。10mg/L 超标率的随时间的变化规律与地下水 $NO_3^--N$ 平均含量的变化规律也相似，但同步性差，表现出一定的滞后性。

#### 4.4.3.4 ＞100 m 井深地下水硝酸盐变化特征

从 2005～2012 年＞100m 井深地下水 $NO_3^--N$ 年均含量变化结果看（图 4-157），总体变化为明显的上升趋势。地下水 $NO_3^--N$ 年均含量从 2005 年的 3.3mg/L 开始，递增到 2007 年的 24.5mg/L，达到整个监测时期的第一个高值，而且是最高值，之后迅速递减至 2009 年的 6.0mg/L，达到整个监测时期的第一个低值，而且是最低值，之后又开始递增，到 2011 年增至 21.9mg/L，达到整个监测时期的第二个高值，2012 年又降至 18.4mg/L。2005～2012 年＞100m 井深地下水 $NO_3^--N$ 含量年变异系数变化规律与年均含量的变化规律不同，整体呈明显的下降趋势。地下水 $NO_3^--N$ 含量年变异系数 2005 年最大，为 184.5%，之后递减至 2010 年的 77.7%，2011 年又有一个大的上升，至 164.4%，2012 年又迅速降至 75.0%。结果表明，尽管深层地下水 $NO_3^--N$ 含量较低，但呈逐年上升的趋势，而且 $NO_3^--N$ 含量上升的样点和地区也在不断扩大，因此采取应对措施，减少深层地下水硝酸盐的累积刻不容缓。

从 2005～2012 年不同监测时期监测结果看（图 4-158），地下水 $NO_3^--N$ 平均含量随监测时期的变化规律与随年际的变化规律相似，整体都表现为上升趋势，具体表现为：5 月份地下水 $NO_3^--N$ 平均含量从 2005 年的 3.3mg/L 降至 2006 年的 1.1mg/L，达到整个监测时期第一个低值，而且是最低值，之后迅速上升，至 2007 年的 32.6mg/L，达到整个监测时期第一个高值，而且是最高值，之后迅速下降至 2008 年的 8.0mg/L，2009 年和 2010 年与 2008 年基本持平，之后迅速上升至 2011 年的 29.3mg/L，达到同期次高值，之后降至 2012 年的 13.7mg/L；10 月份地下水 $NO_3^--N$ 平均含量与年际变化规律不一致，从 2006 年的 8.9mg/L 开始上升，至 2007 年的 12.7mg/L，之后迅速降低，至 2008 年的 4.5mg/L 和 2009 年的 3.9mg/L，之后上升至 2010 年的 14.7mg/L 和 2011 年的 14.5mg/L，2012 年继续上升至 23.4mg/L 达到整个监测时期最高值。即使同一年份，两个月份地下水 $NO_3^--N$ 平均含量也存在差异，2006 年、2010 年、2012 年 5 月份低于 10 月份；而 2007 年、2008

年、2009 年和 2011 年 5 月份高于 10 月份，在整个监测时期内没有表现出统一的规律。地下水 $NO_3^-$-N 含量变异系数在监测时期，整体呈明显的下降趋势。从同时期来看，5 月份地下水 $NO_3^-$-N 含量变异系数变化呈"锯齿"状，上升和下降间隔出现，最大值出现在 2005 年，为 184.5%，最小值出现在 2006 年，为 82.0%，其他年份多数保持在 84.9%～105.6.%；10 月份地下水 $NO_3^-$-N 含量变异系数变化趋势也呈"锯齿"状，上升和下降间隔出现，地下水 $NO_3^-$-N 含量变异系数最大值出现在 2009 年，为 108.8%，最小值出现在 2010 年，为 55.7%，其他年份多数保持在 80.0%～108.2%。即使同一年份，两个月份地下水 $NO_3^-$-N 含量变异系数也存在差异，2007 年、2009 年 5 月份低于 10 月份；而 2006 年和 2008 年、2010 年、2011 年 2012 年 5 月份高于 10 月份，在整个监测时期没有表现出统一的变化规律。

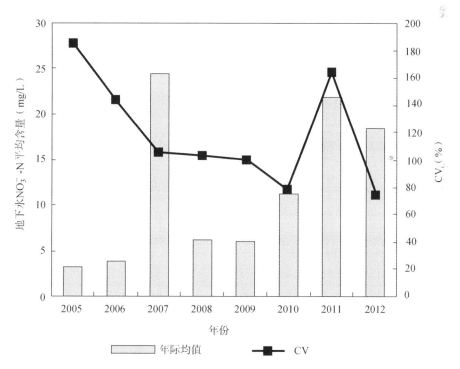

图 4-157 研究区＞100 m 井深地下水 $NO_3^-$-N 含量年际变化与变异系数

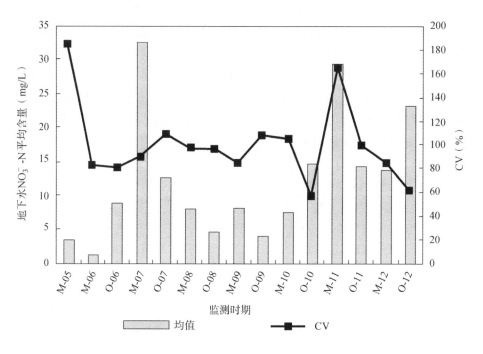

图 4-158　研究区＞100 m 井深地下水 $NO_3^-$-N 含量不同监测时期变化与变异系数

从 2005～2012 年不同监测时期地下水 $NO_3^-$-N 含量 10mg/L、20mg/L 超标率变化看（图 4-159），所监测的 15 次地下水 $NO_3^-$-N 含量 10mg/L 超标率范围在 0.0%～81.0%，20mg/L 超标率范围在 0.0%～52.4%。2005～2012 年不同监测时期地下水 $NO_3^-$-N 含量 10mg/L、20mg/L 超标率均呈上升趋势，表明地下水硝酸盐污染呈上升趋势，其变化趋势与井深 30～100m 的相同，三类井深均具有相同的变化趋势。10mg/L 和 20mg/L 超标率的随时间的变化规律与地下水 $NO_3^-$-N 平均含量的变化规律相似，均具有较好的同步性。

将图 4-153、图 4-156、图 4-159 三个图进行比对发现，地下水 $NO_3^-$-N 平均含量的第一个最大值也是拐点出现的时间，随着井深的增加，依此后延一个时期，当地下水 $NO_3^-$-N 平均含量的第二个最大值也是第二个拐点出现的时间，与≤30m 井深的、30～100m 井深的样点相同步，而＞100m 井深的样点则后延了一个时期，20mg/L 超标率也有相同的规律。这表明，硝酸盐污染逐渐由浅井向深井扩展。

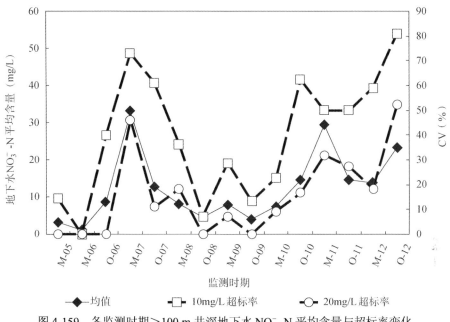

图 4-159 各监测时期＞100 m 井深地下水 $NO_3^-$-N 平均含量与超标率变化

## 4.4.4 不同作物种植区地下水硝酸盐差异

山东省作物种植类型众多，但大致可分为：粮棉油料作物区，包括小麦、玉米、棉花、大豆、花生、甘薯等；果树区，包括苹果、梨、桃、葡萄、杏等；蔬菜区，包括大田蔬菜和保护地蔬菜，大田蔬菜有大葱、大蒜、大姜等。由于不同的作物施肥量差异很大，因而不同作物种植区地下水硝酸盐含量可能存在较大差异，因此有必要研究不同作物种植区地下水硝酸盐含量总体特征。

### 4.4.4.1 多次监测总体特征

由表 4-28 可知，在山东省采集的 3691 个地下水水样中已知作物类型样品数为 3544 个，其中粮棉油料作物种植区样品为 1913 个，占样品总数的 54.0%，果园区样品为 627 个，占样品总数的 17.7%，蔬菜区样品为 1004 个，占样品总数的 28.3%。2005 年至 2012 年，粮油作物区的地下水 $NO_3^-$-N 平均含量为 13.0mg/L，变异系数为 132.2%；果树区的地下水 $NO_3^-$-N 平均含量为 22.3mg/L，变异系数为 99.4%；蔬菜区的地下水 $NO_3^-$-N 平均含量为 24.3mg/L，变异系数为 111.0%。三类种植区地下水 $NO_3^-$-N 平均含量有显著差异，按含量由小到大依次为果园区、蔬菜区、粮油作物区，按变异系数由小到大依次为粮油作物区、果园区、蔬菜区。果园区、蔬菜区 $NO_3^-$-N 平均含量高，但变异系数却低，含量范围变化不大。表明地下水 $NO_3^-$-N 累积，果园区、蔬菜区高于粮油作物区，而且 $NO_3^-$-N 含量高的地区更普遍，果园区也较蔬菜区地下水硝酸盐累积现象更普遍。

表 4-28　山东省 2005～2012 年不同作物种植区样品地下水 $NO_3^-$-N 基本统计参数

| 种植区分类 | 范围（mg/L） | 均值（mg/L） | CV（%） | 样本数 |
|---|---|---|---|---|
| 粮油作物区 | 痕量～155.1 | 13.0 | 132.2 | 1913 |
| 果园区 | 痕量～184.6 | 22.3 | 99.4 | 627 |
| 蔬菜区 | 痕量～171.4 | 24.3 | 111.0 | 1004 |

从图 4-160 中可以看出，粮油作物区和蔬菜区的地下水 $NO_3^-$-N 含量落入 0～3.04mg/L 的频数最高，前者达到了 26.6%，后者达到了 15.4%，而果园区地下水 $NO_3^-$-N 含量均落入 9.1～12.2mg/L 的频数最高，达到了 14.7%。三者在 0、3.0～6.1mg/L、6.1～9.1mg/L、9.1～12.2mg/L、12.2～15.2mg/L、15.2～18.2mg/L 也有较大频数分布。总体上，粮油作物区频数分布更集中一些，而果园区和蔬菜区频数分布更分散一些，前者地下水 $NO_3^-$-N 含量大于 24.3mg/L 的频数分布很低，而后两者还有较大的频数分布，尤其是果园区。粮油作物区和蔬菜区的地下水 $NO_3^-$-N 含量的频数分布与全部样品总体频数分布相同，均在除 0～3.0mg/L 外，到 6.1～9.1mg/L 止，各空间频率呈上升趋势，在 6.1～9.1mg/L 之后，各空间呈下降趋势，而果园区的地下水 $NO_3^-$-N 含量的频数分布与全部样品总体频数分布不相同。前者在除 0～3.0mg/L 外，到 9.1～12.2mg/L 止，各空间频率呈上升趋势，在 9.1～12.2mg/L 之后，各空间呈下降趋势。三类作物种植区 $NO_3^-$-N 含量的累积分布频率见图 4-161。从图中可以看出，就频数分布累积速率而言，果园区＜蔬菜区＜粮油作物区。粮油作物区当 $NO_3^-$-N 含量≤12.2mg/L，接近平均值时累积频率增速最快，累积频率达到了 65.9%，而蔬菜区和果园区 24.3mg/L，接近平均值时累积频率增速最快，分别达到了 64.3% 和 66.8%。也就是说，粮油作物区 65.9% 的样点地下水 $NO_3^-$-N 含量少于 12.2mg/L，蔬菜区和果园区分别有 64.3% 和 66.8% 的样点地下水 $NO_3^-$-N 含量少于 24.3mg/L。

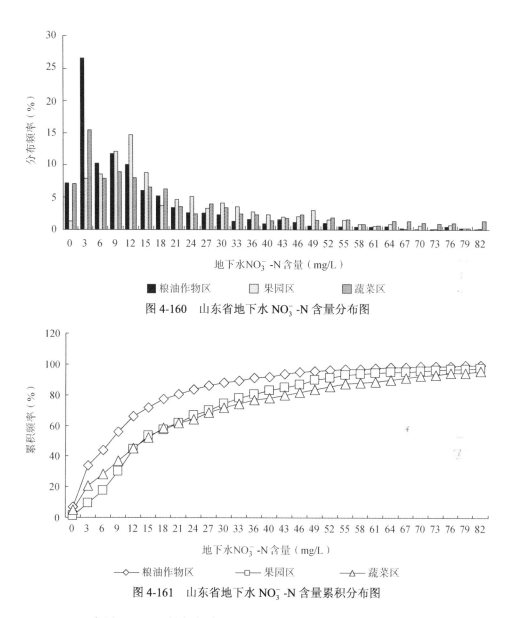

图 4-160　山东省地下水 $NO_3^-$-N 含量分布图

图 4-161　山东省地下水 $NO_3^-$-N 含量累积分布图

$NO_3^-$-N 含量 10mg/L 的超标率果园区＞蔬菜区＞粮油作物区，分别为 66.2%、59.8%、39.5%；20mg/L 的超标率也是果园区＞蔬菜区＞粮油作物区，分别为 40.4%、39.4%、29.1%。三类种植区的地下水 $NO_3^-$-N 含量中，Ⅲ类水比重最大，均超过了 30%。地下水 $NO_3^-$-N 含量Ⅳ类水和Ⅴ类比重粮油作物区小于蔬菜区和果园区，但

Ⅰ类水、Ⅱ类水粮油作物区比重却大于蔬菜区和果园区；Ⅲ类水、Ⅳ类水比重果园区大于蔬菜区，而Ⅰ类水、Ⅱ类水、Ⅴ类水比重果园区小于蔬菜区（表4-29）。

表4-29 山东省2005～2012年不同作物种植区样品地下水 $NO_3^- $-N 基本统计参数

| 种植区分类 | 超标率（%） | | 各类水体所占比例（%） | | | | |
|---|---|---|---|---|---|---|---|
| | >10mg/L | >20mg/L | Ⅰ | Ⅱ | Ⅲ | Ⅳ | Ⅴ |
| 粮油作物区 | 39.5 | 20.4 | 29.1 | 11.4 | 39.0 | 8.2 | 12.3 |
| 果园区 | 66.2 | 40.4 | 7.2 | 7.7 | 44.8 | 13.9 | 26.5 |
| 蔬菜区 | 59.8 | 39.4 | 17.2 | 8.0 | 35.0 | 10.5 | 29.2 |

#### 4.4.4.2 蔬菜种植区地下水硝酸盐变化特征

从2005～2012年蔬菜区地下水 $NO_3^- $-N 年均含量变化结果看（图4-162），总体变化趋势为弱上升。具体变化为：蔬菜种植区地下水 $NO_3^- $-N 年均含量从2005年的22.1mg/L开始，递增到2007年的27.0mg/L，达到整个监测时期的第一个高

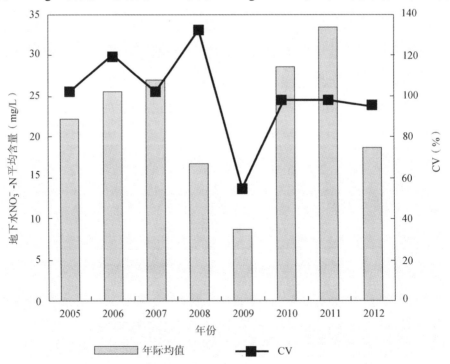

图4-162 研究区蔬菜种植区地下水 $NO_3^- $-N 含量年际变化及变异系数

值，之后迅速递减至 2009 年的 8.7mg/L，达到整个监测时期的第一个低值，而且是最低值。之后又开始递增，到 2011 年增至 33.4mg/L，达到整个监测时期的第二个高值，而且是最高值，2012 年又降至 18.6mg/L。2005～2012 年蔬菜区地下水 $NO_3^-$-N 含量年变异系数变化规律与年均含量的变化规律不同，整体呈明显的下降趋势。地下水 $NO_3^-$-N 含量年变异系数以 2008 年最大，为 132.5%，2009 年变异系数最小为 55.5%。结果表明，蔬菜区地下水 $NO_3^-$-N 含量较高，而且呈逐年上升的趋势，此外 $NO_3^-$-N 含量上升的样点和地区也在不断扩大，因此采取应对措施，减少蔬菜区地下水硝酸盐的累积刻不容缓。

从 2005～2012 年不同监测时期结果看（图 4-163），蔬菜种植区地下水 $NO_3^-$-N 平均含量随监测时期的变化规律与年际变化规律不同。从同时期来看，5 月份地下水 $NO_3^-$-N 平均含量从 2005 年的 22.1mg/L 升至 2007 年的 26.7mg/L，达到整个监测时期第一个高值，之后逐渐降至 2009 年的 9.5mg/L，之后开始上升至 2011 年的 35.4mg/L，达到整个监测时期第二个高值，而且是最高值，2012 年又开始下降；10 月份，地下水 $NO_3^-$-N 平均含量从 2007 年的 27.7mg/L 开始下降，降至 2009 年的 7.6mg/L，之后迅速升高，2010 年，达到整个监测时期的最高值 38.5mg/L，之后逐渐降低至 2012 年的 22.6mg/L。即使同一年份，两个月份地下水 $NO_3^-$-N 平均含量也存在差异，2006 年、2007 年、2010 年、2012 年 5 月份低于 10 月份；而 2008 年、2009 年、2011 年 5 月份却高于 10 月份，在整个监测时期内没有表现出统一的规律，蔬菜种植区地下水 $NO_3^-$-N 含量变异系数在监测时期整体呈明显的下降趋势。从同时期来看，5 月份地下水 $NO_3^-$-N 含量变异系数变化呈"锯齿"状，上升和下降间隔出现，最大值出现在 2006 年，为 130.9%、最小值出现在 2009 年，为 53.9%，其他年份多数保持在 95.5%～116.5.%；10 月份，地下水 $NO_3^-$-N 含量变异系数变化趋势也呈"M"状。地下水 $NO_3^-$-N 含量变异系数最大值出现在 2007 年为 115.2%、最小值出现在 2009 年为 55.5%，其他年份多数保持在 80.1%～101.0%。即使同一年份，两个月份蔬菜种植区地下水 $NO_3^-$-N 含量变异系数也存在差异，2007 年、2009 年、2011 年 5 月份低于 10 月份；而 2006 年和 2008 年、2010 年、2012 年是 5 月份高于 10 月份，呈现出单数年 5 月份变异系数大，偶数年 10 月份变异系数大的趋势。

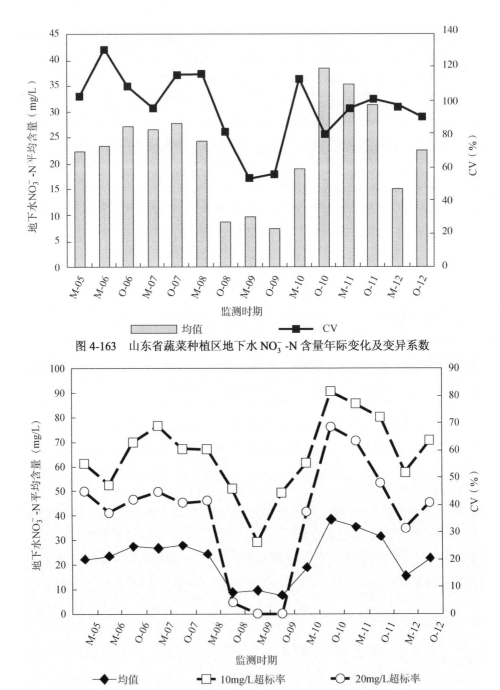

图 4-163　山东省蔬菜种植区地下水 NO$_3^-$-N 含量年际变化及变异系数

图 4-164　各监测时期蔬菜种植区地下水 NO$_3^-$-N 平均含量与超标率变化

从 2005～2012 年不同监测时期蔬菜区地下水 $NO_3^- -N$ 含量 10mg/L、20mg/L 超标率变化看（图 4-164），所监测的 15 次地下水 $NO_3^- -N$ 含量 10mg/L 超标率范围在 26.3%～81.5%，20mg/L 超标率范围在 0.0%～68.5%。2005 年到 2012 年不同监测时期地下水 $NO_3^- -N$ 含量 10mg/L、20mg/L 超标率均呈较弱上升趋势，表明蔬菜区地下水 $NO_3^- -N$ 污染呈小幅上升趋势。20mg/L 超标率的随时间的变化规律与地下水 $NO_3^- -N$ 平均含量的变化规律相似，也具有较好的同步性。

### 4.4.4.3 粮油作物区地下水硝酸盐变化特征

从 2005～2012 年粮油作物区地下水 $NO_3^- -N$ 年平均含量变化结果看（图 4-165），总体变化趋势为弱上升，具体变化为先降后升（V 型）。地下水 $NO_3^- -N$ 年均含量从 2005 年的 17.3mg/L，递减到 2009 年的 6.5mg/L，达到整个监测时期的最低值，之后迅速递增至 2012 年的 19.4mg/L，达到整个监测时期的最高值。2005～2012 年粮油作物区地下水 $NO_3^- -N$ 含量年变异系数变化规律与年均含量的变化规律不同，呈整体下降趋势。地下水 $NO_3^- -N$ 含量年变异系数 2008 年最大，为 154.3%，2009 年变异系数最小为 70.7%。结果表明，粮油作物区地下水 $NO_3^- -N$ 含量虽然较低，但呈逐年上升的趋势，此外 $NO_3^- -N$ 含量上升的样点和地区也在不断扩大。

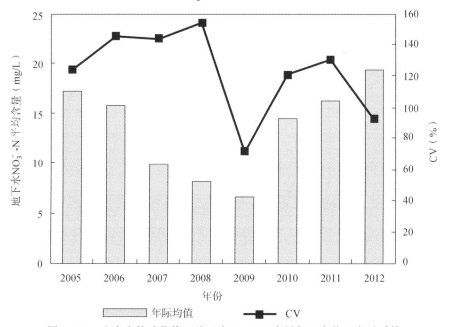

图 4-165　山东省粮油作物区地下水 $NO_3^- -N$ 含量年际变化及变异系数

　　从 2005～2012 年不同时期监测结果看（图 4-166），粮油作物区地下水 $NO_3^-$-N 平均含量随监测时期的变化规律与随年际的变化规律不同。从同时期来看，5 月份，地下水 $NO_3^-$-N 平均含量变化无明显规律，其最大值出现在 2011 年，达 18.5mg/L，最低值出现在 2009 年，为 7.1mg/L，其他年份在 9.0～17.3mg/L；10 月份，地下水 $NO_3^-$-N 平均含量则从 2006 年的 19.4mg/L 开始下降，降至 2009 年的 5.9mg/L，之后迅速升高，至 2010 年升至 21.0mg/L，达到整个监测时期的第一个高值，2011 年又降低，2012 年又升高，而且达到了整个监测时期的最高值 24.0mg/L。即使同一年份，两个月份地下水 $NO_3^-$-N 平均含量也存在差异，2006 年、2010 年、2012 年 5 月份低于 10 月份；而 2007 年、2008 年、2009 年、2011 年 5 月份却高于 10 月份，在整个监测时期内没有表现出统一的规律。粮油作物区地下水 $NO_3^-$-N 含量变异系数在整个监测时期整体呈明显的下降趋势。从同时期来看，5 月份，地下水 $NO_3^-$-N 含量变异系数变化呈"锯齿"状，上升和下降间隔出现，最大值出现在 2006 年，为 200.7%，最小值出现在 2009 年，为 71.2%，其他年份保持在 99.2%～155.6%；10 月份，地下水 $NO_3^-$-N 含量变异系数变化趋势也呈"M"状。地下水 $NO_3^-$-N 含

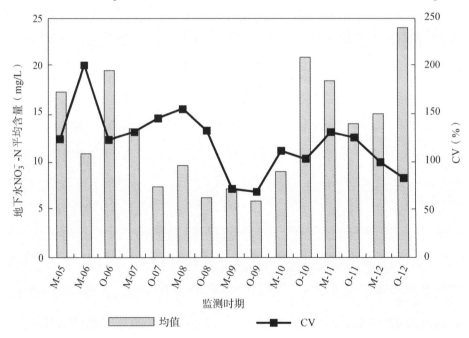

图 4-166　山东省粮油作物区地下水 $NO_3^-$-N 含量年际变化及变异系数

量变异系数最大值出现在 2007 年，为 144.4%、最小值出现在 2009 年，为 68.2%，其他年份保持在 82.2%～133.5%。即使同一年份，两个月份地下水 $NO_3^-$-N 含量变异系数也存在差异，只有 2007 年 5 月份低于 10 月份；其他年份 5 月份均高于 10 月份，即粮油作物区 5 月份地下水 $NO_3^-$-N 含量变异较大。

　　从 2005～2012 年不同监测时期粮油作物区地下水 $NO_3^-$-N 含量 10mg/L、20mg/L 超标率变化看（图 4-167），所监测的 15 次地下水 $NO_3^-$-N 含量 10mg/L 超标率范围在 7.6%～70%，20mg/L 超标率范围在 0.0%～54.3%。2005 年到 2012 年不同监测时期地下水 $NO_3^-$-N 含量 10mg/L、20mg/L 超标率均整体呈上升趋势，表明粮油作物区地下水 $NO_3^-$-N 污染风险呈明显增加趋势。20mg/L 超标率随时间的变化规律与该区地下水 $NO_3^-$-N 平均含量的变化规律相似，也具有较好的同步性。

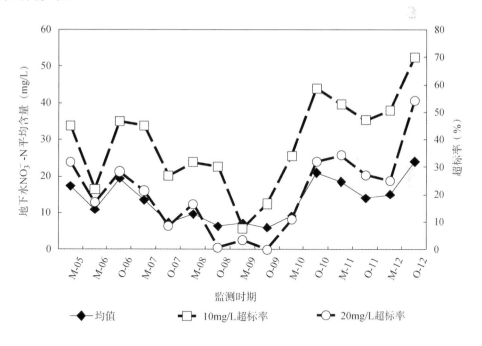

图 4-167　各监测时期粮油作物区地下水 $NO_3^-$-N 平均含量与超标率变化

#### 4.4.4.4　果园区地下水硝酸盐变化特征

　　从 2005～2012 年果园区地下水 $NO_3^-$-N 年均含量变化结果看（图 4-168），总体变化趋势为波动中保持稳定。果园区地下水 $NO_3^-$-N 年均含量从 2005 年的 27.0mg/L 开始，增加到 2006 年的 32.6mg/L，达到整个监测时期的第一个高值，之后迅速递减至 2009 年的 8.6mg/L，达到整个监测时期的第一个低值而且是最低值，之后又开始递增，到 2011 年增至 33.3mg/L，达到整个监测时期的第二个高值而且是最高值，2012 年又降至 21.5mg/L。2005～2012 年果园区地下水 $NO_3^-$-N 含量年变异系数变化规律与年均含量的变化规律不同，整体呈上升趋势。2012 年地下水 $NO_3^-$-N 含量年变异系数最大，为 112.1%，2009 年变异系数最小为 54.8%。结果表明，果园区地下水 $NO_3^-$-N 平均含量尽管较高，但在波动中保持稳定。此外 $NO_3^-$-N 平均含量较高的点和地区也在缩小，这或许与果园区近几年施肥量的变化有关。

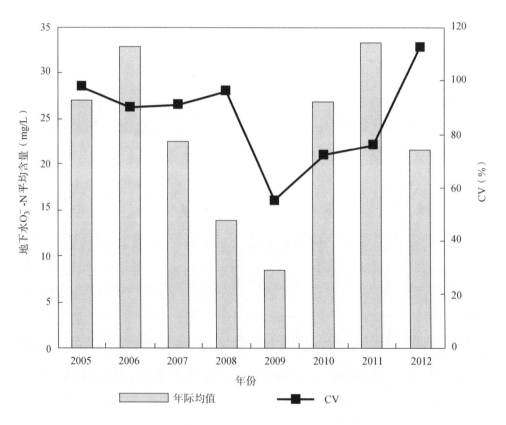

图 4-168　山东省果园区地下水 $NO_3^-$-N 含量年际变化及变异系数

从 2005～2012 年不同时期监测结果看（图 4-169），地下水 $NO_3^-$-N 平均含量随监测时期的变化规律与随年际的变化规律相同。从同时期来看，5 月份，果园区地下水 $NO_3^-$-N 平均含量从 2005 年的 27.0mg/L 升至 2006 年的 36.0mg/L，达到整个监测时期第一个高值，之后逐渐降至 2009 年的 7.9mg/L，之后上升至 2011 年的 36.5mg/L，达到整个监测时期第二个高值，而且是最高值，2012 年又开始下降。10 月份，果园区地下水 $NO_3^-$-N 平均含量从 2006 年的 30.4mg/L 降至 2008 年的 8.5mg/L，之后迅速升高至 2010 年的 34.6mg/L，达到整个监测时期的最高值，后逐渐降低至 2012 年的 22.4mg/L。即使同一年份，两个月份果园区地下水 $NO_3^-$-N 平均含量也存在差异，2009 年、2010 年、2012 年 5 月份低于 10 月份；而 2006 年、2007 年、2008 年、2011 年是 5 月份高于 10 月份，在整个监测时期内没有表现出统一的规律。果园区地下水 $NO_3^-$-N 含量变异系数随监测时期的变化呈整体下降趋势。从同时期来看，5 月份，果园区地下水 $NO_3^-$-N 含量变异系数变化呈"锯齿"状，上升和下降间隔出现，最大值出现在 2012 年，为 130.6%，最小值出现在 2006 年，为 68.4%，其他年份保持在 71.6%～97.1%；10 月份，果园区地下水 $NO_3^-$-N 含量变异系数变化趋势呈"V"型。地下水 $NO_3^-$-N 含量变异系数最大值出现在 2005 年，为 106.1%，

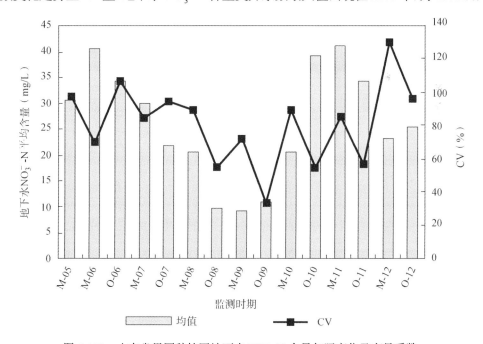

图 4-169 山东省果园种植区地下水 $NO_3^-$-N 含量年际变化及变异系数

最小值出现在 2009 年，为 32.2%，其他年份保持在 53.5%～95.0%。即使同一年份，两个月份果园区地下水 $NO_3^-$-N 含量变异系数也存在差异，2006 年、2007 年 5 月份低于 10 月份；而 2008 年、2009 年、2010 年、2011 年、2012 年连续五年 5 月份高于 10 月份，呈现出前期 5 月份变异系数大，后期 10 月份变异系数大的规律。

从 2005～2012 年不同监测时期地下水 $NO_3^-$-N 含量 10mg/L、20mg/L 超标率变化看（图 4-170），所监测的 15 次地下水 $NO_3^-$-N 含量 10mg/L 超标率范围在 6.1%～97.4%，20mg/L 超标率范围在 0.0%～73.7%。2005～2012 年不同监测时期地下水 $NO_3^-$-N 含量 10mg/L 超标率呈弱上升趋势，而 20mg/L 超标率在波动中保持稳定。果园区地下水 $NO_3^-$-N 含量 20mg/L 超标率随时间的变化规律与地下水 $NO_3^-$-N 平均含量的变化规律相似，具有较好的同步性。

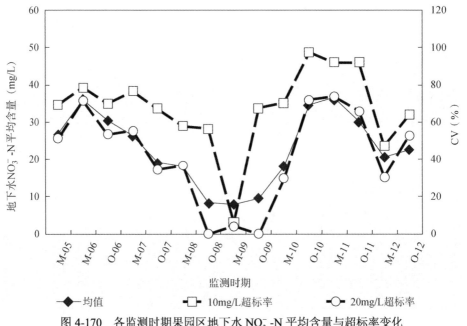

图 4-170 各监测时期果园区地下水 $NO_3^-$-N 平均含量与超标率变化

## 4.4.5 设施蔬菜地下水硝酸盐分布

### 4.4.5.1 引言

地下水资源是我国北方农村的地区主要饮用水源。随着社会经济的发展，人类活动对地下水的影响越来越大，农业生产，特别是集约化农区长期高量氮肥施用，使得大量未被农作物吸收的氮素累积于土壤中，在灌溉条件下以 $NO_3^- - N$ 的形式穿过土体而进入地下水，使地下水受到了越来越明显的污染威胁[3-5]。由于农田化学氮肥的过量施用已导致许多国家和地区都存在地下水 $NO_3^- - N$ 含量严重超标的现象[6-9]。据统计流入河、湖水体中的氮有 55%～60%来源于化肥[10]。因氮肥过量施用而引起的 $NO_3^- - N$ 对水资源的污染已成为国际上普遍关注的问题，并已成为各国监测和研究的焦点。硝酸盐含量超标在我国农村某些地区已经非常普遍，且有日益严重的趋势[11-14]。

研究表明：蔬菜种植与地下水硝酸盐含量超标有很大的联系[15-18]。通常种植者为了交通和管理方便，将蔬菜大棚建在村庄的周围，对当地居民的健康产生了潜在的威胁。

为了弄清山东省设施蔬菜种植对地下水的影响，本课题组依托山东省农业科学院农业资源与环境研究所寿光试验站，先后开展了大棚蔬菜地下水硝酸盐含量的面上调查与定点跟踪监测、不同施肥与农艺措施对土壤剖面与地下水硝酸盐含量影响等研究工作，并结合 $^{15}N$ 同位素技术，对集约化种植农区地下水硝酸盐污染进行了溯源研究。通过以上工作的开展，初步了解集约化农区地下水硝酸盐的污染状况、变化规律及其影响因素，为改善当地地下水环境，保障农村居民饮用水水质安全提供技术参考与政策支持。

### 4.4.5.2 研究区概况

典型设施蔬菜区以华北平原典型集约化农作物种植区山东省寿光市为研究区域。寿光地处鲁北滨海平原，位于北纬 36º41′～37º19′，东经 118º32′～119º10′，总面积 2018 km²。整个寿光市为由南向北缓降的大平原，平均地面坡降为万分之七，地势平坦，地下水埋深较大（15～30m）。气候属暖温带季风性大陆气候，四季分明。年均降雨量为 550mm，多年平均蒸发量为 1345.7mm。寿光是我国重要的蔬菜生产基地，1996 年被授予"中国蔬菜之乡"称号。全市蔬菜播种面积常年保持在 $5.4×10^4$ hm²，其中 80%以上为大棚蔬菜。

寿光市有冬暖式大棚 $35×10^4$ 个，大小拱棚 $0.3×10^4$ hm²，露地菜 $3.3×10^4$hm²，形成了以保护地为特点的的蔬菜生产基地。其中冬暖式大棚蔬菜的种植茬口有越冬茬、秋延茬和早春茬。越冬茬指整个冬季不换茬；一般瓜类在 9～10 月定植，翌年 6 月结束；茄果类在 8 月份前后定植，翌年 6～7 月结束；此类型茬口约占冬暖棚的 30%面积；此茬口夏季多休闲。秋延茬指秋季定植，深冬结束。一般在 7～8 月定植，次年 1～2 月份结束。早春茬指早春定植，夏初结束。一般在 2 月初定植，育苗期在 12～1 月份。秋延茬和早春茬在同一大棚内进行，种植面积约占 70%左右。蔬菜种植面积大小排序：西红柿、黄瓜、茄子、芸豆、西葫芦、菜椒、苦瓜、甜瓜、丝瓜、胡萝卜、香椿、油豆、葡萄、油桃、杏、豆瓣、菊苣、扁豆、生菜等。拱棚主要包括早春茬、越夏茬、晚秋茬等。品种有甜瓜、茄子、辣椒、西红柿、胡萝卜、芹菜、芫荽、白菜、甘兰、菠菜、油菜、莴苣、韭菜等。其中韭菜采用强控早盖技术，一般早春割二次，产量为 45 t/hm$^2$。露地菜种类有西瓜、马铃薯、芹菜、白菜、萝卜、胡萝卜、葱等。

### 4.4.5.3　两种种植体系下地下水 $NO_3^-$-N 含量动态变化的研究

（1）两种种植体系下地下水中 $NO_3^-$-N 浓度的比较

1）灌溉水 $NO_3^-$-N 含量变化。

大田、大棚两种种植体系下灌溉水中 $NO_3^-$-N 的含量结果见表 4-30。由表中可见：大田区灌溉用地下水井中 $NO_3^-$-N 的含量比较稳定，各次的取样平均值分别为 3.0mg/L、3.5mg/L、4.7mg/L、4.3mg/L、5.7mg/L，说明大田区灌溉水中的 $NO_3^-$-N 含量随时间变化差异很小，年际间缓慢升高，而不同季节之间有波动。在整个监测周期内，单个观测井 $NO_3^-$-N 含量的最大值为 15.5mg/L，最小值为痕量。依据世界卫生组织推荐的饮用水 $NO_3^-$-N 最高含量标准（10mg/L），在监测的 28 个水井中，大田区灌溉地下水 $NO_3^-$-N 超标率最高为 14.3%，平均超标率为 5%。而根据我国生活饮用水环境质量标准规定的上限（ $NO_3^-$-N ＜20mg/L），在整个监测时期内，并未有 $NO_3^-$-N 含量超标现象。

大棚蔬菜种植区灌溉水中 $NO_3^-$-N 的含量明显高于大田区灌溉水 $NO_3^-$-N 含量，前者是后者的 4～7 倍，差异达到极显著水平（$P<0.001$）。在总共 8 次的取样中，$NO_3^-$-N 含量平均在 13.9～40.0mg/L，均明显高于世界卫生组织推荐的饮用水 $NO_3^-$-N 含量上限，单井水中 $NO_3^-$-N 含量最高达 88.0mg/L，最低仅为 4.2mg/L，两者相差 20 倍，表明大棚区不同水井间 $NO_3^-$-N 含量存在极大的差异性。随着时间的推移，大棚区灌溉水中 $NO_3^-$-N 含量总体上呈现逐渐升高的趋势，具体表现为年际间逐年升高，年内季节性波动。大棚区灌溉水中 $NO_3^-$-N 含量超标现象非常普遍，各次取样国标超标率介于 26.1%～65.2%，平均超标率为 44.0%。世界卫生组织标准超标率介于 52.2%～100%，平均超标率为 72.3%。

寿光集约化大棚蔬菜生产兴起于 20 世纪 80 年代末期，至今仅 20 多年的历史，当前的大棚区也都是在原来小麦-玉米种植体系基础上发展起来的。在监测井区域周围并无其他的污染源的情况下，农田地下水中 $NO_3^-$-N 的含量却有如此大的差异，

表 4-30    两种体系下灌溉水中的 $NO_3^-$-N 含量比较

| 种植体系 | 项目 | 取样时间 | | | | | | | |
|---|---|---|---|---|---|---|---|---|---|
| | | 2003 年 9 月 | 2003 年 12 月 | 2004 年 4 月 | 2004 年 7 月 | 2004 年 12 月 | 2005 年 4 月 | 2005 年 7 月 | 2005 年 12 月 |
| 大田 | 平均值 | — | 3.0 | 3.5 | — | 4.7 | 4.3 | — | 5.7 |
| | 最大值（mg/L） | — | 7.1 | 8.0 | — | 10.7 | 12.4 | — | 15.5 |
| | 最小值（mg/L） | — | 0.0 | 0.0 | — | 0.1 | 0.1 | — | 0.2 |
| | 变异系数 CV（%） | — | 80.1 | 74.0 | — | 74.4 | 77.3 | — | 75.6 |
| | 国标超标率（>20mg/L，%） | — | 0.0 | 0.0 | — | 0.0 | 0.0 | — | 0.0 |
| | 世界卫生组织超标率（>10mg/L，%） | — | 0.0 | 0.0 | — | 7.1 | 3.6 | — | 14.3 |
| 大棚 | 平均值（mg/L） | 13.9 | 19.6[***] | 16.4[***] | 18.8 | 27.1[***] | 20.3[***] | 25.6 | 40.0[***] |
| | 最大值（mg/L） | 33.7 | 43.5 | 36.9 | 41.1 | 52.3 | 43.2 | 46.9 | 88.0 |
| | 最小值（mg/L） | 4.2 | 5.2 | 5.5 | 6.3 | 9.7 | 7.0 | 9.6 | 10.6 |
| | 变异系数 CV（%） | 63.5 | 66.0 | 62.8 | 69.6 | 59.6 | 60.2 | 60.3 | 65.9 |
| | 国标超标率（>20mg/L，%） | 26.1 | 43.5 | 39.1 | 39.1 | 47.8 | 43.5 | 47.8 | 65.2 |
| | 世界卫生组织超标率（>10mg/L，%） | 52.2 | 65.2 | 52.2 | 52.2 | 91.3 | 73.9 | 91.3 | 100.0 |

注：—表示未进行监测；***表示两种种植体系地下水 $NO_3^-$-N 含量差异（T-test）达到 0.001 显著水平

这充分说明大棚蔬菜生产对地下水 $NO_3^-$-N 含量产生了巨大的影响。究其原因，在于两种种植体系下肥料，尤其是氮素肥料的投入量存在极大的差异所致（表 4-31）。比较两种种植模式施肥状况我们可以看出，小麦-玉米种植区每年的氮素盈余为 178 kg N/hm$^2$，而大棚区则高达 1541 kg N/hm$^2$，是作物正常需求量的好几倍，这样的施肥水平大大超过了作物本身的养分需求量。考虑到农田环境下的土壤固定和气态损失，小麦-玉米种植体系下土壤中养分累积量相对有限。而大棚土壤则不同，极高的氮素盈余势必造成土壤中大量的养分累积（主要以硝酸根离子形式存在），加之大棚种植环境下灌溉水量大且频繁，极易造成硝酸盐向下淋洗从而污染地下水[19,20]。这也说明了为什么大田区地下水 $NO_3^-$-N 含量超标率很低，而大棚区则超标非常普遍。因此，大棚种植体系下土壤中过高的氮肥投入，是造成地下水硝酸盐含量超标的主要原因。

表 4-31　不同种植体系下的施肥状况

| 种植体系 | 茬口 | 氮肥输入量<br>（kg N/hm²） | 作物需氮量<br>（kg N/hm²） | 氮素盈余<br>（kg N/hm²） |
|---|---|---|---|---|
| 大棚 | 冬春茬 | 862 | 225 | 637 |
| | 秋冬茬 | 1129 | 225 | 904 |
| | 全年 | 1991 | 450 | 1541 |
| 大田 | 小麦 | 343 | 180 | 163 |
| | 玉米 | 210 | 195 | 15 |
| | 全年 | 553 | 375 | 178 |

注：kgN/hm² 中，"N" 表示氮元素

2）饮用水 $NO_3^-$-N 含量变化。

小麦-玉米种植区农村饮用水中 $NO_3^-$-N 的平均含量随时间变化很小，但总体仍呈现缓慢升高的趋势，这与灌溉水的变化一致（表 4-32）。在整个监测期内，饮用水中 $NO_3^-$-N 的平均含量大多数（42.9%～75.0%）低于 3.0mg/L，最高为 8.9mg/L，最低为痕量。一般认为，如果某一地区的地下水中 $NO_3^-$-N 含量低于 3mg/L，表明该地区地下水资源并未受到人类活动的影响[21]。在整个监测时期内，大田区饮用水中 $NO_3^-$-N 检出世界卫生组织超标率均为零，不存在 $NO_3^-$-N 含量超标现象。由此说明，小麦-玉米种植区农村饮用水目前并未受到来自农业生产活动中过量氮肥的影响，地下水是清洁安全的。

大棚蔬菜种植区农村饮用水的 $NO_3^-$-N 含量大大高于小麦-玉米种植区，两者存在极显著差异（$P<0.001$）。最高含量可达 45.6mg/L，各次取样平均值都在 6.7～18.5mg/L，且存在明显的季节性波动，这与当地灌溉水中 $NO_3^-$-N 含量变化相呼应，表明农田灌溉水和农村饮用水存在着交互补给作用。众所周知，蔬菜大棚都是以村子为中心向四周作放射状分布的，这种分布格局也决定了一旦大棚区过量的肥料氮素投入未被利用向下淋洗进入地下水，危及到的是当地农村的饮用水安全。在整个监测周期内，大棚区农村饮用水 $NO_3^-$-N 超标现象非常普遍，呈现迅速升高的趋势，国标超标率在 0.0%～37.5%，平均为 14.1%；世界卫生组织超标率介于 18.8%～56.3%，平均为 42.2%，说明地下水已经受到来自农田氮肥严重的污染。

**表 4-32　两种体系下饮用水中的 $NO_3^-$-N 含量比较**

| 种植体系 | 项目 | 取样时间 | | | | | | | |
|---|---|---|---|---|---|---|---|---|---|
| | | 2003年9月 | 2003年12月 | 2004年4月 | 2004年7月 | 2004年12月 | 2005年4月 | 2005年7月 | 2005年12月 |
| 大田 | 平均值（mg/L） | — | 2.1 | 2.3 | — | 2.8 | 3.0 | — | 3.6 |
| | 最大值（mg/L） | — | 6.1 | 6.7 | — | 7.5 | 7.3 | — | 8.9 |
| | 最小值（mg/L） | — | 0.1 | 0.2 | — | 0.1 | 0.5 | — | 0.6 |
| | 变异系数 CV（%） | — | 75.6 | 79.5 | — | 75.3 | 65.1 | — | 61.6 |
| | 国标超标率（>20mg/L，%） | — | 0.0 | 0.0 | — | 0.0 | 0.0 | — | 0.0 |
| | 世界卫生组织超标率（>10mg/L，%） | — | 0.0 | 0.0 | — | 0.00 | 0.0 | — | 0.0 |
| 大棚 | 平均值（mg/L） | 6.7 | 9.3*** | 7.7*** | 9.5 | 13.4*** | 10.7*** | 12.9 | 18.5*** |
| | 最大值（mg/L） | 16.9 | 22.9 | 19.6 | 18.7 | 25.6 | 23.5 | 26.2 | 45.6 |
| | 最小值（mg/L） | 1.3 | 0.9 | 2.2 | 1.9 | 3.8 | 2.7 | 5.1 | 6.32 |
| | 变异系数 CV（%） | 75.9 | 70.4 | 66.3 | 65.7 | 59.5 | 60.4 | 54.3 | 67.1 |
| | 国标超标率（>20mg/L，%） | 0.0 | 6.3 | 0.0 | 0.0 | 37.5 | 6.3 | 25.0 | 37.5 |
| | 世界卫生组织超标率（>10mg/L，%） | 18.8 | 43.8 | 31.3 | 43.8 | 50.0 | 43.8 | 50.0 | 56.3 |

注：—表示未进行监测；***表示两种种植体系地下水 $NO_3^-$-N 含量差异（T-test）达到 0.001 显著水平

（2）两种种植体系下不同深度水井中 $NO_3^-$-N 的动态变化

1）不同深度灌溉水井中 $NO_3^-$-N 的动态变化。

小麦-玉米种植区灌溉水浅井的 $NO_3^-$-N 平均在 5.3～9.5mg/L，深井为 0.7～1.9mg/L（图 4-171）。浅井水中的 $NO_3^-$-N 含量明显高于深井，深井水中 $NO_3^-$-N 含量随季节变化波动很小。这与当地农业活动密切相关，春季是枯水季节，又是灌溉高峰时期，集中的抽取对地下水形成了很大的扰动，从而导致地下水中表层 $NO_3^-$-N 含量的下降。而在冬季，夏秋季节充沛的降水对地下水形成了很好的补充，长时间不灌溉使得来自土层中的硝酸盐与含水层进行充分的养分交换，使得 $NO_3^-$-N 在浅层地下水中聚集从而导致浓度升高。这也是浅井中 $NO_3^-$-N 含量明显高于深井的原因。表明小麦-玉米栽培制度下氮素的投入还是对浅层地下水产生了一定的影响，这与前人的研究结果一致[22]。

大棚蔬菜种植区井深不同地下水的 $NO_3^-$-N 含量差异很大。灌溉水中，浅井中 $NO_3^-$-N 的含量明显高于深井，这与小麦-玉米种植区类似。大棚区灌溉水井中 $NO_3^-$-N 含量随着时间推移，从年初到年末呈明显的上升趋势，年际间则存在有规律的波动并逐渐升高（图 4-172）。由图可以看出：每年的 4 月份，是一年灌溉水

中 $NO_3^-$-N 含量最低的时候，其后逐渐升高（7 月），在 12 月份达到最高值，然后下降，第二年基本呈现上一年的波动规律，但是总体上较上一年含量升高。究其原因，这与大棚蔬菜生产习惯有很大关系。4 月是当地大棚蔬菜上市的旺盛生长期，此时期光照充足，蒸发蒸腾强烈，作物对水肥需求量大，为了获得高产量，频繁的灌溉和施肥是必需的。而此时正是一年中的枯水季节，强烈的供需矛盾造成大棚区地下扰动较大且地下水位下降明显（5～10 m），只能通过周边农田（非大棚区）进行地下水补给，这对表层水中 $NO_3^-$-N 含量起到了一定的稀释作用；7 月是大棚蔬菜种植区的农闲时期，地下水基本不受外界扰动，土壤深层中累积的硝酸盐很容易与地下水进行交流，导致地下水中 $NO_3^-$-N 含量升高；进入 11 月份之后，由于日照时间变短，气温下降，棚内湿度加大，大棚区灌溉频率大幅下降（经常一个多月不灌溉），加之前期大量的肥料投入，使得大量沉积在土壤剖面中未被利用的氮素以 $NO_3^-$-N 的形式进入地下水中，造成大棚区灌溉地下水中 $NO_3^-$-N 含量在 12 月份达到最高值。灌溉深井水中 $NO_3^-$-N 的含量变化与浅井类似，但是幅度较浅井要小得多，表明目前土壤中的氮素进入深层地下水的量仍相对较少。

无论大棚蔬菜种植区还是小麦-玉米种植区，浅井中的 $NO_3^-$-N 含量均明显高于深井，同一时期 $NO_3^-$-N 含量波动幅度也是浅井高于深井。

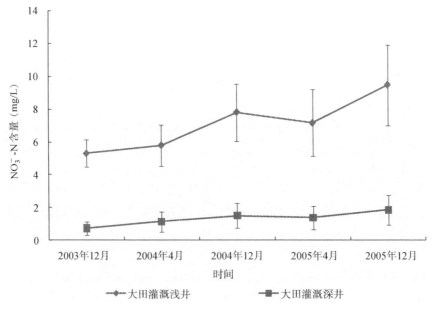

图 4-171　大田区灌溉水 $NO_3^-$-N 动态变化

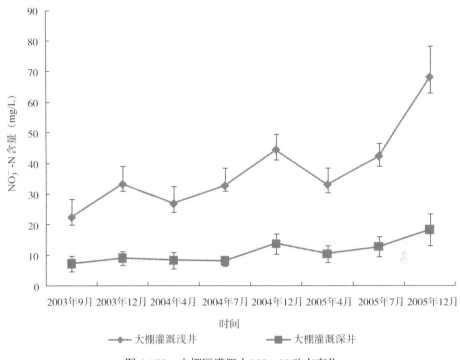

图 4-172　大棚区灌溉水 $NO_3^-$-N 动态变化

2）饮用水 $NO_3^-$-N 含量变化。

小麦-玉米种植区饮用水浅井水的 $NO_3^-$-N 平均在 3.4～5.3mg/L，深井水 $NO_3^-$-N 含量为 0.8～1.8mg/L（图 4-173）。这与灌溉水的变化规律非常接近。从地质构造上看，同一含水层的水必然存在着交换，由于灌溉浅井水中 $NO_3^-$-N 含量明显高于饮用浅井含量，必然导致饮用浅井中 $NO_3^-$-N 含量缓慢上升。深井中灌溉水和饮用水浓度相近，平均含量均在 3.0mg/L 以下，接近自然状态下地下水 $NO_3^-$-N 含量的本底值，表明大田区深层地下水目前尚未受到人类农业活动的直接影响，因此后者浓度随时间基本上没有变化。

大棚区饮用浅井水中 $NO_3^-$-N 含量呈现快速上升的趋势（图 4-174），2003 年 9 月平均含量为 11.5mg/L，到 2005 年 12 月，则已经达 30.8mg/L，接近原来的 3 倍。饮用水中硝酸盐的最高浓度也来自于浅井，达 45.6mg/L，接近世界卫生组织推荐最高限量的 5 倍，同时也大大超过了我国生活饮用水 $NO_3^-$-N 含量标准。这与大棚区灌溉浅井的变化相呼应，说明由于地下水的交互作用，分布在村子周围的灌溉水井已经对农村饮用水造成了交叉污染。当地居民长期饮用含高浓度硝酸盐的水，对他们的健康产生了潜在的威胁，调查发现这些村子近年来老年人中胃癌、食道癌的发病率较周围地区高的多，可能与长期饮用硝酸盐严重超标的水有关。大棚区饮用深井水中 $NO_3^-$-N 的含量明显较浅井要低得多，不同井点之间 $NO_3^-$-N 含量差异也小，但是随着时间的推移，与灌溉深井相比，虽然没有季节性波动，变化平稳，然而 $NO_3^-$-N 的平均含量仍然呈现缓慢升高的趋势。

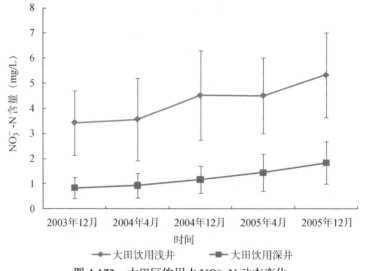

图 4-173  大田区饮用水 $NO_3^-$-N 动态变化

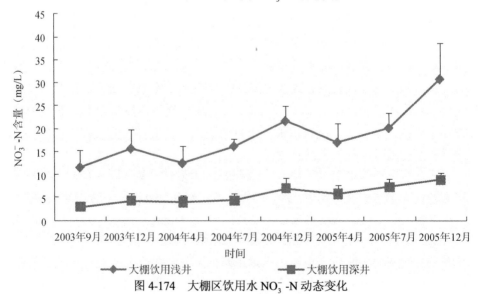

图 4-174  大棚区饮用水 $NO_3^-$-N 动态变化

3）小结。

地下水是我国北方农业生产和当地居民生活饮用水的主要水源，一旦受到污染，将危及人民健康安全，且治理起来将非常困难。因此，加强预防、源头控制的重要性总是高于先污染后治理。

多年来一成不变的小麦-玉米耕作制度并没有给大田区地下水造成明显的影响，仅有浅层地下水 $NO_3^--N$ 含量随着时间变化具有季节性变化，深层地下水 $NO_3^--N$ 含量绝大多数在 3.0mg/L 以下，接近自然状态下地下水 $NO_3^--N$ 含量的本底值，表明大田区深层地下水目前尚未受到人类农业活动的直接影响；大田区农村饮用地下水 $NO_3^--N$ 含量没有超标现象。

无论大棚区还是大田区，井深不同对地下水的 $NO_3^--N$ 含量影响差异很大。浅井中 $NO_3^--N$ 的含量明显高于深井。

大棚区灌溉水井中 $NO_3^--N$ 含量年内（从年初到年末）呈明显的上升趋势，年际间则存在有规律的波动并逐年升高。每年的 4 月份，是一年中 $NO_3^--N$ 含量最低的时候，其后逐渐升高（7 月），在 12 月份达到最高值，然后下降，第二年基本呈现上一年的波动规律，但是总体上较上一年含量升高。

大棚区农田土壤中每年高达 1541kg $N/hm^2$ 的氮素盈余直接导致了该种植体系下灌溉水中 $NO_3^--N$ 浓度大大高于粮食作物种植。大棚区灌溉水 $NO_3^--N$ 含量平均在 15.4～56.0mg/L，最高达 88.0mg/L，均明显高于世界卫生组织推荐的饮用水 $NO_3^--N$ 含量上限；大棚区灌溉水中 $NO_3^--N$ 含量超标现象非常普遍，在整个监测周期内，对世界卫生组织推荐饮用水上限的超标率介于 52.2%～100%，平均超标率为 72.3%。表明集约化大棚蔬菜栽培模式已经对当地农田地下水 $NO_3^--N$ 造成了很大污染。

受大棚区灌溉水高含量 $NO_3^--N$ 和普遍超标的影响，大棚区饮用水中 $NO_3^--N$ 含量呈现快速上升的趋势。各次取样平均值都在 6.7～18.5mg/L，最高含量可达 45.6mg/L，且存在明显的季节性波动，这与灌溉水的变化规律相一致；在整个监测周期内，大棚区农村饮用水 $NO_3^--N$ 超标现象非常普遍，国标超标率在 0～37.5%，平均为 14.1%，世界卫生组织超标率介于 18.8%～56.3%，平均为 42.2%，说明地下水已经受到非常严重的氮素污染，饮用水中较高的硝酸盐含量已经对当地居民的健康构成了潜在的威胁。

针对当前大棚蔬菜种植区氮肥投入过量的问题，急需开展农业减肥增效和高效栽培措施相结合方面的研究，在保证作物高产的基础上，减少肥料用量，提高养分利用率，以改善产地环境质量，提高农产品品质，减少农田向地下水环境的氮素输出，最终实现农业环境友好型生产与可持续发展。

#### 4.4.5.4 不同氮肥用量对设施蔬菜土壤剖面 $NO_3^-$-N 累积影响研究

（1）试验基本情况

1）试验点概况。试验于 2008 年 1 月～2008 年 7 月在寿光市稻田镇河沟村进行。试验地点北纬 36°50′28.3″、东经 118°56′7.8″；棚龄 5 年，实种面积 62×9m²；土壤类型为褐土，养分含量：全氮 12.59 g/kg、速效磷 210.40mg/kg、速效钾 498.72mg/kg、有机质 18.95 g/kg、pH 7.63、盐分 0.187%。种植蔬菜为黄瓜，于 2008 年 1 月 20 日定植、7 月 2 日拉秧，品种为"世纪星"。

2）试验设计。试验共设置 4 个处理：T1 空白，不施任何肥料；T2 单施有机肥，不施任何化肥；T3 习惯施肥，在广泛调查的基础上，按照当地习惯施用有机肥、化肥以及其他肥料；T4 优化化肥，根据当地该种作物的推荐施肥量，结合试验小区土壤养分速测结果，施用相应的氮肥。小区面积 21.6 m²，随机区组设计，3 次重复。优化化肥处理在每次追肥前用反射仪测定耕层（0～20 cm）土壤 $NO_3^-$-N 含量，每个时期的氮素目标值减去所测处理土壤中残留氮素的量（土壤 $NO_3^-$-N 含量）即为应施纯氮量；其他田间管理完全按农民习惯由农户自主进行操作。各处理养分投入量见表 4-33。

表 4-33　试验各处理养分投入量

| 处理 | 有机养分投入（kg/hm²） | | | 无机养分投入（kg/hm²） | | | 总养分投入（kg/hm²） | | |
|---|---|---|---|---|---|---|---|---|---|
| | N | $P_2O_5$ | $K_2O$ | N | $P_2O_5$ | $K_2O$ | N | $P_2O_5$ | $K_2O$ |
| T1 | 0 | 0 | 0 | 0 | 0 | 0 | 0 | 0 | 0 |
| T2 | 142 | 109 | 93 | 0 | 0 | 0 | 142 | 109 | 93 |
| T3 | 142 | 109 | 93 | 1816 | 1620 | 1775 | 1958 | 1728 | 1868 |
| T4 | 142 | 109 | 93 | 835 | 273 | 681 | 957 | 382 | 774 |

在黄瓜的不同生长期（初瓜期、盛瓜期、拉秧期），每小区取 0～100 cm 剖面，收获后取 0～200 cm 剖面，每 20 cm 一层。每小区每层取 5 个点，"之"字形排列。新鲜土样用 1mol/L KCl 溶液浸提，流动分析仪法测定土壤 $NO_3^-$-N 和铵态氮含量；表层土（0～20 cm）经风干后，测定 pH、水溶性盐分等指标。测定黄瓜果实、茎秆、叶片等地上部的 N、P 和 K 含量。测定方法参照《土壤农业化学分析方法》[23] 进行。试验数据采用 DPS（V7.05 版本）和 Microsoft Excel 2003 统计分析软件进行统计和处理。

（2）不同氮肥用量对设施黄瓜土壤剖面 $NO_3^-$-N 累积影响研究

土壤剖面中硝酸盐的累积状况被认为是地下水潜在污染的风险指标[13,24]。大量资料表明，这种情况在设施蔬菜生产中尤为明显[22-25]。黄瓜是一种浅根性蔬菜作物，根系对水分、养分的吸收能力较弱，为了获得持续高产，菜农会频繁持续的向土壤中冲施入大量的肥料。这种大水漫灌的生产方式，势必造成了养分的大量淋失。图 4-175 和图 4-176 为设施黄瓜在初瓜期和盛瓜期的土壤剖面硝酸盐分布状况。

当地农户调查结果表明，在黄瓜移栽至初瓜期的这段时间内，通常农民是不施肥的，只是灌溉，自座瓜后开始冲施各类肥料，一般施肥伴随着灌溉同时进行。由图可以看出，不论初瓜期还是盛瓜期，均遵循 $NO_3^-$-N 养分含量由表层向下逐层递降的趋势，这与前人的研究一致[26,27]。表层（0～20 cm）$NO_3^-$-N 含量差异最大，各处理排序分别为 T3＞T4＞T2＞T1，究其原因，是由于氮素投入量不同造成的。同一层次 $NO_3^-$-N 含量对比表明，除了处理 T1（不施肥）$NO_3^-$-N 的含量基本不变外，其余各处理盛瓜期 $NO_3^-$-N 含量均较初瓜期有较大的升高，表明外部投入设施土壤中的肥料氮（有机肥 N，化肥 N），在当前沟灌、冲施的传统模式下，均存在不同程度的淋洗现象。这既造成了肥料的浪费，又对地下水造成了潜在污染。

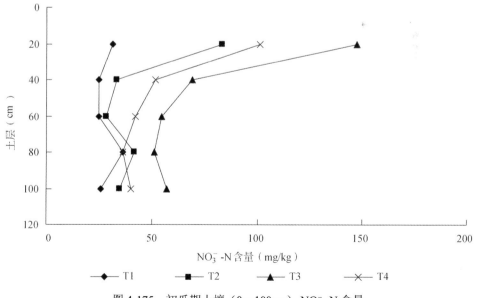

图 4-175　初瓜期土壤（0～100cm）$NO_3^-$-N 含量

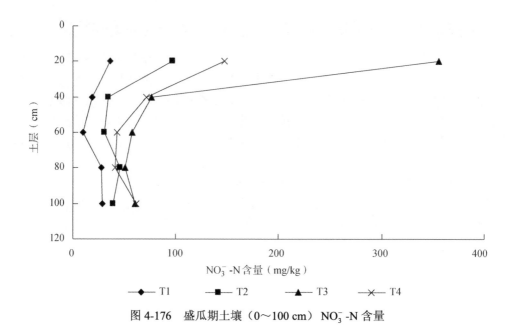

图 4-176　盛瓜期土壤（0～100 cm）$NO_3^-$-N 含量

（3）小结

设施栽培下菜地土壤剖面各层 $NO_3^-$-N 含量存在明显的空间变化规律，即均遵循 $NO_3^-$-N 养分含量由表层向下逐层递降的趋势。这与持续不断的肥料投入和频繁的大水灌溉有密切关系。

近 20 年来，设施蔬菜规模发展非常迅速，不仅提高了人们生活水平，又给菜农带来了巨大的经济收益。资料表明，氮肥合理施用不但能增加蔬菜作物产量，而且能够实现土壤可持续利用，减少或避免由于不合理施用氮肥所带来的环境污染与危害。目前我国氮肥化肥的当季利用率约为 30%～35%，而在设施蔬菜中则更低，仅为 5%～15%。大量氮肥残留于土壤，或通过地下淋溶、气态挥发等形式损失，不但造成严重的资源浪费，而且对当地农业环境质量构成严重威胁，危及人们健康。本田间试验小区结果表明，在本试验条件下，从分层土壤 $NO_3^-$-N 分布动态来看，高氮处理的土壤剖面 $NO_3^-$-N 下移趋势非常明显，极有可能淋洗出 1 m 土体，即存在污染地下水的潜力。

### 4.4.5.5　集约化农区地下水 $NO_3^-$-N 污染来源分析

（1）引言

已有研究表明：农业生产尤其是蔬菜种植与地下水 $NO_3^-$-N 含量超标有很

大的联系。潍坊市是山东半岛经济开放区，是山东省农副产品的集中产区之一，包括寿光市在内是我国重要的蔬菜生产基地，因此了解潍坊地区地下水硝酸盐污染状况非常重要。本章节就整个潍坊市地下水 $NO_3^-$-N 污染来源进行了分析，为进行硝酸盐污染治理及改善当地水环境、保障当地饮用水安全提供参考。

（2）材料与方法

以华北平原典型集约化农作物种植区——山东省潍坊市为研究区域。潍坊市位于山东半岛中部，地跨北纬 $35°41'\sim37°26'$，东经 $118°10'\sim120°01'$，总面积 1.58万 $km^2$。全市地势南高北低，南部是山区和丘陵，中部是平原，北部是沿海滩涂，总耕地面积 1054 万亩。全境属暖温带季风区大陆性气候，四季分明，年平均气温12.3℃，无霜期 200 天左右，年积温 4700℃，年平均降雨量 650 mm 以上，自然条件良好。主要种植作物为小麦、玉米、设施蔬菜、露地蔬菜等。

2009 年 9 月至 10 月，在潍坊市辖四区及 8 个郊区县选择代表性较强的居民区和粮田、蔬菜种植区为调查对象，采用均匀布点的网格式取样，共取样 56 个，包括饮用水井和灌溉水井。主要采集地下水样本进行硝酸盐污染状况研究，并选择有代表性农户进行调查。样品采集利用 GPS 系统精确定位，并填写登记表，注明编号、日期、采样时间、井深、周围主要种植分布等相关说明，以便进行分析。取样时，用细绳拴着不锈钢的小吊桶沉入水井中，取上层水（水面以下 0~1 m），水样取出后立即放入 500 mL 深色塑料瓶中，密封，标签标记，带回实验室放入冰箱中冻存，待测定。

测定前一天，将样品取出解冻，若有浑浊，则用滤纸过滤直至澄清。采用连续流动注射分析仪法（flow injection analysis，FIA）测定水样中的 $NO_3^-$-N 含量；采用离子色谱仪（戴安 ICS3000）测定钠离子、钾离子、钙离子、镁离子、氯离子、硫酸根离子；碳酸氢根离子采用稀硫酸-甲基橙滴定方法测定；$NO_3^-$ 通过离子交换色层法转化为 $AgNO_3$ 后，经 TC-EA 在线转化为 $N_2$ 引进同位素比值质谱仪（Elementar-Isoprime100）进行 $\delta^{15}$N- $NO_3^-$ 的测定。

采用 SPSS16.0 统计软件和 Excel 进行数据处理与统计分析。

（3）集约化农区地下水 $NO_3^-$-N 污染来源分析

在人类活动影响下，地下水 $NO_3^-$-N 来源复杂[28,29]，既有天然源，又有人为源，一般认为地下水中大量的硝酸盐氮主要来源于居民生活污水与垃圾粪便、化肥、工业废水、大气氮氧化合物干湿沉降以及污水灌溉等。判断地下水 $NO_3^-$-N 污染源的方法很多，主要包括水质解析法、氮氧稳定同位素比值等方法。但是，由于使用一种方法很难判断特定的污染原因，所以要根据地域特征，并结合几种合适的方法来分析。

1）硝酸盐含量与水质离子的相关性分析。

利用离子色谱仪分析了样品的钠、钾、钙、镁、碳酸氢根、氯、硫酸根、硝酸根离子，分析这些离子之间的关系，形成相关性矩阵（表 4-34）。可以看出，钙离子与硝酸盐浓度极显著相关，相关系数是 0.687；镁、硫酸根离子与硝酸盐浓度显著相关，相关系数分别是 0.272 和 0.232；钠、钙、镁、氯离子都与硫酸根离子极显著相关，钠、钙、镁与氯离子极显著相关；这可能与当地农民大量施用硫酸铵、硫酸镁、硝酸铵、钙镁磷肥等肥料有关[30,31]，过量施用的肥料，尤其是氮肥不能被植物充分吸收，造成了土壤养分盈余，发生淋洗污染了地下水，因而这些离子之间百分含量显著相关。研究表明：小麦-玉米轮作、大棚蔬菜和果园种植体系下土壤中均有大量氮素盈余，并且均表现出的硝酸盐明显淋洗[22]；设施蔬菜土壤中的碱解氮以 $NO_3^-$-N 为主，土壤中大量硝酸盐积累，容易造成土壤盐渍化及土壤硝酸盐的淋洗，污染地下水[30]。这些研究结果表明了肥料特别是氮肥投入过多，导致土壤中 $NO_3^-$、$SO_4^{2-}$、$Cl^-$ 等在土壤中残留，而这些离子经雨水与灌溉很容易发生淋洗污染地下水，这与这些离子之间显著相关是相吻合的，因此，可以推断出硝酸盐超标与氮肥过量施用有关。

**表 4-34　不同离子相关性分析**

| 离子种类 | $Na^+$ | $K^+$ | $Ca^{2+}$ | $Mg^{2+}$ | $Cl^-$ | $SO_4^{2-}$ | $HCO_3^-$ |
|---|---|---|---|---|---|---|---|
| $NO_3^-$-N | −0.72 | 0.06 | 0.687** | 0.272* | 0.143 | 0.232* | −0.005 |
| $Na^+$ | | 0.193 | −0.049 | 0.669** | 0.796** | 0.714** | −0.025 |
| $K^+$ | | | 0.189 | 0.090 | 0.313* | 0.102 | 0.188 |
| $Ca^{2+}$ | | | | 0.318** | 0.343** | 0.432** | −0.38 |
| $Mg^{2+}$ | | | | | 0.740** | 0.745** | −0.004 |
| $Cl^-$ | | | | | | 0.705** | 0.04 |
| $SO_4^{2-}$ | | | | | | | −0.068 |

注：*表示相关性达到 0.05 显著水平；**表示相关性达到 0.01 显著水平

2）地下水中各盐分离子特征解析。

派珀图法也是水质调查分析中常用的一种直观的分析方法。派珀图是个网状的菱形，将菱形的各个边做轴表示所调查水样中各种溶解离子的百分数，该百分数是用当量的百分比表示。一般而言，地下水在地层流动的过程中其成分组成会受到外界的不同程度的各种影响。受人为活动影响小时是顺着图中Ⅰ的方向，受人为影响大的时候多是顺着Ⅲ的方向变化，因此，可以根据地下水质的空间性、时间性的变化进行解析，从而推断污染原因[32]。将样品中钠离子、钾离子、钙离子、镁离子、碳酸氢根离子、氯离子、硫酸根离子、硝酸根离子

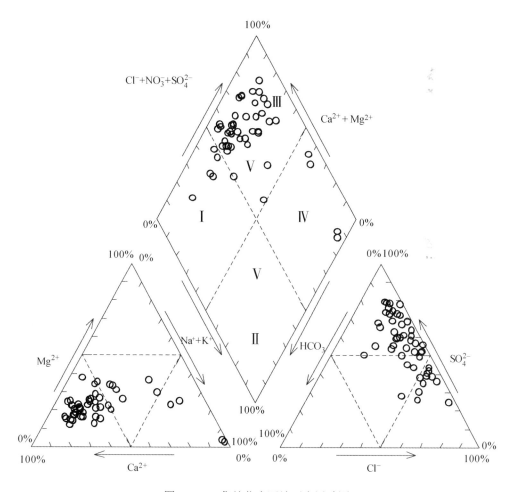

图 4-177　集约化农区地下水派珀图

浓度换算成当量百分比绘制派珀图（图 4-177）。从图可以看出，多数样品的成分组成是顺着Ⅲ的方向变化，因此可以推断多数地下水样品受人为活动影响较大，而在农业区域，人为活动较多是施肥（包括化肥和畜禽粪便等有机肥）与生活污水的排放，也就是说所取地下水样品多数受农业施肥与生活污水的影响较大。

3）$NO_3^-$-N 氮同位素组成特征及溯源。

氮元素有两种稳定同位素：常见的 $^{14}N$ 和稀有的 $^{15}N$，在物理、化学和生物反应过程中它们因质量不同而发生同位素分馏。不同的污染源具有显著的氮同位素特征。56 个样品中有 41 个 $NO_3^-$-N 含量超过 10mg/L，根据前述的方法，将这 41 个样品中的 $NO_3^-$-N 转化为硝酸银，利用高温元素分析仪-稳定同位素质谱仪进一步分析氮稳定同位素$\delta^{15}N$ 值，通过$\delta^{15}N$ 值来确定 $NO_3^-$-N 的污染来源。地下水 $NO_3^-$-N 和$\delta^{15}N$ 之间的关系见上图（图 4-178），地下水中硝酸盐的$\delta^{15}N$ 值范围落在 4.8‰～14.7‰，平均值为 7.8‰，标准偏差是 2.2‰，变异系数为 28.0%，而 $NO_3^-$-N 含量和$\delta^{15}N$ 值没有显著的相关关系。

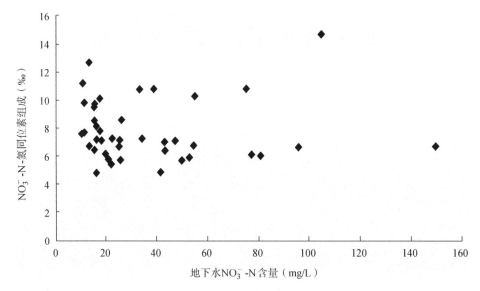

图 4-178　$NO_3^-$-N 含量和氮同位素组成之间的关系

根据以往的研究结果，不同来源的 $NO_3^-$-N 其$\delta^{15}N$ 范围大致为：降水–8‰～2‰，化学肥料–7.4‰～6.8‰，家畜粪尿为 10‰～22‰，生活污水为 8‰～15‰[32]；进一步可以理解为，$\delta^{15}N$ 介于 10‰～15‰属于家畜粪尿和生活污水的混合污染，$\delta^{15}N$ 介于 6.8‰～8‰属于降水、化学肥料、家畜粪尿、生活污水等的混合污染。

潍坊地区潜在的 $NO_3^- $-N 污染源主要包括化学肥料（尿素、复合肥、二铵等）、生活污水、家畜粪尿（主要当作有机肥用）等。潍坊地区地下水 56 个样品中有 41 个 $NO_3^- $-N 含量超过 10mg/L，其中有 17 个样品 $\delta^{15}N$ 值小于 6.8‰，8 个样品 $\delta^{15}N$ 值介于 10‰～15‰，6 个样品 $\delta^{15}N$ 介于 8‰～10‰，10 个样品 $\delta^{15}N$ 值介于 6.8‰～8‰；根据这些不同人为来源硝酸盐污染源的 $\delta^{15}N$ 特征值以及测定的地下水中硝酸盐 $\delta^{15}N$ 值，结合研究区的农作物种植、施肥状况和周边环境，得出如下结论：潍坊区域地下水硝酸盐有 41.5%来自于化肥，14.6%来自于生活污水，19.5%是家畜粪尿和生活污水的混合污染，24.4%是化肥、家畜粪尿、生活污水等的混合污染。综合以上结果我们认为潍坊地区地下水硝酸盐主要来自于化肥（贡献率是 41.5%），生活污水和家畜粪尿有一定贡献，并且生活污水的贡献要大于家畜粪尿的贡献。

（4）小结

采用离子相关性及水质派珀图分析都表明，地下水硝酸盐超标与氮肥施用有密切关系；采用硝酸盐 $\delta^{15}N$ 的稳定同位素溯源分析表明潍坊地区地下水硝酸盐主要来自于化肥（贡献率是 41.5%），生活污水和家畜粪尿有一定贡献，并且生活污水的贡献要大于家畜粪尿的贡献。

因此，要降低地下水硝酸盐继续污染的风险，必须从源头控制做起，减少肥料（包括化学肥料和有机肥）的投入，同时也要规范与有效处理排放的生活污水。

# 4.5　河南

## 4.5.1　地下水硝酸盐含量特征

从 2006～2012 年连续 7 年，在每年 5 月份和 10 月份进行河南省地下水 $NO_3^- $-N 含量定位监测，共采集地下水样品 3411 个。监测数据（表 4-35）表明，研究区域地下水 $NO_3^- $-N 含量在痕量～165.7mg/L，平均含量为 9.6mg/L，有 33.9%的样点超过我国生活饮用水卫生标准（10mg/L），有 14.4%的样点超过我国地下水质量标准规定的人体健康基准值（超过 20mg/L）。

按照我国地下水质量标准（GB/T 14848-93），样点水质主要以 Ⅰ 类水和 Ⅲ 类水为主（图 4-179），分别占到 33.0%、37.2%；其次是 II 类水，比例占到 15.3%；IV 类水和 V 类水的比例分别占到 7.7% 和 6.8%。III 类水比例过高，地下水 $NO_3^-$-N 潜在污染风险比较大。

**表 4-35　河南省地下水 2006～2012 年地下水 $NO_3^-$-N 含量**

| 参数 | 样品数（个） | 平均值（mg/L） | 最大值（mg/L） | 最小值（mg/L） | 标准差（mg/L） | 变异系数（%） | 10mg/L 超标率（%） |
|---|---|---|---|---|---|---|---|
| 合计 | 3411 | 9.6 | 165.7 | 痕量 | 12.7 | 132.4 | 33.9 |
| 5 月 | 1680 | 9.3 | 165.7 | 痕量 | 12.4 | 133.2 | 33.6 |
| 10 月 | 1731 | 9.9 | 111.3 | 痕量 | 13.1 | 131.5 | 34.2 |

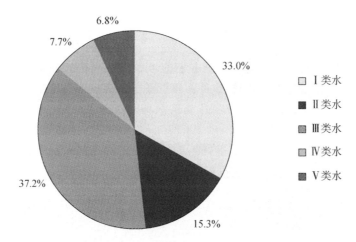

图 4-179　2006～2012 年河南省地下水 $NO_3^-$-N 含量各类水比例

2006～2012 年连续 7 年，5 月份、10 月份地下水 $NO_3^-$-N 平均含量分别为 9.3mg/L 和 9.9mg/L（表 4-35），达标率分别为 86.5% 和 84.6%（图 4-180、图 4-181）。10 月份同 5 月份相比，I 类水和 III 类水比例略有下降，II 类水、IV 类水和 V 类水比例略有升高。可以看出雨季后，地下水 $NO_3^-$-N 含量有升高趋势。5 月地下水 $NO_3^-$-N 含量最大值为 165.7mg/L，高于 10 月份最大值 111.3mg/L，最大值的样点都出现在井深仅为 8m 的水井。5 月份变异系数略高于 10 月份，这表明 5 月份各取样点地下水 $NO_3^-$-N 含量离散程度要高于 10 月份。

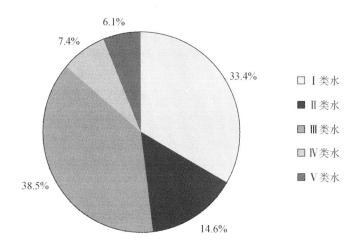

图 4-180　2006～2012 年 5 月份河南省地下水 $NO_3^-$-N 含量各类水比例

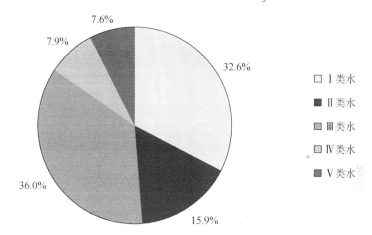

图 4-181　2006～2012 年 10 月份河南省地下水 $NO_3^-$-N 含量各类水比例

如果把 3411 个样点的 $NO_3^-$-N 含量看成是一个总体样本，采用 Kolmogorov-Smirnov 对其进行数据正态分布检验，偏度系数和峰度系数分别为 3.001 和 16.777，其值较高，说明不符合正态分布。各样本的累积分布频率见图 4-182，可以看出，硝酸盐含量在 10mg/L 以内的样品累积频率较快，达到了 66.1%，之后累积频率下降，在 20mg/L 时，累积频率达到了 85.6%，在 30mg/L，累积频率达到了 93.2%，即有 93.2%样品硝酸盐含量都在我国Ⅳ类水以内。结合我国地下水质量标准及饮用水标准分级，把整体的样本按照 0～2mg/L、2～5mg/L、5～10mg/L、10～15mg/L、15～20mg/L、20～30mg/L、30～40mg/L、40～50mg/L、50～100mg/L、>100mg/L，分成 10 组，计算落入该空间的频数，获得河南省地下水 $NO_3^- - N$ 含量频率分布图，从图 4-183 中可以看出，含量在痕量～2mg/L 的样品频率最高，达到 33%，其次是 5～10mg/L，2～5mg/L、10～15mg/L，分别占 17.8%、15.3%、13.5%。含量＞15mg/L 的样品频率开始快速下降，15～20mg/L 占 6.0%、20～30mg/L 占 7.7%；＞30mg/L 的样品占 6.8%，＞40mg/L 的样品占 3.3%，超过 100mg/L 仅有 0.1%。有 67%的样点已经受到人类活动的干扰，34%的样点超过我国饮用水标准，如不及时控制，污染有加剧趋势。

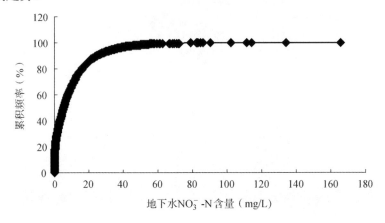

图 4-182　河南省地下水 $NO_3^- - N$ 含量累积分布图

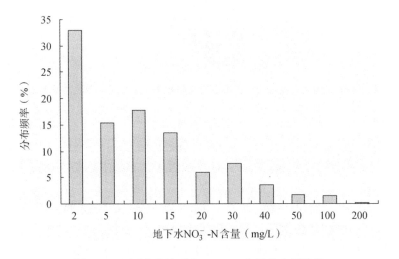

图 4-183　河南省地下水 $NO_3^- -N$ 含量分布频率图

## 4.5.2　地下水硝酸盐动态变化

不同时期，地下水的 $NO_3^-$-N 含量呈动态变化。连续 7 年的监测，总体趋势为先降低后增加而后降低（图 4-184），2006～2008 年地下水 $NO_3^-$-N 年均含量逐年降低，由 2006 年 9.9mg/L 下降至 2008 年 8.9mg/L，而后升至 2011 年 12.5mg/L，2012 年下降至 10.3mg/L，高于 2006～2009 年平均值，这说明地下水 $NO_3^-$-N 含量呈波动变化，但是整体呈恶化趋势。

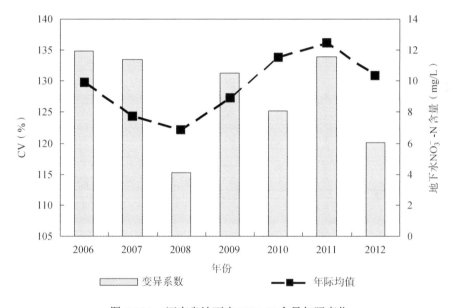

图 4-184　河南省地下水 $NO_3^-$-N 含量年际变化

从图 4-184 可以看出，地下水 $NO_3^-$-N 平均含量较高年份，变异系数也相对较高。对地下水 $NO_3^-$-N 平均含量与其变异系数进行相关分析可知（图 4-185），二者存在一定的正相关关系（不显著），这说明河南省地下水 $NO_3^-$-N 含量随年平均含量的增加，各样本变异性增加。

从 2006～2012 年 14 次监测结果看（图 4-186），地下水 $NO_3^-$-N 平均含量在 6.8～13.9mg/L。2006～2008 年的 6 次监测，地下水 $NO_3^-$-N 平均含量呈下降趋势，2009～2010 年呈上升趋势，2011 年 5 月份下降，2011 年 10 月份上升，2012 年下降，长期呈上升趋势。各时期变异系数也呈波动状态，在 108.0%～140.0%浮动。

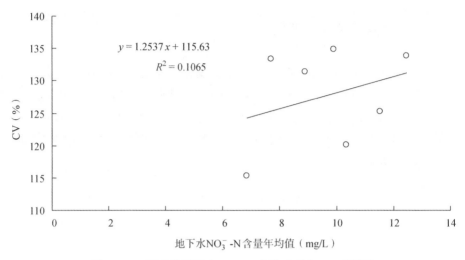

图 4-185　河南省地下水 $NO_3^-$-N 年均含量与 CV 相关性

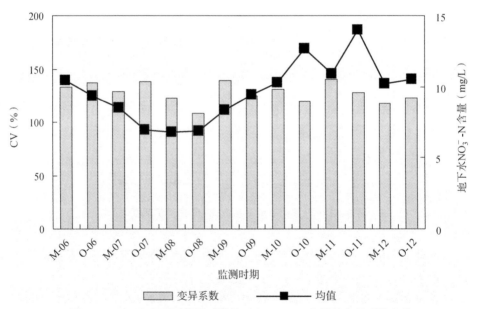

图 4-186　河南省不同监测时期地下水 $NO_3^-$-N 含量及变异系数变化

从图 4-187 可知，所监测的 14 次地下水 $NO_3^-$-N 含量超过 10mg/L 超标率在 25.4%～45.5%，超过 20mg/L 的超标率在 6.0%～25.2%。2006～2012 年不同监测时期地下水 $NO_3^-$-N 平均含量的变异系数为 21.8%，＞10mg/L 超标率和 20mg/L 超标率变异系数分别为 16.9% 和 38.6%，可知＞20mg/L 超标率，多次监测差异性要高于＞10mg/L 的超标率。2006～2012 年不同监测时期地下水 $NO_3^-$-N 平均含量与 10mg/L、20mg/L 超标率均为极显著相关关系，相关系数分别为 0.975 和 0.9639（图 4-188）。地下水 $NO_3^-$-N 平均含量每升高 1mg/L，10mg/L、20mg/L 超标率分别提高 3.8%和 2.3%。

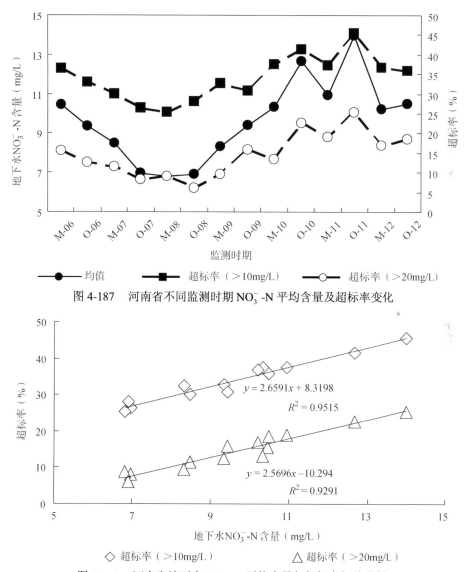

图 4-187　河南省不同监测时期 $NO_3^-$-N 平均含量及超标率变化

图 4-188　河南省地下水 $NO_3^-$-N 平均含量与超标率相关分析

从图 4-189 可以看出，2006～2007 年地下水 $NO_3^-$-N 含量 5 月份高于 10 月份，2008～2012 年 10 月份地下水 $NO_3^-$-N 含量高于 5 月份。2006 年、2007 年、2012 年 5 月份地下水 $NO_3^-$-N 含量的变异系数低于 10 月份，其他年份 5 月份地下水 $NO_3^-$-N 含量变异系数要高于 10 月份（表 4-36）。地下水 $NO_3^-$-N 含量越低，变异系数越大，个体样本 $NO_3^-$-N 含量离散程度越大。

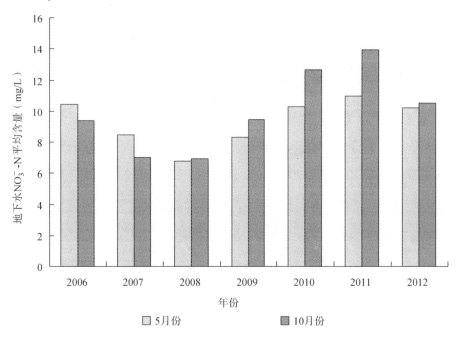

图 4-189　河南省不同年份 5 月份和 10 月份地下水 $NO_3^-$-N 平均含量

**表 4-36　河南省各监测时期地下水 $NO_3^-$-N 含量基本统计参数**

| 年份 | 监测时期 | 范围（mg/L） | 均值（mg/L） | CV（%） | 样本数（个） |
|------|---------|-------------|-------------|--------|------------|
| 2006 | 5 月 | 痕量～90.3 | 10.5 | 132.7 | 237 |
| 2006 | 10 月 | 痕量～111.3 | 9.3 | 137.1 | 247 |
| 2007 | 5 月 | 痕量～66.5 | 8.5 | 128.7 | 244 |
| 2007 | 10 月 | 痕量～54.2 | 7.0 | 137.9 | 255 |
| 2008 | 5 月 | 痕量～47.1 | 6.8 | 122.7 | 248 |
| 2008 | 10 月 | 痕量～36.4 | 6.9 | 107.9 | 251 |
| 2009 | 5 月 | 痕量～134.3 | 8.3 | 139.4 | 234 |
| 2009 | 10 月 | 痕量～66.6 | 9.4 | 124.7 | 254 |

| 年份 | 监测时期 | 范围（mg/L） | 均值（mg/L） | CV（%） | 样本数（个） |
|------|----------|-------------|-------------|---------|-------------|
| 2010 | 5 月 | 痕量～114.2 | 10.3 | 131.0 | 234 |
| 2010 | 10 月 | 痕量～83.3 | 12.7 | 119.7 | 239 |
| 2011 | 5 月 | 痕量～165.7 | 10.9 | 140.2 | 241 |
| 2011 | 10 月 | 痕量～102.4 | 14.0 | 127.6 | 242 |
| 2012 | 5 月 | 痕量～53.5 | 10.2 | 117.8 | 242 |
| 2012 | 10 月 | 痕量～82.8 | 10.5 | 122.4 | 243 |

除 2006 年、2012 年 $NO_3^-$-N 含量最大值 10 月份高于 5 月份外，其他年份，5 月份地下水 $NO_3^-$-N 含量最大值高于 10 月份（图 4-190）。每年的最大值呈波动状态变化，2011 年最高，2008 年最低。2009～2011 年，每年 5 月与 10 月最大值差值比较大。

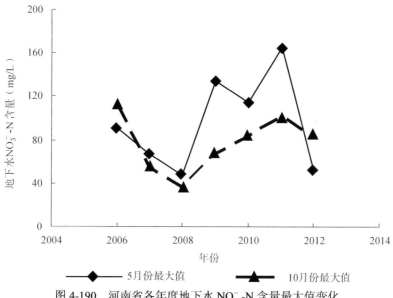

图 4-190　河南省各年度地下水 $NO_3^-$-N 含量最大值变化

### 4.5.3　不同井深地下水硝酸盐消长规律

河南省地下水埋深较浅，容易受到人类活动的影响从而引起地下水硝酸盐污染，而且不同井深由于地下水埋深的差异，地下水 $NO_3^-$-N 含量也有很大的差异。

2006～2012 年，0～30 m 井深共采集样品 2801 个，30～100 m 井深共采集样品 532 个，＞100 m 井深共采集样品 78 个，样点主要分布在平原区。

#### 4.5.3.1　总体特征

监测结果表明（图 4-191、表 4-37），≤30m 井深的水井，地下水 $NO_3^- \text{-} N$ 平均含量为 10.5mg/L；井深在 30～100 m，地下水平均含量为 6.4mg/L；＞100 m 井深的水井，地下水 $NO_3^- \text{-} N$ 平均含量为 1.8mg/L。与井深＞100 m 水井相比，≤30 米和 30～100 m 水井 $NO_3^- \text{-} N$ 平均含量高出 5.7 倍和 3.5 倍。3 类井深地下水 $NO_3^- \text{-} N$ 含量变异系数同样存在较大差异，＞100 m 的水井 $NO_3^- \text{-} N$ 含量变异系数最小，仅为 75.7%，30～100 m 的水井 $NO_3^- \text{-} N$ 含量变异系数最大，为 150.2%。≤30m 的水井 $NO_3^- \text{-} N$ 含量变异系数为 126.8%。这说明，≤30m 水井，地下水 $NO_3^- \text{-} N$ 含量普遍较高；30～100 m 的水井，地下水 $NO_3^- \text{-} N$ 含量变异性较大；＞100 m 的水井，地下水 $NO_3^- \text{-} N$ 含量低，变化较小。

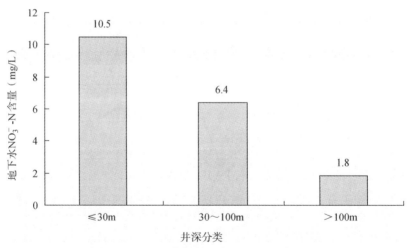

图 4-191　不同井深地下水 $NO_3^- \text{-} N$ 平均含量

**表 4-37　不同井深的地下水 $NO_3^- \text{-} N$ 变化特征**

| 井深分类 | 范围 | 均值（mg/L） | CV（%） | 样本数（个） |
|---|---|---|---|---|
| ≤30m | 痕量～165.7 | 10.5 | 126.8 | 2801 |
| 30～100m | 痕量～68.3 | 6.4 | 150.2 | 532 |
| ＞100m | 痕量～5.9 | 1.8 | 75.7 | 78 |

#### 4.5.3.2 ≤30m 井深地下水硝酸盐变化特征

河南省地下水埋深较浅，共采集 30m 以内的地下水样品 2801 个，占总采样量的 82.1%。地下水 $NO_3^-$-N 平均含量达到了 10.5mg/L，有 37.1%的样点超过我国饮用水标准，有 16.1%的样点超过了我国Ⅲ类水标准。从图 4-192 中可以看出，2006 年后，年均值由 10.7mg/L 开始缓慢下降，2008 年至最低 7.3mg/L，然后开始上升，2011 年上升至为 13.7mg/L，2012 年降至 11.3mg/L。地下水 $NO_3^-$-N 含量的变异系数也呈动态变化，下降上升再下降上升，在 108.3%～131.3%浮动。年际均值和变异系数呈正相关关系（图 4-193），相关性不显著。

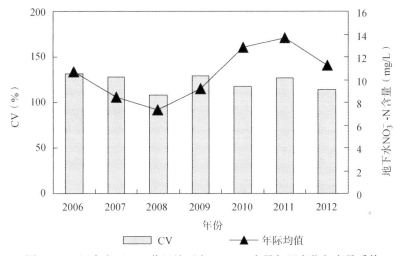

图 4-192 河南省≤30m 井深地下水 $NO_3^-$-N 含量年际变化与变异系数

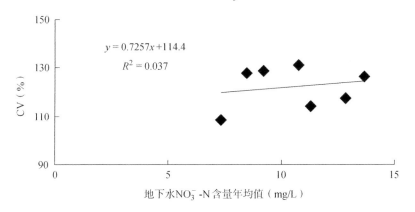

图 4-193 河南省≤30m 井深地下水 $NO_3^-$-N 年均含量与 CV 相关性

由图 4-194 可以看出，不同监测时期，地下水 $NO_3^-$-N 平均含量呈波动变化，从 2006 年 5 月份的 11.3mg/L 下降至 2008 年 5 月份的 7.2mg/L，随后上升至 2010 年 10 月份 14.4mg/L，随后下降然后上升，2011 年 10 月份达到最高值 15.2mg/L。大于 10mg/L 的超标率变动范围 27.4%～51.0%，2007 年 10 月份最低，2011 年 10 月份最高，变化趋势同地下水 $NO_3^-$-N 平均含量变化趋势相似，大于 20mg/L 的超标率变动范围 6.7%～27.3%，变化趋势同地下水 $NO_3^-$-N 平均含量变化趋势相似，2008 年 10 月份最低，2011 年 10 月份最高。5 月份地下水 $NO_3^-$-N 含量变异系数范围为 112.2%～139.4%；10 月份地下水 $NO_3^-$-N 含量变异系数范围为 102.2%～133.0%。除 2006 年、2007 年、2012 年外，其他监测时期，5 月份地下水 $NO_3^-$-N 含量变异系数要高于 10 月份（表 4-38）。

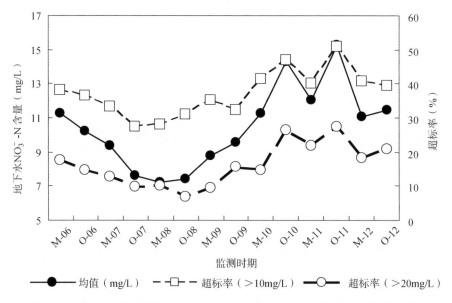

图 4-194　河南省各监测时期≤30m 井深地下水 $NO_3^-$-N 平均含量与超标率变化

**表 4-38　河南省各监测时期≤30m 井深地下水 $NO_3^-$-N 含量变异系数**

| 年份 | 监测时期 | CV（%） | 样本数（个） | 监测时期 | CV（%） | 样本数（个） |
|---|---|---|---|---|---|---|
| 2006 | 5 月 | 129.6 | 197 | 10 月 | 132.9 | 209 |
| 2007 | 5 月 | 122.1 | 202 | 10 月 | 133.0 | 212 |
| 2008 | 5 月 | 114.6 | 207 | 10 月 | 102.2 | 209 |
| 2009 | 5 月 | 139.4 | 191 | 10 月 | 119.6 | 199 |
| 2010 | 5 月 | 123.9 | 186 | 10 月 | 111.6 | 196 |
| 2011 | 5 月 | 135.3 | 197 | 10 月 | 118.4 | 198 |
| 2012 | 5 月 | 112.2 | 197 | 10 月 | 116.1 | 200 |

由图 4-195 可以看出，从 2006 年开始，5 月份平均含量开始降低，2008 年降至最低，2009 年开始上升，2011 最高，2012 年开始降低，变化幅度为 7.2～12.1mg/L。10 月份平均含量变化趋势同 5 月份相似，但变化幅度比 5 月份大，变化幅度为 7.4～15.2mg/L。除 2006 年、2007 年外，2008～2012 年 10 月份地下水 $NO_3^-$-N 平均含量都高于 5 月份，每个监测年份 10 月份与 5 月份平均含量差值从 2008 年开始增加，2011 年最大，2012 年开始缩小。

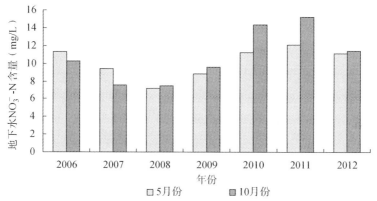

图 4-195　河南省各年 5 月份、10 月份≤30m 井深地下水 $NO_3^-$-N 平均含量

5 月份地下水 $NO_3^-$-N 含量最大值先降低（图 4-196），2008 年最低，2009 年开始上升，后降低再上升。10 月份最大值变化趋势同 5 月份相似，但比 5 月份幅度小。除 2006 年、2012 年外，5 月最大值都高于 10 月份最大值。

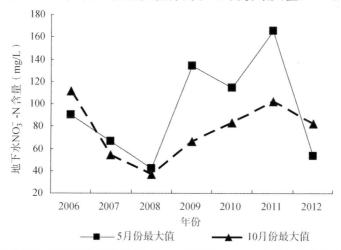

图 4-196　河南省各年度井深≤30 m 地下水 $NO_3^-$-N 含量最大值变化

### 4.5.3.3　30～100 m 井深地下水硝酸盐变化特征

在 30～100 m 井深取得地下水样品 532 个，$NO_3^-$-N 平均含量为 6.4mg/L，其中有 22.2%的样品超过了我国饮用水标准，有 7.9%的样品超过了我国地下水Ⅲ类水标准。从图 4-197 可以看出，$NO_3^-$-N 含量从 2006 年开始下降，2007 年最低，后开始上升，2009 年最高，然后再下降上升，含量在 4.2～8.1mg/L，整体处于上升态势。地下水 $NO_3^-$-N 含量变异系数处于波动状态。地下水 $NO_3^-$-N 平均含量与地下水 $NO_3^-$-N 含量变异系数呈正相关关系（图 4-198），相关性不显著。

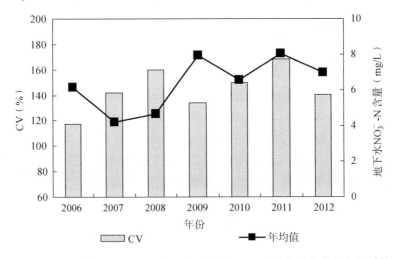

图 4-197　河南省 30～100 m 井深地下水 $NO_3^-$-N 含量年际变化与变异系数

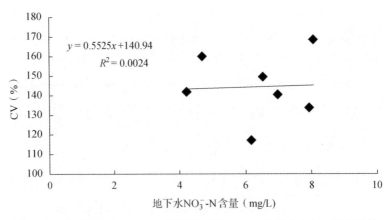

图 4-198　河南省 30～100 m 井深地下水 $NO_3^-$-N 年均含量与 CV 相关性

从 30～100 m 井深地下水监测结果看（图 4-199、表 4-39），$NO_3^-$-N 平均含量从 2006 年 5 月份 7.2mg/L 下降至 2007 年 10 月份的 4.1mg/L，2008 年开始上升下降再上升下降，处于波动状态，波动范围为：4.1～9.5mg/L。>10mg/L 超标率也处于波动状态，2006 年 5 月份最高为 32.4%，2008 年 5 月份最低为 13.2%，其他时期处于上升下降再上升，整体呈稳定上升态势。>20mg/L 超标率 2006～2008 年呈波动状态，5 月份高于 10 月份，范围在 0.0%～5.9%，2009 年后开始上升，随后下降再上升，范围在 5.6%～18.9%，大于 20mg/L 的超标率呈上升趋势。地下水 $NO_3^-$-N 平均含量的变异系数呈动态变化，2006～2008 年和 2010 年，5 月份地下水 $NO_3^-$-N 含量变异系数要高于 10 月份，其他年份 10 月份地下水 $NO_3^-$-N 含量的变异系数要高于 5 月份。

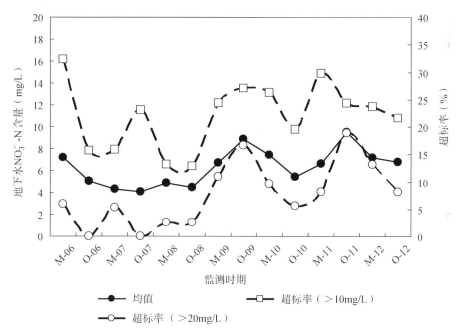

图 4-199　各监测时期 30～100 m 井深地下水 $NO_3^-$-N 平均含量与超标率变化

表 4-39　河南省各监测时期 30～100 m 井深地下水 $NO_3^-$-N 变异系数

| 年份 | 监测时期 | CV（%） | 样本数（个） | 监测时期 | CV（%） | 样本数（个） |
|---|---|---|---|---|---|---|
| 2006 | 5 月 | 117.9 | 34 | 10 月 | 108.8 | 32 |
| 2007 | 5 月 | 143.6 | 38 | 10 月 | 141.7 | 39 |
| 2008 | 5 月 | 177.8 | 38 | 10 月 | 138.4 | 39 |

续表

| 年份 | 监测时期 | CV（%） | 样本数（个） | 监测时期 | CV（%） | 样本数（个） |
|------|----------|---------|--------------|----------|---------|--------------|
| 2009 | 5 月 | 117.4 | 37 | 10 月 | 138.8 | 48 |
| 2010 | 5 月 | 159.2 | 42 | 10 月 | 119.9 | 36 |
| 2011 | 5 月 | 129.0 | 37 | 10 月 | 180.9 | 37 |
| 2012 | 5 月 | 136.3 | 38 | 10 月 | 146.8 | 37 |

从图 4-200 可以看出，除 2009 年、2011 年，地下水 $NO_3^-$-N 平均含量 5 月份要低于 10 月份外，其他年份 5 月份要高于 10 月份。5 月份与 10 月份的差值也呈现先减小再增加然后减小的趋势。整体呈增加态势。

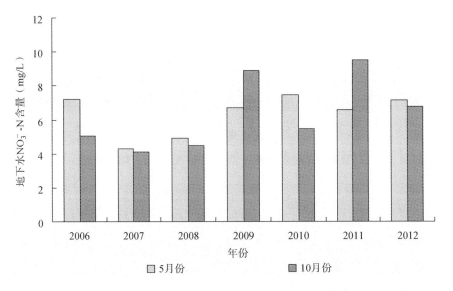

图 4-200　河南省各年 5 月份、10 月份 30～100 m 井深地下水 $NO_3^-$-N 平均含量

从图 4-201 可以看出，不同监测时期的 $NO_3^-$-N 含量最大值呈波动状态，下降上升再下降上升，5 月份在 25.6～55.2mg/L 波动，10 月份在 18.3～68.3mg/L 波动。除 2009 年、2011 年、2012 年，5 月份最大值均低于 10 月份外，其他年份，5 月份最大值都高于 10 月份。

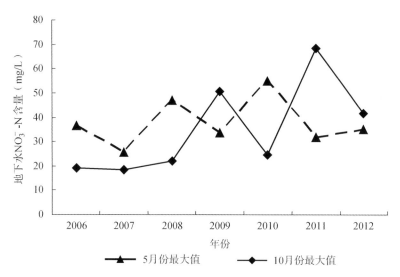

图 4-201　河南省各年度 30～100 m 井深地下水 $NO_3^-$-N 含量最大值变化

#### 4.5.3.4　＞100 m 井深地下水硝酸盐变化特征

＞100m 的水井共取得地下水样品 78 个，平均含量为 1.8mg/L，含量在痕量～5.9mg/L，没有超标样品。按照我国地下水质量标准（GB/F 14848—93），有 55.1% 的样品达Ⅰ类水标准，42.3% 的样品达Ⅱ类水标准，有 2.6% 的样品达Ⅲ类水标准。2006～2012 年 $NO_3^-$-N 平均含量在 1.2～2.2mg/L 平缓变化，10 月份地下水 $NO_3^-$-N 平均含量稍高于 5 月份，整体水质良好（图 4-202）。

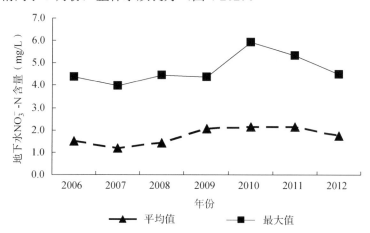

图 4-202　河南省＞100m 井深地下水 $NO_3^-$-N 平均含量及最大值

### 4.5.4 不同作物种植区地下水硝酸盐差异

因气候条件、地形、种植模式、耕作制度、施肥方式、施肥量等的差异，不同种植区及养殖区，地下水硝酸盐含量也有很大的差异。

#### 4.5.4.1 多次监测总体特征

2006～2012 年，粮食种植区共采集样品 2455 个，蔬菜种植区采集样品 541 个，果园区 182 个，花卉区 95 个，养殖区 138 个；由图 4-203 可以看出，地下水 $NO_3^-$-N 平均含量蔬菜种植区＞养殖区＞花卉种植区＞粮食种植区＞果园种植区。地下水 $NO_3^-$-N 平均含量变异系数果园种植区＞粮食种植区＞养殖场＞花卉种植区＞蔬菜种植区。地下水 $NO_3^-$-N 平均含量与其变异系数呈负相关关系，相关系数达到–0.8686，说明平均含量越低，各样本的变异性相对较大（表 4-40）。

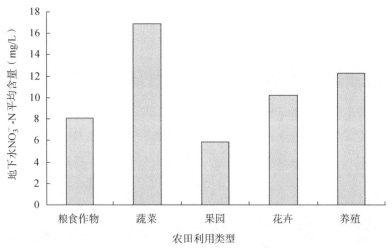

图 4-203  河南省不同农田利用类型区地下水 $NO_3^-$-N 总体平均含量

**表 4-40  河南省 2006～2012 年不同作物种植区样品地下水 $NO_3^-$-N 基本统计参数**

| 农田利用类型 | 范围（mg/L） | 均值（mg/L） | CV（%） | 样本数（个） |
| --- | --- | --- | --- | --- |
| 粮食 | 痕量～165.7 | 8.1 | 132.9 | 2455 |
| 蔬菜 | 痕量～134.3 | 16.9 | 107.6 | 541 |
| 果园 | 痕量～66.8 | 5.9 | 144.0 | 182 |
| 花卉 | 痕量～82.8 | 10.2 | 111.4 | 95 |
| 养殖场 | 痕量～68.3 | 12.3 | 112.1 | 138 |

#### 4.5.4.2 粮食作物

粮食种植区主要是小麦-玉米轮作，还包括一小部分小麦-花生、小麦-大豆等轮作，2006~2012年共取得地下水样品2455个，占总样品量的72%。平均含量达到8.1mg/L，有29.7%的样点超过了我国饮用水标准，有10.9%的样点超过了我国地下水Ⅲ类水的标准。地下水 $NO_3^-$-N 平均含量从2006年8.9mg/L下降至2008年6.0mg/L，2009年开始上升，2011年最高，达到10.5mg/L，2012年下降至8.6mg/L，整体处于波动上升状态（图4-204）。地下水 $NO_3^-$-N 含量的变异系数呈动态变化，先升高再下降再升高下降，在 109.7%~145.3%浮动。地下水 $NO_3^-$-N 平均含量与变异系数呈正相关关系，相关系数达到0.4583。

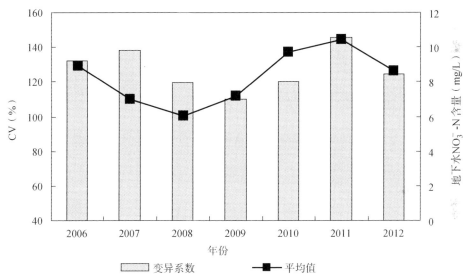

图4-204　河南省粮食种植区地下水 $NO_3^-$-N 含量年际变化及变异系数

从2005~2012年粮食种植区地下水监测结果看（图4-205），$NO_3^-$-N 含量2006年5月份到2008年5月份逐次下降，2008年10月份后开始上升，2010年10月份下降，然后上升，在 6.0~11.2mg/L 波动变化，>10mg/L 的超标率在 21.3%~40.0%，>20mg/L 的超标率在 4.8%~19.4%，2008年最低，2011年最高，与地下水 $NO_3^-$-N 平均含量有相似的变化，整体趋势在升高。地下水 $NO_3^-$-N 平均含量的变异系数（表4-41），5月份先降低后升高，然后再减低，在99.3%~165.5%波动，2009年最低，2011年最高；10月份变异系数在113.5%~141.7%波动，2008年最低，2007年最高。

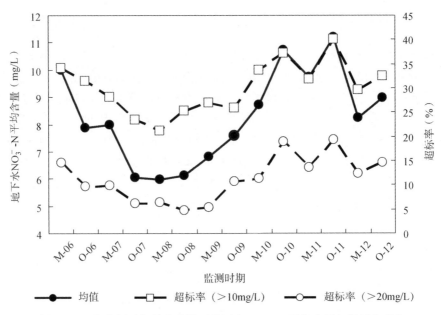

图 4-205　各监测时期粮食种植区地下水 $NO_3^- $-N 平均含量与超标率变化

表 4-41　河南省各监测时期粮食种植区地下水 $NO_3^-$-N 变异系数

| 年份 | 监测时期 | CV（%） | 样本数（个） | 监测时期 | CV（%） | 样本数（个） |
|---|---|---|---|---|---|---|
| 2006 | 5 月 | 137.2 | 193 | 10 月 | 121.2 | 197 |
| 2007 | 5 月 | 132.9 | 202 | 10 月 | 141.7 | 214 |
| 2008 | 5 月 | 126.0 | 207 | 10 月 | 113.5 | 210 |
| 2009 | 5 月 | 99.3 | 149 | 10 月 | 116.8 | 158 |
| 2010 | 5 月 | 120.5 | 151 | 10 月 | 118.7 | 153 |
| 2011 | 5 月 | 165.5 | 154 | 10 月 | 127.6 | 155 |
| 2012 | 5 月 | 121.7 | 155 | 10 月 | 126.2 | 157 |

　　从图 4-206 可以看出，2006～2012 年地下水 $NO_3^-$-N 平均含量先逐年下降，然后上升再下降，5 月份和 10 月份的变化趋势是相同的。2006 年、2007 年地下水 $NO_3^-$-N 平均含量 5 月份高于 10 月份，2008～2012 年，10 月份地下水 $NO_3^-$-N 平均含量高于 5 月份。5 月份和 10 月份地下水 $NO_3^-$-N 平均含量的差值先降低后增加然后降低。

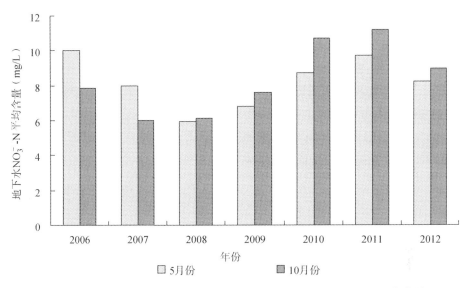

图 4-206　河南省各年 5 月份、10 月份粮食种植区地下水 $NO_3^- \text{-} N$ 平均含量

图 4-207 可以看出，不同监测时期，地下水 $NO_3^- \text{-} N$ 含量的最大值先下降然后上升再下降，同平均含量有相似的变化趋势。除 2010 年和 2012 年外，粮食种植区 5 月份 $NO_3^- \text{-} N$ 含量最大值都高于 10 月份，5 月份在 39.9～165.7mg/L，变异系数为 60.5%；10 月份在 36.4～84.7mg/L，变异系数为 31.6%。

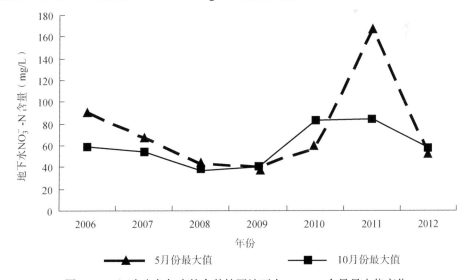

图 4-207　河南省各年度粮食种植区地下水 $NO_3^- \text{-} N$ 含量最大值变化

粮食种植区共取得≤30 m井深样品2017个，30～100 m井深样品382个，>100 m井深样品56个。由图4-208可以看出，≤30 m井深地下水 $NO_3^-$-N 平均含量总体高于 30～100 m 井深，30～100 m 井深地下水 $NO_3^-$-N 平均含量总体高于>100 m 井深。≤30 m 井深地下水 $NO_3^-$-N 平均含量从2006年开始降低至2008年，2009年升高至2011年，2012年开始下降。30～100 m 井深地下水 $NO_3^-$-N 平均含量从2006年开始下降，2008年最低，2009年至2012年变化不明显。>100 m 井深地下水 $NO_3^-$-N 平均含量在 1.0～2.3mg/L，7 年间变化不明显。

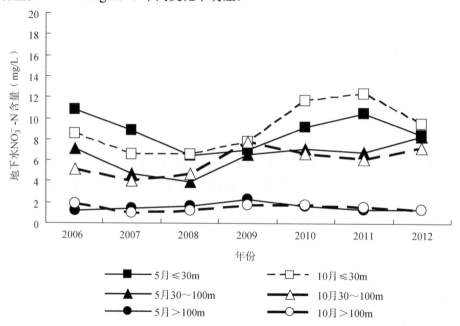

图 4-208　河南省各年度粮食种植区不同井深地下水 $NO_3^-$-N 含量

### 4.5.4.3　蔬菜种植区

蔬菜种植区共采集地下水样品 541 个，平均含量达到了 16.9mg/L，有 55.3%的样品超过了我国饮用水的标准，有 32.9%的样品超过了我国地下水Ⅲ类水的标准，是地下水硝酸盐污染比较严重的区域。从图4-209可以看出，蔬菜种植区地下水 $NO_3^-$-N 含量从 2006 年的 17.6mg/L 下降至 2008 年的 11.7mg/L，然后上升至 2011 年 20.5mg/L，2012 年下降至 17.4mg/L，总体呈上升趋势。地下水 $NO_3^-$-N 含量变异系数从 2006 年的114.8%下降至 2008 年的 90.1%，2009 年上升至 121.8%，后下降至 2012 年 85.6%。年际间平均含量和变异系数呈一定正相关关系，相关性不明显，相关系数仅为 0.01973。

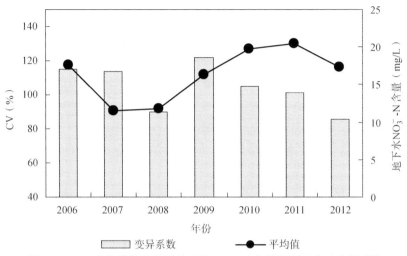

图 4-209　河南省蔬菜种植区地下水 $NO_3^-$-N 含量年际变化及变异系数

从图 4-210 可以看出，14 次监测中，地下水 $NO_3^-$-N 含量呈上升后下降再上升再下降趋势，平均含量在 10.8~24.5mg/L，总体呈上升趋势，2007 年、2008 年最低，2010 年、2011 年较高。各监测时期>10mg/L 的超标率在 30.0%~70.2%，>20mg/L 的超标率在 13.8%~51.1%，均呈上升趋势。各监测时期地下水 $NO_3^-$-N 含量与>10mg/L 的超标率呈显著正相关，相关系数为 0.8775。各监测时期地下水 $NO_3^-$-N 含量与>20mg/L 的超标率呈显著正相关，相关系数为 0.8783。

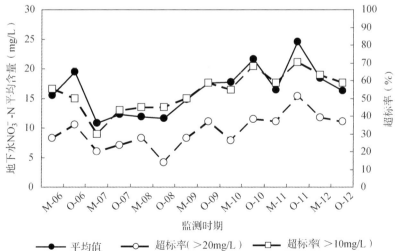

图 4-210　各监测时期蔬菜种植区地下水 $NO_3^-$-N 平均含量与超标率变化

表 4-42 可以看出, 5 月份地下水 $NO_3^-$-N 含量的变异系数在 85.8%～153.0%, 2009 年最高, 达到了 153.0%; 10 月份的变异系数在 85.7%～119.6%。除 2006 年、2011 年地下水 $NO_3^-$-N 含量变异系数 5 月份低于 10 月份外, 其他监测时期, 5 月份地下水 $NO_3^-$-N 含量变异系数均高于 10 月份。

表 4-42　研究区各监测时期蔬菜种植区地下水 $NO_3^-$-N 变异系数

| 年份 | 监测时期 | CV（%） | 样本数（个） | 监测时期 | CV（%） | 样本数（个） |
|---|---|---|---|---|---|---|
| 2006 | 5 月 | 104.4 | 29 | 10 月 | 119.6 | 34 |
| 2007 | 5 月 | 125.0 | 30 | 10 月 | 105.0 | 30 |
| 2008 | 5 月 | 101.9 | 29 | 10 月 | 77.7 | 29 |
| 2009 | 5 月 | 153.0 | 40 | 10 月 | 97.8 | 46 |
| 2010 | 5 月 | 119.5 | 42 | 10 月 | 95.1 | 47 |
| 2011 | 5 月 | 93.7 | 46 | 10 月 | 99.9 | 47 |
| 2012 | 5 月 | 85.8 | 46 | 10 月 | 85.7 | 46 |

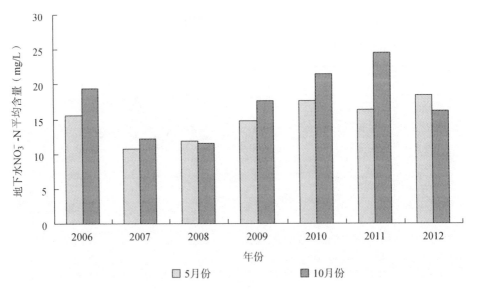

图 4-211　研究区各年 5 月份、10 月份蔬菜种植区地下水 $NO_3^-$-N 平均含量

从图 4-211 可以看出，2006～2012 年，10 月份地下水 $NO_3^- $-N 平均含量为 18.2mg/L，高于 5 月份的 15.5mg/L，除 2008 年、2012 年 10 月份地下水 $NO_3^-$-N 平均含量稍低于 5 月份外，其他监测时期，10 月份地下水 $NO_3^-$-N 平均含量均高于 5 月份，而且每年两个监测时期平均含量的差值在加大，2011 年差值最大，10 月份比 5 月份高出 8.1mg/L。这说明 2011 年降雨对蔬菜种植区地下水硝酸盐含量的影响比较大。

图 4-212 为不同年份不同监测时期 $NO_3^-$-N 含量最大值的变化情况，5 月份最大值从 2006 年开始缓慢降低，然后升高至 2009 年，而后降低；10 月份最大值也是先降低后升高至 2011 年，然后再降低。2006 年、2011 年 10 月份最大值高于 5 月份，2007～2010 年 5 月份最大值高于 10 月份。

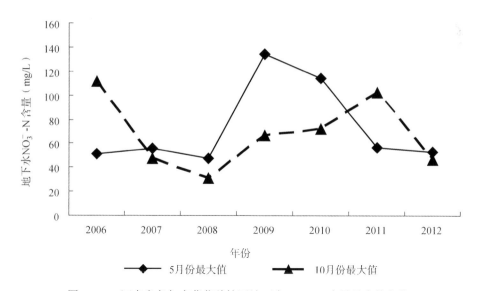

图 4-212　河南省各年度蔬菜种植区地下水 $NO_3^-$-N 含量最大值变化

蔬菜种植区地下水埋深相对都比较浅，在 60 m 以内，其中 0～30 m 井深共采集水样 473 个，占总采样量的 87.4%。30～100 m 井深采集 68 个样品，占 12.6%。从图 4-213 可以看出，除 2008 年 5 月 30～100 m 井深地下水 $NO_3^-$-N 含量较高外，其他监测时期，30～100m 井深地下水 $NO_3^-$-N 平均含量均低于 0～30 m 井深。0～30 m 井深除 2012 年 5 月份稍高于 10 月份外，其他监测年份，10 月份均高于 5 月份，2008 年后，每个监测年度 10 月份与 5 月份均值差值增大。30～100 m 井深地下水 $NO_3^-$-N 平均含量相对较低，呈波动变化，无明显规律（图 4-213）。

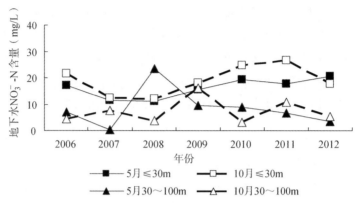

图 4-213　河南省各年度蔬菜种植区不同井深地下水 $NO_3^-$ -N 含量

#### 4.5.4.4　果园种植区

2006～2012年，果园种植区共采集地下水样品182个，含量在痕量～66.8mg/L，平均含量为5.9mg/L，有20.3%的样点超过了我国饮用水标准，有4.9%的样点超过我国地下水Ⅲ类水标准。图 4-214 可以看出，果园种植区地下水 $NO_3^-$ -N 含量呈波动状态，平均含量都在8mg/L以内，2008年最低，仅为2.5mg/L，2011年最高，达到了8.0mg/L，整体处于上升趋势。变异系数先升高后降低然后再升高再降低。果园种植区多施用有机肥、绿肥、叶面喷肥等，化肥施用量相对较少，所以果园种植区地下水 $NO_3^-$ -N 含量相对较低。

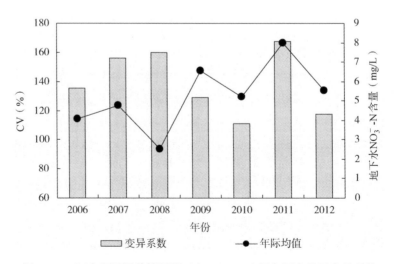

图 4-214　河南省果园种植区地下水 $NO_3^-$ -N 含量年际变化及变异系数

从 2005～2012 年不同监测时期果园区地下水监测结果看（图 4-215），地下水 $NO_3^-$-N 含量先降低后升高然后降低，两年一个周期，整体处于上升态势。大于 10mg/L 超标率，2006～2008 年呈波动变化，2009 年后趋于稳定；大于 20mg/L 的超标率，2006～2008 年均为 0，2009 年后先上升后下降，2012 年 10 月份为 0。

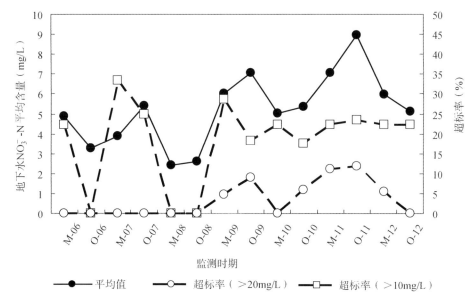

图 4-215　各监测时期果园种植区地下水 $NO_3^-$-N 平均含量与超标率变化

2006～2008 年采样量相对较少，2009 年后加大了采样量，从表 4-43 可以看出不同监测时期的样品 $NO_3^-$-N 含量的变异系数呈波动变化。除 2006 年、2008 年、2012 年，地下水 $NO_3^-$-N 含量变异系数 5 月份高于 10 月份外，其他监测时期地下水 $NO_3^-$-N 变异系数，10 月份均高于 5 月份。

表 4-43　研究区各监测时期果园种植区地下水 $NO_3^-$-N 变异系数

| 年份 | 监测时期 | CV（%） | 样本数（个） | 监测时期 | CV（%） | 样本数（个） |
|---|---|---|---|---|---|---|
| 2006 | 5 月 | 142.5 | 9 | 10 月 | 117.6 | 9 |
| 2007 | 5 月 | 161.7 | 3 | 10 月 | 168.5 | 4 |
| 2008 | 5 月 | 178.3 | 4 | 10 月 | 167.5 | 4 |
| 2009 | 5 月 | 97.8 | 21 | 10 月 | 147.5 | 22 |
| 2010 | 5 月 | 103.8 | 18 | 10 月 | 120.3 | 17 |
| 2011 | 5 月 | 147.0 | 18 | 10 月 | 180.8 | 17 |
| 2012 | 5 月 | 129.0 | 18 | 10 月 | 102.6 | 18 |

从图 4-216 可以看出，2006 年、2012 年 5 月份地下水 $NO_3^-$-N 含量高于 10 月份，其他年份 5 月份地下水 $NO_3^-$-N 含量均低于 10 月份。5 月份总体变化趋势为：2006～2008 年呈下降趋势，2009 年升高，然后降低升高再降低。10 月份地下水 $NO_3^-$-N 一直处于升高降低波动状态。

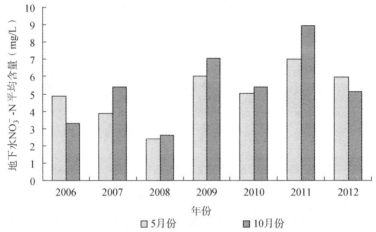

图 4-216　研究区各年 5 月份、10 月份果园种植区地下水 $NO_3^-$-N 平均含量

除 2006 年、2012 年外，各监测时期果园种植区 5 月份地下水 $NO_3^-$-N 含量最大值均低于 10 月份（图 4-217），同监测时期地下水 $NO_3^-$-N 含量变异系数的变化趋势相同（表 4-43）。从 2006～2012 年开始，5 月份和 10 月份最大值都处于升高降低然后再升高的状态。2008 年后几年变化幅度较大。

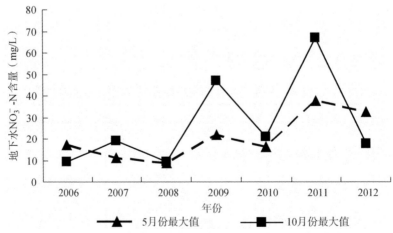

图 4-217　河南省各年度果园种植区地下水 $NO_3^-$-N 含量最大值变化

#### 4.5.4.5 花卉种植区

花卉种植区的采样主要集中在河南省的鄢陵县、洛阳市郊区，共采集样品 95 个，地下水 $NO_3^-$-N 含量在痕量～82.7mg/L，平均含量达到 10.2mg/L，有 35.8%的样点超过我国饮用水标准，11.6%的样点超过我国地下水Ⅲ类水的标准（表 4-44）。花卉种植区主要施用有机肥，地下水 $NO_3^-$-N 含量变化相对较小，但是有机肥施用量比较大，目前各监测点 $NO_3^-$-N 含量较高。>10mg/L 和>20mg/L 超标率变化不明显。

表 4-44　河南省花卉种植区地下水 $NO_3^-$-N 含量监测情况

| 年份 | 样本数（个） | 范围（mg/L） | 平均含量（mg/L） | 变异系数（%） | >10mg/L 超标率（%） | >20mg/L 超标率（%） |
|---|---|---|---|---|---|---|
| 2006 | 10 | 痕量～20.5 | 9.5 | 79.9 | 30.0 | 10.0 |
| 2007 | 11 | 2.6～24.2 | 9.5 | 70.8 | 36.4 | 9.1 |
| 2008 | 12 | 6.6～20.9 | 11.1 | 45.3 | 50.0 | 8.3 |
| 2009 | 18 | 痕量～27.3 | 7.5 | 104.4 | 27.8 | 11.1 |
| 2010 | 13 | 0.7～40.3 | 9.9 | 118.2 | 30.8 | 15.4 |
| 2011 | 16 | 痕量～25.8 | 9.0 | 84.2 | 43.8 | 12.5 |
| 2012 | 15 | 1.2～82.7 | 15.5 | 142.6 | 33.3 | 13.3 |
| 合计 | 95 | 痕量～82.7 | 10.2 | 111.4 | 35.8 | 11.6 |

由图 4-218 可以看出，除 2007～2010 年花卉种植区地下水 $NO_3^-$-N 含量 5 月份高于 10 月份外，其他年份 5 月份都低于 10 月份，>10mg/L 的超标率也有相同的变化趋势，但是>20mg/L 超标率变化不明显。所以可知，施用有机肥过量也会对地下水 $NO_3^-$-N 含量造成影响，但是影响的速度相对较慢。

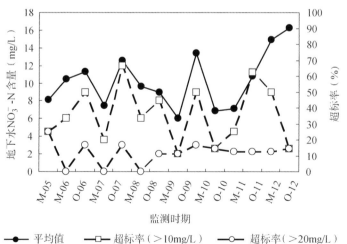

图 4-218　河南省花卉种植区不同监测时期地下水 $NO_3^-$-N 含量及超标率变化

#### 4.5.4.6 养殖区

河南省养殖区地下水硝酸盐监测主要是在一些大型养殖场及散养户比较集中的区域，这些地方地下水硝酸盐污染主要来源于畜禽粪便及养殖废水。2006～2008年监测点相对较少，2009～2012年增加了监测点。7年共采集样品138个，含量在痕量～68.3mg/L，平均含量达到了12.3mg/L，42.0%的样点含量超过了我国饮用水标准，21.0%的样点含量超过了我国地下水Ⅲ类水的标准。具体情况见表4-45，由于2006～2008年监测点较少，地下水 $NO_3^-$-N 平均含量浮动较大，2009～2012年处于波动上升状态（表4-45）。

表4-45 河南省养殖区地下水 $NO_3^-$-N 基本状况统计

| 年份 | 样本数（个） | 范围（mg/L） | 平均含量（mg/L） | 变异系数（%） | >10mg/L 超标率（%） | >20mg/L 超标率（%） |
|------|------|------|------|------|------|------|
| 2006 | 3 | 3.2～19.5 | 7.6 | 137.9 | 33.3 | 0.0 |
| 2007 | 5 | 12.6～47.4 | 23.2 | 63.8 | 100.0 | 40.0 |
| 2008 | 4 | 11.4～28.6 | 16.8 | 47.9 | 100.0 | 25.0 |
| 2009 | 34 | 痕量～36.9 | 9.0 | 117.9 | 32.4 | 11.8 |
| 2010 | 32 | 痕量～55.2 | 13.1 | 116.5 | 40.6 | 21.9 |
| 2011 | 30 | 痕量～68.3 | 15.3 | 109.3 | 46.7 | 30.0 |
| 2012 | 30 | 痕量～36.2 | 10.2 | 116.6 | 33.3 | 20.0 |
| 合计 | 138 | 痕量～68.3 | 12.3 | 112.1 | 42.0 | 21.0 |

图 4-219 为 2006～2012 年 14 次监测 $NO_3^-$-N 含量平均值及超标率，除 2006年 5 月份地下水 $NO_3^-$-N 含量高于 10 月份外，其他监测时期，5 月份地下水 $NO_3^-$-N 含量明显高于 10 月份。5 月份＞10mg/L 超标率明显高于 10 月份，但是 5 月份＞20mg/L 超标率基本都低于 10 月份，这说明在养殖区，雨季后地下水 $NO_3^-$-N 污染较严重的监测点变化比较大。

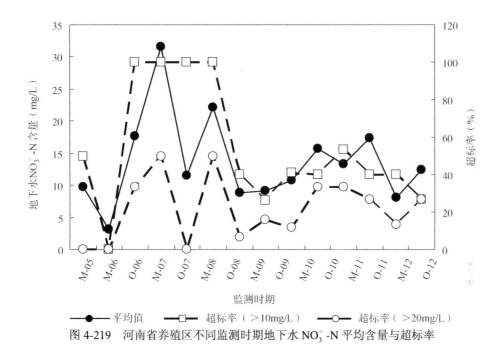

图 4-219 河南省养殖区不同监测时期地下水 $NO_3^-$-N 平均含量与超标率

## 4.6 辽宁

### 4.6.1 地下水硝酸盐含量特征

2005 年 5 月至 2012 年 10 月分别于 5 月份（雨季前）和 10 月份（雨季后）共 15 次在辽宁省农业生产区域采集饮用井水样品 2839 个，监测结果（表 4-46）表明，辽宁省玉米、水稻、蔬菜、花卉研究区域地下水 $NO_3^-$-N 含量变化范围为痕量～541.5mg/L，平均值为 22.7mg/L，已经超过国家地下水质量标准（GB/T 14848—93，20mg/L），41.5% 的地下水水样超标，达标率仅为 58.5%，其中 I 类水、II 类水、III 类水、IV 类水、V 类水比例分别为 18.0%、9.9%、30.6%、16.6% 和 24.9%，辽宁省地下水 $NO_3^-$-N 达标率较低，而且潜在超标风险也较大，III 类水已经达到 30.6%，在所有取样点中，超过国家标准 20mg/L 的水样有 1184 个。

8 年间雨季前、雨季后地下水 $NO_3^-$-N 平均含量分别为 26.0mg/L 和 19.3mg/L，雨季前比雨季后多 6.7mg/L，雨季前、雨季后地下水 $NO_3^-$-N 含量达标率分别为 56.0% 和 60.9%，除 II 类水雨季前和雨季后所占比例分别为 8.0% 和 11.9% 外，其他各类水体所占比率相差不大。雨季前地下水 $NO_3^-$-N 含量变异系数要高于雨季后地下水

NO$_3^-$-N 含量变异系数，雨季前地下水 NO$_3^-$-N 含量最大值为 541.5mg/L，大于雨季后地下水 NO$_3^-$-N 含量最大值 158.2mg/L。以上分析表明雨季前各取样点地下水 NO$_3^-$-N 含量离散程度要高于雨季后，因此，雨季前地下水 NO$_3^-$-N 含量所受影响要大于雨季后，形成了辽宁省不同取样点地下水 NO$_3^-$-N 含量的不均一性（图 4-220～图 4-222）。

表 4-46　辽宁省研究区域 2005～2012 年地下水 NO$_3^-$-N 含量

| 参数 | 合计 | 5 月 | 10 月 |
|---|---|---|---|
| 样品数（个） | 2839 | 1506 | 1333 |
| 平均值（mg/L） | 22.8 | 26.0 | 19.3 |
| 最大值（mg/L） | 541.5 | 541.5 | 158.2 |
| 最小值（mg/L） | 痕量 | 痕量 | 痕量 |
| 标准差（mg/L） | 28.4 | 34.0 | 23.9 |
| CV（%） | 124.5 | 131.0 | 123.9 |
| 超 20mg/L 标率（%） | 41.5 | 44.0 | 39.1 |

注：2005 年采集 173 个样品，2006～2010 年均采集 189 个样品，2011～2012 年均采集 194 个样品，所有样品合计 2839 个（2005 年只采集雨季前样品）

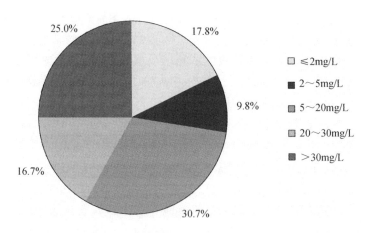

图 4-220　2005～2012 年辽宁省所有样本地下水 NO$_3^-$-N 含量五类水体所占比例

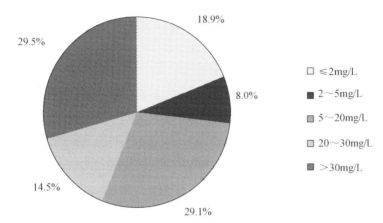

图 4-221　2005～2012 年辽宁省雨季前地下水 $NO_3^-$-N 含量五类水所占比例

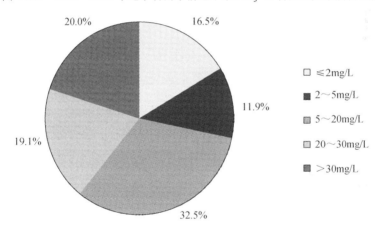

图 4-222　2005～2012 年辽宁省雨季后地下水 $NO_3^-$-N 含量五类水所占比例

如果把 2839 个水样的 $NO_3^-$-N 含量看成是一个总体样本，各样本 $NO_3^-$-N 含量的累积分布频率见图 4-223。从图中可以看出，当 $NO_3^-$-N 含量≤29.5mg/L，累积频率增速最快，累积频率达到了 83.9%，即 $NO_3^-$-N 含量≤29.5mg/L 的样品数量，占样品总数的 83.9%，之后累积频率增速迅速下降，$NO_3^-$-N 含量为 49.2mg/L 时，累积频率达到了 90.7%，即 $NO_3^-$-N 含量≤49.2mg/L 的样品数量占样品总数的 90.7%。把总体样本分成 $\sqrt{2839}$ +1=55 组，每组的数据空间为（541.5−0）/55=9.8mg/L，再计算落入该空间的频率（频数/样本总数×100%），获得辽宁省地下水 $NO_3^-$-N 含量分布图，见图 4-224。从图中可以看出，$NO_3^-$-N 含量落入空间 0～9.8mg/L 的频数最高，占样品总数的 34.0%。到空间 19.7～29.5mg/L 止，除空间 0～9.8mg/L 外，各空间频率呈上升趋势，在空间 19.7～29.5mg/L 之后，各空间呈下降趋势，到空间 118.1～128.0mg/L 时，其频率接近为 0。

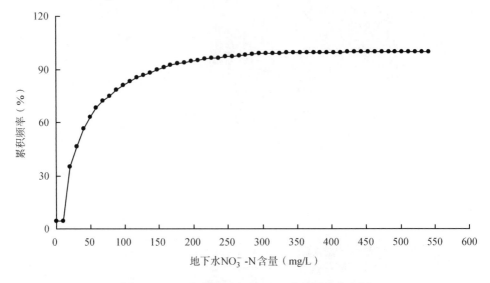

图 4-223　辽宁省地下水 $NO_3^-$-N 含量累积分布图

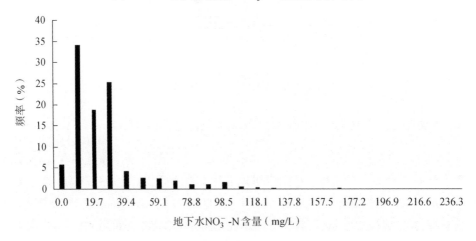

图 4-224　辽宁省地下水 $NO_3^-$-N 含量分布图

## 4.6.2　地下水硝酸盐动态变化

从图 4-225 中可以看出，辽宁省地下水 $NO_3^-$-N 平均含量达到国家饮用水标准的年份有 2005 年、2006 年、2007 年、2010 年和 2012 年。采集样品的 8 年中，有 3 年地下水 $NO_3^-$-N 平均含量超标，从 2008 年开始出现不同程度的超标，其中以 2011 年的 38.1mg/L 为最高，其次为 2009 年的 29.6mg/L，超标率分别达到了 90.4% 和 48.1%。以采集样品时间动态的趋势来看，从 2005～2009 年呈现逐年上升的趋势，变化相对较为稳定，从 2009～2012 年又呈现降低升高再降低的形式，出现不稳定趋势。各监测时期变异系数变化相对 $NO_3^-$-N 含量变化较为稳定，变异系数在 70.0%～170.0%。

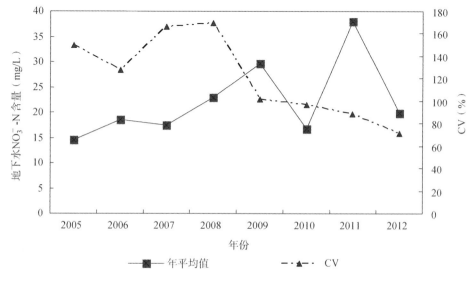

图 4-225 不同年份地下水 $NO_3^-$-N 含量年际变化

从 2005～2012 年雨季前地下水 $NO_3^-$-N 含量监测结果看（图 4-226），从 2005 年雨季前开始，直到 2012 年雨季前的 8 次监测，地下水 $NO_3^-$-N 平均含量呈现上升趋势，与全年均值走势相当，从 2005 年雨季前至 2009 年雨季前地下水 $NO_3^-$-N 平均含量呈现上升趋势，变化也相对较为稳定，从 2009 年雨季前至 2012 年雨季前地下水 $NO_3^-$-N 平均含量也同样呈现降低升高再降低的形式，出现了不稳定趋势，但总体呈现上升趋势。变异系数相对稳定，介于 67.0%～180.0%。

从 2006～2012 年雨季后地下水 $NO_3^-$-N 含量监测结果看（图 4-227），从 2006 年雨季后开始，直到 2009 年雨季后的 4 次监测，地下水 $NO_3^-$-N 平均含量呈上升趋势，2009 年上升的幅度最大，而从 2009～2010 年下降的幅度也最大，呈现了不稳定的态势。从 2010～2012 年地下水 $NO_3^-$-N 含量同样出现波动变化。而总体的变异系数相对稳定，介于 74.0%～127.0%，呈下降的趋势。

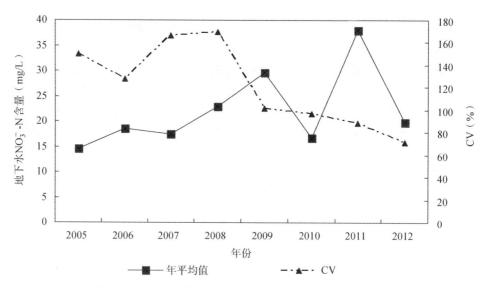

图 4-226　雨季前地下水 $NO_3^-$-N 平均含量及变异系数变化

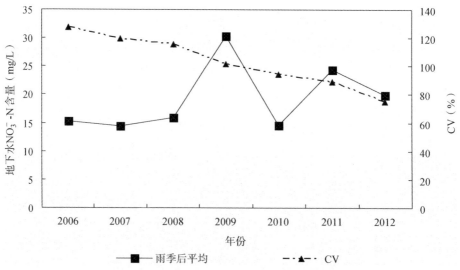

图 4-227　雨季后地下水 $NO_3^-$-N 平均含量及变异系数变化

　　从 2005～2012 年不同监测时期地下水 $NO_3^-$-N 平均含量及 20mg/L 超标率变化看（图 4-228），15 次监测中，地下水 $NO_3^-$-N 含量 20mg/L 超标率范围在 22.5%～73.2%。从 2005～2012 年不同监测时期地下水 $NO_3^-$-N 含量及超标率曲线可知，两条曲线有较大的相似度，说明 $NO_3^-$-N 含量平均值与超标率相关性较大，并且呈现低高低高的规律性，说明雨季前的 $NO_3^-$-N 含量大于雨季后的含量，雨季前的超标率大于雨季后的超标率（表 4-47）。

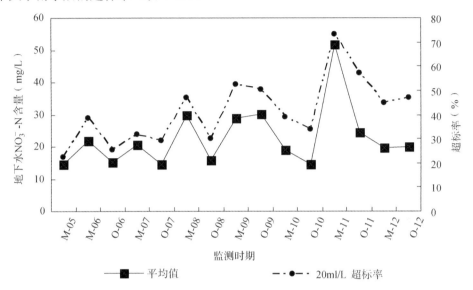

图 4-228  不同监测时期地下水 $NO_3^-$-N 含量及超标率变化

**表 4-47  辽宁省各年雨季前和雨季后地下水 $NO_3^-$-N 基本统计参数**

| 监测时期 | 范围（mg/L） | 均值（mg/L） | CV（%） | 样本数（个） |
|---|---|---|---|---|
| 2005 年 5 月 | 痕量～122.6 | 14.6 | 149.8 | 173 |
| 2006 年 5 月 | 痕量～141.1 | 22.0 | 123.2 | 189 |
| 2006 年 10 月 | 痕量～158.2 | 15.3 | 127.3 | 189 |
| 2007 年 5 月 | 痕量～396.7 | 20.5 | 180.5 | 189 |
| 2007 年 10 月 | 痕量～121.5 | 14.5 | 119.7 | 189 |
| 2008 年 5 月 | 痕量～541.5 | 30.0 | 169.4 | 189 |
| 2008 年 10 月 | 痕量～103.7 | 15.9 | 115.2 | 189 |
| 2009 年 5 月 | 痕量～167.1 | 28.9 | 101.6 | 189 |
| 2009 年 10 月 | 痕量～113.6 | 30.3 | 101.4 | 189 |
| 2010 年 5 月 | 痕量～83.6 | 18.9 | 95.4 | 189 |

续表

| 监测时期 | 范围（mg/L） | 均值（mg/L） | CV（%） | 样本数 |
|---|---|---|---|---|
| 2010 年 10 月 | 痕量~75.1 | 14.6 | 94.4 | 189 |
| 2011 年 5 月 | 痕量~160.4 | 51.7 | 72.7 | 194 |
| 2011 年 10 月 | 痕量~126.5 | 24.4 | 88.8 | 194 |
| 2012 年 5 月 | 痕量~90.1 | 19.6 | 67.0 | 194 |
| 2012 年 10 月 | 痕量~99.8 | 20.0 | 74.9 | 194 |

从 2006~2012 年地下水 $NO_3^-$-N 含量最大值变化图（图 4-229）可以看出，2008年雨季前 $NO_3^-$-N 含量最大值在所有的样本中最大，为 541.5mg/L，其次为 2007 年雨季前的 396.7mg/L，其他时期的 $NO_3^-$-N 最大值都比较平稳，为 75.1~167.1mg/L，但雨季前的最大值要高于雨季后的最大值，雨季后的最大值比雨季前趋于稳定。

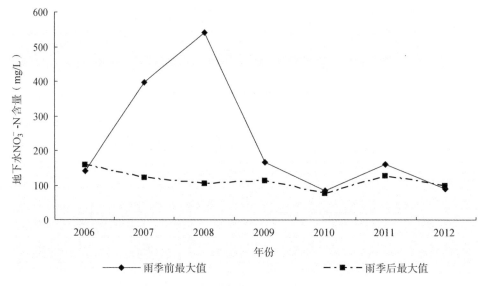

图 4-229　年度地下水 $NO_3^-$-N 含量最大值变化

### 4.6.3　不同井深地下水硝酸盐消长规律

按照采样点水井深度，将井深分为≤30 m，30~100 m 和>100 m 三大类。≤30m 井深的采样点数量最多，约占总采样点的 67.5%，遍布玉米、水稻、花卉、蔬菜种植区；30～100 m 井深的采样点数量其次，约占总采样点的 29.3%，遍布玉米、水稻、花卉、蔬菜种植区；＞100m 井深的采样点最少，约占总采集点的 3.2%，都分布在水稻种植区。

### 4.6.3.1 多次监测总体特征

从图 4-230 中可以看出，不同井深对 $NO_3^-$-N 含量有明显影响，当井深≤30m 时，$NO_3^-$-N 平均含量为 22.7mg/L，按照国家Ⅲ类水标准（20mg/L），超标率为 13.5%；当井深 30～100 m 时，$NO_3^-$-N 平均含量为 20.3mg/L，与国家Ⅲ类水标准 20mg/L 相当，有潜在危险性；当井深＞100 m 时，$NO_3^-$-N 平均含量为 4.2mg/L，达到国家Ⅱ类水标准。这主要是由于过量施肥，大量的氮素下渗，污染了浅层地下水，增加了浅层地下水 $NO_3^-$-N 含量，而随着井深的增加，地下水 $NO_3^-$-N 含量会逐渐降低。由此可见，≤30 m 井深 $NO_3^-$-N 含量受到的影响较大，而＞100 m 井深地下水受到的影响较小，30～100 m 井深时的 $NO_3^-$-N 含量与国家Ⅲ类水标准相当，具有潜在危险性。

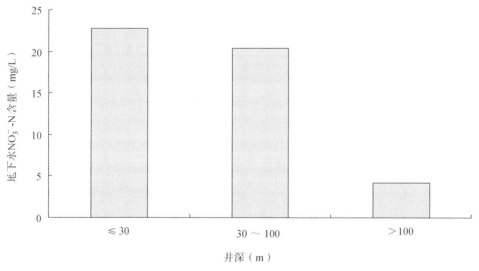

图 4-230 不同井深的地下水 $NO_3^-$-N 含量

### 4.6.3.2 ≤30 m 井深地下水硝酸盐变化特征

从 2005～2012 年≤30 m 井深地下水 $NO_3^-$-N 年均含量变化监测结果可以看出（图 4-231），除 2011 年外，总体大趋势较为平稳，年际 $NO_3^-$-N 含量介于 16.5～

23.5mg/L（除2011年的40.85mg/L）。2005～2012年≤30 m井深地下水 $NO_3^-$-N 平均含量变异系数总体变化呈现先升高后降低再升高的趋势。除了2011年的35.0%，其余各年地下水 $NO_3^-$-N 含量变异系数均值在102.6%～184.0%，最高点为2008年的184.0%，最低点为2011年的35.0%。

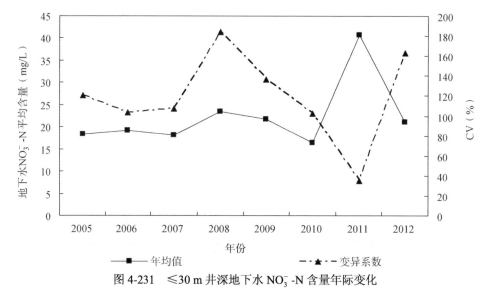

图4-231 ≤30 m井深地下水 $NO_3^-$-N 含量年际变化

从2005～2012年≤30 m井深地下水 $NO_3^-$-N 含量不同监测时期结果看（图4-232），2005年雨季前至2008年雨季前的6次监测，地下水 $NO_3^-$-N 平均含量平稳中有降低趋势，2008年雨季后至2010年雨季前地下水 $NO_3^-$-N 平均含量较为平稳，之后到2011年雨季前地下水 $NO_3^-$-N 平均含量急剧增加，2011年雨季后至2012年雨季后地下水 $NO_3^-$-N 平均含量趋于平稳并有降低趋势，各监测时期变异系数变化较地下水 $NO_3^-$-N 平均含量更为平稳，除2008年雨季前变异系数超过180.0%外，其他监测时期变异系数均在65.6%～146.1%。

从2005～2012年不同监测时期≤30 m井深地下水 $NO_3^-$-N 含量与20mg/L 超标率变化图可知（图4-233），15次监测地下水 $NO_3^-$-N 含量20mg/L 超标率范围在25.4%和71.4%之间。由图中可以看出，2005～2010年地下水 $NO_3^-$-N 平均值和20mg/L 超标率趋势几乎完全一样，曲线轨迹走势相同，由此可见，地下水 $NO_3^-$-N 平均值与20mg/L 超标率具有相关性。从平均值看，2011年起伏较大，不稳定性大，从超标率看，2009年雨季前和2011年雨季前升高幅度最大。

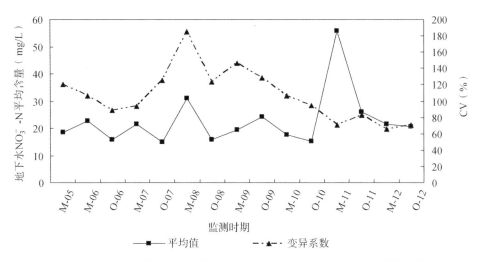

图 4-232　各监测期≤30 m 井深地下水 NO$_3^-$-N 平均含量及变异系数变化

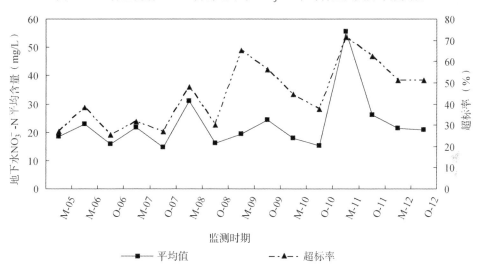

图 4-233　各监测时期≤30 m 井深地下水 NO$_3^-$-N 含量与 20mg/L 超标率变化

#### 4.6.3.3　30～100m 井深地下水硝酸盐变化特征

从 2005～2012 年 30～100m 井深地下水 NO$_3^-$-N 含量年际结果看（图 4-234），2005～2009 年 5 年地下水 NO$_3^-$-N 平均含量逐渐上升，2009～2012 年 NO$_3^-$-N 含量先降低再升高再降低，从 2005～2012 年总体情况看，有逐渐升高的趋势，说明 30～100 m 地下水 NO$_3^-$-N 已经存在污染风险，总体平均值为 19.4mg/L 已经说明地下水

NO$_3^-$-N 含量处在较高区间，有转变为Ⅳ类水的可能性。从变异系数看，2009 年开始平稳，最后近似直线，变异系数在 64.8%～88.9%。

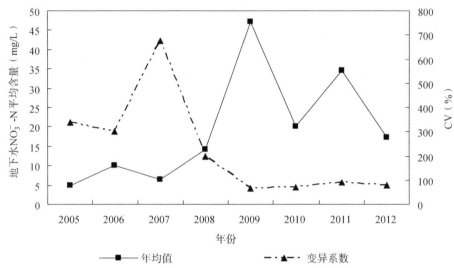

图 4-234　30～100 m 井深地下水 NO$_3^-$-N 含量及变异系数年际变化

从 2005～2012 年 30～100 m 井深地下水 NO$_3^-$-N 含量及变异系数监测结果看（图 4-235），2005～2008 年雨季后 7 次监测，地下水 NO$_3^-$-N 平均含量相对比较平

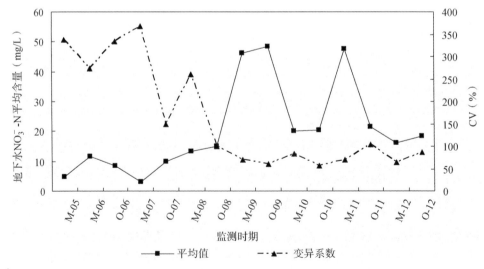

图 4-235　30～100 m 井深地下水 NO$_3^-$-N 含量及变异系数监测时期变化

稳，到 2009 年开始出现升高平稳降低再平稳再升高再降低的趋势，呈现动荡起伏的态势，但 2009 年内和 2010 年内稳定，2011 年后开始下降，但 2005 年开始总的趋势仍是上升。从变异系数看，从 2005～2008 年雨季前，出现先降低再升高再降低再升高的趋势，但总体呈现下降的趋势，2008 年雨季后至 2012 年 $NO_3^-$-N 含量保持平稳，变异系数在 56.6%～104.1%。

从 2005～2012 年不同监测时期 30～100m 井深地下水 $NO_3^-$-N 含量与 20mg/L 超标率变化（图 4-236）看，15 次监测中，地下水 $NO_3^-$-N 含量 20mg/L 超标率范围在 9.0%～65.2%。由图中可以看出，2005～2010 年地下水 $NO_3^-$-N 平均值和 20mg/L 超标率趋势几乎完全一致，从 2011 年雨季后至 2012 年的趋势几乎一致，曲线轨迹走势相同。从平均值看，2011 年起伏较大，不稳定性大，从超标率看，2009 年雨季前升高幅度最大。

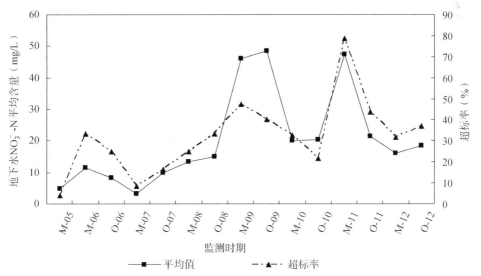

图 4-236　各监测时期 30～100 m 井深地下水 $NO_3^-$-N 含量与 20mg/L 超标率变化

### 4.6.3.4　＞100 m 井深地下水硝酸盐变化特征

从 2005～2012 年＞100 m 井深地下水 $NO_3^-$-N 含量不同监测时期监测结果看（图 4-237），2005～2010 年地下水 $NO_3^-$-N 平均值为 3.5mg/L，除 2009 年雨季后监测值较低外，其他监测数值呈现比较平稳的态势。由此可见，超过 100 m 井深的地下水 $NO_3^-$-N 含量较低，受 $NO_3^-$-N 污染威胁性较小。

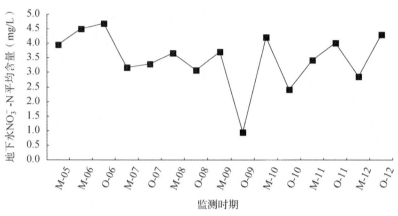

图 4-237 　＞100 m 井深地下水 $NO_3^-$ -N 含量变化

#### 4.6.3.5 　典型地区梯度井深地下水硝酸盐变化特征

为具体研究井深对地下水 $NO_3^-$ -N 的影响,在 2011 年辽宁省北镇市建立了典型蔬菜种植区地下水 $NO_3^-$ -N 含量监测点。当地井深大多数为 10～20m,地下水 $NO_3^-$ -N 含量范围在痕量～129.8mg/L,平均超标率为 33.0%, $NO_3^-$ -N 污染严重。为系统研究梯度井深对地下水 $NO_3^-$ -N 含量的影响,在地下水 $NO_3^-$ -N 污染的蔬菜种植区建立了深度分别是 10 m、20 m、30 m、40 m、50 m 五个梯度监测井,监测井等距 10 m。

梯度井深地下水 $NO_3^-$ -N 含量监测结果见图 4-238 和图 4-239,井深 10 m 的 $NO_3^-$ -N

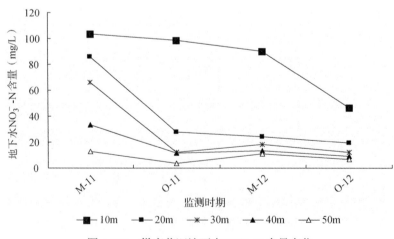

图 4-238 　梯度井深地下水 $NO_3^-$ -N 含量变化

含量（84.9mg/L）＞井深 20 m 的 $NO_3^-$-N 含量（39.4mg/L）＞井深 30 m 的 $NO_3^-$-N 含量（27.24mg/L）＞井深 40 m 的 $NO_3^-$-N 含量（16.9mg/L）＞井深 50 m 的 $NO_3^-$-N 含量（8.54mg/L），并且从井深 10～20 m 的变化幅度最大；雨季前 $NO_3^-$-N 含量大于雨季后；从平均值看，井深 40m 能达到国家地下水Ⅲ类水标准，井深 50m 能达到Ⅱ类水标准。

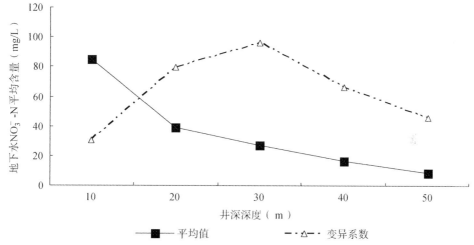

图 4-239　梯度井深地下水 $NO_3^-$-N 平均含量和变异系数变化

### 4.6.4　不同作物种植区地下水硝酸盐差异

从图 4-240 中可以看出,辽宁省不同作物种植对地下水 $NO_3^-$-N 含量的影响较大,其中花卉主产区受影响最大,其平均含量为 37.4mg/L,玉米主产区次之,平均含量为 22.3mg/L,水稻主产区受影响最小,平均含量为 19.2mg/L。由此可以看出,只有水稻种植区的地下水 $NO_3^-$-N 平均含量能达到国家规定的饮用水标准,但稳定性也较小,有超标的可能性,同时超过国际标准（10mg/L）,而玉米、蔬菜和花卉产区地下水 $NO_3^-$-N 平均含量则超出国家标准,超标的样点比例分别为 11.5%、9.3%和 86.7%,其中玉米和蔬菜产区超标幅度较小,花卉产区超标幅度较大。

不同种植区样点地下水 $NO_3^-$-N 含量变异系数同样存在较大差异,水稻种植区地下水 $NO_3^-$-N 含量变异系数＞蔬菜地下水 $NO_3^-$-N 含量变异系数＞玉米种植区地下水 $NO_3^-$-N 含量变异系数＞花卉作物种植区地下水 $NO_3^-$-N 含量变异系数,这说明花卉种植区地下水 $NO_3^-$-N 含量变异性最弱,水稻种植区 $NO_3^-$-N 含量变异性最强。

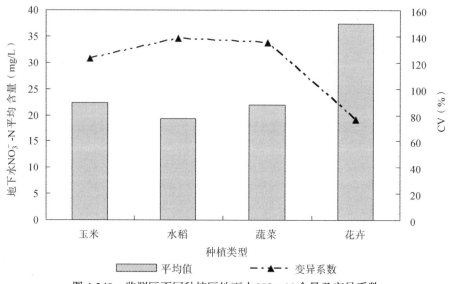

图 4-240　监测区不同种植区地下水 $NO_3^-$-N 含量及变异系数

　　辽宁省蔬菜、花卉主产区为连续种植 10 年温室大棚区，土地利用率高、种植密度大、施肥次数多，由于盲目大量投入化肥，尤其以氮肥居多，超过了作物需肥量，使大量的氮素进入土壤，再通过频繁的灌溉，最终以易淋溶的 $NO_3^-$-N 形式进入地下水，造成地下水 $NO_3^-$-N 含量超标。辽宁省水稻种植密度相对设施农业小，施肥量也小于设施农业作物，其地下水 $NO_3^-$-N 平均含量小于蔬菜、花卉产区。近年来，玉米产区一直盛行一次性施肥，氮含量大部分为 30% 左右，施用量为 750～1000 $kg/hm^2$；另一个原因是施肥的深度达不到要求，造成了氮肥的流失。因此，玉米、蔬菜、花卉产区 $NO_3^-$-N 超标有其合理性。

### 4.6.4.1　玉米种植区地下水硝酸盐变化特征

　　从 2005～2012 年玉米种植区地下水 $NO_3^-$-N 含量监测结果看（图 4-241），2005年雨季前至 2010 年雨季后的 11 次监测中，地下水 $NO_3^-$-N 平均含量呈平稳上升趋势，2011 年雨季前地下水 $NO_3^-$-N 平均含量最高，为 69.4mg/L，2011 年雨季后至 2012 年雨季后地下水 $NO_3^-$-N 平均含量持续降低。各监测时期变异系数变化较地下水 $NO_3^-$-N 平均含量变化相对更为平稳，在 2005 年雨季前、2007 年雨季前和 2008 年雨季前变异系数产生了两个峰值，变异系数分别为 107.5%、124.5% 和 141.4%，在 2011 年雨季前产生一个低谷，变异系数为 59.6%，其他监测时期变异系数大多在 82.3%～100.0%。

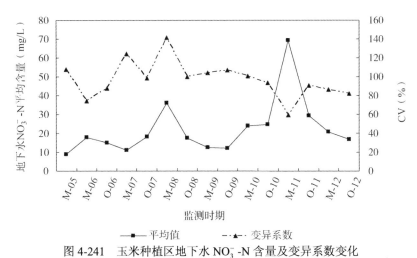

图 4-241　玉米种植区地下水 NO$_3^-$-N 含量及变异系数变化

**（1）玉米种植区地下水硝酸盐含量与超标率变化**

从 2005～2012 年不同监测时期玉米种植区地下水 NO$_3^-$-N 含量及 20mg/L 超标率变化看（图 4-242），15 次监测中，地下水 NO$_3^-$-N 含量 20mg/L 超标率范围在 12.5%～87.5%，其中第一高峰超标率为 2011 年雨季前的 87.5%，第二高峰为 2008 年雨季前的 58.3%，再次为 2006 年雨季前的 45.8%，总体趋势为上升。2005～2012 年不同监测时期玉米种植区地下水 NO$_3^-$-N 平均含量与超标率的曲线走势几乎完全一致，说明玉米种植区的地下水 NO$_3^-$-N 含量 20mg/L 的超标率和 NO$_3^-$-N 平均含量呈正相关关系。

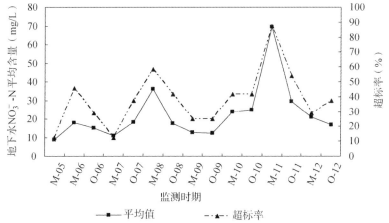

图 4-242　不同监测时期玉米种植区地下水 NO$_3^-$-N 含量与超标率变化

（2）玉米种植区不同井深地下水硝酸盐变化

从 2006～2012 年各监测时期玉米种植区不同井深地下水 $NO_3^-$-N 含量监测结果可看出（图 4-243），玉米种植区雨季前≤30 m 井深地下水 $NO_3^-$-N 平均含量（17.7mg/L）大于雨季前 30～100m 井深 $NO_3^-$-N 平均含量（24.3mg/L）大于雨季后≤30m 井深 $NO_3^-$-N 平均含量（19.2mg/L）大于雨季后 30～100m 井深 $NO_3^-$-N 平均含量（19.0mg/L），说明同井深雨季前的 $NO_3^-$-N 平均含量大于雨季后的 $NO_3^-$-N 平均含量，地下水 $NO_3^-$-N 含量受降雨的影响较大。

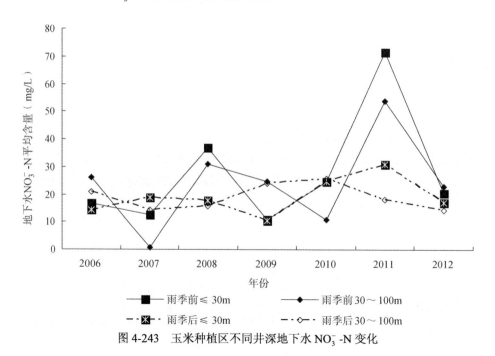

图 4-243　玉米种植区不同井深地下水 $NO_3^-$-N 变化

### 4.6.4.2　水稻种植区地下水硝酸盐变化特征

从 2005～2012 年水稻种植区地下水 $NO_3^-$-N 含量监测结果看（图 4-244），从 2005 年雨季前至 2007 年雨季前 $NO_3^-$-N 平均含量呈现平稳上升的趋势，从 2008 年雨季前出现下降的趋势，至 2010 年雨季后出现急剧上升，之后开始逐渐下降。而各监测时期变异系数变化较地下水 $NO_3^-$-N 平均含量相对更为平稳，除了 2007 年雨季前各个时期起伏不大。最高峰值出现在 2007 年雨季前的 231.9%，其余的变异系数在 62.0%～164.5%。

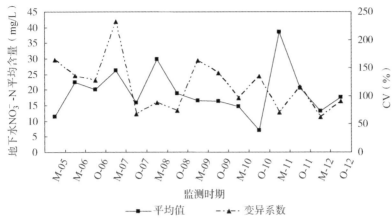

图 4-244　水稻种植区地下水 $NO_3^-$-N 含量及变异系数变化

（1）水稻种植区地下水硝酸盐含量与超标率变化

从 2005～2012 年不同监测时期水稻种植区地下水 $NO_3^-$-N 含量及 20mg/L 超标率变化看（图 4-245），2005～2012 年不同监测时期水稻种植区地下水 $NO_3^-$-N 平均含量与超标率的曲线走势几乎一致（除 2007 年雨季前外），说明水稻种植区的地下水 $NO_3^-$-N 含量 20mg/L 的超标率和 $NO_3^-$-N 平均含量相关性较大，超标率直接影响 $NO_3^-$-N 的平均含量。15 次监测中，地下水 $NO_3^-$-N 含量 20mg/L 超标率范围在 9.4%～75.5%，其中第一高峰超标率为 2011 年雨季前的 75.5%，第二高峰为 2008 年雨季前的 58.3%，再次为 2006 年雨季前的 45.8%。

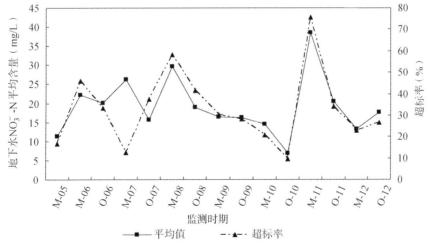

图 4-245　不同监测时期水稻种植区地下水 $NO_3^-$-N 含量与超标率变化

（2）水稻种植区不同井深地下水硝酸盐含量变化

从 2006～2012 年各监测时期水稻种植区不同井深地下水 $NO_3^-$-N 含量监测结果可以看出（图 4-246），水稻种植区雨季前 30～100 m 井深地下水 $NO_3^-$-N 平均含量 15.2mg/L 大于其他井深 $NO_3^-$-N 含量，以 >100 m 井深地下水 $NO_3^-$-N 平均含量为最低，雨季前和雨季后平均值分别为 3.7mg/L 和 3.3mg/L。井深≤100 m 的地下水 $NO_3^-$-N 平均含量的规律是雨季前大于雨季后，>100 m 井深地下水 $NO_3^-$-N 平均含量雨季前和雨季后相当，受到的影响较小。从图中还可以看出，曲线的趋势大体一致，雨季前和雨季后的 $NO_3^-$-N 含量最低点几乎都出现在 2010 年，井深≤100 m 的地下水 $NO_3^-$-N 平均含量最高点出现在 2011 年。

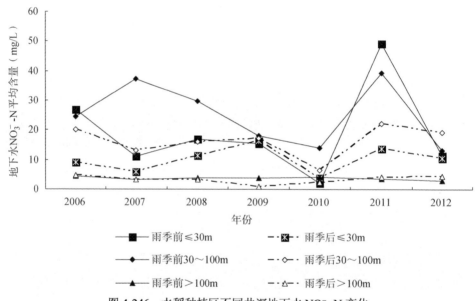

图 4-246　水稻种植区不同井深地下水 $NO_3^-$-N 变化

### 4.6.4.3　蔬菜种植区地下水硝酸盐变化特征

从 2005～2012 年蔬菜种植区地下水 $NO_3^-$-N 含量监测结果看（图 4-247），$NO_3^-$-N 平均含量的高峰分别出现在 2005 年雨季前和 2011 年雨季前，以 2011 年雨季前的值最大为 45.43mg/L，其次为 2005 年雨季前的 37.2mg/L，其他在 9.7～28.8mg/L。各监测时期变异系数变化较地下水 $NO_3^-$-N 平均含量变化相对更为平稳，除了 2008 年雨季前各个时期起伏不大。最高峰值出现在 2008 年雨季前的 255.1%，其余的变异系数在 61.9%～170.1%。

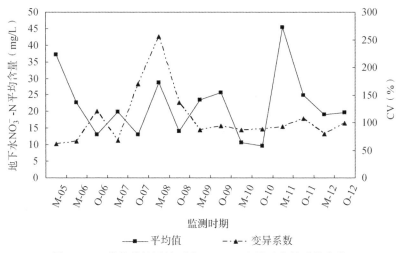

图 4-247　蔬菜种植区地下水 $NO_3^-$-N 含量及变异系数变化

（1）蔬菜种植区地下水硝酸盐含量与超标率变化

从 2005～2012 年不同监测时期蔬菜种植区地下水 $NO_3^-$-N 含量及 20mg/L 超标率变化看（图 4-248），2005～2012 年不同监测时期蔬菜种植区地下水 $NO_3^-$-N 平均含量与超标率的曲线走势几乎一致，说明蔬菜种植区的地下水 $NO_3^-$-N 含量 20mg/L 的超标率和 $NO_3^-$-N 平均含量相关性较大，蔬菜超标率直接影响 $NO_3^-$-N 的平均含量。15 次监测地下水 $NO_3^-$-N 含量 20mg/L 超标率范围在 17.9%～58.9%，超标率三个高峰值相当，分别为 2011 年雨季前的 58.9%，2005 年雨季前的 58.3%，2006 年雨季前的 57.1%。

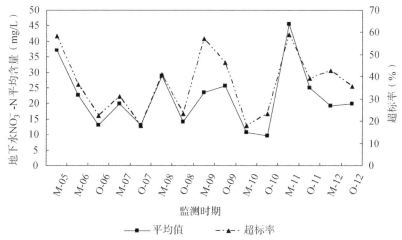

图 4-248　不同监测时期蔬菜种植区地下水 $NO_3^-$-N 含量与超标率变化

（2）蔬菜种植区不同井深地下水硝酸盐含量变化

从 2006～2012 年各监测时期蔬菜种植区不同井深地下水 $NO_3^-$-N 含量监测结果可以看出（图 4-249），雨季前≤30 m 和 30～100m 井深的地下水 $NO_3^-$-N 平均含量都超出国家地下水Ⅱ类水标准，分别为 23.1mg/L 和 24.0mg/L，雨季后≤30 m 和 30～100 m 井深的地下水 $NO_3^-$-N 平均含量都在国家地下水Ⅲ类水范围内，雨季后 30～100 m 井深地下水 $NO_3^-$-N 平均含量呈现下降的趋势，而雨季前≤30 m、雨季后≤30 m 和雨季前 30～100 m 井深地下水 $NO_3^-$-N 平均含量呈现上升的趋势。最高点出现在 2011 年雨季前 30～100 m 井深的 64.5mg/L。

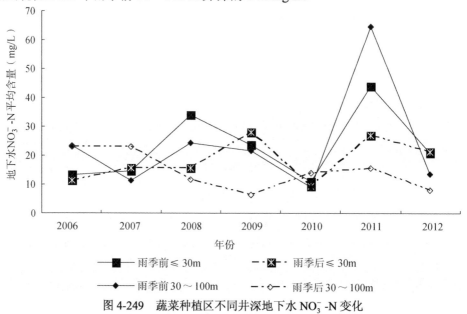

图 4-249 蔬菜种植区不同井深地下水 $NO_3^-$-N 变化

### 4.6.4.4 花卉种植区地下水硝酸盐变化特征

从 2005～2012 年花卉种植区地下水 $NO_3^-$-N 含量监测结果看（图 4-250），$NO_3^-$-N 平均含量的高峰分别出现在 2009 年雨季前、2009 年雨季后和 2011 年雨季前，以 2011 年雨季前的值最大为 62.3mg/L，其次为 2009 年雨季后的 55.9mg/L 和 2009 年雨季前的 52.1mg/L，其他在 13.2～31.9mg/L。各监测时期变异系数变化呈现逐渐降低的趋势，与 $NO_3^-$-N 平均值曲线呈交叉对称，从 2006 年雨季前至 2008 年雨季后变异系数呈现较高的平稳状态，在 121.7%～132.9%，2008 年雨季后骤然下降，从 2009 年雨季前至 2011 年雨季前相对较为平稳，在 58.1%～54.2%，到 2011

年雨季后出现最低点为 12.9%。

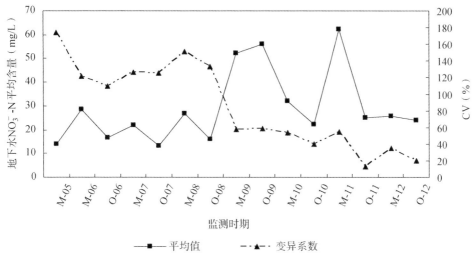

图 4-250 花卉种植区地下水 $NO_3^-$-N 含量及变异系数变化

（1）花卉种植区地下水硝酸盐含量与超标率变化

从 2005～2012 年不同监测时期花卉种植区地下水 $NO_3^-$-N 含量及 20mg/L 超标率变化看（图 4-251），各监测时期的地下水 $NO_3^-$-N 平均值从 2005 年雨季前至 2008 年雨季后呈现低高低的规律性变化，变化幅度在 14.0～28.7mg/L，从 2008 年雨季

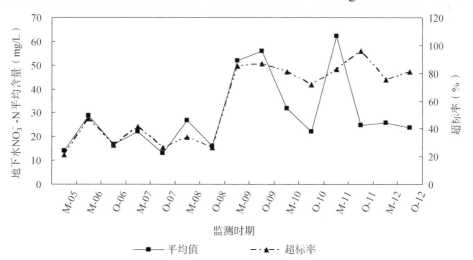

图 4-251 不同监测时期花卉种植区地下水 $NO_3^-$-N 含量与超标率变化

后至 2011 年雨季后出现骤然上升和下降的形势，变化幅度在 22.1～62.3mg/L，到 2011 年雨季后开始平稳，变化幅度在 23.9～25.7mg/L，从 2005～2012 年 $NO_3^-$-N 平均含量总体趋势是上升。超标率的曲线走势前期与 $NO_3^-$-N 含量走势一致，到 2009 年雨季后 $NO_3^-$-N 含量曲线相对平稳，整体趋势也是上升。说明花卉种植区地下水 $NO_3^-$-N 含量 20mg/L 的超标率和 $NO_3^-$-N 平均含量相关性较大，花卉种植区 $NO_3^-$-N 含量超标率直接影响 $NO_3^-$-N 的平均含量。15 次监测中，地下水 $NO_3^-$-N 含量 20mg/L 超标率范围在 21.4%～96.0%，超标率两个高峰值相当，分别为 2009 年雨季后的 86.8% 和 2011 年雨季后的 96.0%。

（2）花卉种植区不同井深地下水硝酸盐变化

从 2006～2012 年各监测时期花卉种植区不同井深地下水 $NO_3^-$-N 含量监测结果可以看出（图 4-252），≤30 m 井深和 30～100 m 地下水 $NO_3^-$-N 平均含量曲线图走势基本一致，都是由高到低、再由低到高的走向，但雨季前 30～100 m 井深地下水 $NO_3^-$-N 平均含量 45.3mg/L 要高于其他，其次为雨季前 ≤30 m 井深的 34.0mg/L，$NO_3^-$-N 平均含量最小的为雨季后 ≤30 m 井深的 24.0mg/L，但其平均含量都超出了国家地下水Ⅲ类水 20mg/L 的标准，雨季前 ≤30 m 井深、雨季后井深 ≤30 m、雨季前 30～100 m 井深和雨季后 30～100 m 井深的 $NO_3^-$-N 平均含量超标率分别达 69.9%、20.1%、126.4% 和 41.0%。

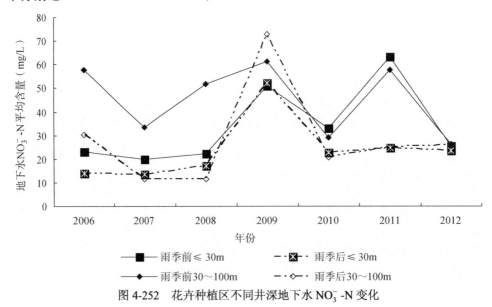

图 4-252  花卉种植区不同井深地下水 $NO_3^-$-N 变化

# 参 考 文 献

[1] 杜连凤, 赵同科, 张成军, 等. 京郊地区 3 种典型农田系统硝酸盐污染现状调查. 中国农业科学, 2009, 42(8): 2837-2843.

[2] 高新昊, 江丽华, 刘兆辉, 等. 山东省农村地区地下水硝酸盐污染现状调查与评价. 中国农业气象, 2011, 32(1): 89-93.

[3] Tilman D, Fargione J, Wolff B, et al. Forecasting agriculturally driven global environmental change. *Science*, 2001, 292: 281-284.

[4] Mosier A R, Bleken M A, Chaiwanakupt P, et al. Policy implications of human-accelerated nitrogen cycling. *Biogeochemistry*, 2002, 57/58(4): 477-516.

[5] Addiscott T M, Whitmore A P, Powlson D S. *Farming, Fertilizers and the Nitrate Problem*. Wallingford: C A B International, 1991, 1-14.

[6] Nolan B T, Ruddy B C, Hitt K J, et al. Risk of nitrate in groundwater of the United States-a national perspective. *Environmental Science and Technology*, 1997, 31: 2229-2236.

[7] Hudak P F. Regional trends in nitrate content of Texas groundwater. *Journal of Hydrology*, 2000, 228: 37-47.

[8] Agrawal G D, Lunkad S K, Malkhed T. Diffuse agricultural nitrate pollution of groundwater in India. *Water Science Technology*, 1999, 29(3): 67-75.

[9] Mohsen J. Nitrate leaching from agricultural land in Hamadon, western Iran. *Agri. Ecosys. Environ*, 2005, 110: 210-218.

[10] 肖智毅. 海淀区地下水硝酸盐污染及其影响因素. 环境与健康杂志, 2003, 20(5): 158-160.

[11] Zhang W L, Tian Z X, Zhang N, et al. Nitrate pollution of groundwater in northern China[J]. Agri. Ecosys. and Environ, 1996, 59: 223-231.

[12] 刘宏斌, 李志宏, 张云贵, 等. 北京平原农区地下水 $NO_3^-$ - N 污染状况及其影响因素研究. 土壤学报, 2006, 43(3): 405-413.

[13] 张维理, 田哲旭, 张宁, 等. 我国北方农用氮肥造成地下水 $NO_3^-$-N 污染的调查. 植物营养与肥料学报, 1995, 1(2): 80-87.

[14] 董章杭, 李季, 孙丽梅. 集约化蔬菜种植区化肥施用对地下水硝酸盐污染影响的研究—以"中国蔬菜之乡"山东省寿光市为例. 农业环境科学学报, 2005, 24(6): 1139-1144.

[15] Kraft G J, Stites W. Nitrate impacts on groundwater from irrigated-vegetable systems in a humid north-central US sand plain. *Agri. Ecosys. Environ.*, 2003, 100: 63-74.

[16] Ramos C, Agut A, Lidón A L. Nitrate leaching in important crops of the Valencian Community region(Spain). *Environ. Pollu.*, 2002, 118: 215-223.

[17] Waddle J T, Gupta S C, Moncrief J F, et al. Irrigation- and nitrogen-management impacts on nitrate leaching under potato. *J. Environ. Qual.*, 2000, 29(1): 251-261.

[18] Stites W, Kraft G J. Nitrate and chloride loading to groundwater from an irrigated north-central U. S. sand plain vegetable fields. *J. Environ. Qual.*, 2001, 30: 1176-1184.

[19] Diez J A, Caballero R, Roman R, et al. Integrated fertilizer and irrigation management to reduce nitrate leaching in Central Spain. *J. Environ. Qual.*, 2000, 29: 1539-1547.

[20] Stites W, Kraft G J. Groundwater quality beneath irrigated vegetable fields in a north-central U. S. sand plain. *J. Environ. Qual.*, 2000, 29: 1509-1517.

[21] Madison R J, Brunett J O. Overview of the occurrence of nitrate in Groundwater of the U. S., in National

water summary, Water supply paper 2275, U. S. *Geological survey*. Washington D C, 1984, 93-104.

[22] 寇长林, 巨晓棠, 张福锁. 三种集约化种植体系氮素平衡及其对地下水硝酸盐含量的影响. 应用生态学报, 2005(4): 660-667.

[23] 鲁如坤. 土壤农业化学分析方法[M]. 中国农业科技出版社, 1999.

[24] Cao Z H. Environmental issues related to chemical fertilizer use in China[J]. *Pedosphere*, 1996, 6(4): 289-303.

[25] 李俊良, 朱建华, 张晓晟, 等. 保护地番茄养分利用及土壤氮素淋失[J]. 应用与环境生物学报, 2001, : 126-129.

[26] 李文庆, 张民, 李海峰, 等. 大棚土壤硝酸盐状况研究[J]. 土壤学报, 2002, 39(2): 283-287.

[27] 刘兆辉, 江丽华, 张文君, 等. 氮、磷、钾在设施蔬菜土壤剖面中的分布及移动研究[J]. 农业环境科学学报, 2006, S(2): 537-542.

[28] 刘宏斌, 张云贵, 李志宏, 张维理, 林葆. 北京市平原农区深层地下水 $NO_3^- - N$ 污染状况研究. 土壤学报, 2005, 42(3): 411-418.

[29] Fukada T, Hiscock K M, Dennis P F. A dual-isotope approach to the nitrogen hydrochemistry of an urban aquifer. Applied Geochemistry, 2004, 19(5): 709-719.

[30] 刘兆辉, 江丽华, 张文君, 等. 设施菜地土壤养分演变规律及对地下水威胁的研究. 土壤通报, 2008, 39(2): 293-298.

[31] 曾希柏, 白玲玉, 苏世鸣, 等. 山东寿光不同种植年限设施土壤的酸化与盐渍化. 生态学报, 2010, 30(7): 1853-1859.

[32] 赵解春, 李玉中, Ichiji Y, 等. 地下水硝酸盐污染来源的推断与溯源方法概述. 中国农学通报, 2010, 26(18): 374-378.

# 5

# 泛环渤海地区地下水硝酸盐格局影响因素
# 分析与预测模型

## 5.1 泛环渤海地区地下水硝酸盐格局影响因素分析

　　地下水污染是指在人类活动影响下，地下水水质朝着恶化方向发展的现象。不管此种现象是否达到影响使用的程度，只要这种现象发生，就应该视为污染。硝酸盐是地下水中最常见的污染物，人类生产活动及生活污水中产生的氮主要以 $NO_3^- $-N、铵态氮及有机氮的形式存在，进入土壤层之后，通过矿化、吸附、硝化、反硝化等作用后（图5-1），主要以硝酸盐形态进入地下含水层。由于地下水硝酸盐含量严重影响着人体健康，所以世界卫生组织和中国政府均制订地下水硝酸盐含量分级标准，并规定适合人类饮用的硝酸盐含量标准。地下水硝酸盐含量成为评价地下水是否受到外界污染的重要指标之一，不同的水文地质单元、地形地貌、气候条件、土壤类型等自然因素和灌溉、施肥、耕作管理及地下水开发利用方式等人为因素都影响着硝酸盐从环境向地下水迁移（图5-2）。

### 5.1.1 自然因素

#### 5.1.1.1 水文地质

　　水文地质条件对地下水硝酸盐污染有着重要的影响。它包括包气带介质和含水层两个方面。其中，包气带介质包括地形、地下水埋深、土质岩性、岩层孔隙度等；含水层包括含水层厚度、含水层岩性、富水性和补给量[1]。

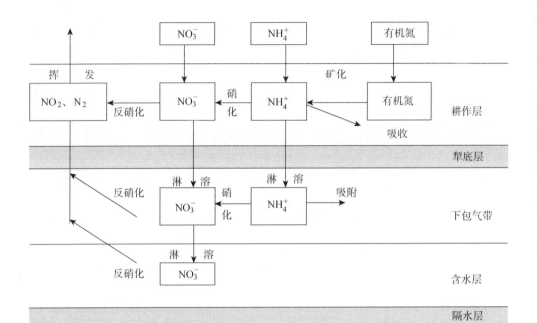

图 5-1　氮素在土壤—地下水系统内的迁移与转化

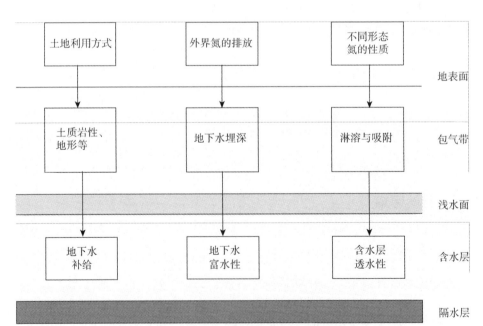

图 5-2　地下水硝酸盐易污染性分析概念模型

（1）包气带

包气带是地下水含水层与大气圈、地表水圈联系的必经通道。大气降水、地表水通过包气带入渗补给地下水的同时，污染物也随之进入地下水含水层，改变地下水的化学组成，使地下水水质呈现恶化趋势。在农业生产区，由于氮肥的过量施用，近年比较突出的问题就是包气带中硝酸盐的累积。包气带在污染物淋溶进入含水层的过程中表现出极好的"屏障"功能，在硝酸盐从地表进入潜水含水层的过程中，包气带厚度和土（岩）性质对其有很强的过滤和净化作用，不同地形单元的相对高度、地下水埋深、土层结构、透水性差异较大。包气带介质的类型决定着土壤层和含水层之间岩土介质对硝酸盐的消减特性。各种物理化学过程包括降解、吸附、沉淀、络合、溶解、生物降解、中和作用等过程均可以在包气带发生。包气带介质还控制着渗流途径和渗流路径的长度，因此影响着硝酸盐的消减时间以及与土（岩）体之间的反应程度。地下水埋深决定硝酸盐到达含水层前迁移的深度，它有助于确定硝酸盐与周围介质接触的时间。一般来说，地下水埋深越深，硝酸盐迁移的时间越长[2]。

包气带自净能力的大小取决于包气带岩性、厚度、渗透性和吸附性能等。包气带颗粒越细，渗透性越小，对污染物的吸附能力越大，包气带的自净能力就越强；包气带厚度越厚，自净能力越强，地下水越不容易受污染。反之，包气带厚度薄，颗粒粗，渗透性大，自净能力弱，地下水越容易受污染。袁利娟和庞忠和[3]的研究发现，在地表等量氮素输入条件下，包气带中硝酸盐含量分布是其抗污染能力的直接表征。包气带水分入渗速率以及反硝化程度是导致包气带中硝酸盐含量差异的主要因素。水分入渗速率决定了包气带中硝酸盐累积的深度，反硝化能力的差异是造成同一深度上硝酸盐含量不同的主要原因，反硝化能力受包气带含水量、有机质含量控制，也受水分入渗速度的影响。包气带中有机物含量随深度的增加逐渐减少，使细菌反硝化作用逐渐减弱，这就造成包气带中硝酸盐的积累，进而造成地下水的污染。

（2）含水层

含水层是指土壤通气层以下的饱和层，其介质孔隙完全充满水分，即导水的饱和岩土层。地下水赋存于含水层松散岩层的孔隙或岩体的裂隙或岩溶系统中[4]。含水层介质既控制硝酸盐渗流途径和渗流长度，也控制硝酸盐消减作用可利用的时间及硝酸盐与含水层介质接触的有效面积。一般来说，含水层介质颗粒越大，裂隙或溶隙越多，渗透性越好，硝酸盐的消减能力越低，地下水越容易受到污染[5]。

水力传导系数反映含水介质的水力传输性能。在一定的水力梯度下它控制着地下水的流动速率，而地下水的流动速率控制着硝酸盐在含水层内迁移的速率。水力传导系数受含水层中的粒间孔隙、裂隙、层间裂隙等所产生的空隙的数量和连通性控制。水力传导系数越高，脆弱性越高，硝酸盐能快速离开污染源进入含水层。

袁利娟和庞忠和[3]研究发现：在包气带中，蒸发是导致硝酸盐含量上升的主要原因，反硝化是硝酸盐含量下降的主要过程，降解的硝酸盐最高可达输入量的50%。相比之下，在含水层中，稀释作用是导致硝酸盐含量降低的主要过程。

### 5.1.1.2　地形地貌

地貌因素主要影响硝酸盐的迁移和积累过程。在某种程度上，区域地形条件决定了污染物是随地表径流被冲走还是滞留在地表区域，如果有足够的时间滞留在地表，污染物就很容易渗入地下。坡度影响着污染物迁移途径，有研究成果[6]表明：地形坡度小于2%时，污染物渗入地下的机会最大，污染物与降水都不易流失；地形坡度大于18%时，地表水（如发生大气降雨等情况）易产生地表径流，减小了污染物渗入地下的可能性，地下水受硝酸盐污染的可能性较低。在平原区，硝酸盐渗入机会较大，相应地段的地下水污染敏感性较高。地形还影响着土壤的形成与发育，因而影响着硝酸盐的消减程度。除此之外，地形还影响地下水水位的空间展布，进而决定地下水的流向和流速[4]。

### 5.1.1.3　地质条件

天然条件下，地层的渗透系数差异较大。地表的大部分岩土体都具有透水性，不透水体极少。风化、断裂以及溶解作用对岩石产生不同程度的影响。在渗透系数很小的地方，地下水运动非常缓慢。地表附近为渗透率较高的岩土体时，从地表到含水层的地板形成潜水含水层或非承压含水层。水通过包气带向下渗入潜水含水层。地下水横向流动或下伏含水层向上渗流也构成该含水层的补给源。

松散含水层中分选良好、淤泥和黏土含量少的介质含水性最好，松散的砂和砾石渗透系数最大，细至中粒的沉积物可以起到过滤作用，能够除去一些特殊的物质，如细菌、病毒，这些地区的水质往往很好。然而，溶解性的污染物，如硝酸盐、氯化物，以及其他稀释物可以穿过大多数沉积物和岩层且浓度不变。松散介质通常与补给区相连，如河流、湖泊。浅埋型松散含水层循环较快，通常形成局部水流系统[7]。

#### 5.1.1.4 水文气象

在降水过程中，一部分降水会被植被截留，一部分降落到土壤表面，将在土壤界面发生水分的分配和转化，部分水分将通过土壤孔隙入渗，部分水分会在土壤表面蒸发，其余水分将沿坡面流动汇集形成地表径流[7]。

当降水强度小于平衡入渗率时，到达地面的雨水全部渗入地下。当降水强度大于平衡入渗率，小于初始入渗率时，一开始全部降水都将下渗，直到入渗率下降到低于降水强度时，部分降水会留在地面。当降水强度高于初始入渗率时，大部分雨水都将剩留在地面。补给水一方面在包气带中垂向传输硝酸盐，另一方面控制着硝酸盐在包气带及饱水带的弥散和稀释。因此，它是硝酸盐向地下水运移的主要传输工具。补给量越大，地下水受污染的可能性越大。但当补给量足够大以至使污染物被稀释时，地下水受污染的可能性不再增大而是减小[4]。

由于 $NO_3^-$-N 不易被土壤固定，易随土壤水分迁移，过量的灌溉和大量的降水是引起硝酸盐淋洗的主要因素。吕殿青等[8]在砂壤质土上的灌溉研究表明，0～80cm 土层中 $NO_3^-$-N 含量随灌溉水量的增加而降低，而 320～400 cm 土壤 $NO_3^-$-N 含量随灌水量的增加而增高。水是可溶态氮素向下迁移的载体，土壤的水分运动是引起养分淋溶迁移的动力条件，只有饱和水流才能引起氮的淋失。彭琳等[9]的研究表明，旱作土壤中 $NO_3^-$-N 每年随水下渗深度为 1.0～1.5 m，甚至 2 m，平均 2～3 mm 降水使土壤中 $NO_3^-$-N 下渗深度向下延伸 1 cm，水在土壤中下渗深度一般每年为 1.6～2.6 m。通常情况下，氮素淋失和降雨量及灌溉量呈正相关。袁新民等[10]的实验结果表明，灌水量的多少决定着水分的下渗量和下渗深度，同时影响着硝酸盐的累积深度，常量灌溉和降水主要影响 0～2 m 土层的硝酸盐，而大量灌溉和降雨则可以影响到 4 m 或更深层次的硝酸盐积累。查健生等[11]研究表明，在上海郊区旱地潜水中的硝酸盐浓度在降雨后有很明显的升高，当地下水位降低时，硝酸盐含量有明显回落，其下降趋势和地下水水位回落的趋势基本一致。

#### 5.1.1.5 土壤

土壤带介质是指包气带最上部，生物活动最强烈的部分。质地轻的土壤，土体疏松，通气性好，好气性微生物活动旺盛，土壤有机质矿化率高，氮肥施入后硝化作用速度快，氮素多以 $NO_3^-$-N 存在于土壤中，但是土壤黏粒含量少，对土壤中无机氮的吸附性弱，土壤中氮素易淋失污染地下水；土壤质地黏重的土壤，通气性差，土温低，有机质矿化分解慢，有利于氮素积累而不易淋失。同延安等研究了陕北黄绵土、关中土和陕南水稻土土壤剖面硝酸盐的分布与积累，结果发现黄绵土由于黏粒含量少，容易引起硝酸盐淋失；关中土，黏粒含量相对较高，1 m 土层处有黏化层，阻碍了水分与硝酸盐的向下淋溶；陕南的水稻土，由于深层土壤水饱和，硝酸盐难以向下淋移，氮素主要积累在土壤表层，由于下层土壤长期处于厌氧条件，淋溶到下层的硝酸盐通过反硝化作用而损失掉了[12]。所以各种质地土壤硝酸盐易累积不易淋失的顺序为：黏土＞中壤＞轻壤土＞砂壤土＞砂土，土壤质地越粗，氮素越容易淋失[13]。不同类型的土壤，其透水性能各不相同，对降雨入渗和土壤水分有很大的影响。土壤中积累的硝酸盐会随着土壤水分而移动。砂质土透水性强，保水性差，土壤中积累的硝酸盐易随降水和灌溉往深层淋溶污染地下水。黏质土含黏粒多，透水性差，容易造成硝酸盐积累而不易往深层淋溶。当土壤层很薄或者缺失时，地下水越容易受到硝酸盐污染[2]。土壤有机质的含量对地下水硝酸盐的污染也有一定的影响，土壤中的腐殖质有较强的吸附能力，保肥能力强，所以能够减少铵态氮的硝化，减少硝酸盐对地下水的污染。

## 5.1.2 人为因素

### 5.1.2.1 肥料施用

影响地下水 $NO_3^-$-N 含量的肥料因素中，氮肥是最主要的。在作物生产中，作物对氮的需求量较大。土壤中的氮分有无机态氮和有机态氮两种形态，土壤无机态氮是能被植物直接吸收利用的生物有效态氮，主要为铵态氮（$NH_4^+$）和 $NO_3^-$-N（$NO_3^-$）；土壤有机态氮一般占土壤全量氮的 95%以上，按其溶解度的大小及水解的难易分为水溶性有机氮、水解性有机氮和非水解性有机氮。易对地下水硝酸盐氮含量产生直接影响的主要是土壤 $NO_3^-$-N。土壤中各种形态的氮素处在动态的转化之中[14]。①土壤中氮素的转化。分为有机氮的矿化、铵的硝化、无机态氮的生物固定和铵离子的矿物固定四个部分。②有机氮的矿化。占土壤全量氮的 95%以上的有机态氮，必须经微生物的矿化作用，才能转化为无机氮（$NH_4^+$和 $NO_3^-$）。对多数矿质土壤而言，有机氮的年矿化率一般为 1%～3%。③铵的硝化。铵态氮肥施入的以及别的形态氮素转化的铵离子（$NH_4^+$），部分被带负电荷的土壤黏粒表面和有机质表面功能基吸附，另一部分被植物直接吸收。铵的硝化分为两步：第一步，土壤中大部分铵离子通过微生物的作用氧化成亚硝酸盐和硝酸盐，第二步再把亚硝态氮转化成为 $NO_3^-$-N，这一作用称硝化作用。④氮淋洗损失。铵（$NH_4^+$）和硝酸盐（$NO_3^-$）在水中溶度很大，$NH_4^+$因带正电荷，易被带负电荷的土壤胶体表面所吸附，硝酸盐（$NO_3^-$）带负电荷，是最容易被淋洗的氮形态，随着渗漏水的增加，硝酸盐的淋失增大[14]。

20 世纪初，氮肥问世后，工业氮肥成了现代农业中氮素的重要来源。氮肥用量增加对促进我国农业生产发挥了积极且重要的作用，但同时氮素肥料施用过剩会造成江湖水体富营养化、地下水 $NO_3^-$-N 积累和毒害等一系列的环境问题。

对地下水 $NO_3^-$-N 影响的首要因素是氮肥施用量。大量研究表明，随着施氮量的增加土壤中 $NO_3^-$-N 的积累量增加，土壤 $NO_3^-$-N 淋失量也增高，对地下水污染的危害也加大。如黄绍敏等[15]采用 3 年田间小区肥料定位试验，研究了施氮量对 1 m 土体 $NO_3^-$-N 含量的影响。结果表明，每季施氮量小于 225 kg/hm² 时，1 m 土层中各测定时期 $NO_3^-$-N 含量变化不大；在 11.4~41.3 kg/hm²，当施氮量增加到 375kg/hm² 时，1 m 土层的 $NO_3^-$-N 含量增加 1.5~7.4 倍；0~20 cm 和 80~100 cm 土层 $NO_3^-$-N 在每季施氮量大于 225 kg/hm² 时急剧增加，并对地下水产生污染。吕殿青等[16]的研究结果表明，有些高产地区由于过量施氮，在 0~4 m 深的土层中积累了大量 $NO_3^-$-N，并使地下水和地表水受到不同程度的污染。在渭河二级阶梯黑垆土上进行的氮肥用量试验表明，在灌溉条件下，玉米收获后 0~4 m 土壤剖面中 $NO_3^-$-N 总淋失量随施氮量的增加而增加；但玉米产量在施氮量 112.5 kg/hm²、187.5kg/hm² 和 262.5 kg/hm² 时，分别为 8250 kg/hm²、8300 kg/hm² 和 8350 kg/hm²，基本接近。说明过多施氮，并不能增加更多的产量，而是浪费了大量肥料，污染了环境。

氮肥施用方法也是影响土壤 $NO_3^-$-N 含量以及土壤 $NO_3^-$-N 淋失量的关键因素。Kanwar 等[17]对 $KNO_3$ 撒于地表及撒后翻入土中两种情况下 $NO_3^-$-N 的运移进行了研究。相比之下，在 12.7 cm 的降水后，撒于地表中较多的 $NO_3^-$-N 不知去向，最可能的原因是氮肥溶解于灌水后，沿土壤中的大孔隙淋失到土壤深处。还有研究表明，灌施和撒施及带施相比，引起的 $NO_3^-$-N 淋失要多，主要原因在于灌施化肥时，有更多的氮肥随水沿优势路径流失，而对另两种施肥方法来说，氮肥获得优势路径的可能性要小得多[18,19]。此外，在作物生长季节，将氮肥少量多次施用于田间，可减少土壤中 $NO_3^-$-N 的残留和对地下水的污染，同时作物产量不受影响[20,21]。

平衡施肥也是减少土壤 $NO_3^-$-N 积累和淋失的重要措施。平衡施肥一方面能增加作物对土壤氮磷吸收利用，提高产量；另一方面能促进根系发育，形成根系密集层，阻止 $NO_3^-$-N 淋移，减少 $NO_3^-$-N 淋失。吕殿青等[16]的研究结果表明，$NO_3^-$-N 从土层中的淋失深度和淋失量是 $N_{353} > N_{353}P_{204} > N_{353}P_{204}K_{176}$（下标数字为施肥量，kg/hm²），这就证明平衡施肥是减少 $NO_3^-$-N 淋失的一项重要措施。

另外氮肥结合硝化抑制剂以及与有机肥配合施用等施肥模式也是降低土壤

$NO_3^-$-N 淋失，减少地下水硝酸盐污染的有效措施。黄东风等[22]采用模拟土柱试验方法，通过连续种植 2 茬蔬菜，研究 7 种不同施肥模式对蔬菜产量、硝酸盐含量及模拟土柱氮、磷随渗漏水淋溶损失的影响，结果表明"化肥+双氰胺（基施）"和"有机肥（基施）" 2 种施肥模式，不仅能使蔬菜获得较高的产量、硝酸盐含量较低，还能明显减少蔬菜种植期间模拟土柱 $NO_3^-$-N、铵态氮和水溶性总磷随渗漏水淋溶的损失量，从而有效降低菜地土壤的氮、磷对地下水造成的面源污染。

### 5.1.2.2 种植制度

农业生产中，不同种植制度对地下水硝酸盐含量也有显著的影响。张维理等在北京、天津、河北、山东等一些地区的调查结果表明，农村和小城镇饮用水硝酸盐污染的问题已相当严重，69 个调查点中有半数以上超过饮用水硝酸盐含量的最大允许量，70%的菜地、11%的粮田地下水硝酸盐含量超标[23]。

种植制度决定了水肥管理模式，进而决定了其与地下水硝酸盐的关系，随着耕地种植指数的增加，化肥特别是氮肥在土壤中的残留量逐年增加，硝酸盐对地下水水体存在潜在污染或地下水已经污染[24]。在种植制度中，以蔬菜种植，特别是保护地种植方式对地下水硝酸盐含量影响最大。程东会[25]通过方差对比分析方法和水文地球化学的方法对研究区地下水中化学组份进行了物源研究，结果表明：$NO_3^-$-N 表现出强烈人为输入影响的特征。

赵同科等[26]对我国北方环渤海七省（市）地下水中硝酸盐含量状况进行了大面积调查研究，结果表明农田利用类型对地下水中 $NO_3^-$-N 的影响较大，在粮田、菜地、果园、养殖等几种类型中，菜地地下水的 $NO_3^-$-N 平均含量达到 21 mg/L，其次是果园，粮田地下水 $NO_3^-$-N 含量最低。

在北京市郊县对氮肥与地下水污染问题研究结果表明，田间地下水中硝酸盐含量与氮肥施用量呈正相关，其主要的影响是菜田[27]。

刘宏斌等[28]对北京市平原农区 4 种埋深地下水的 $NO_3^-$-N 污染状况及影响因素进行了研究，结果表明地下水 $NO_3^-$-N 污染在很大程度上受机井所处周边环境的影响，菜区特别是老菜区的地下水污染程度远远重于其他地区。140 眼粮田农灌井 $NO_3^-$-N 平均含量为 2.45 mg/L，超标率仅为 8.5%；而 189 眼菜田农灌井 $NO_3^-$-N 平均含量为 8.66 mg/L，超标率高达 36.0%；26 个冬小麦夏玉米轮作粮田浅层地下水 $NO_3^-$-N 平均含量为 18.02 mg/L，超标率为 55.4%；43 个保护地菜田浅层地下水样本 $NO_3^-$-N 平均含量为 72.42 mg/L，超标率达 100%。刘宏斌等[29]对北京市顺义区 146 眼地下水井，其中饮用水井（120~200 m 深）32 眼、农灌水井（井深 70~100 m）

95 眼、手压水井（井深 6～20 m）19 眼的 $NO_3^-$-N 含量进行了调查分析中得知，从耕地类型来看，粮田农灌水质量优于菜田。

董章杭[30]对典型集约化蔬菜种植区—山东省寿光市的研究结果显示，在不同季节对 3 个有代表性乡镇的 653 个地下水水样的检测表明，全年平均 $NO_3^-$-N 含量高达 22.6 mg/L，超出我国饮用水标准的水井比例为 36.5%，超出国际上对饮用水中最高允许含量（maximun acceptable concentration，MAC，10 mg/L）的水井比例达 59.5%。

贾小妨[31]对山东省地下水硝酸盐分布规律及溯源研究结果表明，果树和蔬菜种植体系下地下水 $NO_3^-$-N 超标比例较高，粮棉油作物种植体系下的地下水超标比例相对较低。其中，蔬菜种植体系下的地下水超标率最高，为 41.94%，果树种植体系下的次之，为 33.33%。这主要是由蔬菜和果树种植体系下施肥量较高，而粮棉油作物种植体系下施肥量相对较低造成的。

王凌等[32]对河北省蔬菜高产区中的 7 个县区进行了地下水硝酸盐含量监测，结果表明蔬菜高产区过量施肥形成土壤中的 $NO_3^-$-N 积累，经过雨水或灌溉水向下淋洗，个别地区已经造成了较为严重的地下水硝酸盐污染。另外，对河北省环渤海地区（唐山、秦皇岛、沧州 3 市）的地下水硝酸盐影响因素研究认为，各类型用地的影响大小顺序为粮田＞菜地＞稻鱼＞果园，其中 $NO_3^-$-N 含量高的样本主要集中在春玉米类农田利用类型[33]。

汪仁等[34]2005～2007 年连续 3 年 5 次对辽宁省蔬菜主产区 1000 余个地下水样品的硝酸盐含量进行了监测，结果表明蔬菜主产区地下水硝酸盐含量平均值为 17.37 mg/L。保护地蔬菜产区农户饮用水硝酸盐含量平均值为 21.19 mg/L，个别蔬菜种植户地下水硝酸盐含量高达 396.67 mg/L，超出国家安全饮用水标准 15 倍以上。粮食主产区中的水稻区地下水硝酸盐含量平均值为 19.14 mg/L，玉米产区地下水硝酸盐含量为 14.21 mg/L[35]。

郭战玲等[36]对河南省地下水 $NO_3^-$-N 污染调查与监测结果表明，蔬菜大棚区硝酸盐污染最严重，这主要与该区施肥量大，灌溉频繁有关。

### 5.1.2.3 畜禽养殖

随着我国规模化畜禽养殖业的快速发展，养殖废弃物带来的污染日趋严重，已经成为农业源污染中最重要的组成部分。养殖废弃物中进入土壤的"三氮"（$NH_4^+$、$NO_3^-$、$NO_2^-$）中，$NH_4^+$最易被带负电荷的土壤微粒所吸附，对下层土壤及地下水中硝酸盐浓度影响较小，大多数 $NH_4^+$将被上层土壤吸附、转化[37]。但是当 $NH_4^+$发生硝化作用，其最终产物 $NO_3^-$-N 同样会加重地下水的污染[38]。刘君和陈宗宇[39]利用稳定同位素示踪技术解析石家庄市地下水中的硝酸盐来源，认为主要来源于化肥、动物粪便和污水灌溉中污染物质在迁移过程中发生的硝化—反硝化作用。与此同时，我国水资源匮乏，农业灌溉用水形势严峻。因此，充分合理地利用规模化畜禽养殖废弃物进行再循环利用，不仅能够有效地控制污染，同时又可以为农田提供水肥资源，实现废弃物的资源化循环利用。

养殖废水的研究主要集中于废水的处理和利用。赵君怡等[40]进行了猪场废水处理工程中产出的厌氧水不同灌溉量和 3 个处理阶段（V 出水：V 地下水=1：5 混合）对冬小麦—夏玉米轮作系统连续进行 3 年小区灌溉试验，地下水中总氮、铵态氮、$NO_3^-$-N 和亚硝态氮等指标的监测结果表明：①厌氧水不同灌溉量处理地下水中 4 种氮素含量总体呈现高量厌氧水（Ha）>中量厌氧水（Ma）>低量厌氧水（La）的变化趋势；②混水灌溉处理地下水中 4 种氮素含量均呈 V 原水：V 地下水=1：5 混合（Tog）>V 厌氧水：V 地下水=1：5 混合（Tag）>V 仿生态塘水：V 地下水=1：5 混合（Teg）的变化趋势。

白丽静等[41]通过田间小区试验，研究了猪场废水处理工艺中 3 个阶段出水（原水、厌氧水和仿生态塘水）与地下水 1：5 混水和厌氧水不同灌溉量对土壤中矿质氮含量、夏玉米产量以及植株吸氮量的影响。结果表明：厌氧水不同灌溉量对各土层 $NO_3^-$-N 和铵态氮含量影响差异较显著，而不同阶段出水混水灌溉对各土层 $NO_3^-$-N 和铵态氮含量影响差异不显著；厌氧水不同灌溉量处理下玉米产量呈现中量厌氧水>高量厌氧水>低量厌氧水的趋势，不同处理阶段出水混水灌溉时，原水与地下水 1：5 混水灌溉产量较其他处理高；仿生态塘混水灌溉玉米籽粒粗蛋白含量最高。建议适宜的猪场养殖废水厌氧出水灌水定额为 500 $m^3/hm^2$，适宜的混水灌溉处理为仿生态塘水与地下水 1：5 的配水比例。

### 5.1.2.4　农田灌溉

土壤中氮淋失污染地下水，导致地下水 $NO_3^-$-N 含量增高，必须具备 2 个条件：一是土壤中有氮积累，二是土壤中有下渗水流。土壤中氮的积累是源，氮的含量越高，越易发生淋失；下渗水流是载体，只有饱和水流的纵向迁移才能引起氮素的淋失[42,43]。

不合理的灌溉制度、灌水方式及过量的灌水必然会形成下渗水流，引起农田深层渗漏，使农田氮素养分大量流失，并污染地下水，造成地下水 $NO_3^-$-N 含量升高。

不同的灌水量对土壤氮淋失影响强度不同。土壤中淋失的 $NO_3^-$-N 量与土壤中的 $NO_3^-$-N 浓度及渗漏水量成比例，因此随着灌水量的增加，土壤中淋失的 $NO_3^-$-N 量增加，地下水 $NO_3^-$-N 含量随着也升高。Smika 等[44]报导了三个灌水水平（降雨加灌水：60.0 cm，62.2 cm，71.1 cm）下施加到土壤中氮肥的淋失情况。结果表明，

当土壤中 $NO_3^-$-N 量一定时，渗漏水量随灌水量增加而增加，土壤中淋失的 $NO_3^-$-N 量随渗漏水量增高而升高。

不同的灌水方式也对土壤氮淋失有不同的影响。对喷灌、畦灌、沟灌对溶质运移的影响结果表明，在灌水总量相同时，溶质渗漏水平为：喷灌＜畦灌＜沟灌。因此对地下水硝酸盐含量的影响也是喷灌＜畦灌＜沟灌[45]。

灌溉水中氮的含量也是对地下水硝酸盐含量影响的因素之一。特别是采用含氮较高的地表水和污水灌溉的地区。黄河水系是泛环渤海地区的主要水源之一，但是据 2011 年中国环境状况公报显示，黄河水系总体为轻度污染。主要污染指标为氨氮、化学需氧量和五日生化需氧量。黄河支流总体为中度污染。主要污染指标为氨氮、化学需氧量和石油类。水中含有相当数量的氮素，在灌溉时应当予以考虑，以免形成对地下水硝酸盐污染[46]。

由于水资源的制约，部分地区还有相当面积的污灌区域。市政和生活污水中含有的氮素主要为氨氮，也含有少量的 $NO_3^-$-N 和微量的亚硝态氮。南方城市污水 COD 平均为 200 mg/L，氨氮为 20 mg/L；北方 COD 平均为 400 mg/L，氨氮为 30 mg/L[47]。

灌溉污水中的 $NO_3^-$ 离子很容易被淋洗至深层土壤或地下水中引起氮污染，这是因为 $NO_3^-$ 是阴离子，不易被带负电荷的土壤胶体所吸附，迁移能力强，灌溉和降水都能引起这种离子的淋溶下渗，造成地下水的污染[48]。而氨氮在土壤中经过微生物参与的硝化作用也将转化成 $NO_3^-$-N，对地下水硝酸盐含量产生严重影响，而且不幸的是由于污灌提供了有效铵态氮和水分，强化了土壤中的硝化作用，促进了铵态氮转化为 $NO_3^-$-N。许多研究表明，污水灌溉地区的地下水 $NO_3^-$-N 含量较高[49]是因为氮肥的施用量[23]和灌溉水中的含氮量[50]超过作物的需要量，或是施肥与灌溉方式不合理所致。因此在采用含氮灌溉水源进行灌溉时，必须要考虑其含有的氮素含量以及可能带来的环境风险。

## 5.1.2.5　地下水资源开发利用

由于水资源短缺，生活用水和工农业用水增加，华北地区常常通过超采地下水补充水资源的不足。例如河北省是一个以开采利用地下水为主要水源的省份，近年来地下水开采量每年达 160 多亿 $m^3$，地下水实际利用量占全省水资源利用量的 75%～80%，一般每年超采达 $1.50×10^9$～$2.30×10^9$ $m^3$，最高年超采约 $3.00×10^9$～$4.00×10^9$ $m^3$[51]。但是超采地下水导致了一系列的生态环境问题，其中以地下水水位下降，大面积的地下水降落漏斗区出现尤为突出。河北平原浅层地下水水位普遍下降 5～15 m，深者达 20～30 m；深层地下水位普遍下降 20～40 m，深者达 40～50 m[51]。

大量研究表明，地下水埋深和地下水中 $NO_3^-$-N 含量成反比，埋深越深，地下水 $NO_3^-$-N 含量越低。刘宏斌等[28]的研究结果显示，北京平原农区 4 种不同深度的地下水中，饮用水深度最深（120～200 m）， $NO_3^-$-N 污染相对最轻，超标率和严重超标率分别仅为 13.8%和 6.9%，而浅层地下水深度最浅（3～6 m）， $NO_3^-$-N 污染最为严重，超标率和严重超标率分别高达 80.5%和 66.2%。茹淑华等[52]对河北省地下水研究结果也获得相似结果，河北省地下水 $NO_3^-$-N 平均含量以及超标率随着地下水埋深加深而明显降低，埋深大于 100 m 地下水水质最好，30～100 m 次之，最差的是埋深小于 30 m 的地下水。赵同科等[26]对环渤海七省市地下水硝酸盐调查结果显示，随着地下水深度的加深， $NO_3^-$-N 含量呈现明显下降的趋势，其中 10 m 以内的水体 $NO_3^-$-N 含量最高，达 21.7 mg/L。环渤海区域因地表水资源不足，开采地下水以补充饮用水和灌溉水所需，但是客观上造成了地下水位的下降，也实际上降低了地下水中 $NO_3^-$-N 含量。

但是由于地下水超采区区内地下水位的大幅度持续下降，使各种水体悬于地下水位之上，加速了包括污水在内的各种水体向地下水的转化速率，水体中的污染组分在没有得到地下岩土充分降解的情况下，大部分进入地下水中，引起水质污染。而在地下水漏斗区由于地下水水位不断下降、地下水开采深度不断加大，加之有的水井井壁封闭不严或不加封闭，有些水井为混合水，这些井实际上成为浅层污染水进入中、深层地下水的通道，使中深层地下水亦遭到不同程度的污染[53]。含 $NO_3^-$-N 较高的浅层地下水通过这些通道进入中深层地下水，使得其 $NO_3^-$-N 含量升高，导致水质下降。

许多研究者对不同地下水水位管理措施下土壤中 $NO_3^-$-N 的运移转化规律进行了研究。地下水水位控制在适宜埋深时，不但能促进作物对土壤中氮素吸收利用，且对灌水的需求量减少。同时较浅水位的存在使一部分土壤处于较高含水量下，有利于反硝化的产生，从而使土壤剖面中 $NO_3^-$-N 浓度降低，不易于淋失。Kalita 和 Kanwar[54]，Sarwar 和 Kanwar[55]研究了不同水位埋深对 $NO_3^-$-N 淋失及作物产量的影响，结果表明，浅水位可增加 $NO_3^-$-N 的反硝化。将水位保持在 0.6 m 埋深时，即可产生一定的反硝化作用，使 $NO_3^-$-N 的淋失显著减少，又可保证较高作物产量。

## 5.1.3 地下水硝酸盐含量影响因素相关性分析

### 5.1.3.1 地下水硝酸盐含量与自然因素

（1）浅埋区地下水硝酸盐与地面状况因素相关性

影响浅井地下水 $NO_3^-$-N 含量的地面状况因素有地形、地理位置距水域距离和土壤特性。地形不但对土壤的形成具有影响，而且对污染物的稀释程度也具有一定的影响。污染物是被冲走或留在一定的地表区域内有足够的时间以渗入地下，在某种程度上是由地形控制的。地形起伏较大为污染物渗入提供较大机会的坡度，相应的地下水也具有较大的易污染趋势。土壤介质是指渗流区最上部具有显著生物活动的部分，对渗入地下的补给量具有显著影响，因此对污染物垂直运移至渗流区有显著的影响。一般情况下，土壤中黏土类型、黏土的胀缩性能以及土壤中颗粒的大小对土壤的易污势有很大影响，黏土的胀缩性越小和颗粒越小，土壤的易污势就越小。

本书利用 ArcGIS（10.0 版本）对研究区 DEM 提取出坡度信息，对研究区河流水系进行直线距离提取操作获得距地表水域距离信息，利用《1：100 万中华人民共和国土壤图》以及《中国土种志》确定出土壤介质类型评分分布状况。以区县为统计单元，将坡度、距地表水域距离和土壤介质评分等地面状况因素同雨季前后浅井地下水 $NO_3^-$-N 数据进行相关性分析，不同自然因素与各监测时期地下水 $NO_3^-$-N 相关系数关系参见图 5-3 和图 5-4。

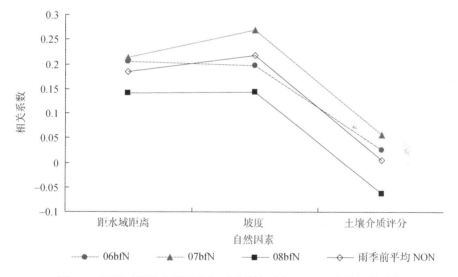

图 5-3　不同时期各自然因素与雨季前地下水 $NO_3^-$-N 含量相关系数

注：06bfN 为各自然影响因素与 2006 年雨季前地下水 $NO_3^-$-N 间的相关系数，07bfN 为各自然影响因素与 2007 年雨季前地下水 $NO_3^-$-N 间的相关系数，08bfN 为各自然影响因素与 2008 年雨季前地下水 $NO_3^-$-N 间的相关系数，雨季前平均 NON 为各自然影响因素与 2006 至 2008 年雨季前地下水 $NO_3^-$-N 均值间的相关系数

结果可知，三种自然因素同雨季前后浅层地下水 $NO_3^-$-N 含量呈正相关，雨季前后相关性紧密程度基本一致，评分为坡度＞距地表水域＞土壤介质，说明地面状况因素对浅井地下水硝酸盐影响基本比较平稳。

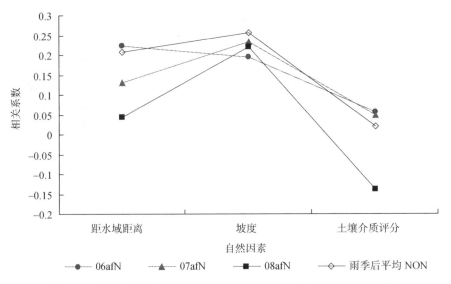

图 5-4　不同时期各自然因素与雨季后地下水 $NO_3^-$-N 含量相关系数

注：06afN 为各自然影响因素与 2006 年雨季后地下水 $NO_3^-$-N 的相关系数，07afN 为各自然影响因素与 2007 年雨季后地下水 $NO_3^-$-N 的相关系数，08afN 为各自然影响因素与 2008 年雨季后地下水 $NO_3^-$-N 的相关系数，雨季后平均 NON 为各自然影响因素与 2006～2008 年雨季后地下水 $NO_3^-$-N 均值间的相关系数

（2）浅埋区地下水硝酸盐与埋深的相关性

由于地下水埋深决定着污染物到达含水层之前传输媒介材料的深度以及与周围介质接触的时间。通常地下水的埋深越深，污染物到达含水层所需时间越长，则污染物在中途被稀释的机会就越多，含水层受污染的程度也就越弱，反之越强。对 2005 年、2006 年研究区地下水水位进行整理并数字化，通过 ArcGIS（10.0 版本）插值工具获取 2006 年 5 月、10 月月均地下水埋深和 2006 年雨季前、后地下水月均埋深数据。以区县为统计单元，提取各单元相应时期的地下水月平均埋深，同对应单元提取的 2006 年雨季前后浅层地下水 $NO_3^-$-N 统计数据进行相关性分析，相关系数特征如表 5-1 所示。

表 5-1　浅层地下水 $NO_3^-$-N 含量与埋深相关系数

| 项　目 | 5 月平均埋深 | 10 月平均埋深 | 雨季前月均埋深 | 雨季后月均埋深 |
|---|---|---|---|---|
| 2006 年 5 月 $NO_3^-$-N 含量 | −0.2642 | — | −0.1503 | — |
| 2006 年 10 月 $NO_3^-$-N 含量 | −0.2275 | −0.2363 | −0.0689 | −0.2259 |
| 2006～2008 年 5 月 $NO_3^-$-N 含量均值 | −0.2061 | −0.2338 | −0.1380 | −0.2288 |
| 2006～2008 年 10 月 $NO_3^-$-N 含量均值 | −0.1967 | −0.2208 | −0.0867 | −0.2097 |

由表 5-1 可知，2006 年浅层地下水硝酸盐含量与埋深呈负相关关系，随着地下水埋深变浅，地下水 $NO_3^-$-N 含量逐渐升高；地下水监测当月地下水埋深同地下水 $NO_3^-$-N 含量的相关性明显高于该监测时期所代表丰枯水期各月地下水埋深的均值同硝酸盐的相关性，其中雨季前更为明显；对比地下水埋深与同一时期地下水 $NO_3^-$-N 含量的相关系数，雨季后均高于雨季前，这说明雨季后地下水埋深较雨季前地下水埋深对硝酸盐的影响要大；对比同一时期地下水埋深与雨季前后地下水 $NO_3^-$-N 含量间相关系数，雨季前地下水硝酸盐与埋深的相关性总高于雨季后地下水硝酸盐与同一时期埋深的相关性，可知雨季前地下水硝酸盐含量受地下水埋深的影响略高于雨季后地下水硝酸盐含量受地下水埋深的影响。

综上分析，地下水水位监测数据可作为预测同时期地下水 $NO_3^-$-N 含量的因子之一，且它和拟预测地下水 $NO_3^-$-N 含量同期的地下水埋深数据是模拟预测的最佳因子。

（3）浅埋区地下水硝酸盐与降水的相关性

降水是泛环渤海集约化农区地下水补给的重要来源，也是污染物由地表达到含水层的重要驱动力，污染物可通过降水补给垂直传输至含水层并在含水层内水平运移。通过对 2004～2008 年研究区内 116 个气象站点月均降水量进行整理和数字化，使每个县域获得 9 个降水数据，分别对应 2004 年雨季后月均累积降水量和 2005～2008 年雨季前后月均累积降水量，不同监测时期月均累积降水量统计特征值如图 5-5。由图可以看出 2006 年为枯水年，2004 年为丰水年。

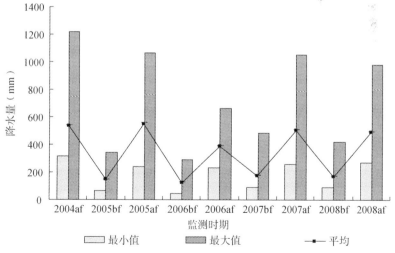

图 5-5　平原区县域单元 2004～2008 年月均累积降水量计算值的统计特征值

注：af 指雨季后，bf 指雨季前

　　以区县为统计单元，将 2004～2008 年雨季前后累积降水量、多年月均累积降水量同 2006～2008 年雨季前后浅井地下水 $NO_3^-$-N 含量数据进行相关性分析，得到的相关性系数如图 5-6 和图 5-7 所示。由图可知，雨季前后地下水 $NO_3^-$-N 含量与不同时期累积降水量总体呈正相关关系；雨季前地下水 $NO_3^-$-N 含量同雨季后地下水 $NO_3^-$-N 含量相比而言，受累积降水量的影响较大；每年雨季前后地下水 $NO_3^-$-N 含量与累积降水量的相关系数随不同时期变化趋势基本相同；从不同时期累积降水量与地下水 $NO_3^-$-N 含量的相关性排序来看，雨季后累积降水量同 $NO_3^-$-N 含量相关系数最大，雨季前累积降水量同 $NO_3^-$-N 含量相关系数最小，全年累积降水量同 $NO_3^-$-N 含量相关系数则居中。

　　分析相关系数，综合考虑地下水 $NO_3^-$-N 含量受降水补给影响的滞后性和各监测时期的时序性，可以将上一年度雨季后月均累积降水量作为预测本年度地下水 $NO_3^-$-N 含量的影响因素之一。

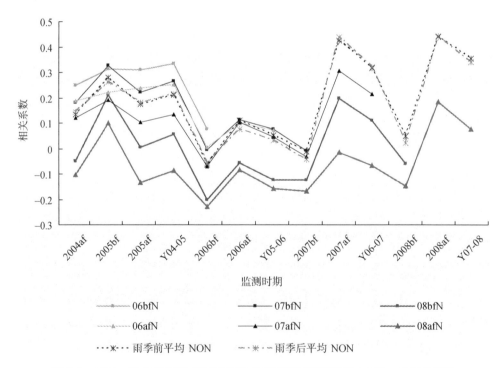

图 5-6　2004～2008 年雨季前后累积降水量同不同时期地下水 $NO_3^-$-N 相关系数

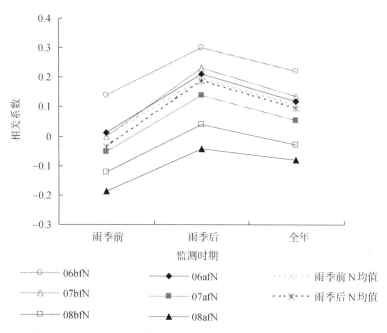

图 5-7　多年月均累积降水量与不同时期地下水 $NO_3^-$-N 相关系数

　　综上所述，可以选取月均累积降水量（上一年度）、地下水埋深（同期）、区域地形坡度、距地表水域距离、土壤介质这五项作为预测≤30m 井深地下水 $NO_3^-$-N 含量、地下水硝酸盐污染脆弱性评价中的主要自然因素。

### 5.1.3.2　地下水硝酸盐含量与人为因素

　　由于泛环渤海地区各种植类型主要分布于该区域的平原地带，对应的多数监测点位也位于此区域，因此在研究地下水硝酸盐各影响因素时将范围限定于平原区，共有区县 395 个。由第 3 章的研究结果可知，≤30 m 井深范围的地下水 $NO_3^-$-N 含量受人为因素影响最大，社会经济属性是较易获得的数据，同时也可较为全面的反应一个地区的人类活动状况，因此本章节仅针对≤30 m 井深地下水 $NO_3^-$-N 含量与社会经济属性的关系进行数据挖掘与探索分析。

　　以平原区各区县为单元提取各次监测地下水 $NO_3^-$-N 含量均值，同各区县 2004～2007 年社会经济属性一一对应进行相关性分析，社会经济属性的选取年份是依据与监测时期相近的原则确定的，主要目的是要初步掌握相近年份的相关社会经济属性对地下水 $NO_3^-$-N 含量的影响密切程度，各时期人为因素同地下水 $NO_3^-$-N 含量相关系数如图 5-8～图 5-23 所示。

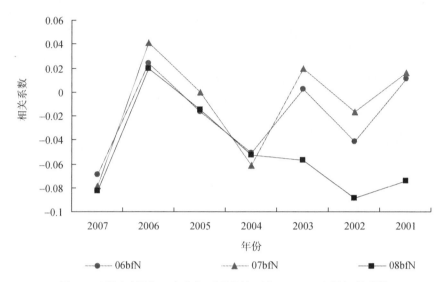

图 5-8　不同时期人口密度与雨季前地下水 $NO_3^-$-N 含量相关系数

注：06bfN 为各时期影响因素与 2006 年雨季前地下水 $NO_3^-$-N 间的相关系数，07bfN 为各时期影响因素与 2007 年雨季前地下水 $NO_3^-$-N 间的相关系数，08bfN 为各时期影响因素与 2008 年雨季前地下水 $NO_3^-$-N 间的相关系数

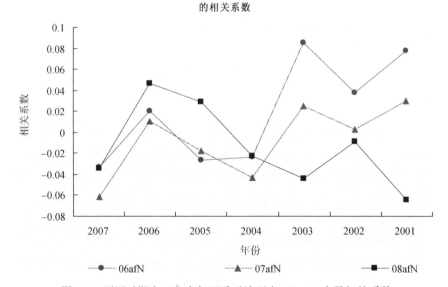

图 5-9　不同时期人口密度与雨季后地下水 $NO_3^-$-N 含量相关系数

注：06afN 为各时期影响因素与 2006 年雨季后地下水 $NO_3^-$-N 的相关系数，07afN 为各时期影响因素与 2007 年雨季后地下水 $NO_3^-$-N 的相关系数，08afN 为各时期影响因素与 2008 年雨季后地下水 $NO_3^-$-N 的相关系数

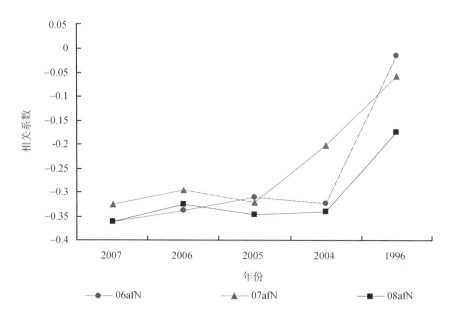

图 5-10　不同时期粮食作物播种面积比例与雨季前地下水 $NO_3^-$-N 含量相关系数

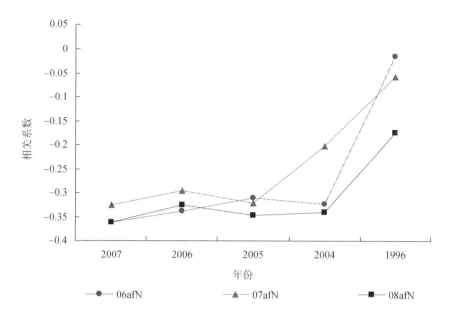

图 5-11　不同时期粮食作物播种面积比例与雨季后地下水 $NO_3^-$-N 含量相关系数

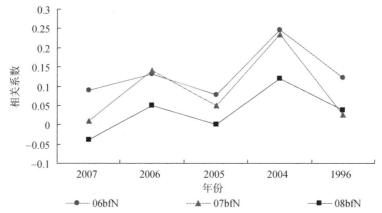

图 5-12　不同时期蔬菜播种面积比例与雨季前地下水 $NO_3^-$-N 含量相关系数

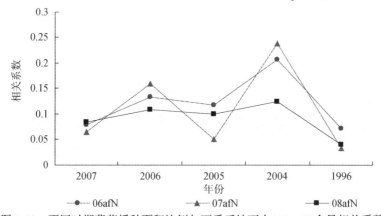

图 5-13　不同时期蔬菜播种面积比例与雨季后地下水 $NO_3^-$-N 含量相关系数

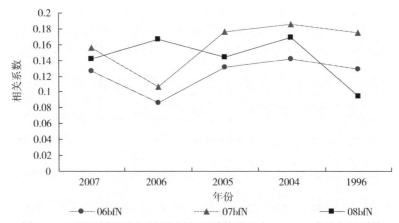

图 5-14　不同时期果园面积比例与雨季前地下水 $NO_3^-$-N 含量相关系数

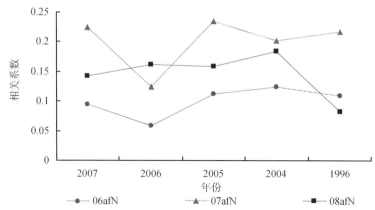

图 5-15　不同时期果园面积比例与雨季后地下水 $NO_3^-$ -N 含量相关系数

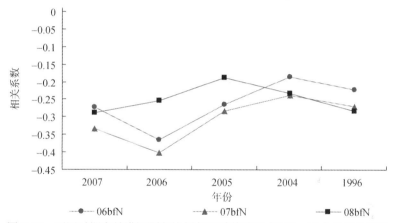

图 5-16　不同时期有效灌溉面积比例与雨季前地下水 $NO_3^-$ -N 含量相关系数

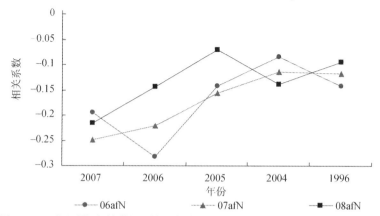

图 5-17　不同时期有效灌溉面积比例与雨季后地下水 $NO_3^-$ -N 含量相关系数

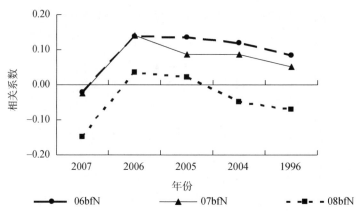

图 5-18　不同时期单位面积化肥施用折纯量与雨季前地下水 $NO_3^-$-N 含量相关系数

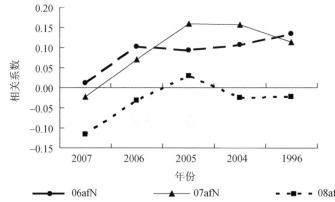

图 5-19　不同时期单位面积化肥施用折纯量与雨季后地下水 $NO_3^-$-N 含量相关系数

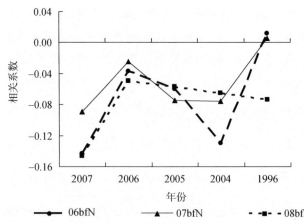

图 5-20　不同时期单位面积氮肥施用折纯量与雨季前地下水 $NO_3^-$-N 含量相关系数

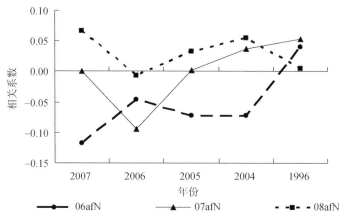

图 5-21  不同时期单位面积氮肥施用折纯量与雨季后地下水 $NO_3^-$-N 含量相关系数

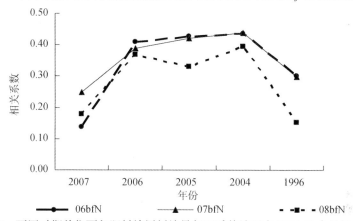

图 5-22  不同时期单位面积肥料施用折纯量与雨季前地下水 $NO_3^-$-N 含量相关系数

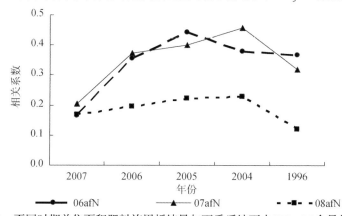

图 5-23  不同时期单位面积肥料施用折纯量与雨季后地下水 $NO_3^-$-N 含量相关系数

结果可知，雨季前后地下水 $NO_3^-$-N 含量同粮食作物播种面积占耕地面积百分数、有效灌溉面积占耕地面积百分数基本呈负相关关系，同单位面积化肥施用折纯量、单位面积肥料施用折纯量、蔬菜播种面积占耕地面积百分数、果园播种面积占耕地面积百分数呈正相关关系，同单位面积氮肥施用折纯量、人口密度的相关性不明显。由此可推知，单位面积施用纯量肥料越多，蔬菜和果园播种比例越大，相应区域地下水 $NO_3^-$-N 含量升高的风险越大；粮食作物播种比例越大，有效灌溉面积比例越大，相应区域地下水 $NO_3^-$-N 含量升高的风险越小。

由各社会经济等人为因素与地下水 $NO_3^-$-N 含量相关性分析可知，2006～2008年雨季前地下水 $NO_3^-$-N 含量与以下影响因素相关性由大到小的顺序为：单位面积肥料施用折纯量＞有效灌溉面积占耕地面积百分数＞粮食播种面积占耕地面积面积百分数＞蔬菜播种面积占耕地面积面积百分数＞果园面积占耕地面积百分数＞单位面积化肥施用折纯量及单位面积氮肥施用折纯量；2006～2008 年雨季后地下水 $NO_3^-$-N 含量与人为因素相关性同雨季前规律基本一致，由大到小依次为：单位面积肥料施用折纯量＞粮食播种面积占耕地面积面积百分数＞有效灌溉面积占耕地面积百分数＞蔬菜播种面积占耕地面积面积百分数＞果园面积占耕地面积面积百分数＞单位面积化肥施用折纯量＞单位面积氮肥施用折纯量。

从总体统计结果上来看，单位面积肥料施用折纯量、粮食播种面积占耕地面积百分数、有效灌溉面积占耕地面积百分数和蔬菜播种面积占耕地面积百分数这四个因素同地下水 $NO_3^-$-N 含量存在较大相关性，相关系数分别为：0.41～0.44（单位面积肥料施用折纯量与雨季前地下水 $NO_3^-$-N 含量之间），0.36～0.44（单位面积肥料施用折纯量与雨季后地下水 $NO_3^-$-N 含量之间）；−0.34～−0.31（粮食播种面积占耕地面积面积百分数与雨季前地下水 $NO_3^-$-N 含量之间），−0.32～−0.28（粮食播种面积占耕地面积面积百分数与雨季后地下水 $NO_3^-$-N 含量之间）；−0.36～−0.19（有效灌溉面积占耕地面积百分数与雨季前地下水 $NO_3^-$-N 含量之间），−0.28～−0.14（有效灌溉面积占耕地面积百分数与雨季后地下水 $NO_3^-$-N 含量之间）；0.08～0.25（蔬菜播种面积占耕地面积面积百分数与雨季前地下水 $NO_3^-$-N 含量之间），0.08～0.21（蔬菜播种面积占耕地面积面积百分数与雨季后地下水 $NO_3^-$-N 含量之间）。从机理上分析，蔬菜种植一般施肥量较多，播种面积越大，同一地区单位面积施肥量将随之增加，加之单位面积肥料施用折纯量越大，这两个因素直接导致浅埋区地下水硝酸盐污染来源增加，增大地下水 $NO_3^-$-N 含量升高的风险；粮食作物需肥量远小于蔬菜作物，且基本靠降水进行灌溉，因此浅埋区地下水硝酸盐污染风险小，有效灌溉面积越大，使地下水的补给范围扩大，存在地下水水位升高趋势，进而使较深层地下水向浅层转移的趋势增强，由于较深层地下水 $NO_3^- $-N 含量较低，深层地下水向浅层转移对浅层地下水产生稀释作用，这两个因素间接导致 ≤30m 井深地下水 $NO_3^- $-N 污染风险降低。

综上所述，可以选取单位面积肥料施用折纯量、粮食播种面积占耕地面积百分数、有效灌溉面积占耕地面积百分数、蔬菜播种面积占耕地面积百分数这四项可作为预测 ≤30m 井深地下水 $NO_3^- $-N 含量、地下水硝酸盐污染脆弱性评价中的主要人为因素。

## 5.2  泛环渤海地区地下水 $NO_3^- $-N 含量预测模型

本书 5.1.3 节筛选出浅埋区（≤30m 井深）地下水硝酸盐的主要影响因素，其中有 4 个自然因素，3 个社会经济因素，分别为距地表水域距离、坡度、地下水埋深、上一年雨季累积降水量、单位面积肥料施用折纯量、粮食作物播种面积占耕地面积的百分比、有效灌溉面积占耕地面积的百分比。下面以 2006 年监测数据为例，应用多元线性回归的方法，建立研究区平原地区雨季前后地下水硝酸盐预测模型，以探索利用基础地理信息数据和社会经济数据实现对区域地下水硝酸盐污染预测的可行性。

### 5.2.1  数据获取及参数构建

为适应空间分析对输入资料的需求，应使所有的空间数据具有相同的地理坐标和投影。考虑研究区的诸多特征需要用单位面积来衡量或表示，本研究选择 Albers 等积圆锥投影进行空间数据处理。将不同的空间数据，特别是来源不同的空间数据，经过投影变换，使之统一在同一坐标系中，为空间数据叠加分析和计算提供基础。研究将所有涉及到的空间数据都转换为 Albers 等积圆锥投影。

#### 5.2.1.1  自然因素数据获取

距地表水距离空间数据构建，利用研究区水系矢量图，通过 ArcGIS（版本 10.0）ArcMap 工具空间分析模块中的距离命令生成研究区地表水距离空间分布栅格图（分辨率为 500m×500m，下同）。

坡度空间数据构建，利用研究区 1:25 万 DEM 影像图，通过 ArcMap 空间分析表面提取命令生成研究区坡度栅格图。

地下水埋深空间数据构建，将《中国地质环境监测地下水位年鉴》中研究区2005～2006 年地下水埋深数据进行数字化，形成空间矢量图，通过 ArcGIS ArcMap 空间分析模块，运用 IDW 方法生成研究区地下水埋深栅格图。

累积降水量空间数据构建，收集研究区主要气象站点监测期间月降水量数据，数字化形成空间矢量图，通过 ArcMap 空间分析模块，运用 IDW 方法生成研究区月降水量栅格图。提取 2005 年数据，经空间运算，生成 2005 年雨季累积降水量栅格图。

### 5.2.1.2 人为因素数据获取

确定的研究区地下水 $NO_3^-$-N 含量的主要人为影响因素为：单位面积肥料施用折纯量、粮食作物播种面积占耕地面积的百分比及有效灌溉面积占耕地面积的百分比。此三类人为因素空间数据构建主要通过对监测期间研究区各县级统计数据的收集与调查，整理形成研究区三项人为影响因子属性数据库。将属性数据库与研究区行政区划空间数据连接，通过 ArcGIS 软件的空间数据转化功能生成多个人为因素栅格图，完成地下水 $NO_3^-$-N 含量的主要人为影响因素数据构建。

### 5.2.1.3 相关参数构建

由于社会经济等人为因素数据是以行政区域为单元的离散数据，而自然因素数据基本为自然状态的空间连续数据，为了便于进行回归分析，使二者对应统一，需将自然因素数据以行政区域为单元进行裁切，提取各单元的均值，最终形成研究区多个（雨季前研究区数据为 203 个，雨季后为 180 个）县级区域的七项影响因素均值数据样本，以此作为自变量。

同样以行政区域为单元对先前生成的 2006 年雨季前后≤30m 井深地下水 $NO_3^-$-N 含量空间数据进行提取，生成研究区 203 个县级区域 2006 年≤30m 井深地下水 $NO_3^-$-N 含量均值数据样本。将样本随机分为两部分，一部分作为回归样本，用于建立统计预测模型，剩余的作为模型验证样本。

## 5.2.2 模型建立与应用

### 5.2.2.1 雨季前地下水硝酸盐的统计预测模型

以 2006 年雨季前研究区 100 个县级区域≤30m 井深地下水 $NO_3^-$-N 含量均值数据（回归样本）作为响应变量，对应县级区域七项影响因素均值为自变量，进行多元线性回归。获得雨季前≤30m井深地下水 $NO_3^- $-N 含量统计预测模型如下。

$$NON_{bf} = 12.0148 + 0.0002\,Ds + 2.4414\,S + 0.1193\,Dp + 0.0175\,P + 0.0198\,F$$
$$-0.1549\,Gc - 0.0146\,I \tag{5-1}$$

式中，$NON_{bf}$ 为雨季前浅埋区地下水 $NO_3^- $-N 含量预测值，单位为 mg/L；Ds 为距地表水域距离，单位为 m；$S$ 为地面坡度，单位为度；Dp 为当年 5 月份月均地下水埋深，单位为 m；$P$ 为上一年雨季累积降水量，单位为 mm；$F$ 为单位面积肥料施用折纯量，单位为 kg/hm$^2$；Gc 为粮食作物播种面积占耕地面积的百分比；$I$ 为有效灌溉面积占耕地面积的百分比。

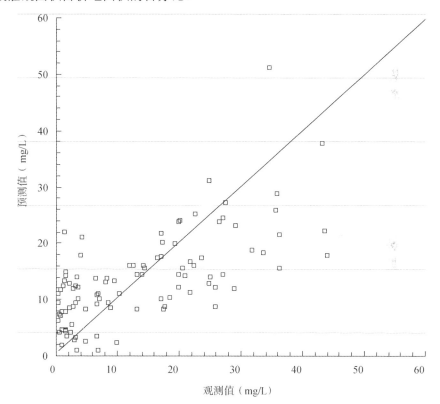

图 5-24　2006 年雨季前浅埋区地下水 $NO_3^- $-N 观测值与模拟值散点图

对回归模型进行方差分析，可知 $R^2$=0.452，$F$ 值为 10.86，大于 $F$（0.05；7，60）＝2.17＞$F$（0.05；7，92），可知 7 项影响因子中一部分与浅埋区地下水 $NO_3^- $-N 含量有关，即浅埋区地下水 $NO_3^- $-N 观测到的变异性中有 45.2%来自通过 7 项影响因子建立的模型。

将 103 个验证样本代入模型进行验证，对观测值和模拟值进行相关性分析获得相关系数为 0.592（图 5-25），考虑到研究区尺度较大，地下水硝酸盐污染趋势成因的复杂性及不确定性，各人为影响因子来源渠道存在差异性，可认为该模型模拟值与观测值拟合度较好，预测模型在本地区具备一定适用性。

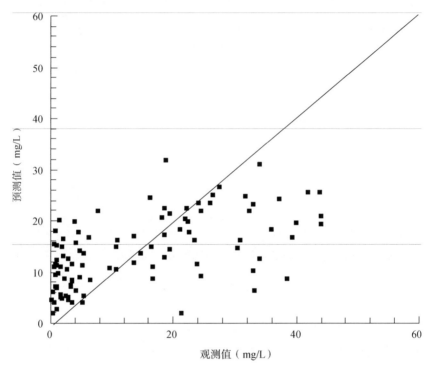

图 5-25　2006 年雨季前浅埋区地下水 $NO_3^-$-N 验证数据与模拟值散点图

### 5.2.2.2　雨季后地下水硝酸盐的统计预测模型

以 2006 年雨季后研究区 90 个县级区域≤30m 井深地下水 $NO_3^-$-N 含量均值数据（回归样本）作为响应变量，对应县级区域七项影响因素均值为自变量，进行多元线性回归。获得雨季前≤30m 井深地下水 $NO_3^-$-N 含量统计预测模型如下（图 5-26）。

$$NON_{af} = 10.3465 + 0.0004\,Ds + 0.6666\,S - 0.1578\,Dp + 0.0029\,P + 0.0671\,F$$
$$- 0.1019\,Gc - 0.0313\,I \tag{5-2}$$

式中，$NON_{af}$ 为雨季后浅埋区地下水 $NO_3^-$-N 含量预测值，单位为 mg/L；Ds 为距地表水域距离，单位为 m；$S$ 为地面坡度，单位为度；Dp 为当年 10 月份月均地下水埋深，单位为 m；$P$ 为上一年雨季累积降水量，单位为 mm；$F$ 为单位面积肥料施用折纯量，单位为 kg/hm²；Gc 为粮食作物播种面积占耕地面积的百分比；$I$ 为有效灌溉面积占耕地面积的百分比。

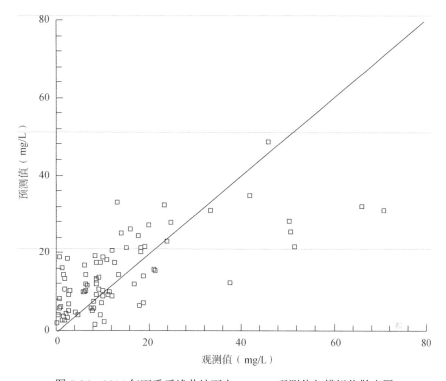

图 5-26　2006 年雨季后浅井地下水 $NO_3^-$-N 观测值与模拟值散点图

对回归模型进行方差分析，可知 $R^2$=0.484，$F$ 值为 10.99，大于 $F$（0.05；7，60）＝2.17＞$F$（0.05；7，82），可知 7 项影响因子中一部分与浅井地下水 $NO_3^-$-N 含量有关，即浅埋区地下水 $NO_3^-$-N 观测到的变异性中有 48.4%来自通过 7 项影响因子建立的模型。

将 90 个验证样本代入模型进行验证，对观测值和模拟值进行相关性分析获得相关系数为 0.594（图 5-27），对于研究尺度如此大的区域及地下水硝酸盐污染趋势成因的复杂性，可认为该模型模拟值与实测值拟合度较好，预测模型在本地区具备一定适用性。

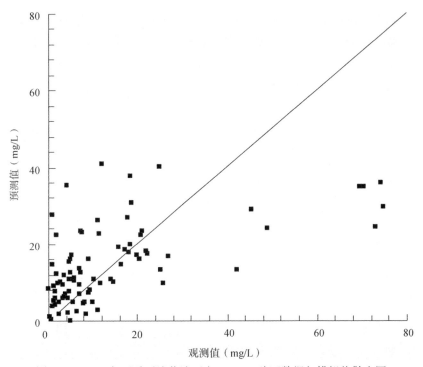

图 5-27  2006 年雨季后浅井地下水 $NO_3^-$-N 验证数据与模拟值散点图

本研究建立的雨季前后地下水 $NO_3^-$-N 含量统计预测模型可在泛环渤海地区及相似尺度及区域应用，通过统计研究区域当年 5 月份月均地下水埋深、上一年雨季（6～9 月）累积降水量、各区县单位面积肥料施用折纯量、各区县粮食作物播种面积占耕地面积的百分比、各区县有效灌溉面积占耕地面积的百分比，代入雨季前地下水硝酸盐的统计预测模型，经计算预测获得当年度雨季前研究区域地下水 $NO_3^-$-N 含量空间分布状况。通过统计研究区域当年 10 月份月均地下水埋深、上一年雨季（6～9 月）累积降水量、各区县单位面积肥料施用折纯量、各区县粮食作物播种面积占耕地面积的百分比、各区县有效灌溉面积占耕地面积的百分比，代入雨季后地下水硝酸盐的统计预测模型，经计算预测获得当年度雨季后研究区域地下水 $NO_3^-$-N 含量空间分布状况。

利用建立的模型，仅在资料收集的情况下实现了对研究区域浅埋区地下水 $NO_3^-$-N 含量的空间分布预测，有助于判断识别当年区域浅埋区地下水硝酸盐高风险区域的分布状况，在此基础上进行有针对性的地下水硝酸盐控制措施，降低污染风险，对于缓解区域地下水硝酸盐污染风险，节约区域地下水取样调查的人力物力，均具有一定的快捷性和实用性。

## 参 考 文 献

[1] 吴晓娟. 西安市地下水污染脆弱性与时空动态分析. 西安: 陕西师范大学硕士学位论文, 2007.

[2] Aller L, Bennet T, Leher J H, et al. Drastic: A Standardized System for Evaluating Groundwater Pollution Potential Using Hydrogeological Settings. Oklahoma: U.S. Environmental Protection Agency, 1987.

[3] 袁利娟, 庞忠和. 包气带硝酸盐分布的差异性及其形成机理: 以正定、栾城为例. 水文地质工程地质, 2012, 39(1): 75-80.

[4] 王焰新. 地下水污染与防治. 北京: 高等教育出版社, 2007.

[5] 钟左燊. 地下水防污性能评价方法探讨. 地学前缘, 2005, 12(s): 3-11.

[6] 王勇. 基于 GIS 对祁县东观地下水资源脆弱性评价. 太原: 太原理工大学硕士学位论文, 2006.

[7] Fetter C W. 应用水文地质学. 孙晋玉等译. 北京: 高等教育出版社, 2011.

[8] 吕殿青, 杨进荣, 马林英. 灌溉对土壤 $NO_3^- - N$ 淋吸效应影响的研究. 植物营养与肥料学报, 1999, 5(4): 307-315.

[9] 彭琳, 彭祥林, 卢宗藩. 塿土旱地土壤 $NO_3^- - N$ 季节性变化与夏季休闲的培肥增产作用. 土壤学报, 1981, 18(3): 212-222.

[10] 袁新民, 同延安. 灌溉与降水对土壤 $NO_3^- - N$ 累积的影响. 水土保持学报, 2000, 14(3): 71-74.

[11] 查健生, 姚政, 徐四新, 等. 降雨对上海郊区旱地地下水位及硝酸盐等浓度影响初报. 上海农业学报, 2011, 7(1): 88-90.

[12] 同延安, 石维, 吕殿青, 等. 陕西三种类型土壤剖面硝酸盐累积、分布与土壤质地的关系. 植物营养与肥料学报, 2005, 11(4): 435-441.

[13] 魏克循. 河南土壤地理. 郑州: 河南科学技术出版社, 1995.

[14] 黄昌勇. 土壤学. 北京: 中国农业出版社, 2000.

[15] 黄绍敏, 宝德俊, 皇甫湘荣. 施氮对潮土土壤及地下水 $NO_3^- - Ns$ 含量的影响. 农业环境保护, 2000, 19(4): 228-229, 241.

[16] 吕殿青, 同延安, 孙本华. 氮肥施用对环境污染影响的研究. 植物营养与肥料学报, 1998, 4(1): 8-15.

[17] Kanwar R S, Baker J L, Laflen J M. Nitrate movement through the soil profile in relation to tillage system and fertilizer application method. Transactions of the ASAE, 1985, 28(6): 1802-1807.

[18] Watts D G, Derrel L M. Effects of water and nitrogen management on nitrate leaching loss from sands. Transactions of the ASAE, 1981, 24(4): 911-916.

[19] Linderman C L, Mielke L N, Schuman G E. Deep percolation in a furrow-irrigated sandy soil. Transactions of the ASAE, 1976, 19: 250-253, 258.

[20] 朱兆民, 吴同斌, 郑圣先, 等. 氮肥分次施用对肥料效果的研究. 土壤肥料, 1984, (4): 29-32.

[21] Kanwar R S, Baker J L, Baker D G. Tillage and split N-fertilization effects on subsurface drainage water quality and crop yields. Transactions of the ASAE, 1988, 31(2): 453-461.

[22] 黄东风, 王果, 李卫华, 等. 施肥模式对蔬菜产量、硝酸盐含量及模拟土柱氮磷淋失的影响. 生态与农村环境学报, 2009, 25(2): 68-73.

[23] 张维理, 田哲旭, 张宁, 等. 我国北方农用氮肥造成地下水硝酸盐污染的调查. 植物营养与肥料学报, 1995, 1(2): 80-87.

[24] 吴大付, 陈红卫. 粮食作物不同种植模式对地下水硝酸盐含量的影响. 农业现代化研究, 2007, 28(1): 107-113.

[25] 程东会. 北京城近郊区地下水硝酸盐氮和总硬度水文地球化学过程及数值模拟. 北京: 中国地质大学博士学位论文, 2007.

[26] 赵同科, 张成军, 杜连凤, 等. 环渤海七省市地下水硝酸盐含量调查. 农业环境科学学报, 2007, 26(2): 779-783.

[27] 朱济成, 田应录. 化学氮肥与地下水污染. 水文地质工程地质, 1986, (5): 60-65.

[28] 刘宏斌, 李志宏, 张云贵, 等. 北京平原农区地下水 $NO_3^- - N$ 污染状况及其影响因素研究. 土壤学报, 2006, 43(3): 405-413.

[29] 刘宏斌, 雷宝坤, 张云贵, 等. 北京市顺义区地下水 $NO_3^- - N$ 污染的现状与评价. 植物营养与肥料学报, 2001, 7(4): 385-390.

[30] 董章杭, 李季, 孙丽梅. 集约化蔬菜种植区化肥施用对地下水硝酸盐污染影响的研究——以"中国蔬菜之乡"山东省寿光市为例. 农业环境科学学报, 2005, 24(6): 1139-1144.

[31] 贾小妨. 山东省地下水硝酸盐分布规律及溯源研究. 北京: 中国农业科学院硕士学位论文, 2010.

[32] 王凌, 张国印, 孙世友, 等. 河北省蔬菜高产区化肥施用对地下水 $NO_3^- - N$ 含量的影响. 河北农业科学, 2008, 12(10): 75-77.

[33] 王凌, 张国印, 孙世友, 等. 河北省环渤海地区地下水 $NO_3^- - N$ 含量现状及其成因分析. 河北农业科学, 2009, 13(10): 89-92.

[34] 汪仁, 解占军, 华利民, 等. 辽宁省蔬菜主产区地下水硝酸盐污染调查. 安徽农业科学, 2009, 37(15): 7132-7133.

[35] 汪仁, 解占军, 华利民, 等. 辽宁省粮食蔬菜主产区地下水硝酸盐含量调查分析. 土壤通报, 2008, 39(4): 928-931.

[36] 郭战玲, 沈阿林, 寇长林, 等. 河南省地下水 $NO_3^- - N$ 污染调查与监测. 农业环境与发展, 2008, (5): 125-128.

[37] 刘凌, 陆桂华. 含氮污水灌溉实验研究及污染风险分析. 水科学进展, 2002, 13(3): 313-320.

[38] 钱炬炬, 齐学斌, 杨素哲. 含氮污水灌溉氮素运移与转化研究进展. 节水灌溉, 2006, (1): 20-24.

[39] 刘君, 陈宗宇. 利用稳定同位素追踪石家庄市地下水中的硝酸盐来源. 环境科学, 2009, 30(6): 1602-1607.

[40] 赵君怡, 张克强, 王风, 等. 猪场废水灌溉对地下水中氮素的影响. 生态环境学报, 2011, 20(1): 149-153.

[41] 白丽静, 王风, 张克强, 等. 猪场废水灌溉对土壤——夏玉米系统氮素分布的影响. 干旱地区农业研究, 2010, 28(1): 44-48.

[42] 朱兆良. 中国土壤氮素. 南京: 江苏科技出版社, 1992.

[43] 沈善敏. 中国土壤肥力. 北京: 中国农业出版社, 1998.

[44] Smika D E, Heermann D F, Duke H R, et al. Nitrate-N percolation through irrigated sandy soil as affected by water management. Agronomy Journal, 1977, 69(4): 623-626.

[45] 王小彬, Bailey L D, Grant C A. 保持耕作土壤体系中肥料氮的行为及氮的有效管理的探讨. 土壤学进展, 1995, 23(2): 1-11.

[46] 国家环境保护部, 2011年中国环境状况公报. http://jcs.mep.gov.cn/hjzl/zkgb/2011zkgb/. [2012-6-6].

[47] 肖春, 兰秀娟, 王娟, 等. 污水进水 COD、氨氮偏高原因分析——以包头市东河西污水厂为例. 科技传播, 2011, (9): 88-89.

[48] 姜翠玲, 夏自强, 刘凌, 等. 污水灌溉土壤及地下水三氮的变化动态分析. 水科学进展, 1997, 8(2): 183-188.

[49] Magesan G, McLay C, Lal V, et al. Nitrate leaching from a municipal sewage irrigated soil in New Zealand//Varma C V J et al. International Specialized Conference Water Quality and Its Management. New Delhi, India: A A Balkema Publishers, 1998.

[50] EI-Arabi N E. ashed M R, Vermeulen A, et al. Environmental impacts of sewage water irrigation in groundwater. Sustainability of irrigated agriculture managing environmental chances due to irrigation and drainage//Proceedings of workshop at the 16th ICID Congress. Cairo, 1996.

[51] 邵爱军, 胡春胜, 环境变化对河北省水资源量的影响, 中国农村水利水电, 2002, (10): 38-40, 45.

[52] 茹淑华, 张国印, 孙世友, 等. 河北省地下水硝酸盐含量变化及影响因素. 安徽农业科学, 2011. 39(34): 21003-21006.

[53] 邢冬霞, 大同市区地下水开采引起的环境地质问题及对策, 山西水利科技, 2009, (2): 71-72.

[54] Kalita P K, Kanwar R S. Effect of water-table management practices on the transport of nitrate-N to shallow groundwater. Transactions of the ASAE, 1993, 36(2): 413-422.

[55] Sarwar T, Kanwar R S. $NO_3^-$-N and metolachlor concentrations in the soil water as affected by water table depth. Transactions of the ASAE, 1996, 39(6): 2119-2129.

# 6

# 泛环渤海地区地下水硝酸盐污染脆弱性评价

实践证明，地下水系统一旦遭到破坏，特别是地下水遭到污染、水质恶化以后，对其进行治理和修复将需付出昂贵的代价，甚至在一定时期内都不可能完全恢复。因此，要实现地下水资源的可持续利用，地下水资源的防治和保护就显得尤其重要。地下水保护是在地下水还没有或几乎没有受到污染的情况下，根据研究区水文地质、水化学条件及污染物特性等情况的局部差异，圈划出污染敏感带，提出决策依据。为了有效地保护地下水资源，精确划分易于被人为活动影响的区域，进行脆弱性分区已成为环境管理、环境监测必不可少的手段。国外水文地质学家在 20 世纪 60 年代提出了地下水环境脆弱性的概念[1]。美国国家科学研究委员会于 1993 年给予地下水脆弱性如下定义：地下水脆弱性是污染物到达最上层含水层之上某特定位置的倾向性与可能性，这也是现在普遍公认的地下水脆弱性概念[2]。同时该委员会将地下水脆弱性分为两类：一类是本质脆弱性（intrinsic vulnerability），即不考虑人类活动和污染源而只考虑水文地质内部因素的脆弱性；另一类是特殊脆弱性（specific vulnerability），即地下水对某一特定污染源或人类活动的脆弱性[3]。

通过地下水脆弱性研究，对不同地域上的地下水脆弱性进行等级划分，绘制出地下水脆弱性等级分布图，据此可以了解地下水系统潜在的产生不利响应程度的分布情况，从而可以警示人们在开采利用地下水资源的同时，对于地下水脆弱性较高的地区采取有效的防治和保护措施，为土地使用规划、含水层保护以及地下水资源管理提供一定的理论依据和有力工具，帮助决策者和管理者制定经济、合理的地下水资源开发利用方针和保护规划。

地下水硝酸盐污染脆弱性评价属于地下水脆弱性评价中的特殊脆弱性评价，虽然国内外存在关于地下水硝酸盐污染脆弱性评价的许多报道[4-10]，但是研究区域最大面积尚小于 $3.0 \times 10^4 \ km^2$，且基于多年地下水硝酸盐定位监测的地下水硝酸盐污染脆弱性评价未见报道，泛环渤海地区总面积达到 $6.8 \times 10^5 \ km^2$ 以上，开展区域性的地下水硝酸盐污染脆弱性评价对于帮助该区域水资源管理者和决策者制定地下水资源有效保护计划，科学指导地下水的合理开发与管理，对区域国土整治、水环境保护乃至区域国民经济发展将起到重要作用。

泛环渤海地区地下水硝酸盐污染脆弱性评价技术路线如图6-1所示。

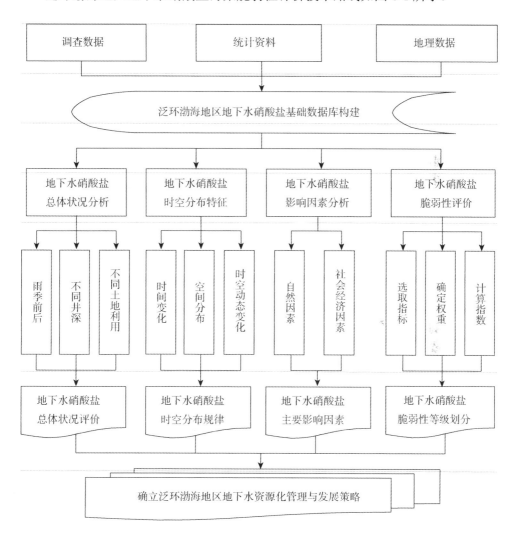

图6-1 技术路线

# 6.1 地下水硝酸盐污染脆弱性评价指标体系

## 6.1.1 确立原则

指标是系统某要素或现象的数量概念和具体数值，一般包括名称和大小两部分。指标通常提供某种现象的定量信息，且必须以比较复杂的统计数据、简明的方式来提供，它既体现在它对现象的表征和衡量，又能反映公众决策方面的问题。指标体系是由若干个互相补充、互相制约的具有层次性和结构性的因子所组成的有机系列。指标必须具备两个共同的特征：一是指标应尽可能地定量化，使得这些信息更加清晰、明了；二是指标要能够简化那些反映复杂现象的信息，使得人们更容易沟通和了解。在地下水脆弱性评价工作中要建立一个完整的、包含所有影响因素的评价因子体系在实际应用中是不现实的，也是不科学的。评价指标体系的建立需要遵循一定的原则，主要包括系统性原则、客观性原则、可操作性原则和主导性原则。

1）系统性原则。指标体系应尽可能全面的反映研究区自然因素与人为因素对地下水脆弱性造成的影响，应避免指标之间的重合，评价目标与指标必须有机的联系起来，组成一个层次分明的整体。

2）客观性原则。指标体系要建立在对研究区地下水硝酸盐污染脆弱性分析研究的基础上，多方面征求相关专家的意见，通过反复试验在实践中不断的调整和修改；其次，要保证数据的可靠性、准确性以及数据处理方式的科学性；最后，指标的物理意义必须明确，分析、统计和计算方法要规范。指标要能反映研究区地下水硝酸盐污染脆弱性的含义和目标的实现程度。

3）可操作性原则。指标体系应是简易与复杂性的统一，过于简单不能反映评价对象的内涵，对结果精度产生影响，过于复杂不利于评价工作的展开，在保证精度的前提下，指标体系确保适中，有利于应用。同时还要考虑指标质量等级量化及数据采集的难易程度和可靠性。

4）主导性原则。地下水硝酸盐污染脆弱性评价指标必须有代表性，选择对地下水硝酸盐污染脆弱性起主导作用的主要指标。

## 6.1.2 指标体系

根据第 5 章研究结论，影响地下水硝酸盐污染脆弱性的因素很多，概括起来可分为自然因素和人为因素两类,因而指标体系可分为自然因素指标和人为因素指标。自然因素主要包括地形、气候、上覆土层和岩层性质、含水层性质等;人为因素主要包括地下水开采和土地利用、种植结构、污染负荷等。对于内在的脆弱性的评价,一般采用自然因素。地下水脆弱性评价的指标庞大,在实际中全部应用是不可能也不现实的。实际应用指标越多,工作量越大;而且有些指标(如土壤成分、有机质含量、黏土矿物含量)在区域性评价中取值比较困难,可操作性差。另外指标越多,相互关系也越复杂,易相互关联和包含,出现重复使用现象,同时会冲淡主要指标影响的作用。因此,评价关键是建立一套客观、系统、操作性强的指标体系。实际应用中应根据研究的目的、范围、研究区的自然地理背景、地质水文地质条件、污染和人类活动等方面来选取评价指标,同时兼顾指标的可操作性和系统性。

以第 5 章对研究区地下水硝酸盐与其主要影响因素的相关性分析及国内外相关资料为依据,确定地下水埋深、含水介质类型、多年平均降水量、土壤介质类型、地形坡度、单位面积肥料施用折纯量、粮食作物播种面积占耕地面积的百分比、有效灌溉面积占耕地面积的百分比 8 个指标作为研究区地下水硝酸盐污染脆弱性评价因子。各评价因子分级范围和相应评分见表 6-1。

表 6-1 地下水硝酸盐污染脆弱性指标评分体系

| 指标 | | 指标分级及评分 | | | | | | | | | |
|---|---|---|---|---|---|---|---|---|---|---|---|
| 地下水埋深(m) | 范围 | 0~1.5 | 1.5~4.6 | 4.6~9.1 | 9.1~15.2 | 15.2~22.9 | 22.9~30.5 | >30.5 | | | |
| | 评分 | 10 | 9 | 7 | 5 | 3 | 2 | 1 | | | |
| 含水介质类型 | 类型 | 块状页岩 | 变质岩/火成岩 | 风化变质岩/火成岩 | 冰碛岩 | 层状砂岩、灰岩和页岩序列 | 块状砂岩 | 块状灰岩 | 砂砾石岩 | 玄武岩 | 岩溶灰岩 |
| | 评分(典型) | 1~3(2) | 2~5(3) | 3~5(4) | 4~6(5) | 5~9(6) | 4~9(6) | 4~9(6) | 4~9(8) | 2~10(9) | 9~10(10) |
| 降水量(mm) | 范围 | 0~51 | 51~102 | 102~178 | 178~254 | >254 | | | | | |
| | 评分 | 1 | 3 | 6 | 8 | 9 | | | | | |
| 土壤介质类型 | 类型 | 薄层或缺失 | 砾石层 | 砂层 | 泥炭土 | 胀缩性或团块黏土 | 砂质壤土 | 亚黏土 | 淤泥质黏土 | 黏土 | 腐殖土 | 非胀缩或非团块状黏土 |
| | 评分 | 10 | 10 | 9 | 8 | 7 | 6 | 5 | 4 | 3 | 2 | 1 |
| 地形坡度(°) | 范围 | 0~2 | 2~6 | 6~12 | 12~18 | >18 | | | | | |
| | 评分 | 10 | 9 | 5 | 3 | 1 | | | | | |

续表

| 指标 | | 指标分级及评分 | | | | | | | | | |
|---|---|---|---|---|---|---|---|---|---|---|---|
| 单位面积肥料施用折纯量（kg/hm²） | 范围 | 22.53～90.33 | 90.34～146.09 | 146.10～209.07 | 209.08～267.60 | 267.61～459.37 | | | | | |
| | 评分 | 1 | 3 | 5 | 8 | 10 | | | | | |
| 粮食作物播种面积占耕地面积的百分比（%） | 范围 | 59.25～85.57 | 85.58～98.13 | 98.14～124.56 | 124.57～135.67 | 135.68～167.08 | | | | | |
| | 评分 | 10 | 8 | 5 | 3 | 1 | | | | | |
| 有效灌溉面积占耕地面积的百分比（%） | 范围 | 22.54～45.12 | 45.13～69.41 | 69.42～76.30 | 76.31～82.07 | 82.08～91.65 | | | | | |
| | 评分 | 10 | 8 | 5 | 3 | 1 | | | | | |

# 6.2 泛环渤海地区地下水硝酸盐污染脆弱性评价

## 6.2.1 地下水硝酸盐污染脆弱性评价因子确定

按照先前研究确定的 8 项的泛环渤海地区地下水硝酸盐污染脆弱性评价指标，收集研究区各指标相应数据，通过 ArcGIS（版本 10.0）将统计数据进行地理信息化，形成各评价指标地理空间数据，以备开展地下水硝酸盐污染脆弱性综合指数的计算。

### 6.2.1.1 地下水埋深

地下水埋深决定着污染物到达含水层之前传输媒介材料的深度，有助于确定与周围介质接触的时间，并且提供了污染物与大气中的氧接触致使其氧化的最大机会。通常，地下水的埋深越深，污染物到达含水层所需时间越长，在中途被稀释的机会就越多，含水层受污染的程度也就越弱，反之越强。对于有较低渗透性岩层存在的承压含水层也同样限制污染物到达含水层。根据地下水埋深对地下水污染的影响程度，定义了埋深的范围及其评分值（表6-1），地下水埋深浅，取评分值高；反之，其埋深深，则取评分值低。

地下水的赋存型式可分为非承压水、承压水和半承压水。一般非承压水接近地表，因此它是最易被污染的含水层。承压含水层具有自然防止污染物从地表渗入性质，其脆弱性较低。对于半承压水含水层，其承压岩层具有一定的渗透性并非真正的承压层，并被称为渗透层，其性质介于承压含水层和非承压含水层之间。地下水运动的速度和方向取决于地下水水力梯度和承压岩层的承压程度。当水力梯度向下时，地表水可渗入到含水层，此时其脆弱性较承压含水层的脆弱性要高。相反，当水力梯度向上时，水从半承压含水层中渗出，此时含水层的脆弱性较低。

泛环渤海地区地下水位埋深在雨季前后基本呈相似的趋势（附图 25 和附图 26），河北西部、辽宁中部、北京中部、山东北部和河南西部、北部埋深较深。

### 6.2.1.2 含水介质类型

含水层中的水流系统受含水层介质的影响，污染物的运移路线以及运移路径的长度由含水层中水流、裂隙和相互连接的溶洞所控制。运移路径的长度决定着稀释过程，如吸附程度、吸附速度和分散程度。一般情况下，含水层介质的颗粒尺寸越大或裂隙和溶洞越多，渗透性越大，含水层介质的稀释能力越小，但含水介质的污染潜势越大。各种含水层介质的评分列于表6-1中，研究根据含水层的详细情况进行评分，在缺乏详细资料的情况下选择典型评分值，典型评分值是根据由相关含水层介质组成的典型含水层给出的。对于固结岩石含水层，可根据含水层中裂隙和层面的发育程度进行评分，如裂隙中等发育的变质岩或火成岩含水层介质的评分为3。但当裂隙非常发育时，此时含水层具有较大的易污势，评分值应定为5。相反，当变质岩或火成岩中裂隙发育非常轻微时，评分值可定为2。对于非固结含水层，可根据含水层介质颗粒大小及含量和分选情况进行评分。例如典型砂砾层的评分值为8，但当沉积层颗粒粗大并经冲刷，则其评分值可赋为9。相反当细颗粒含量增加并且分选性不好时，评分值可降到7或6。泛环渤海地区含水介质类型评分状况见附图24。

### 6.2.1.3 降水量

降水是研究区污染物由地表达到含水层的重要驱动力，污染物可通过降水补给垂直传输至含水层并在含水层内水平运移。降水量越大,补给量越大,地下水污染的潜势就越大。

泛环渤海地区多年平均累积降水量(附图 27 和附图 28)雨季前后的空间分布趋势大体一致,由西北到东南降雨量逐渐增加,雨季前后河南东南部降水量均较丰富,雨季前后河北西北部水量均较匮乏,雨季后河南东南部、辽宁东部、山东中西部地区降水量丰富。

### 6.2.1.4 土壤介质类型

土壤介质是指渗流区最上部具有显著生物活动的部分,对渗入地下的补给量具有显著影响,因此对污染物垂直运移至渗流区有显著的影响。一船情况下,土壤中黏土类型、黏土的胀缩性以及土壤中颗粒的粒径对土壤的易污势有很大影响,黏土的胀缩性和颗粒粒径越小,土壤的易污势就越小。各种土壤介质的评分值列于表 6-1 中。当某一区域的土壤介质由两种类型土壤组成时,可选择最不利的具有较高易污势的介质进行评分,当有三种及以上介质存在时,可选择土层最厚或易污染性位居中间的介质作为评分标准。本研究参考《1∶100 万中华人民共和国土壤图》以及《中国土种志》确定出土壤介质类型评分分布,参见附图 29 和附图 30。

### 6.2.1.5 地形

地形指标主要考虑地表的坡度或坡度的变化。污染物是被冲走或留在一定的地表区域内足够的时间以渗入地下,在某种程度上是由地形控制。起伏较大的地形为污染物渗入提供较大机会的坡度,相应的地下水也具有较大的易污势。地形不但对土壤的形成具有影响,而且对污染物的稀释程度也具有一定的影响。根据表 6-1 列出的地形坡度百分比范围评分值。这一评分范围假设坡度为 0%~2% 时,污染物渗入地下的机会最大,因为不论是在这一范围内的污染物还是降水量都不易流失。相反,当地形坡度大于 18% 时,为地表径流提供了很好的条件,因此污染物渗入的可能性很小,相应的地下水的易污势即脆弱性较低。

泛环渤海地区坡度评分图如附图 32 所示。泛环渤海地区北部、东北、东南和西南地区坡度较大,这些地区坡度都处于 6% 以上,中东部平原地区坡度小,基本都小于 2% 且面积较大,集约化农业种植区主要分布在此区域,因此中东部平原地区地下水硝酸盐污染脆弱性还是有较高的风险的。

### 6.2.1.6 单位面积肥料施用折纯量

通过研究区肥料单位面积施用折纯量数据与对应区域地下水硝酸盐监测数据

的相关性分析，可知两者间为较明显的正相关关系，与其他社会经济因素相比，二者相关系数最大。随着单位面积肥料施用折纯量的增加，对应区域地下水硝酸盐含量增加。结合数据可获取性，本研究对 2004 年至 2007 年研究区所有地市肥料施用量和耕地面积进行了全面调查，经整理计算获得以研究区地市为单元的单位面积肥料施用折纯量数据，具体参见附图 33，根据表 6-1 列出的评分标准范围进行评分，结果参见附图 34。

### 6.2.1.7 粮食作物播种面积占耕地百分比

对研究区粮食作物播种面积占耕地百分比与对应区域地下水硝酸盐监测数据进行相关性分析，可知两者为较明显的负相关关系，相关系数较大。随着粮食作物播种面积占耕地面积百分比的增大，对应区域地下水硝酸盐含量降低，造成这种情况的原因很可能与粮食作物灌水量较少，基本靠天灌溉有关，大面积的粮田在获得了一定的自然降水后，被自身代谢消耗，很少有多余的水分进入深层土壤进而渗入地下，这便大大降低了主要靠水分运移途径进入浅层地下水的硝酸盐的淋失。结合数据可获取性，本研究同样对 2004 年至 2007 年研究区所有地市粮食作物播种面积和耕地面积进行了全面调查，经整理计算获得以研究区地市为单元的粮食作物播种面积占耕地百分比数据，具体参见附图 35，根据表 6-1 列出的评分标准范围进行评分，结果见附图 36。

### 6.2.1.8 有效灌溉面积占耕地百分比

对研究区有效灌溉面积占耕地百分比与对应区域地下水硝酸盐监测数据进行相关性分析，可知两者总体呈现一定的负相关关系。随着有效灌溉面积占耕地面积百分比的增大，对应区域地下水硝酸盐含量降低，分析造成这种情况的原因，灌溉面积的增加为作物提供了更多的水分，提高作物生长条件，在一定程度上促进作物对土壤肥料等营养物质的吸收，这样该地区作物相对灌溉面积大的地区消耗营养的几率增大，进而使得 $NO_3^-$-N 向土壤深层下渗进入地下水的风险降低。本研究同样对 2004～2007 年研究区所有地市有效灌溉面积和耕地面积进行了全面调查，经整理计算获得以研究区地市为单元的有效灌溉面积占耕地百分比数据，具体参见附图 37，依据表 6-1 列出的评分标准范围进行评分，结果见附图 38。

## 6.2.2 地下水硝酸盐污染脆弱性评价

利用 ArcGIS（10.0 版本）软件，对各因素指标评分值数据文件进行叠加分析，将各因素在雨季前后时期权重数值（表2-1）带入地下水硝酸盐污染脆弱性综合指数计算方程（第2章），利用 Arc GIS 空间分析功能，获得研究区雨季前和雨季后不同时期的地下水硝酸盐污染脆弱性综合指数分布图，根据脆弱性指数大小范围，将研究区划分为 5 个不同等级（附图 39 和附图 40）。

经计算泛环渤海地区雨季前地下水硝酸盐污染脆弱性综合指数在 65～179.5，雨季后地下水硝酸盐污染脆弱性综合指数在 61～177，地下水硝酸盐污染脆弱性评价成果图详见附图 39 和附图 40。雨季前地下水硝酸盐污染脆弱性综合指数大部分集中在 104～140，雨季后则大部分集中在 108～140。参考DRASTIC 脆弱性划分原则，结合本研究区实际情况，将地下水硝酸盐污染脆弱性划分为五个等级（表 6-2），脆弱性评价指数越小，难以产生地下水硝酸盐污染，即地下水硝酸盐污染脆弱性程度弱；反之则容易污染，即污染脆弱性程度强。

表 6-2 脆弱性评价等级划分

| 脆弱级别 | 脆弱性 | 脆弱性程度 | 脆弱性综合评价指数 |
| --- | --- | --- | --- |
| I | 难以污染 | 弱 | <85 |
| II | 可能受到污染 | 较弱 | 85～110 |
| III | 较易受污染 | 中等 | 110～135 |
| IV | 易受污染 | 较强 | 135～160 |
| V | 特别容易受污染 | 强 | >160 |

从泛环渤海区域地下水硝酸盐污染脆弱性评价图（附图 39 和附图 40）可以得出：

1）该地区雨季前后地下水硝酸盐污染脆弱性分布既有一致性也有差异性。一致性表现在地下水硝酸盐污染脆弱性分布范围在雨季前后基本一致，脆弱性程度弱及较弱的区域都在研究区西部、中南部，脆弱性强的特别容易受污染的地区都在山东、河北小部分地区。差异性表现在雨季后较易受污染的区域有所减少，易受污染脆弱性较强分级地区有所增加，脆弱性趋强。

2）对比雨季前后地下水硝酸盐污染脆弱性等级划分情况，脆弱级别在III类以上较易受污染区域面积无太大变化，雨季前 68.4%，雨季后 68.2%。其中较易受污染的III级脆弱区和特别容易受污染的 V 级脆弱区面积都有所下降，分别降低了0.7%和0.06%，易受污染的IV级脆弱区面积雨季后较雨季前则增加了0.6%。难以污染的 I 级脆弱区面积和可能受到污染的 II 级脆弱区面积在雨季后较雨季前增加了 0.03%和 0.12%。雨季后与雨季前相比较，地下水硝酸盐污染的脆弱性在总体上还是减弱的，即研究区井深小于等于 30m 的地下水雨季后比雨季前表现出更不易受硝酸盐污染的趋势。

3）研究区有相当一部分区域是较易受污染的脆弱性中等区域（脆弱性为Ⅲ级），脆弱性综合评价指数为 115～135，在雨季前约占 44.8%，雨季后约占 44.1%。多分布在辽宁、河南大部，河北北部，在山东、北京、天津小部分地区也有分布。

4）研究区还有脆弱性综合评价指数大于 160 的区域（脆弱性为Ⅴ级），雨季前占 1.76%，雨季后约占 1.7%，属于特别容易受污染、脆弱性强的区域，主要分布于山东的烟台、青岛、日照、莱芜、临沂和河北的秦皇岛等地市。

5）在研究区中部大范围（河北南部、河南东北、山东西部）分布有脆弱性较弱区域，该区域脆弱性综合评价指数 85～110（脆弱性为Ⅱ级），可能受到地下水硝酸盐污染，雨季前占 26.7%，雨季后占 26.8%。该级脆弱性区域在天津，辽宁省的盘锦、营口和河南西部也有少部分分布。

6）研究区南部、西部部分地区分布有难污染、脆弱性弱的区域，脆弱性综合评价指数小于 85，雨季前占 4.9%，雨季后占 4.9%。主要分布于河南信阳、安阳、鹤壁、濮阳，河北石家庄、邢台部分地区。

开展区域性的地下水硝酸盐污染脆弱性评价对于帮助该区域水资源管理和决策者制定地下水资源有效保护计划，科学指导地下水的合理开发与管理，对区域国土整治、水环境保护乃至区域国民经济发展将起到重要作用。为土地使用规划、含水层保护以及地下水资源管理提供一定的理论依据和有力工具，帮助决策者和管理者制定经济、合理的地下水资源开发利用方针和保护规划。

在分布于山东的烟台、青岛、日照、莱芜、临沂和河北的秦皇岛等市地特别容易受污染、脆弱性强的区域，在开采利用地下水资源的同时，采取包括加强地下水硝酸盐监测、畜禽养殖废弃物无害化处理与资源化利用、农村生活生产废弃物安全处置等有效的防治和保护地下水环境措施，从技术层面上降低地下水硝酸盐潜在污染风险；采取包括强化农业生产管理、加强公民环保意识、制定完善的技术法规等措施，从宏观经济政策层面上缓解地下水硝酸盐潜在污染风险。

## 参 考 文 献

[1] Vrba J, Zaporozee A. Guidebook on Mapping Ground water Vulnerability// Castang G, Groba E. International Contributions to hydrogeology founded. Hanover: Verlag Heip Heise, 1994.
[2] 王宏伟, 刘萍, 吴美琼. 基于地下水脆弱性评价方法的综述. 黑龙江水利科技, 2007, 3(35): 43-45.
[3] 孙才志, 潘俊. 地下水脆弱性的概念、评价方法与研究前景. 水科学进展, 1999, 10(4): 444-449.

[4]    Assaf H, Saadeh M. Geostatistical assessment of groundwater nitrate contamination with reflection on DRASTIC vulnerability assessment: The case of the Upper Litani Basin, Lebanon. Water Resour Manage, 2009, 23 (4): 775-796.

[5]    Yang Y S, Wang J L. GIS-based dynamic risk assessment for groundwater nitrate pollution from agricultural diffuse sources. Journal of Jilin University (Earth Science Edition), 2007, 37 (2): 311-318.

[6]    雷静. 地下水环境脆弱性的研究. 北京: 清华大学硕士学位论文, 2002.

[7]    李辉, 何江涛, 陈鸿汉. 应用DRASTIC模型评价湛江市浅层地下水脆弱性. 广东水利水电, 2007, (1): 48-52.

[8]    孙才志, 王言鑫. 基于WOE法的下辽河平原地下水硝酸盐氮特殊脆弱性研究. 水土保持研究, 2009, 16 (4): 80-84.

[9]    姜桂华, 王文科, 乔小英, 等. 关中盆地地下水特殊脆弱性及其评价. 吉林大学学报 (地球科学版), 2009, 39 (6): 1106-1111.

[10]   姚文锋, 唐莉华, 张思聪. 过程模拟法及其在唐山平原区地下水脆弱性评价中的应用. 水力发电学报, 2009, 28 (1): 119-127.

# 7

# 泛环渤海地区地下水硝酸盐污染防治对策

## 7.1 加强地下水硝酸盐监测

为了掌握地下水环境质量状况，保护地下水资源，防止和控制地下水硝酸盐污染，保障人民身体健康，应加强地下水水质监测，尤其是加强地下水硝酸盐含量的监测。要加强地下水硝酸盐监测网络建设，建立区域地下水污染监测系统，实现国家对地下水环境的总体监控；建立重点地区地下水污染监测系统，实现对人口密集地区和重点工业园区、地下水重点污染源区、重要水源等地区的有效监测；强化监测点的地下水取水检测能力，强化对地下水区域性污染因子和污染风险的识别能力。在国土资源、水利及环境保护等部门已有的地下水监测工作基础上，建立健全地下水硝酸盐监测数据库。各监测点及相关部门要做到及时的信息反馈与信息发布。充分衔接"国家地下水监测工程"监测网络，整合并优化地下水环境监测布设点位，完善地下水环境监测网络，实现地下水环境监测信息共享。

还要根据农村现状及条件，确定具有代表性的监测点，建立农村地下水水质监管网，通过定期监测，及时、系统掌握地下水硝酸盐含量状况，积累源头相关地下水硝酸盐含量数据，综合研究其变化规律及其与当地自然条件（地层和土壤条件、地下水深度、水源类型、地表植被特征、气候特征等）和社会经济发展（人口密度、氮肥施用、畜禽养殖、固体废弃物及污水处理、大气沉降等）之间的关系，为地下水资源提供更合理、更可行的防治措施[1]。

然而，地下水水质监测受观测井孔或民用井孔分布的限制，只有当污染物到达井孔时污染才有可能被发现，而此时污染已经持续很长时间，污染范围已经扩大。此种案例，国内外屡见不鲜。例如，20 世纪 80 年代某地自来水公司供水井相继发现重金属污染，后查明是一家自行车厂在数年前利用渗井排入电镀废水所致。地下水污染的治理一般比地表水污染的治理更困难，因为它涉及受污染土壤及含水层的治理和恢复。因此，在地下水环境保护工作上要坚持以预防为主的方针，宁可在预防上投入足够的人力、物力，而不要在污染发生后付出更大代价去治理。

虽然我国制定了《生活饮用水卫生标准》和《地下水质量标准》，地方也出台了相关的法律法规，但是，对于地下水水质的监测还有待于进一步加强，尤其是对于局部堆存或坑埋的畜禽粪便、垃圾点，以及污水存蓄、利用、输排等，要设置必要的监测设施，防止有毒、有害物质发生渗漏，污染地下水。各级政府职能部门要加大监管力度，坚决依法办事，不姑息，不迁就，关停并转的污染企业，决不允许低水平恢复生产。

由于人类的活动强度不同，地下水受硝酸盐污染的程度也不同，所以要对饮用水周围地区设立水源保护区，严格保护水源地的生态环境，防止污染。除此之外，针对不同地区不同状况还应制定一些相应法律和法规，如在冻结的土壤上不得施用畜禽粪便,有机肥不得在供水地区、水饱和土壤及靠近河流（距离小于 10 m）等地区施用，规定耕地氮肥最大施用量为 210 kg/hm² 等。

## 7.2 强化农业生产管理

### 7.2.1 大力推广营养诊断施肥技术

长期以来，农民对作物营养特点、土壤供肥和肥料的使用知识状况等了解甚少，在施肥上存在不少盲目性，不合理的肥料配置和过量的施肥不仅造成了农业生产成本的增加，而且对周围环境构成威胁，尤其对地下水硝酸盐含量影响较大。

营养诊断施肥技术能以最优的肥料配置方式和最少数量的肥料投入使作物在单位面积内达到最高的产出，不但能最大程度的提高肥料利用率，实现作物的稳产高产。有研究表明，作物体内累积的硝酸盐随土壤中或地下水中吸收的 $NO_3^- - N$ 素的增多而增加。作物在施肥前进行营养诊断施肥技术，可以维持或调节作物营养元素的平衡，减少作物体内硝酸盐含量，提高农产品的质量，避免肥料浪费，还能有效降低地下水硝酸盐含量。因此，大力推广营养诊断科学施肥技术显得尤为重要。

所谓的营养诊断施肥技术是根据作物和土壤的营养状况进行化学或形态分析，据此判断出作物营养盈亏状况，从而科学指导施肥。大力推广营养诊断施肥技术，首先在技术上要解决以下问题。一要摸清农业生产区域土壤养分状况并分等定级，建立土壤养分区域档案；二要创建作物科学施肥指标的体系，实现多作物养分区域的管理；三要制定相应区域专用肥配方指导原则，实现针对不同区域、不同作物品种、不同耕作制度的科学施肥；四要开发并建立专家推荐施肥系统，实现快捷、简单、精准施肥。

其次要在推广模式上适应形势发展的需要，探索创新推广理念、方式、方法，形成农业生产发展的测配一站式、站企合作式、连锁配送式、农资加盟式、科技入户式等有效的多元化推广模式。保证技术推广落实到位，切实解决技术推广中"最后一公里"的关键问题，也为新型农化服务体系建立与完善奠定基础。

最后在推广应用机制上建立一套比较系统完善的项目管理、工作推动、政策引导、推广措施和绩效考评等长效机制，为大力推广营养诊断科学施肥技术保驾护航。

## 7.2.2 新型肥料施用技术

在提倡节能、节约和循环发展经济的社会环境下，采用新型肥料已成为实现生态环保和可持续发展的必然抉择，生产和施用新型肥料是目前肥料产业发展的主要趋势之一。因为新型肥料可以从源头间接减少资源的耗费和对环境的破坏，使其得到最大程度的利用，降低对环境及地下水的污染。

1）有机废弃物来源肥料。我国有研究者利用农业秸秆和畜禽粪便、城市生活垃圾和人类粪尿进行堆肥试验，把所堆置的堆肥与无机氮肥、磷肥、钾肥按一定比例制成适应特定作物的低浓度有机无机复混肥。试验表明，施用这种堆肥有利于减少地下水硝酸盐污染，同时也能提高肥效[2]。秸秆、畜禽粪便、生活垃圾等有机废弃物采用"高温好氧堆肥工艺"或"生物发酵工艺"生产有机肥或采用"厌氧发酵工艺"生产沼气产生的沼渣，进行还田时，不能超过当地的最大农田负荷量。经过处理的粪便作为土地的肥料或土壤调节剂来满足作物生长的需要，其用量不能超过作物当年生长所需养分的需求量，以避免造成面源污染和地下水污染。

2）缓/控释肥料。采用各种机制对常规肥料水溶性进行控制，通过对肥料本身进行改进，有效地延缓或控制肥料养分的释放，使肥料养分的释放时间和强度与作物养分吸收规律相吻合（或基本吻合）[3]。这在一定程度上能够协调植物养分需求、保障养分供给和提高作物产量，因此被认为是最为快捷方便的减少肥料损失、提高肥料利用率的有效措施。

3）抑制剂。氮肥施入土壤后，由于土壤脲酶的作用，易被水解，造成 $NH_3$ 的挥发，带来巨大的经济损失和环境污染。脲酶抑制剂或硝化抑制剂通过延缓尿素的水解，延长施肥点尿素的扩散时间，从而降低了土壤溶液中 $NH_4^+$ 和 $NH_3$ 的浓度，能够减少氨的挥发损失，还能保证作物充分吸收养分并获得最大的增产效应，所以推广脲酶抑制剂和硝化抑制剂在农业上的应用，也是降低地下水硝酸盐污染的途径之一。

4）微生物肥料。随着化肥的大量使用，其利用率不断降低已是众所周知的事实。这说明，仅靠大量增施化肥提高的作物产量是有限的，更何况还会产生环境污染等一系列的问题。为此各国科学家一直在努力探索提高化肥利用率，达到平衡施肥、合理施肥以克服其弊端的途径。微生物肥料在解决这方面问题上有独到的作用，通过这些有益微生物的生命活动，固定转化空气中不能利用的分子态氮为化合态氮，解析土壤中不能利用的化合态磷、钾为可利用态的磷、钾，并可解析土壤中的10多种中、微量元素，这样就可以减少肥料的投入。所以，根据中国作物种类和土壤条件，采用微生物肥料与化肥配合施用，既能保证增产，又减少了化肥施用量，降低了经济成本，同时还能改良土壤，提高农产品品质，减少肥料投入所带来的污染。

在总体上控制氮肥用量，推广和发展缓/控释肥料、添加抑制剂的氮肥为主的化肥，提倡施用发酵有机肥，采用肥料配施等技术，减少氮肥的流失，防止地下水硝酸盐污染。

## 7.2.3　水肥优化管理技术

优化水肥管理技术，最大限度地减轻土壤 $NO_3^- \text{-} N$ 的累积与淋溶将是控制地下水硝酸盐污染的有效途径。

1）适宜的氮肥施用量。作物在较低的施氮水平时，随氮肥用量的增加，产量逐渐增加，超过一定用量时，产量不再增加反而下降。而且随施氮量的增加，氮肥通过各种途径损失的量也不断增加，氮肥利用率也会下降。地下水硝酸盐污染的主要来源之一为氮肥的施用[4~6]，要控制地下水硝酸盐污染也要核实适宜的氮肥施用量，使所施用的氮肥既能满足作物生长的需求又因不过量施用而污染环境，这是减少农耕区地下水硝酸盐污染的重要措施。

2）肥水调控技术。肥水是土壤中氮运转及作物氮吸收过程中的关键因子，生产上把握适宜的施氮量和供水量，按作物不同生育时期的需求，结合施肥，采用先进的喷灌、滴灌、雾灌、暗灌等技术，改大水漫灌为直接浇灌作物，减少氮肥的流失，防止地下水水位上升、硝酸盐污染，使氮肥的利用率最大限度地提高。

3）氮肥深施及分次施肥。氮肥深施是各项提高氮肥利用率技术中效果最好且较稳定的一种措施，试验结果表明[7,8]，碳铵或尿素深施增产效果比表施高2.7%～

11.6%，氮肥利用率也可提高 7.2%～12.8%。不同时期分次施肥较一次性施肥，能够有效减少一次施肥造成的损失，提高氮肥利用率。

4）水肥一体化。水肥一体化技术是一项先进的节本增效的实用技术，在有条件的农区只要前期的投资解决，又有技术力量支持，推广应用起来将成为助农增收的一项有效措施。可以避免肥料施在较干的表土层引起的挥发损失、溶解慢，最终肥效发挥慢的问题；尤其避免了铵态和尿素态氮肥施在地表挥发损失的问题，既节约氮肥又有利于环境保护。所以水肥一体化技术使肥料的利用率大幅度提高。据华南农业大学张承林等[9]研究，在田间灌溉条件下栽培作物，氮利用率可达 90%、磷利用率可达 70%、钾利用率达 95%。滴灌条件下，含有养分的水缓慢深入土壤，根区土壤水分饱和后立即停止灌溉，可以减少养分向深层土壤的渗漏，特别是能减少 $NO_3^- -N$ 的淋失，这样就能降低因过量施肥而造成的水体污染问题。由于水肥一体化技术通过人为定量调控，满足作物在关键生育期"吃饱喝足"的需要，杜绝了任何缺素症状，因而在生产上可达到作物的产量和品质均良好的目标。

5）无土栽培技术。无土栽培技术是近几十年发展起来的一种作物栽培新技术。它具有产量高，产品质量好的特点，无土栽培的营养液可以回收利用或采用流动培养，避免了土壤栽培时氮肥的淋失，不会污染地下水。同时营养液是根据作物生长规律的需要而配制的，避免了硝酸盐过度对作物和人畜的危害，大大提高了氮肥的利用率。

对于硝酸盐的污染区域要合理施用氮肥，尝试秋播前测定土壤中氮的含量，据此确定氮肥施用量。实施节水灌溉，减少每次灌溉水量，也是减少氮流失的重要措施。控制施肥总量，改进施肥技术，采用科学施肥方式，深施覆土，大力发展多养分的优化配方、施肥新技术，逐步改善化肥结构，改变目前氮、磷、钾比例失调以及化肥中多为单营养元素的状况，提倡使用复合肥，使氮肥利用率最大限度的提高。采用先进灌溉技术，减少氮肥流失。合理选择氮肥，提高氮肥利用率，施用时根据作物种类、土壤性状等情况选择理想的氮肥品种，来提高氮肥利用率，降低地下水硝酸盐污染程度。

## 7.2.4　种植结构调整技术

农业种植内部结构调整要根据不同农作物的化肥用量，本着将化肥污染控制在最低限度的原则，采用"源头控制"的措施降低化肥用量。

1）开展种植业结构调整与布局优化，在地下水高污染风险区优先种植需肥量低、肥料利用率高、环境效益突出的农作物。

2）适当增加耐旱、抗病虫经济作物的种植面积。通过合理调整农业种植结构，来达到降低化肥及农药总用量的目的。

3）减少粗放种植，扩大精细农业。在农作物种植过程中，蔬菜类的化肥用量最大，且耗水量最高。多次的大水灌溉和大量的化肥施用，造成蔬菜产地地表水及地下水环境的污染。因此，从节约水资源、减轻化肥污染的角度出发，减少粗放经营的蔬菜种植面积，发展设施农业蔬菜种植，以减少污染。

4）通过工程技术、生态补偿等综合措施，在水源补给区内科学合理使用化肥和农药，积极发展生态及有机农业。

## 7.3 畜禽养殖废弃物无害化处理与资源化利用

对于畜禽养殖业带来的环境问题，国内外早已有了深刻的认识。规模化养殖场大多建在城市郊区，周围没有充足的农田消纳大量的粪污，或因人为因素不加以利用，粪污任意堆放和排放，严重污染环境。目前我国畜禽养殖有机废弃物已成为农业面源污染的主要来源，养殖污染产生的环境问题日益突出[10]。据调查估计，目前畜禽废弃物中氮、磷的流失量约为化肥流失量的 122%、132%。畜禽粪便中含有的氮、磷、钾成分进入水体，会导致其富营养化，藻类大量繁殖生长，使水体透明度降低。一部分氮被氧化成硝酸盐渗入地下水中，长期饮用高浓度硝酸根的水同样会产生不良后果。美国农业部的科研人员曾对饲养场附近地下水的质量状况进行了分析，结果表明肉牛场附近的地下水已遭到严重污染，已有 70%的浅层地下水氮素含量超过卫生标准[11]。畜禽粪便污染过的地下水，极难治理恢复，造成较持久性的污染。

畜禽粪便处理的目的是将其无害化、减量化和资源化，最大限度地满足环境可接受性及可行性。目前畜禽粪污处理方法较多，国家还专门发布了《粪便无害化卫生标准》和《畜禽养殖业污染物排放标准》。在遵循畜禽养殖业污染防治技术规范的前提下，提倡畜禽养殖业的清洁生产技术，即容量化管理、无害化处理、资源化利用，通过倡导生态农业与循环经济实现生态化发展。

（1）容量化管理

容量化管理也就是养殖负荷控制。是指根据土地环境容量（保证土地环境安全的畜禽粪便最大受纳量）确定养殖规模，以保证畜禽养殖产生的废弃物有足够的土地消纳，减少环境污染[11]。

借鉴一些发达国家对畜禽养殖负荷的控制方法，如限制养殖规模和限制单位土地面积施肥量。充分利用自然处理系统，与种植业紧密结合，以农养牧，以牧促农，实现系统生态平衡。在我国，应做到种植业与畜牧业相结合，通过养殖区周边有足够的可以消纳粪污的农田，解决粪便污染问题。农牧结合的生态养殖场要处理好与外界的关系，首先要使所产的粪便尽可能施用于本场土地，以减少外购化肥量；其次所收获的作物及牧草应解决本场所需的大部分饲料，以减少外购饲料。

（2）无害化处理

无害化处理是指通过工艺处理，消灭畜禽粪便中的病菌、虫卵等，达到不损害人体健康、不污染周围环境的目的。无害化处理的方法很多，如高温堆肥、沼气发酵等[12]。高温堆肥是在人工控制的好氧条件下，在一定水分、C/N 和通风条件下，通过微生物的发酵作用，将对环境有潜在危害的有机质转变为无害的有机肥料的过程。一般采用这种方法处理畜禽粪污中的固体部分，堆肥过程中有机物由不稳定状态转化为稳定的腐殖质物质，称为堆肥产品。沼气发酵是养殖场粪污水处理的主要方法，它主要通过厌氧消化将动物粪便中的有机物转化成沼气，生产清洁能源，可以明显降低废水中的有机物和 BOD。目前应用较多的是沼气池、厌氧滤池和上流式厌氧污泥床。其中效果最佳、去除有机物效率最高的是上流式厌氧污泥床[13]。

（3）资源化利用

畜禽粪便中含有农作物所需的 N、P、K 等多种营养成分，经处理后可作为肥料、饲料和燃料等，有很大的经济价值。通过制作有机肥、再生饲料等综合利用途径可减少污染物排放。从干粪和水冲粪中分离出干物质进行堆肥处理为最佳粪便处置方式，采用好氧堆肥发酵方法，比干燥法更省燃料、成本低，发酵产物生物活性强和处理过程养分损失少，且可达到去臭灭菌的目的。处理的最终产物较干燥、易包装，在有条件撒施的地方可成立专业有机肥生产中心，将附近畜禽粪便集中加工成优质有机肥或再生饲料。目前商品有机肥利用率高的省份，多是经济发达、市场化程度高的地区，如上海、北京、天津、广东、福建等省份，这是由于这些地区市场化程度高，经济活跃，商品肥的销售渠道畅通，在一定程度上也推动了畜禽粪便生产的有机肥的利用。

（4）能源化利用

畜禽粪便的厌氧发酵技术是肥料化与能源化的另一途径，废弃物资源化与能源化利用也是低碳农业、绿色农业的发展基础。粪便转化为沼气可以减少对薪柴及化石燃料和电能的消耗，沼渣作为肥料可以减少化肥用量。2010 年 7 月底，全国农村户用沼气达到 3566 万户，各类沼气工程 5.9 万处，年产沼气约 $1.43 \times 10^{10}$ $m^3$，生产沼肥（沼渣、沼液）约 $4.5 \times 10^8$ t，使用沼气相当于替代约 $2.16 \times 10^7$ t 标准煤，相当于替代 $8.8 \times 10^6$ $hm^2$ 林地的薪柴年蓄积量，减少排放二氧化碳 $5.26 \times 10^6$ t，每年可为农户直接提供增收节支近 180 亿元[14]。

# 7.4 农村生活生产废弃物安全处置

社会主义新农村建设要求"生产发展、生活宽裕、乡风文明、村容整洁、管理民主"，通过综合治理，彻底改变农村脏乱差的旧貌，实现庭园美化、厨房量化、圈厕净化、道路硬化。目前农村普遍缺乏完善的生活污水排放和垃圾清运系统，农村生活的分散性和特殊性以及农村基础设施建设的落后导致农村生活污水无法大规模集中处理和利用。

农村污水任意排放导致农村环境卫生状况日益恶化，未经处理的粪便垃圾和生活污水、雨水混合，也加大了污水处理难度，加剧了环境污染程度，严重污染了土壤、地表水和地下水，对居民饮用水和生活用水的安全造成了不利影响，也严重影响了农村生活品质的改善和生活质量的提高。

农村垃圾可随地表径流进入湖泊，或随风迁徙落入水体，从而将有毒有害物质带入水体，杀死水中微生物，污染人类饮用水水源，危害人体健康。特别是在落后农村，由于没有自来水供水系统，如果以河流作为饮用水水源，很容易爆发大规模传染病。农村垃圾堆积产生的渗滤液危害更大，它可以进入土壤使地下水受到污染，或通过地表径流流入河流、湖泊和海洋，造成水资源的水质性短缺。

加强农村生活污水和生活垃圾的排放、收集和处理设施建设工作，避免因污水未经处理直接排放而对农村地区的水体、土地等自然环境造成的污染，确保农村水源安全和农民身体健康，这既是新农村建设中加强基础设施建设、推进村庄卫生整治工作的一项重要内容，同时也是当前农村人居环境改善工作中所要解决最突出的问题，具有重要的现实意义。

## 7.4.1 完善农村生活污水处理技术

农村生活污水综合处理技术主要是指在农村单户、联户、自然村、中心村或小城镇采用物理、化学或生物措施对生活污水进行处理，然后将处理后的排放水回用或通过明沟暗渠直接排入河流。对于居住比较分散的广大农村及偏远地区、农村城镇，由于受到地理条件和经济因素制约，应因地制宜选择和发展污水综合处理及安全回用技术。

根据目前国内外在农村污水处理技术的发展，从技术处理模式上可以分为以下两种：

（1）分散处理

即将农户产生的污水按照一定的分区进行收集，一般以居住集中且稍大的村庄或相近的村庄联合在一起，对每一分区的污水单独进行处理。这种模式适用于村庄布局松散、人口规模较小、地形条件复杂、污水不易集中收集、经济条件一般的村庄[15]。

分散式处理一般选择低成本、低能耗、易维修、高处理效率的污水处理设备或技术组合。一般在污水分片收集后，采用中小型污水处理设备结合自然处理等形式处理村庄污水。分散处理技术具有布局灵活、施工简单、管理方便、出水水质有保障的特点。目前，我国环保工作者在实际的工作和科学研究中，针对不同的村落和人口规模，根据不同的地理环境要求，研制了一批适合各地分散处理农村污水的工艺和技术。

（2）集中处理

即把所有居住区内的农户产生的污水通过一定方式（如市政管道连接）统一收集起来，集中建设污水处理设施来处理居住区全部的污水[16]。

这种污水处理的过程区别于分散型的污水处理技术，往往通过一定的环境工程措施来加强对污水的处理效果。在处理过程中往往也采用厌氧-好氧等组合技术，常见的有自然处理、常规生物处理等工艺形式。由于这种处理技术一般都需要大量的处理设备，相对工业污水处理而言，这种处理模式一般具有占地面积小、抗冲击能力强、运行安全可靠、出水水质好等特点。这种处理模式适用于村庄布局相对密集、人口规模较大、经济条件好、村镇企业或旅游业发达、处于水源保护区的单村或联村污水处理。不同地区可根据地方具体条件和地貌状况以及处理规模，因地制宜采用不同的分散处理工艺技术。北方地区土地资源相对丰富，但是水资源严重短缺。因此，在技术方案的选择上应考虑污水的处理和水资源回用相结合，如将处理出水用于农业灌溉、养殖、绿化、回冲厕所和娱乐用水等。

## 7.4.2 引导农村垃圾源头分类

20世纪80年代以来，随着我国经济的迅速发展，广大农村人民生活水平的迅速提高及生活条件的明显改善，农村垃圾产生量随之也开始迅速增加。据全国人口普查得知，我国农村人口约 8.88 亿，占全国人口总数的 70.1%。如果按照农村平均每人日产生活垃圾量为 0.8～1.0 kg 计算，我国农村每天产生的生活垃圾约 $8.0×10^5$ t。现今，我国农村垃圾处理率不足 30%，大量生活垃圾随意散乱堆放在农村的周围，占用大量土地，未经处理的生活污水随地表径流进入河流湖泊，从而将有毒有害物质带入水体，杀死水中生物，污染人类饮用水源，危害人体健康。如果不及时整治，由垃圾引起的环境问题将严重影响农村居民的生存健康，对农村的生态环境构成严重威胁。

然而对于我国经济较为落后的广大农村地区，由于财力薄弱，乡镇环卫设施建设经费不足，社会对其垃圾问题的关注较低，很难开发基建投资大、周期长的项目。农村生活垃圾基本是无序管理，公众环保意识不够，居民"我扔你扫"的积习难改，缺乏道德、管理的约束[17]。农村生活垃圾中可生物降解的残羹剩饭占到 50%以上，污水与固体垃圾混合，对清运、处理带来极大的困难。即使有条件的地区，农村生活垃圾系统仍处在以末端处理为主的状态，垃圾产生多少治理多少，对垃圾产生的源头还未采取有效的政策措施进行减量化治理。虽然国内很多学者对农村的垃圾处理模式以及垃圾的分类与处理技术进行了相关研究与探讨，但由于存在分类方法过于复杂、农民认知程度、参与程度不高、后续处理技术跟不上等诸多问题，在实际运行中仍会面临诸多问题。

因此，不管是城市垃圾还是农村垃圾，无论采用何种处理技术，只有实现垃圾源头分类，才能有效解决垃圾处理中所遇到的各种技术与管理难题，同时能够最大限度的实现垃圾资源再生利用[18]。要做好这一工作，一要做好关于改变生活习惯及垃圾分类知识普及，适当举办一些公益性讲座，或下发关于垃圾分类标准的手册，加大垃圾分类及环保培训教育力度。二是加强垃圾分类的公益性宣传。三是政府相关部门制定针对农村基础教育的相关政策及激励措施[17]。

# 7.5　公民环保意识建立

中国近年来环境污染日益严重，在某种程度上与忽视公众力量，环保部门孤军奋战有关。环境保护需要公众广泛的参与，靠少数地区、少数部门和少数人是做不好的，必须唤醒公众的环境保护意识。任何环境保护项目，如保护森林、绿地以及防止污染等，如果没有公民的参与和监督，光靠政府是很困难的。因此应充分发挥公众的积极性、主动性和创造性，使公众成为中国环境保护的主力军，扩大公众对环境保护的参与，提高全民的环保意识是解决环境问题的治本之策。

保护环境、防治污染，当务之急是政府应加强对全民的环保教育，要大力宣传倡导建设资源节约型、环境友好型社会，教育、鼓励公民选择绿色消费方式，督促企业实行绿色生产方式，从生产和消费环节根本上解决"减量化"和"资源化利用"的问题；选择适当时机，由政府有关部门牵头，联合宣传媒体、各类学校、各人民团体共同发起"保护环境，全民参与"的绿色志愿者行动，在全社会广泛动员掀起高潮，并使这一活动制度化、年度化、系列化，每次活动围绕一个主题、树立一种意识、倡导一种行为，引导人们逐步养成保护环境、珍惜资源的行为方式；只有社会各界都积极参与到环保中来，人人具备环保意识，自觉履行环保义务，才能真正解决环保问题，更好地保护和美化我们的家园。

## 7.5.1 普及地下水资源知识，引导公民树立节水观念

由于人们思想上存在一定误区，总是把水资源，尤其是地下水资源认定为取之不竭、用之不尽的资源，在实际生产生活中忽视了对其的保护和节约，导致地下水资源的严重污染和浪费，所以必须在公众中广泛宣传有关知识和保护意义，使人们真正认识到水资源对今世和后代的战略意义，并牢固树立"保护水资源，人人有责"的思想，做到珍惜每一滴水；尽快在各级学校普及水资源的教育，不仅可以在中小学生的课本中设置相应的内容，从小培养他们的保护意识，还可以通过成人教育和大学教育培养专门的用水护水技术方面的人才；充分利用电视、广播、网络等媒体揭露和批评对水资源的破坏行为，鼓励和表扬保护和节约行为，鼓励公众对破坏现象进行监督，在全社会掀起爱水节水护水运动；对凡是从事生产、存储和运输活动及其产品可能成为土壤或地下水污染源的工矿企业，更应当教育，让其认真了解地下水污染后付出的代价，促使其采取步骤逐步减少污水数量和强度，并为污水处理和改善环境制定长期治理规划；规划和建设决策者由于其职责权限所致，对地下水的保护起着举足轻重的作用，对他们的教育更是刻不容缓的。

## 7.5.2 积极推动环境治理的公民参与

随着我国工业化进程的推进，企业行为的外部性问题愈演愈烈，因此，企业固然需要提高环境意识，履行环保责任，但公众的环保参与对防治污染

也非常重要，甚至更重要。因为企业基于自利性，要想其自觉做到不排放或者少排放污染，须有强有力的外部监督。而相对政府的监管部门，公民无论作为群体还是个人，其监督都有政府不可替代的优势。首先，公民是环境污染的直接受害者，故比政府有更强的监督动力；其次，公民人数众多，比政府更易发生污染源；再次，相对于监管部门与排污企业的合谋，公民个人不易被企业收买，或者收买的难度更大。鉴此，环境治理的公民参与，能够起到政府起不到的作用。像潍坊的地下水污染事件，就是由原来在企业打工的农民工率先披露的。

当前，公民的环保参与在我国有着现实的紧迫性。因为在环境污染不断恶化，环境事件频繁发生的情况下，只有更多公民起来维护自己的环境权益，才能有效扼制这一趋势。另一方面，人们的环境意识也在逐渐加强，从而有利于人们参与此类维权活动。当下的问题是，人们虽有开展环境防治的热情，却缺乏相关知识和信息。因此，对政府来说，要鼓励人们积极投身于环保的公民行动，就必须做好两件事情：一是污染源信息应做到全面公开，使人们能够方便地查询到相关信息，将污染源状况置于公众监督之下，从而倒逼主管部门严格执法；二是为人们的环境公益诉讼提供法律支援，让人们没有后顾之忧地打官司。

### 7.5.3 有组织地开展公民环保宣传教育

要广泛开展形式多样的环境宣传活动，提炼系列触目惊心的数据，配以通俗易懂的宣传画面，编写各种环境污染危害的资料。通过政府机关宣传栏，学校黑板报，社区展览等形式，普及环保知识，增强公民环保意识。充分发挥各类新闻媒体的环保宣传功能，要求新闻媒体以环保宣传教育为契机，确定环保宣传教育新闻宣传计划，开设环保专栏和环保公益广告。针对当地环保中的重点、难点问题，进行连续深度报道，对各种环境违法事件进行新闻监督。向全体公民敲响警钟，我们只有一个地球，一定要保护我们生存的家园。只有每一个人都有了较强的环保意识，才能积极地参与到环保中来。

要对各类从业人员、农民、学生进行环保教育，让环保意识深入到千家万户，使"保护环境，从我做起"，成为家喻户晓的口号，形成全社会重视环保、参与环境建设的良好氛围。对中小学教师等与环保密切相关人员实施全员培训和岗位培训。要求学校将环保教育纳入地方课程和校本课程，把环保教育与各学科教育、德育教育、行为习惯教育、法制教育等有机结合起来。

# 7.6 技术法规制定完善

目前，我国有关防治地下水硝酸盐污染的法律法规体系还很不健全，不仅有相互矛盾的内容，还有许多空缺之处。《中华人民共和国水法》和《中华人民共和国水污染防治法》是水环境保护的基本法律依据，虽然都将地下水保护纳入了水污染防治的范畴，但只是提出了地下水保护的一般原则，既没有具体明确地下水环境保护的责任划分，也缺乏地下水环境保护的具体内容，加之缺少相关配套的法律法规，缺乏可操作性。

根据《中华人民共和国水法》，水利部门负责包括地下水在内的水资源的综合利用规划的制定。根据《中华人民共和国水污染防治法》，环保部门负责流域的水污染防治规划的制定，但在流域水污染防治规划中却没有具体的地下水硝酸盐污染防治的措施与内容，使得地下水的开发利用与保护相脱节。在许多地区地下水管理条理与规定中，地方水行政主管部门负责本地区地下水的开发、利用与保护，但大多没有明确具体的监管责任和防治措施，使得地下水的保护很难落实。

## 7.6.1 完善地下水环境保护的法律法规体系建设

面对地下水硝酸盐污染的严峻形势，以及地下水环境管理中存在的诸多问题，应进一步加强地下水硝酸盐污染防治的有关法律法规体系建设，为地下水环境的保护提供完备的法律依据与政策支持。构建完备的地下水环境保护制度框架是地下水硝酸盐污染防治的首要任务。通过完善地下水环境保护的法律法规体系，尤其是在各地方政府有关地下水资源管理的法规中，要明确政府环境保护部门、水行政主管部门、建设规划部门和国土资源管理部门等在地下水污染防治工作中的相应责任，并建立起地下水环境保护的综合协调机制，使地下水的各项保护工作得到具体落实，并与地下水的开发利用协调一致，使地下水资源的可持续利用得到制度上的根本保证。

## 7.6.2 将地下水、地表水污染防治纳入统一规划

规划和管理水污染防治应将地下水与地表水综合考虑，纳入统一的规划与管理之中。地下水与地表水的交换，保证了自然界水循环的连续性，构成了自然界水循环中相互影响与关联的重要部分。地表水的污染源往往也是地下水的直接或

间接污染源。地表水与地下水硝酸盐污染的综合防治还有利于资源的优化配置。尤其是在流域水污染防治规划中，应综合考虑流域地下水硝酸盐污染防治措施与监管责任，并与流域水资源综合利用规划相协调，既要满足社会经济发展对水资源的需求，也要满足自然生态环境对水资源的需要。

### 7.6.3 加强地下水监测网络建设

针对现有地下水监测网络建设滞后，难以满足地下水资源开发利用与保护管理需要的现状，国家应加大对地下水环境监测基础设施的投入，建立完备的地下水监测网络，统一地下水监测的有关技术规范，不断完善地下水环境监测体系。对现有多部门建设的监测网络进行有效集成，建立国家地下水监测数据公用平台。对重点污染地区进行重点监测，系统掌握地下水硝酸盐含量、水量和地下水环境变化的动态特征，为地下水的开发利用和保护提供科学依据。

### 7.6.4 加强地下水硝酸盐污染防治技术攻关

地下水硝酸盐污染的治理一直是世界性难题，缺少成熟的技术可供推广。我国的地下水硝酸盐污染防治工作才刚刚起步，还十分缺乏有效的地下水硝酸盐污染防治术。因此，加大对地下水硝酸盐污染防治技术的研发投入十分必要。一是可以由国家财政直接投资，开展地下水硝酸盐污染防治技术攻关，并将实验成熟的治理技术在全国进行推广；二是可以充分利用信贷、金融和税收优惠政策，吸引民间资金投资地下水环境的保护，对地下水硝酸盐污染防治技术进行研究与开发。

### 参 考 文 献

[1] 储茵. 合肥市地下水硝酸盐氮污染程度及其防治对策的研究. 安徽农业大学学报, 2001, 28(1): 98-101.
[2] 李国学, 孙英, 丁雪梅, 等. 不同堆肥及其制成低浓度复混肥的环境和蔬菜效应的研究. 农业环境保护, 2000, 19(4): 200-203.
[3] 何绪生, 李素霞, 李旭辉, 等. 控效肥料的研究进展. 植物营养与肥料学报, 1998, 4(2): 97-106.
[4] Belgiorno V, Napoli R M. Groundwater quality monitoring. Water Science & Technology, 2000, 42(1-2): 37-41.
[5] 姜桂华, 王文科, 杨晓婷, 等. 关中盆地潜水硝酸盐污染分析及防治对策. 水资源保护, 2002, (2): 6-8.
[6] 易秀, 薛澄泽. 氮肥在塿土中的渗漏污染研究. 农业环境保护, 1993, 12(6): 50-52.
[7] 高凤菊, 吕金岭. 尿素深施对小麦产量及氮肥利用率的影响. 山东农业科学, 2006, (3): 48-49.
[8] 黄庆裕, 蒲才潮. 碳酸氢铵全层深施对水稻的增产效果. 土壤肥料, 2006, (1): 60-61.

[9]  张承林, 谢永红, 李珂, 等. 荔枝滴灌施肥技术应用效果初报. 2002, (2): 31-33.

[10] 孙永明, 李国学, 张夫道, 等. 中国农业废弃物资源化现状与发展战略. 农业工程学报, 2005, 21(8): 169-173.

[11] 张克强, 高怀友. 畜禽养殖业污染物处理与处置. 北京: 化学工业出版社, 2004.

[12] 孙振钧, 孙永明. 我国农业废弃物资源化与农村生物质能源利用的现状与发展. 中国农业科技导报, 2006, 8(1): 6-13.

[13] 谢涛, 陈玉成, 于萍萍. 畜禽养殖场粪污对农村生态环境的影响及其综合治理. 安徽农业科学, 2007, 35(2): 524-525.

[14] 詹慧龙, 严昌宇, 杨照. 中国农业生物质能产业发展研究. 中国农学通报, 2010, 26(23): 397-402.

[15] 周瑾. 浅谈新农村规划的污水处理模式. 中国农村水利水电, 2008, (7): 27-28.

[16] 刘洪喜. 农村生活污水处理技术的探讨. 污染防治技术, 2009, 22(3): 30-31, 78.

[17] 乐小芳. 我国农村生活方式对农村环境的影响分析. 农业环境与发展, 2004, (4): 42-45.

[18] 崔兆杰, 王艳艳, 张荣荣. 农村生活垃圾分类收集的建设方法及运行模式研究. 科学技术与工程, 2006, 6(18): 2864-2867.

附　　图

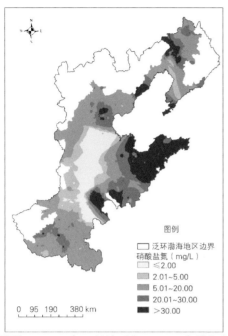

附图1　2006年5月地下水 $NO_3^-$-N 含量分布

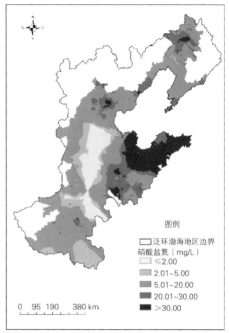

附图2　2006年10月地下水 $NO_3^-$-N 含量分布

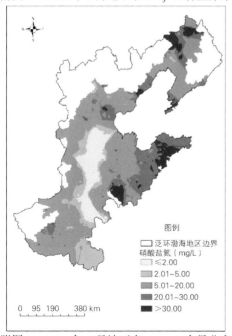

附图3　2007年5月地下水 $NO_3^-$-N 含量分布

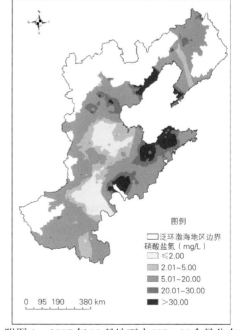

附图4　2007年10月地下水 $NO_3^-$-N 含量分布

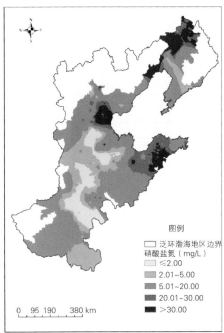

附图 5　2008 年 5 月地下水 NO$_3^-$-N 含量分布　附图 6　2008 年 10 月地下水 NO$_3^-$-N 含量分布

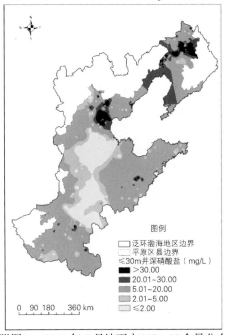

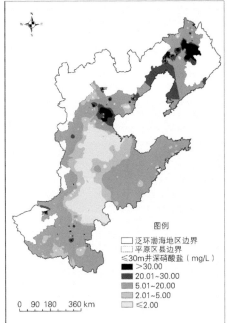

附图 7　2009 年 5 月地下水 NO$_3^-$-N 含量分布　附图 8　2009 年 10 月地下水 NO$_3^-$-N 含量分布

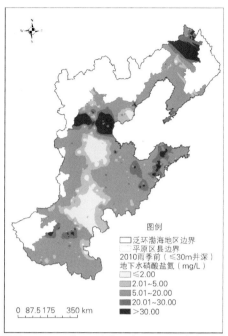

附图 9　2010 年 5 月地下水 NO$_3^-$-N 含量分布　附图 10　2010 年 10 月地下水 NO$_3^-$-N 含量分布

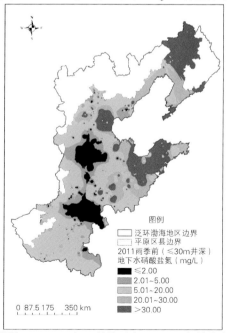

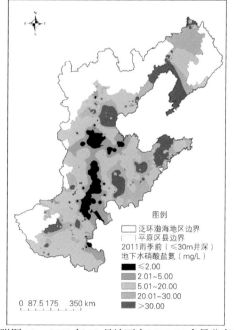

附图 11　2011 年 5 月地下水 NO$_3^-$-N 含量分布　附图 12　2011 年 10 月地下水 NO$_3^-$-N 含量分布

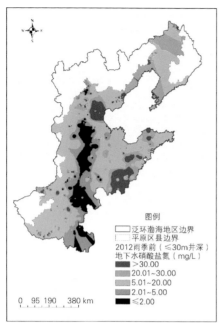

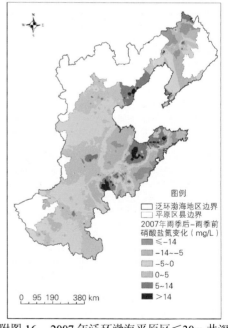

附图 13　2012 年 5 月地下水 NO$_3^-$-N 含量分布　　附图 14　2012 年 10 月地下水 NO$_3^-$-N 含量分布

附图 15　2006 年泛环渤海平原区≤30m 井深　　附图 16　2007 年泛环渤海平原区≤30m 井深
地下水 NO$_3^-$-N 5 月、10 月含量变化分布　　　　地下水 NO$_3^-$-N 5 月、10 月含量变化分布

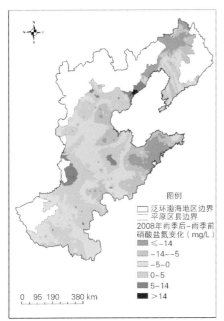

附图 17　2008 年泛环渤海平原区≤30m 井深
地下水 NO$_3^-$-N 5 月、10 月含量变化分布

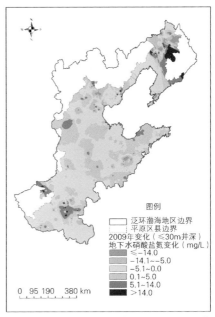

附图 18　2009 年泛环渤海平原区≤30m 井深
地下水 NO$_3^-$-N 5 月、10 月含量变化分布

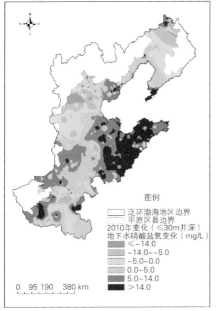

附图 19　2010 年泛环渤海平原区≤30m 井深
地下水 NO$_3^-$-N 5 月、10 月含量变化分布

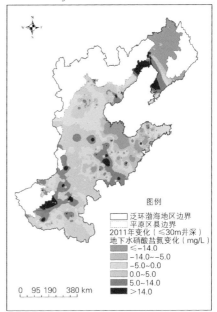

附图 20　2011 年泛环渤海平原区≤30m 井深
地下水 NO$_3^-$-N 5 月、10 月含量变化分布

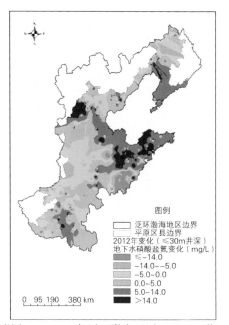

附图 21　2012 年泛环渤海平原区≤30m 井深
地下水 $NO_3^-$-N 5 月、10 月含量变化分布

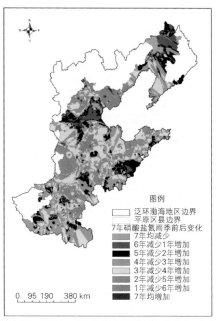

附图 22　2006～2012 年泛环渤海平原区≤30m
井深地下水 $NO_3^-$-N 5 月、10 月含量变化分布

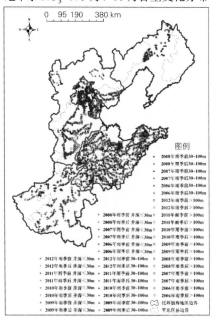

附图 23　泛环渤海地区 2006～2012 年多层地
下水水样采集点位分布

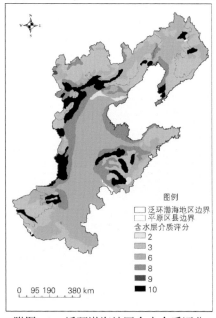

附图 24　泛环渤海地区含水介质评分

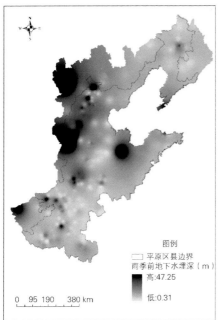

图例
☐ 平原区县边界
雨季前地下水埋深（m）
■高:47.25

低:0.31

0  95 190    380 km

附图 25　泛环渤海地区雨季前地下水埋深

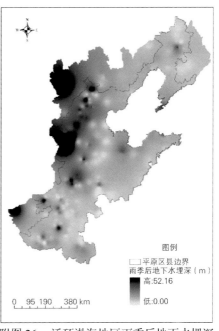

图例
☐ 平原区县边界
雨季后地下水埋深（m）
■高:52.16

低:0.00

0  95 190    380 km

附图 26　泛环渤海地区雨季后地下水埋深

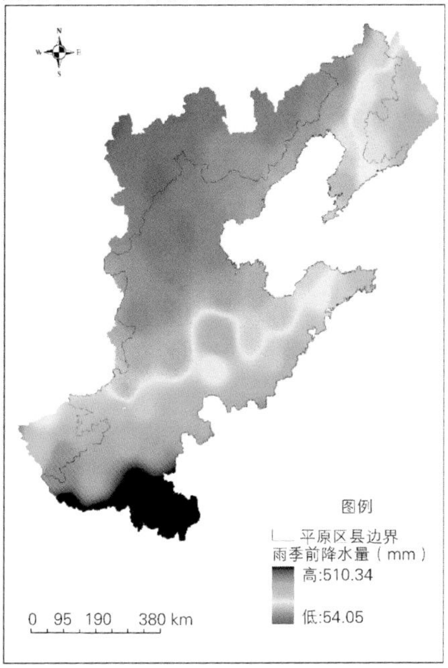

图例
☐ 平原区县边界
雨季前降水量（mm）
■高:510.34

低:54.05

0  95 190    380 km

附图 27　泛环渤海地区多年雨季前平均累积
降水量

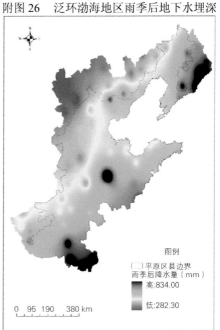

图例
☐ 平原区县边界
雨季后降水量（mm）
■高:834.00

低:282.30

0  95 190    380 km

附图 28　泛环渤海地区多年雨季后平均累积
降水量

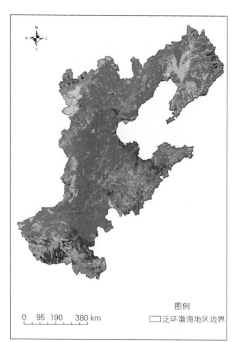

附图 29　泛环渤海地区土壤类型

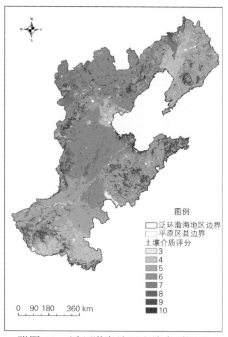

附图 30　泛环渤海地区土壤介质评分

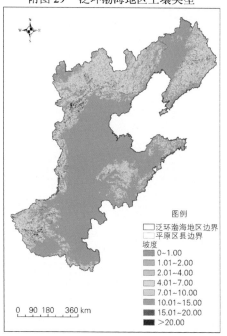

附图 31　泛环渤海地区坡度图

附图 32　泛环渤海地区地形坡度评分

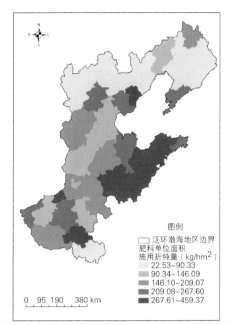

附图 33 泛环渤海地区单位面积肥料施用折
纯量分布（以地市为单元）

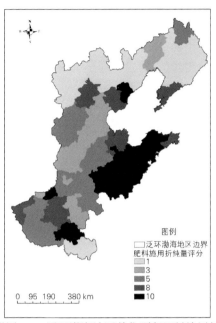

附图 34 泛环渤海地区单位面积肥料施用折
纯量评分

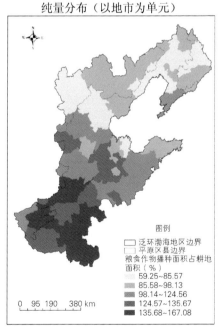

附图 35 泛环渤海地区粮食作物播种面积占
耕地面积百分比分布（以地市为单元）

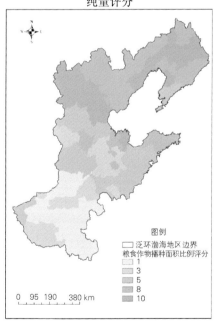

附图 36 泛环渤海地区粮食作物播种面积占
耕地面积百分比评分

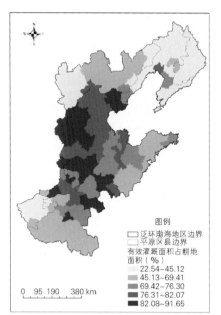

附图37　泛环渤海地区有效灌溉面积占耕地
面积百分比分布（以地市为单元）

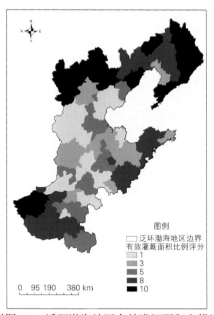

附图38　泛环渤海地区有效灌溉面积占耕地
面积百分比评分

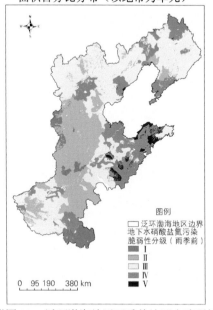

附图39　泛环渤海地区雨季前地下水脆弱性
评价分区

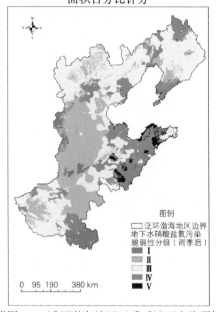

附图40　泛环渤海地区雨季后地下水脆弱性
评价分区

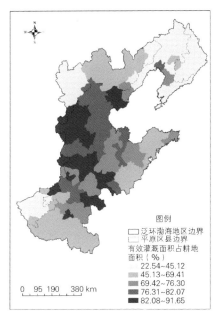

附图 37　泛环渤海地区有效灌溉面积占耕地
面积百分比分布（以地市为单元）

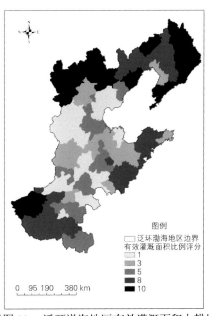

附图 38　泛环渤海地区有效灌溉面积占耕地
面积百分比评分

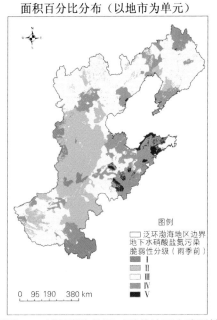

附图 39　泛环渤海地区雨季前地下水脆弱性
评价分区

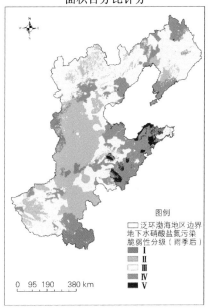

附图 40　泛环渤海地区雨季后地下水脆弱性
评价分区